U0863557

新材料领域普通高等教育系列教材

新能源材料与器件基础

主编　徐　勃　邹友生　李高然　张　侃　丁锡锋

科学出版社

北　京

内 容 简 介

本书系统介绍了新能源材料与器件所涉及的专业理论基础知识与应用场景。全书共8章，包括绪论、太阳能电池材料与器件、光电化学能源材料与器件、燃料电池材料与器件、锂/钠离子电池材料与器件、其他新型二次电池材料与器件、超级电容器材料与器件、节能电光源材料与器件。本书注重夯实知识基础和培养创新实践能力。

本书可作为高等学校新能源材料与器件、材料科学与工程、化学工程与技术、无机非金属材料工程、材料物理、材料化学等材料类、能源动力类等相关专业的本科生教材，也可供从事新能源材料与器件研究、生产和工程技术的人员参考。

图书在版编目（CIP）数据

新能源材料与器件基础 / 徐勃等主编. — 北京 ：科学出版社，2025. 6. —（新材料领域普通高等教育系列教材）. —ISBN 978-7-03-080778-6

Ⅰ. TK01

中国国家版本馆CIP数据核字第2024HN8921号

责任编辑：侯晓敏　李丽娇 / 责任校对：郝璐璐
责任印制：张　伟 / 封面设计：无极书装

科学出版社 出版
北京东黄城根北街16号
邮政编码：100717
http://www.sciencep.com

北京九州迅驰传媒文化有限公司印刷
科学出版社发行　各地新华书店经销
*
2025年6月第　一　版　开本：787×1092　1/16
2025年6月第一次印刷　印张：18
字数：450 000

定价：75.00元

（如有印装质量问题，我社负责调换）

“新材料领域普通高等教育系列教材”
编写委员会

丛 书 序

材料是人类社会发展的里程碑和现代化的先导，见证了从石器时代到信息时代的跨越。进入新时代以来，新材料领域的发展可谓日新月异、波澜壮阔，低维、高熵、量子、拓扑、异构、超结构等新概念层出不穷，飞秒、增材、三维原子探针、双球差等加工与表征手段迅速普及，超轻、超强、高韧、轻质耐热、高温超导等高新性能不断涌现，为相关领域的科技创新注入了源源不断的活力。

在此背景下，为满足新材料领域对于立德树人的“新”要求，我们精心编撰了这套“新材料领域普通高等教育系列教材”，内容涵盖了“纳米材料”“功能材料”“新能源材料”以及“材料设计与评价”等板块，旨在为高端装备关键核心材料、信息能源功能材料领域的广大学子和材料工作者提供一套体现时代精神、融汇产学共识、凸显数字赋能的专业教材。

我们邀请了来自南京理工大学、北京理工大学、北京科技大学、中南大学、东南大学等多所高校的知名学者组成了优势教研团队，依托虚拟教研室平台，共同参与编写。他们不仅具有深厚的学术造诣、先进的教育理念，还对新材料产业的发展保持着敏锐的洞察力，在解决新材料领域“卡脖子”难题方面有着成功的经验。不同学科学者的参与，使得本系列教材融合了材料学、物理学、化学、工程学、计算科学等多个学科的理论与实践，能够为读者提供更加深厚的学科底蕴和更加宽广的学术视野。

我们希望，本系列教材能助力广大学子探索新材料领域的广阔天地，为推动我国新材料领域的研究与新材料产业的发展贡献一份力量。

陈光

2024 年 8 月于南京

前　言

近年来国际能源结构发生重大调整，全球能源管理体系深刻变革，我国正在积极探索与传统能源生产和消费模式不同的绿色发展道路，发展新能源被提到了前所未有的高度，而新能源材料与器件是发展新能源技术和实现新能源利用的关键。本书旨在响应国家发展要求，围绕我国新能源、新材料、新能源汽车、节能环保等新兴产业发展需求，介绍新能源材料与器件知识以培养相关人才。

本书系统介绍新能源材料与器件，全书共 8 章，以光能转化为电能、光能转化为化学能、化学能转化为电能、节能电光源等为逻辑，重点介绍能量产生、转化、存储、节约过程中涉及的材料、器件和制备技术，系统阐述各种新能源材料与器件的基础、制备技术、典型实例及最新进展。全书内容包括太阳能电池、光电化学能源、燃料电池、锂/钠离子电池、其他新型二次电池、超级电容器、节能电光源。

本书汇聚了多位从事新能源研究的优秀青年学者的集体智慧，编写团队长期工作在教学和科研一线。本书结合编者多年来的科研成果、教学实践及新能源产业发展需求，充分吸收编写团队的研究成果并转化为教材中的创新点，关注并反映新能源材料、新能源器件的前沿成果和最新技术。本书内容系统丰富、知识点逻辑性强，叙述简明扼要，编写过程中突出以下特色：

(1) 内容覆盖面广，涵盖从一次能源到二次能源、从能量转化到能量存储的各个领域，为读者提供一个全方位的知识框架。

(2) 通过对各类能源材料和器件的详细介绍，引导读者深入理解新能源领域的关键技术，帮助他们在这个快速发展的领域中获得前瞻性的知识。

(3) 融入最新前沿研究成果，包含新能源材料基础理论、器件工作原理、器件设计与组装、产业发展现状与瓶颈，引导读者了解新能源领域的最新进展。

(4) 适应时代特色和新能源技术创新发展，体现了前沿实验技术在现代材料科学、新能源材料与器件中的应用，展现教材内容的现代化与前瞻性。

综上所述，本书以材料和器件为核心，系统介绍新能源领域的基础知识和最新进展。无论是初学者，还是有一定科研背景的读者，都能从中获得深刻的启发和帮助。希望本书能够为读者提供一个全新的视角，激发他们在新能源技术领域的探索热情，共同为实现可持续发展的未来贡献力量。

本书是在多年教学实践的基础上，参考国内外有关书籍、文献和结合科研成果，由南京理工大学徐勃教授、邹友生教授、李高然教授、张侃教授、丁锡锋教授编写而成。第 1 章和第 2 章由徐勃教授编写，第 3 章由张侃教授编写，第 4 章由丁锡锋教授编写，第 5～7 章由李高然教授编写，第 8 章由邹友生教授编写，全书由徐勃教授统稿，邹友生教授主审。

在编写过程中，还得到陈焕扬、国玉晓、李洪阳、林铖等研究生的协助和支持，在此对他们以及所有为本书提供资料和建议的同仁表示衷心的感谢。

由于编者水平有限，书中难免有疏漏之处，恳请读者给予批评和指正。

编　者

2024 年 11 月

目 录

第1章

绪　论

能源是人类社会赖以生存和发展的重要基础，在国民经济中具有极其重要的战略地位。随着经济社会的发展和技术革新，人们对能源的需求不断变化。当一种能源被另一种能源所取代时，相应的能源体系也发生根本性的变革，这就是能源革命。在社会革命、技术革命和产业革命的推动下，人类从掌握火的技术开始，经历了薪柴时代、煤炭时代和油气时代三次能源革命，目前正在向以新能源为主导的绿色低碳、安全高效的智慧能源体系演进。化石能源体系在推动人类社会实现可持续发展方面取得了显著进步，而绿色、零碳能源体系将为人类创造更加美好的未来提供不竭的动力。有限的"碳基"能源向无限的"零碳"能源转型已经成为全球各国的新战略。因此能源转型成为实现可持续发展的关键所在。

1.1　新能源简介

1.1.1　新能源定义

新能源的定义源于 1980 年联合国召开的"联合国新能源和可再生能源会议"。会议将新能源定义为：基于新技术和新材料，使传统的可再生能源得到现代化开发和利用，以取之不尽、用之不竭的可再生能源替代资源有限且对环境有污染的化石能源。重点开发的新能源包括太阳能、风能、生物质能、潮汐能、地热能、氢能、核能（原子能）和水能。

1.1.2　新能源特征

随着技术进步，新能源的开发成本逐渐降低，其潜在的可开发量非常可观，预计将在未来的能源消费中占据主要份额。相比传统的化石能源，新能源具有明显的优点，包括：资源量丰富，具有可持续性；分布广泛，方便小规模分散利用；环境影响小，可实现规模化应用；替代效应高，应用趋势明显；产业带动性强。

1.1.3　新能源概况

联合国开发计划署（United Nations Development Programme）将新能源细分为三大类：大中型水电、传统生物质能和新可再生能源。新可再生能源包括风能、水电、现代生物质能、海洋能、氢能和地热能。随着科学技术的发展，不同历史时期新能源的内涵也有所不同。根据我国现有的状况，新能源包括以下几类：太阳能（太阳能集热、光伏发电、太阳能热发电等）、风能、氢能、生物质能（生物质发电、农林残留物发电、生活垃圾发电）、生物燃料（生物柴油、生物乙醇、沼气、秸秆等）、地热能、海洋能、核能和水能（水力发电）。

在中国，可形成产业的新能源主要为可循环利用的清洁能源，包括水能（尤其是小型水电站）、风能、生物质能、太阳能和地热能等。新能源产业的发展不仅是对整个能源供应系统的有效补充手段，也是环境治理和生态保护的重要措施，是满足人类社会可持续发展需求的最终能源选择。随着技术的进步和可持续发展观念的树立，过去被视为垃圾的工业与生活有机废弃物被重新认识，作为能源资源化利用的物质，得到深入研究和开发。

1.1.4 新能源发展现状

全球新能源发展近年来呈现快速增长的趋势，各国在清洁能源的部署和技术创新方面取得了显著进展。面对气候变化、能源安全和经济可持续发展的需求，新能源在全球能源结构中的比重不断提升，特别是在风能、太阳能、水力发电和电动汽车等领域。2021 年全球新能源消费结构显示，水电占比 39.71%，是全球新能源消费的主要组成部分，因其稳定性和可靠性，成为许多国家和地区的可持续能源核心。核能占比 24.97%，尽管存在争议，但因其高效、低碳，被广泛用于电力生产。风能占比 17.30%，太阳能占比 9.60%，显示出风能和太阳能在全球新能源发展中的重要地位。生物质能及其他占比 8.42%，尽管相对较小，但仍具有发展潜力。全球新能源发展正向多元化和可持续性方向迈进。水电和核能在全球能源结构中仍占主导地位，而风能和太阳能作为新兴的可再生能源迅速增长，成为推动全球能源转型的重要力量。未来，全球新能源发展将依赖技术创新、政策支持和国际合作，实现更加清洁、可持续的能源供应。

中国的新能源发展在近年来取得了显著的进展，已成为全球新能源领域的领先者。在党的二十大报告中，“新能源”“能源革命”“绿色转型”等关键词勾画出中国加快发展方式绿色转型、推进碳达峰碳中和的发展蓝图。2022 年，国家发展改革委、国家能源局印发《“十四五”现代能源体系规划》，为“十四五”时期加快构建现代能源体系、推动能源高质量发展提供总体蓝图和行动纲领。中国在可再生能源发电能力方面居世界首位，特别是在太阳能、风能和水力发电领域。中国是全球最大的太阳能发电国家之一。自 2013 年以来，中国的光伏装机容量不断增长，截至 2023 年底，中国的光伏装机容量已超过 300 GW，占全球总装机容量的 30%以上。中国在太阳能产业链各个环节中都具有竞争优势，尤其是在多晶硅、太阳能电池板和光伏逆变器的制造方面。中国也是全球风能市场的领军者。近年来，陆上风电和海上风电的发展都取得了显著进展。截至 2023 年底，中国的风电装机容量已超过 350 GW，位居世界第一。特别是海上风电方面，中国的发展速度惊人，许多新的海上风电场已经投产或正在建设中。随着新能源电力的快速发展，中国在电动汽车和储能领域也取得了显著的成就。中国的电动汽车市场规模全球领先，2023 年电动汽车销量超过 400 万辆，占全球销量的 50%以上。与此同时，中国的电池制造业也在全球处于领先地位，尤其是在锂离子电池技术方面。

1.2 新能源类别

1.2.1 太阳能

太阳是太阳系的中心恒星，它可以被视为一个热等离子体和磁场相互交织的理想球体。太阳的质量十分庞大，约是太阳系中所有其他物体质量之和的几百倍。太阳通过核聚变反应将氢转化为氦的过程中释放出巨大的能量。太阳主要通过辐射的方式向宇宙传播热量和微粒。太阳辐射可分为两类：一类是从太阳光球表面发出的光辐射，它以电磁波的形式传播光和热量，光辐射是太阳辐射的主要成分，也称为电磁波辐射；另一类是微粒辐射，是由带正电荷的质子、带负电荷的电子和其他粒子组成的粒子流。

太阳能是指来自太阳的辐射能量和热量，包括可见光、紫外线和红外线等各种波长的电磁辐射。太阳能为人类提供了一种清洁、环保、储量丰富、取之不尽用之不竭的能源，在全球范围内都有较为广泛的应用。太阳能具有以下主要特点：丰富性、可再生性、广泛分布、环保清洁、经济可行性、多用途和可灵活应用。

太阳能的利用可以追溯到几千年前。古代文明如埃及、希腊和罗马等就开始观察日晷和温室效应，并探索了被称为“镜子焦点”的概念。然而，直到18世纪末19世纪初，太阳能利用才逐渐进入实际应用阶段。随着20世纪下半叶环境保护和可持续发展意识的提高，太阳能利用得到更多关注和研究。光伏技术的发展使将太阳能直接转化为电能成为可能，并逐步实现商业化应用。近年来，太阳能行业经历了快速增长和技术创新。太阳能电池的效率不断提高，成本逐渐下降，大型光伏发电站的建设也得到推广。此外，太阳能在分布式能源领域的应用也越来越普及，许多家庭和企业都采用光伏系统进行发电。

太阳能的利用基本分为四类，光伏发电、光热利用、光化学利用和光生物利用。

光伏发电的基本原理是利用光生伏特效应，即光照使不均匀半导体或半导体与金属结合的不同部位之间产生电位差的现象，通过光吸收、电子激发、电荷分离和电流产生等过程，将光能转化为电能。太阳能电池是太阳能光伏发电系统的核心部件，它能够将太阳能直接转换成电能。按照其运行方式，可将太阳能光伏发电系统分为独立光伏发电系统、并网光伏发电系统及混合型光伏发电系统三类。

光热利用的基本原理是将太阳分散的辐射能收集起来，通过与物质的相互作用将太阳辐射能转换成热能，以利用太阳能的热量来满足供暖、热水和工业过程的需求。太阳能热利用可以通过集热器或太阳能热能系统实现。太阳能热能系统则通过聚光反射镜或太阳能塔等设备将太阳能聚焦，以产生高温蒸汽或热量来驱动发电机或供热设备。

太阳能的光化学利用是指利用光能促进化学反应。通过吸收光子的能量，分子中的电子可以被激发到高能级，从而使化学反应发生。一种常见的光化学利用方法是光解水产生氢气，其中光能通过水分子的光解将其分解为氢气和氧气。这种方法有潜力成为清洁能源的替代方案，因为氢气可用作燃料，且燃烧时只产生水。

太阳能的光生物利用是指利用光能驱动生物过程，如光合作用。光合作用是绿色植物和一些细菌利用太阳能将吸收的二氧化碳和水转化为有机物质和氧气的过程。

1.2.2 风能

风是地球上的一种自然现象，由于太阳辐射造成地球表面各部分受热不均匀，产生温差，引起大气层中压力分布不平衡，引起大气的对流运动形成风。风能是空气流动所产生的动能，本质上是太阳能的一种转化形式。风能的大小取决于风速和空气的密度。风能是一种可再生的清洁能源，其资源总量取决于风能密度和可利用的风能年累积小时数。尽管总储量巨大（约5.3×10^{13} kWh），但风能的能量密度较低（仅为水能的1/800），且不稳定。在一定的技术条件下，风能可以作为一种重要的能源得到有效开发利用。风能作为一种重要的新能源形式，具有以下特征：可再生性、清洁和环保、分布广泛、多样性和灵活性、经济可行性、可调节性和可预测性。

作为一种可再生能源，风能利用是将风的动能转化为机械能，能够广泛应用于发电和其他领域。风能利用的主要方式有：风帆助航、风力提水、风力制热和风力发电。

1.2.3 核能

当前，我国煤炭消费占比较高，可再生能源稳定性较弱，这些因素给能源结构调整带来较大挑战。核能以安全、高效、清洁的方式发电，运行稳定、可靠，为应对全球气候变化问题提供了现实的选择。当一种元素发生核反应变成另一种元素时，通过转化其质量从原子核释放的巨大能量，称为核能，符合阿尔伯特 · 爱因斯坦的方程：$E = mc^2$，其中 E 为能量，m 为质量，c 为光速。能量密度大和反应速率快是核能的两大特点。核能在瞬间产生巨大能量，引起空气压力急剧变化，导致强烈气流流动形成。此外，核能还具有低碳排放、持续稳定和占地面积小的特点。它是一种清洁能源，不产生二氧化碳等温室气体，对气候变化的影响较小。

迄今，人工获取核能的途径只有两种——核裂变和核聚变，它们释放出的能量分别称为核裂变能和核聚变能。核裂变和核聚变是两个相反的核反应过程。核裂变能是指铀、钚等元素的原子核在裂变为较轻原子核的过程中释放的能量。裂变反应在当前的商业核能发电中被广泛应用，如核电站中使用的核燃料就是通过核裂变反应释放能量并产生蒸汽驱动涡轮发电机。除了利用链式裂变反应或核聚变反应制作，在瞬间释放出巨大能量、产生核爆炸、具有大规模杀伤破坏作用的核武器，核能还有其他重要的应用方式，如核能发电、核能供热、核能淡化海水和核能制氢等。

1.2.4 生物质能

生物质被誉为"绿色煤炭"，是指自然界中通过光合作用形成的各种有机物质，包括动物、植物、微生物及其产生的废弃物，生物质的能量就蕴藏在其中。生物质能是直接或间接地通过绿色植物的光合作用，将太阳能转化为化学能后储存在生物质中的能量。

生物质能是可再生能源中唯一的可再生碳源，是太阳能的一种表现形式。生物质能来源广泛，包括固体（如木材、秸秆）、液体（如生物乙醇、生物柴油）和气体（如生物气体、沼气）等多种形式。与传统的矿物燃料相比，生物质能具有可再生、无污染、燃烧灰分低、循环过程净二氧化碳零排放、可储存、易运输、受自然条件限制小等突出特点。生物质能的优势在于其可再生性和环保性，通过种植和再生过程不断供应能源需求，是一种取之不尽、用之不竭的可再生能源，并且生物质燃烧释放的二氧化碳等温室气体与生物质在生长过程中吸收的二氧化碳相互抵消，能够减少二氧化碳对全球气候变化的影响。生物质能因可利用农业废弃物和食品加工废弃物等废弃物进行能源转化，能够有效降低废弃物的排放量和减少环境污染。

生物质能作为一种可再生低碳能源，在人类的生产生活中的利用价值不断提高，已经成为仅次于煤、石油和天然气的第四大能源。作为可持续发展的重要组成部分，生物质能具有巨大的发展潜力，对替代或部分替代传统化石燃料、改善生态环境以及实现人类社会的可持续发展起着重要作用。生物质能转换技术是指将生物质能转变成可直接利用的终端能源产品的方法。这些技术主要包括生物质燃料化技术、生物质转化技术以及生物质发电技术。

1.2.5 氢能

氢气是一种具有高能量和清洁性的二次能源，可以直接用作燃料。同时，氢气也是重要的工业原料，在合成甲醇、合成氨、石油精炼和冶金等化工领域具有广泛应用。标准状态下，氢以气体形式存在，密度为 0.0899 $g \cdot L^{-1}$，氢气易点燃，燃烧速度快，发热值可达 142351 $kJ \cdot kg^{-1}$，是汽油发热值的 3 倍，乙醇的 3.9 倍，焦炭的 4.5 倍。氢元素是宇宙中分布最广泛的元素，占宇宙质量的 75%。氢气燃烧时只生成水和少量氮化氢，因此十分环保。氢元素在地球上存在的主要形式是水，而水是地球上最丰富的资源。氢气可以由水制取，氢气燃烧变成水，水又能分解成氢气和氧气，这两个过程演绎了自然物质循环利用、持续发展的经典过程。

$$2H_2(g)+O_2(g) \longrightarrow 2H_2O(l) \qquad \Delta H<0 \tag{1.1}$$

$$2H_2O(l) \longrightarrow 2H_2(g)+O_2(g) \qquad \Delta G=237.1\,kJ \cdot mol^{-1} \tag{1.2}$$

氢能是一种二次能源，需通过特定技术手段从其他一次能源中提取，如水、电、天然气或有机物等。氢广泛存在于各种化合物中，尤其以水中最为丰富。通过利用风能、太阳能等可再生能源驱动电解水等过程制得的“绿色氢”，不仅可作为一种清洁能源载体，还具有类似电池的功能——能够高效地储存能量，并在需要时释放，从而在能源转换与储存领域中发挥重要作用。氢能是一种极具前景的二次能源载体，其优势显著：热值高、相对安全环保、燃烧性能优异、应用形式多样，并可作为理想的能源互联媒介。氢能能够高效转化为热能、电能或液体燃料等，是实现跨能源网络协同与多能互补的关键枢纽。

氢气可以由多种能源生产，包括传统生产、未被充分利用的能源生产和可再生能源生产三种方法。传统生产方式涉及从化石燃料燃烧中提取工业副产品；而未被充分利用的能源主要是褐煤、下水污泥等；可再生能源的生产方法则涉及利用光伏发电、太阳能等。多种氢能生产方式可以实现氢能的有效储存。

在氢气制备方面，根据制备原材料及碳排放情况，可将制得的氢气分为三类：①灰氢，是以化石燃料为原料制备的氢气，生产过程中存在碳排放，目前全球灰氢约占氢气总产量的 95%；②蓝氢，是通过天然气或水蒸气重整制成，虽然也会产生碳排放，但在生产过程中会配合碳捕集、利用与封存（CCUS）装置，减少碳排放量，因此可减少温室气体的排放；③绿氢，通过可再生能源（光伏、风电、核能、水电等）制氢，在生产过程中没有碳排放。绿氢是氢能利用的最终目标，主要通过电解水制氢实现。目前，电解水制备工艺主要有三种：碱性电解水技术、质子交换膜电解水技术和固体氧化物电解水技术。

在氢能产业链中，氢气的储存是其他各项技术的基础。在常温常压下，氢气的体积能量密度较低，意味着需要更大的体积来存储相同能量的氢气。为了能够减小储存所需空间、提高运输和利用效率，通常需要采取特定技术进行储运。根据氢气的存储状态，可以将氢气储运技术分为高压气态储氢、低温液态储氢、固态储氢、有机液体储氢和天然气管道掺氢输送技术等。目前，实际应用中可行性最高的为高压气态储氢和低温液态储氢技术。固态储氢和有机液体储氢仍处于开发阶段，相关材料关键技术仍有待进一步突破。

1.3 新能源材料

1.3.1 太阳能电池材料

太阳能电池是一种利用光伏效应将太阳能直接转化为电能的装置，它将太阳光中的能量转化为电子能量，从而产生电流。太阳能电池通常由一些特定材料组成，这些材料称为太阳能电池材料。最常用的太阳能电池材料包括硅、砷化镓、硫化镉和其他半导体材料。除硅太阳能电池外，还有许多新型太阳能电池材料在不断研究和开发，如薄膜太阳能电池所使用的铜铟镓硒材料，以及叠层/单层钙钛矿太阳能电池使用的有机-无机杂化和全无机钙钛矿材料等。随着技术的不断发展，新型太阳能电池材料也层出不穷，它们具有更高的效率和更广阔的应用前景。总体而言，太阳能电池材料是用于太阳能电池器件中的材料，其设计和选择旨在最大限度地吸收太阳能并转化为电能。随着太阳能技术的不断发展，科学家们在太阳能电池材料方面进行了广泛研究，以提高效率、降低成本并推动太阳能的大规模应用。

太阳能电池主要分为以下几类：硅太阳能电池、薄膜太阳能电池、有机太阳能电池和钙钛矿太阳能电池。

硅太阳能电池是目前市场上应用最广泛的一类太阳能电池，分为单晶硅太阳能电池、多晶硅太阳能电池和非晶硅太阳能电池。单晶硅太阳能电池具有较高的光电转换效率，通常在 20%以上，但成本较高；多晶硅太阳能电池的成本较低，但效率稍低，通常为 15%～18%；非晶硅太阳能电池成本最低，但效率也最低，一般低于 10%。硅太阳能电池技术成熟，寿命长，适用于大规模地面电站和分布式发电系统。

薄膜太阳能电池包括碲化镉（CdTe）、铜铟镓硒（CIGS）和砷化镓（GaAs）等材料。这类电池的优点是生产过程能耗低、材料用量少、可弯曲和轻质，适用于便携式设备和建筑光伏一体化（building integrated photovoltaic，BIPV）。其中，CIGS 电池的效率可达 20%以上，CdTe 电池的效率为 15%～18%，而 GaAs 电池因其高效性（超过 25%）和较强的抗辐射性，常用于空间应用。

有机太阳能电池由有机半导体材料制成，具有柔性、轻便、色彩丰富和制造成本低等特点，可以实现大面积印刷制备。然而，有机材料的光吸收和电荷传输性能相对较差，导致其光电转换效率目前仍然较低，通常在 10%左右。OPV 的发展主要集中在提高效率、延长寿命和降低材料降解速率等方面。

钙钛矿太阳能电池是一种新兴的光伏技术，基于钙钛矿结构的材料，如甲胺铅碘（$CH_3NH_3PbI_3$）。该类电池由于其优异的光吸收特性、较高的载流子迁移率和宽光谱响应范围，在实验室中的转换效率已经超过 25%，与传统硅基太阳能电池相当。钙钛矿太阳能电池的成本低廉，制备工艺简单，有望成为下一代高效、低成本的太阳能电池。然而，其长期稳定性和铅毒性问题仍然需要进一步研究和解决。

总体而言，各类太阳能电池材料各具优势与挑战，未来的发展将取决于技术的进一步改进、成本的降低及市场的需求。

1.3.2 催化能源材料

催化能源材料是指能够促进能源相关反应的材料，在能源转换和存储过程中起到催化作用，它们可以加速化学反应、电化学反应和光化学反应。利用其特定的催化活性，可以通过降低反应的活化能、调控反应速率以及改变反应产物选择性等方式提高能源转换和利用的效率，并且能够在反应结束后恢复其初始状态。催化能源材料的设计和合成需要考虑以下几个方面：①催化活性，催化能源材料应具有较高的催化活性，即对目标反应具有较高的催化效果；②反应选择性，良好的选择性使目标反应产物优先生成，避免发生不必要的副反应；③良好的稳定性和耐久性，在长期使用过程中催化性能不发生改变；④制备成本应尽可能低，以提高能量转换和储存的经济性。以下是一些与催化能源材料相关的基本概念：催化作用、催化剂、活性位点、反应机理、选择性、载体材料等。通过研究和开发新型的催化能源材料，可以提高能源转换效率、降低能源消耗，并推动清洁能源技术的发展和应用。

催化能源材料在光催化、电催化、催化裂解、电解水等能源相关反应中发挥着重要作用，对实现清洁能源转换和高效能源利用具有重要意义。催化能源材料可以按照不同的分类方式进行分类。以下是几种常见的分类方式。

（1）基于材料类型的分类。金属催化剂：包括铂、钯、铜等金属及其合金，常用于氧还原反应、催化裂解等。过渡金属氧化物：如二氧化锰、二氧化钛等，常用于水分解、CO_2还原等反应。碳基材料：如石墨烯、碳纳米管等，具有高比表面积和导电性，常用于电催化和光催化反应。钙钛矿材料：如钙钛矿氧化物、卤化钙钛矿等，具有优异的光电性能，常用于光催化反应。

（2）基于能源应用的分类。燃料电池催化剂：用于燃料电池中的氧还原反应，如铂催化剂。电解水催化剂：用于水分解产生氢气和氧气的催化剂，如过渡金属氧化物。光电催化材料：利用光能进行催化反应的材料，如钙钛矿材料。

这些分类方式并不是互斥的，实际上一种催化能源材料可能同时属于多个分类。通过不同的分类方式，可以更好地理解和研究催化能源材料在不同能源转换和存储领域的应用。

1.3.3 储能材料

储能材料是一类可以在吸收能量、储存能量和在需要时释放能量之间进行转换的物质，尤其是可以高效、稳定和廉价地储存电能。储能材料可用于储存多种形式的能量，包括化学能、电能和热能。其中，电池是最常见的储能材料之一，它通过化学反应将化学能转化为电能，并在需要时释放电能。电池具有能量密度高、可回收充电等特点，被广泛应用于移动设备、电动汽车和电网储能等领域。储氢材料是一种以氢为能源的储能材料，可以在温和的条件下反复、可逆地（通常超过一万次）吸入和释放氢气。因此，它们在能源领域发挥重要作用，如解决能源供应与使用不匹配的问题、满足不同需求下的能源供应、提高能源利用效率、促进可再生能源的大规模应用等。储能材料的基本概念可以从以下四个方面来理解：能量存储、蓄电池技术、超级电容器技术和性能指标。一般来说，储能材料是指能够储存能量并在需要时释放能量的物质。它在能源技术和可持续发展中占有重要地位，为平衡能源供需、提高能源效率和促进清洁能源的应用提供关键支持。

储能材料种类繁多，常见的有锂离子电池材料、钠离子电池材料、超级电容器电极材料等。这些材料在储能过程中扮演着不同的角色，如正极材料、负极材料、电解质等，通过储能和释放过程来实现能量的转换。根据不同的特性和应用领域，储能材料可以分为以下四类：化学储能材料、势能储能材料、热能储能材料、动能储能材料。这只是储能材料分类的一般性描述，实际上，储能材料非常广泛，还存在其他形式的分类和细分领域。不同的储能材料具有不同的特点和应用场景，科学家正在不断研究和开发新的储能技术以满足能源储存和利用的需求。

1.3.4 节能电光源材料

节能电光源材料通常是指一种或一类具有发光特性的材料，能有效地将电能转化为光能，并使用更高效、更节能的技术或设备，减少能源消耗和浪费，实现能源的高效利用。这类材料主要应用于各种显示技术、照明设备和特种电光设备，如发光二极管（LED）灯、液晶显示器（LCD）和激光器等。这类材料能够产生明亮的光线，对环境影响小，使用寿命长，都是为了实现电能到光能的高效转换，从而达到节能的目的。它们的共同特点是可以通过改变电场或电流来控制发光特性（如颜色和亮度）。研究和开发高效、稳定、环保的节能电光源材料是新能源技术和显示技术的一个重要方向。以下是有关节能电光源的基本概念：电光源、LED 灯、光效、色温、功率因数、调光功能。采用节能电光源可以有效减少能源消耗、降低照明成本，并对环境产生较小的影响。因此，在照明领域中推广使用节能电光源是促进可持续发展和节能减排的重要举措。

节能电光源材料主要分为以下几种类型。发光二极管材料：这些材料包含各种半导体，如氮化镓、磷化铝、砷化镓等。根据不同的掺杂元素，可以发出不同颜色的光。有机发光二极管材料：包括一系列有机小分子或聚合物，如聚酞醌、聚芴等。量子点 LED 材料：这类材料主要是半导体纳米粒子，如硫化镉、硒化镉或硫化锌量子点。激光二极管材料：通常包括各种半导体与掺杂物质。上述各类材料都是通过不同的发光机制将电能转换为光能，以达到节能的目的。

1.4 新能源技术

1.4.1 光电能源转换技术

光电能源转换技术是指将光能转换成电能的技术，光电转换是通过光伏效应将太阳辐射能直接转换成电能的过程。随着能源危机的加剧和环保意识的增强，光电能源转换技术在能源利用领域得到了广泛应用。目前，常见的光电能源转换技术主要应用于太阳能电池中。

太阳能电池又称光伏电池，是一种基于光生伏特效应将太阳能直接转换为电能的器件。太阳能电池就是一块大面积的pn结，其光电转换的过程主要包括三个步骤：①当太阳光照射到其表面时，pn 结的 n 区、空间电荷区和 p 区会吸收一定能量的光子，产生电子-空穴对，称为“光生载流子”，其中电子带负电，空穴带正电；②电负性相反的光生载流子在 pn 结的静电场作用下被分开，空穴在 p 区聚集，电子在 n 区聚集，使得 p 区带正电，n 区带负电，从而在 pn 结两边产生光生电动势；③光生电子和空穴分别向太阳能电池的正、负极聚集，当太阳能电池的两端接上负载时，就有“光生电流”流过，从而获得电功率输出，即电能。

1.4.2 光化学能源转换技术

光化学能源转换技术也称光化学制氢技术，就是将太阳辐射能转化为氢的化学能，通称太阳能制氢，是太阳能应用的三种主要技术方式之一。太阳能制氢主要有光热法、光电化学法和光催化法，其主要是利用太阳光的能量将水进行分解，进而产生氢气。

光热分解水制氢法主要分为直接热分解法和间接热分解法。直接热分解法是利用聚焦型太阳能集热器将太阳能聚集起来产生高温，推动以水或水蒸气为原料的热化学反应制取氢气。这种方法可以直接分解水，但所需温度很高，且对使用材料的要求较高，效率低。间接热分解法是通过向水中加入催化剂来降低水分解时所需的温度，再通过热分解法将水分解。太阳能光电化学分解水制氢是电池的电极在光照射下吸收太阳能，将光能转化为电能，并保持恒流，水解得到氢的过程，其原理是在由阳极和阴极组成的光电化学电池中，当光照射到半导体电极的表面时，在电解质作用下，阳极产生的电子被外部电路吸收，同时向阴极流动，水中的质子从阴极接收电子，并产生氢。

太阳光催化分解水制氢技术的原理类似于太阳光电化学分解水制氢，但不同的是光阳极和阴极并没有被隔开，而是在同一粒子上，因此水分解成氢气和氧气的反应同时发生。其原理是半导体材料在受到一定能量的光辐照时，内部的电子受激从价带跃迁到导带，在价带和导带分别形成自由电子和空穴，水在这种电子-空穴对的作用下发生电离，产生氢气和氧气。太阳光催化分解水的反应相比光电化学分解水，反应大大简化，但由于水分解成氢气和氧气的反应同时发生，同一粒子上产生的电子-空穴极易复合，因此抑制光催化逆反应是推动光催化分解水制氢技术的关键。

1.4.3 化学能电能转换技术

化学能转换为电能是基于电化学反应发生的。在电化学反应中，当两种不同的物质在适当的条件下接触，电子会从一种物质转移到另一种物质，形成电流，这种转移电子的过程称为氧化还原反应。

将化学能转换为电能的主要装置是化学电源，即电池。化学电源能量转换率高，方便且安全可靠，在不同领域应用广泛。按照工作性质可分为以下两种：①原电池是最常见的化学能转换为电能的方法。电池由正极、负极和电解质组成。正极和负极之间通过电解质连接，当正极和负极之间存在外电路时，电子从阳极转移到阴极，阳极发生氧化反应，阴极发生还原反应，转移的电子流动，形成电流，将反应物的化学能转换为电能。②燃料电池是另一种将化学能转换为电能的高效方法，具有高能量转换效率、环保、无排放等优点，被广泛应用于汽车、航空航天等领域。它利用可燃气体（如氢气、甲烷等）与氧气反应产生电流。燃料电池的电解质通常介于阳极和阴极之间，具有双重作用，传导离子及避免燃料和氧化剂直接接触。阳极是燃料发生氧化反应的场所，阴极是氧化剂发生还原反应的场所。在燃料电池中，将化学能直接转换为电能的三个核心功能单元是阳极、阴极和电解质。

1.4.4 节能电光源技术

电能转换为光能的器件或装置称为电光源。按照光产生的原理可以将电光源分为热辐射电光源、气体放电光源和电致光源三类。

热辐射电光源是利用电流的热效应，将灯丝加热至白炽状态而发出可见光，如白炽灯、卤钨灯。白炽灯在电光源中最古老，也最常见，它的派生种类也最多。这类光源广泛应用于照明、加热和热成像等领域，优点是稳定可靠、光谱连续，但缺点是功率密度低、寿命短，不适用于高功率和长时间运行。

气体放电光源是利用电流通过灯管中的气体（如氩气、氙气、氖气等）或金属蒸气（如汞蒸气）时，使气体放电而产生可见光。气体放电光源广泛应用于显示器、激光器、照明、太阳能模拟器等领域，其具有功率密度高、寿命长等优点，但其缺点是光谱不连续，光效较低。气体放电光源主要有普通型（即标准型）荧光灯、节能型荧光灯、高压汞灯、高压钠灯和金属卤化物灯等品种。

电致光源可将电能直接转换为光能，即将发光体材料置于电极之间，电极加上电压后产生电场，它将激励发光体发光。较为典型的电致发光器件就是发光二极管器件，发光二极管自生产以来，一直主要用作电子装置的显示和图像用光源。随着半导体工艺技术和纳米技术的飞速发展，近几年来，基于氮化镓的白色发光二极管应运而生，成为继白炽灯、各类气体放电光源之后的一颗耀眼的新星。

参考文献

陈喜蓉, 董新法, 林维明. 2006. 太阳能光催化分解水制氢研究进展. 现代化工, 26(12): 25-29.
冯磊, 杨千福. 2023. 太阳能热利用技术的应用及发展趋势. 光源与照明, (7): 153-155.
王水成, 李中新. 2007. 电光源的种类及特点. 现代商贸工业, 19(12): 280-281.
吴贤文, 向延鸿. 2019. 储能材料基础与应用. 北京: 化学工业出版社.
邢鹏飞, 高波, 都兴红, 等. 2023. 新能源材料与技术. 北京: 冶金工业出版社.
许俊强, 郭芳, 王耀琼. 2022. 新型催化材料. 北京: 化学工业出版社.

第2章 太阳能电池材料与器件

2.1 光伏能源简介

2.1.1 光伏能源的历史与起源

光伏能源的起源可以追溯到 19 世纪初法国物理学家埃德蒙·贝克雷尔（Edmond Becquerel）的发现。1839 年，当他进行实验时，意外地发现了光照射到某些物质上会产生电流的现象，这种现象被称为光电效应。这一重要的发现为太阳能转化为电能奠定了基础。然而在此后的几十年里，光伏能源的研究相对较少，主要集中在光电效应的理论研究方面。直到 20 世纪初，科学家们开始进一步探索和实践光伏技术的潜力。1905 年，阿尔伯特·爱因斯坦提出了关于光电效应的量子理论解释，该理论解释了光子（光的量子）与物质之间的相互作用。这一理论为后来的光伏技术发展提供了更深入的理论基础。随着时间的推移，研究人员开始尝试使用不同的材料制造光电池，并提高其效率。然而，在早期的发展阶段，由于材料和技术的限制，光伏能源的应用范围相对较小，并且成本高昂。1954 年，贝尔实验室的科学家在太阳能电池领域取得了重要突破。他们发明了第一块高效率的硅太阳能电池，其转换效率约达到 6%。这一突破使得太阳能电池首次具备商业化生产的潜力。

直到 20 世纪 70 年代后期，由于石油危机和对可再生能源的关注增加，人们开始更加重视光伏能源的发展。20 世纪 80～90 年代，依赖政府的支持和科技的进步，光伏技术取得了突破性的进展。太阳能电池的效率不断提高，成本也逐渐降低。进入 21 世纪，随着对可再生能源需求的增加和科技的迅速发展，光伏能源得到了广泛应用。如今光伏发电已经成为全球范围内最重要的可再生能源之一，在许多国家都有大规模的光伏发电项目。

2.1.2 光伏能源的发展与现状

国内外开展了大量光伏发电关键技术的研究，得到了一些新的发展。目前，光伏电池有晶硅电池、薄膜电池和其他电池。其中，晶硅电池市场份额超过 90%，包括单晶硅电池和多晶硅电池，由于生产工艺等因素，晶硅电池成本较高，但在可预见的将来，晶硅电池仍将占据主要的市场份额，并将向低成本和高效率的方向发展。薄膜电池主要有碲化镉（CdTe）电池、铜铟镓硒（CIGS）电池、非晶硅（a-Si）薄膜电池、砷化镓电池和纳米二氧化钛染料敏化电池等，其中 CdTe 电池技术发展最快，市场占有率最高，高效率、高稳定性和长寿命是其发展的主要方向。近年来，新型光伏电池技术处于探索开发与创新阶段，新出现了钙钛矿太阳能电池、量子点太阳能电池等新型电池。钙钛矿太阳能电池光电转换效率已超过 26%，有望达到 30%。其由于具有转换效率高、制备成本低、环境友好等优点，有望成为独立的清洁能源和可穿戴等柔性器件。但高光电转换效率器件的可重现性、器件制备面积的扩大、器件性能的统一评估方法以及器件在高湿度环境中的稳定性均是亟待解决的关键问题。

2.2 光伏发电基本原理

光伏发电是一种基于光生伏特效应将光能直接转化为电能的技术。当一束光照射到 pn 结表面时，光子的能量被吸收，使得 pn 结界面附近的电子受激跃迁到导带，形成自由电子和空穴。这些光生载流子的扩散与漂移运动形成光生电流，并产生一个与结电场方向相反的电场，使 pn 结正向电流增大。当结正向电流与光生电流相等时，结两端建立起一定的电势差，即光生电压。当外部电路连接到太阳能电池上时，电子和空穴会在电路中流动形成电流，实现光能向电能的转换。为了提高光伏发电效率，可以采用多晶硅、单晶硅或其他材料制造太阳能电池。此外，还可以通过改变光伏电池的结构、优化光照条件和提高材料的光吸收性能来提高发电效率。

2.2.1 半导体材料基础

半导体是一种导电性能介于导体（如金属）和绝缘体（如陶瓷）之间的材料。在常见的温度范围内，半导体的导电性可以通过掺杂、光照、温度变化等手段进行调节。常见的半导体材料有硅（Si）、锗（Ge）、砷化镓（GaAs）等。应用于太阳能电池的半导体材料，按结构分为有序晶体（单晶体、多晶体）、原子无序排列的非晶态材料及新发展的低维材料（纳米晶、量子点、超晶格量子阱）、有机材料等。晶体材料是目前电池应用量最大的，单晶材料的性质也是讨论其他材料的基础和参考。因此这里主要介绍单晶体的结构特性。

晶体是由原子在三维空间周期性重复排列拓展而成的。原胞为晶体的最小重复单元，按原胞结构的不同，构成不同类型的晶体。以立方晶系原胞为例，可构成简单立方、体心立方、面心立方三种原胞。器件的电学和光学性质与晶体的取向密切相关。用密勒指数来表征晶体的不同晶向或晶面。确定密勒指数的方法是：首先获得一个晶面在原胞三个基轴上的截距，它们应是晶格常数的整数倍。取截距的倒数，按比例换算成最小的整数，就是该晶面的密勒指数。由对称性决定的等价的晶面表示为相同的密勒指数。垂直于晶面的方向称为晶向。

Ge、Si、C 的晶体结构是金刚石结构，它是立方晶系中两个面心立方体结合的复式格子，是由两个面心立方晶格在沿体对角线[111]方向相对移动相嵌而成的。大部分Ⅲ-Ⅴ族化合物及一些Ⅱ-Ⅵ族化合物，如 CdTe 等属于立方晶系闪锌矿结构。闪锌矿结构与金刚石结构的晶格点阵是相同的，不同的是金刚石结构由同种原子组成，而闪锌矿结构由两种不同原子组成。

另外一些Ⅱ-Ⅵ族光伏材料，如 CdS、ZnS、CdSe、ZnSe 等属于简单六方的纤锌矿结构。该结构中每个原子与最邻近的四个原子成键，也形成四面体。虽然闪锌矿结构与纤锌矿结构都是由两个不同原子构成的四面体的堆积，但它们堆积的组态却不同。两个四面体是由一个共用键组合的，上下键排列相对转了一定角度，即三个键在垂直共用键平面上的投影是不同的。

应用于薄膜太阳能电池的一类材料是以非晶硅（Si）、锗（Ge）为代表的非晶半导体。其材料的结构特征是原子排列长程无序（没有周期性），原子排列具有短程有序、长程拓扑的特点。

2.2.2 半导体物理基础

半导体物理是研究半导体材料的电子结构、能带理论、载流子动力学以及各种电学、光学性质的学科。半导体材料是现代电子技术的核心，广泛应用于晶体管、二极管、光伏电池、发光二极管等器件中。这里将介绍半导体的基本概念、能带理论、载流子输运机制、半导体的类型与掺杂，以及常见的半导体器件原理。

（1）半导体的基本概念。半导体是一种导电性能介于导体和绝缘体之间的材料。

本征半导体（intrinsic semiconductor）是指纯净的半导体材料，没有掺杂其他元素，其载流子仅来自材料自身的热激发。硅和锗是典型的本征半导体。

杂质半导体（extrinsic semiconductor）是指通过掺杂特定的元素（如磷、硼等）改变其电学性质，从而提高导电性。杂质半导体分为 n 型和 p 型，分别由施主杂质和受主杂质引入的电子或空穴导电。

（2）半导体的能带理论。能带理论是理解半导体物理特性的基础。在固体物理学中，电子在晶体中的运动可以分布在不同的能带中，主要包括价带（valence band）和导带（conduction band）。两者之间的能量间隙称为带隙（band gap）。在绝对零度时，价带中电子被填满，而导带则为空。导带是指高于费米能级的空能带，处于导带中的电子可以自由移动，因此具有导电性。价带是半导体中最高的一个被完全填充的能带，价带中的电子较少移动，难以导电。导带和价带之间的能量差称为带隙。在本征半导体中，电子需要获得等于带隙的能量才能跃迁到导带。对于半导体来说，带隙通常为 0.1～4 eV，这使得它们能够在适当的外部刺激（如热激发、光照射或电场作用）下产生自由电子和空穴，表现出导电性。

在固体中，通常电子从低能量到高能量填充一系列的能带。金属、绝缘体及半导体呈现电学性质的差别是由外层电子最高能带的填充情况决定的。最高填充能带是由价电子组成的，称为价带。价带上面较高的能带为导带。价带与导带之间是没有电子态存在的禁带。禁带宽度或称带隙宽度用 E_g 表示。图 2.1 为固体价电子填充能带的不同情况。绝对零度下，对绝缘体与半导体而言，价带是由电子填满的，而导带是空的。而在金属的价带中，没有被电子填满，有空的能带。

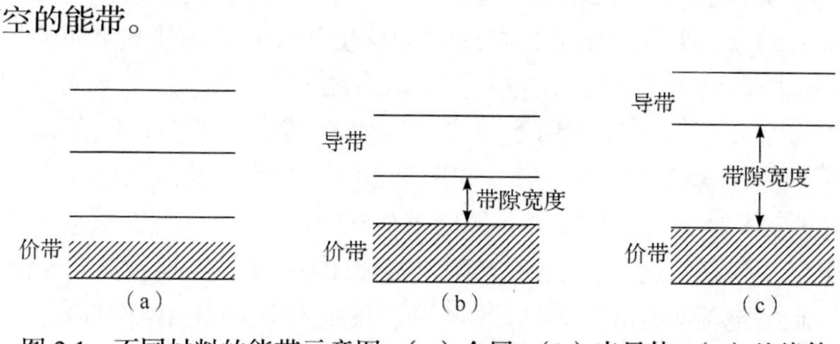

图 2.1 不同材料的能带示意图：（a）金属；（b）半导体；（c）绝缘体

对于一个填满电子的带，虽然带内电子在外场作用下是运动的，鉴于满带内总是有速度相等但方向相反的成对的电子运动，统计平均起来对外呈现的总电流为零，因此被电子完全占据的满带，对外不呈导电性。在绝对零度下，绝缘体和半导体均不导电。而金属的价带是半填满的，外场作用下电子运动不呈现对称性，因此显现良好的导电性。虽然绝对零度下，绝缘体和半导体均是不导电的，但它们的导电性能仍是有差别的。这是由于绝缘体和半

导体的带隙宽度 E_g 的不同。绝缘体的禁带宽度 E_g 很大，通常在 5.0 eV 以上，因此不导电。半导体材料的 E_g 较小，为 0.5～3.0 eV。价带电子较容易受热、电及光的作用激发到导带，此时价带与导带都不再是满带，虽然电导率较低，但仍能呈现导电性，形成电导率较低的半导体。

（3）载流子输运机制。半导体材料中的电流主要由电子和空穴这两种载流子运动产生。电子为负电荷载流子，存在于导带中。空穴为正电荷载流子，表现为价带中缺失的电子。在半导体中，电子和空穴的产生与复合、漂移与扩散是载流子输运的四种主要机制。

产生与复合：载流子的产生可以通过热激发或光激发。载流子的复合则是自由电子回到空穴，能量以光或热的形式释放。

漂移：在外加电场的作用下，电子和空穴分别沿着与电场相反和相同的方向移动，形成漂移电流。漂移电流的大小由载流子的漂移速度和浓度决定。

扩散：当载流子的浓度存在梯度时，载流子会从高浓度区扩散到低浓度区，形成扩散电流。扩散电流的大小与浓度梯度和扩散系数相关。

（4）半导体的类型与掺杂。半导体根据掺杂类型分为 n 型半导体和 p 型半导体。n 型半导体：掺入施主杂质（如磷、砷），这些杂质原子提供额外的电子，使导电性增强。n 型半导体中的主要载流子是电子。p 型半导体：掺入受主杂质（如硼、铝），这些杂质原子产生空穴，同样增强了导电性。p 型半导体中的主要载流子是空穴。通过对半导体材料的掺杂，可以设计出具有不同电学特性和功能的半导体器件。

总之半导体物理是理解现代电子器件原理和性能的基础学科。通过对半导体材料的掺杂、能带工程以及载流子动力学的深入研究，可以实现对材料性能的精确控制，从而开发出更加高效和多功能的电子器件。随着半导体技术的不断发展，未来将在量子计算、柔性电子、新型光电器件等领域有更多突破，为信息技术和能源领域的创新带来新的机遇。

2.2.3 太阳能电池器件物理基础

太阳能电池器件的物理基础是光生伏特效应。光生伏特效应是光照下 pn 结的基本效应，也是太阳能电池的基本工作原理。当能量大于半导体禁带宽度的一束光垂直入射到 pn 结表面时，如图 2.2（a）所示，光子将在离表面深度为 $1/\alpha$ 的范围内被吸收，α 为材料的光吸收系数。若 $1/\alpha$ 大于 pn 结厚度，入射光在结区及附近激发电子-空穴对。在空间电荷区内产生的光生电子与空穴在结电场作用下分离。产生在结附近扩散长度范围的光生载流子扩散到空间电荷区，也在电场作用下分离，如图 2.2（b）所示。p 区的电子在电场作用下漂移到 n 区，n 区空穴漂移到 p 区，形成自 n 区向 p 区的光生电流。光生载流子在电场作用下发生定向漂移并积累，形成与热平衡 pn 结内建电场方向相反的电场 $-\Delta\psi$（电势差）。该反向电场会驱动一个与光生电流反向的正向扩散电流，从而补偿内建电场对载流子的阻挡作用，降低内部势垒。当光生电流与正向结电流相等时，pn 结两端建立稳定的电势差，即光生电压。光照使 n 区和 p 区的载流子浓度增加，引起费米能级的分裂，$E_{Fn}-E_{Fp}=qV$（E_{Fn} 和 E_{Fp} 分别为 n 型和 p 型半导体的费米能级，qV 为电子的电势能）。pn 结开路时的电压为开路电压 V_{OC}，如图 2.2（c）所示。

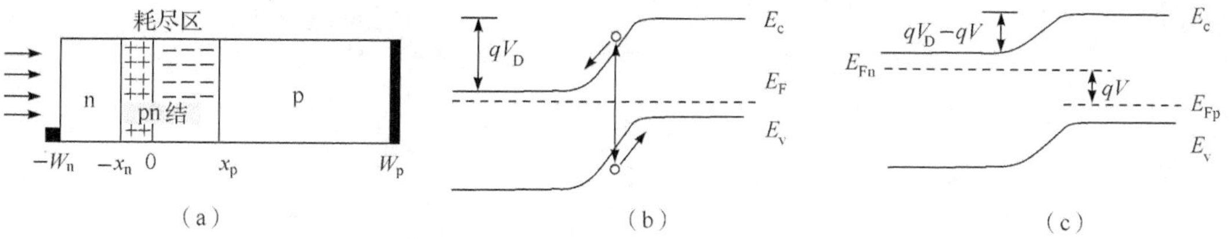

图 2.2　(a) 光照 pn 结表面；(b) 热平衡 pn 结能带图；(c) 光照 pn 结能带图

(1) 太阳能电池电流-电压特性。通常在非平衡情况下（加偏压、光照等）引入准费米能级来表征非平衡载流子浓度。因此，原则上结合边界条件，通过求解光照下非平衡稳态的电子和空穴输运方程，可获得太阳能电池的电流-电压特性。此处略去推导过程，太阳能电池的电流-电压特性表达式为

$$I = I_{SC} - I_{01}(e^{\frac{qV}{k_B T}} - 1) - I_{02}(e^{\frac{qV}{2k_B T}-1}) \tag{2.1}$$

式中，I_{SC} 是当 V=0 时的短路电流。I_{SC} 是由电池的势垒区和两边的中性区三部分组成的。I_{01} 是与 n 和 p 中性区的复合区有关的暗饱和电流。I_{02} 是与耗尽区的复合有关的暗饱和电流，它与耗尽区 W 宽度有关，因此也与偏压有关。k_B 是玻尔兹曼常量。由 I-V 曲线很容易得出，短路时的电流就是 I_{SC}。二者之间的关系如图 2.3 所示。

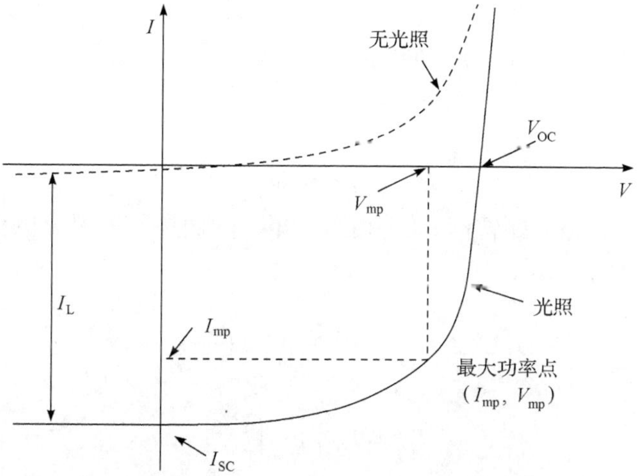

图 2.3　太阳能电池有无光照时的电流-电压输出特性

图 2.3 给出了电池有、无光照下的 I-V 特性，其中，I_{SC} 为 V = 0 时的短路电流，V_{OC} 为 I = 0 时的开路电压，I_{mp} 和 V_{mp} 分别为输出最大功率时的电流和电压，I_L 为光生电流。由图看出，I-V 特性曲线是将光电流叠加到通常的整流二极管 I-V 曲线上。光电流为反向电流，故光态 I-V 特性曲线位于第四象限。短路时的 I_L 就是短路电流 I_{SC}。

(2) 太阳能电池性能分析。典型的太阳能电池电流-电压特性如图 2.4 所示。这是以光生电流为正的结果，它与图 2.3 第四象限的结果是对应的。

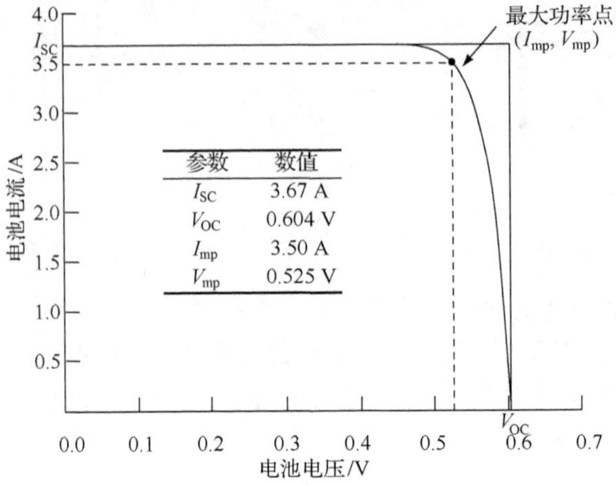

图 2.4 晶体硅太阳能电池电流-电压特性

表征电池性能的参数有四个。首先是短路电流 I_{SC}，指外电路短接时（$V=0$），由光电流提供的电流。其次是开路电压 V_{OC}，是外电路断路时（$I=0$）电池对外呈现的电压，表示为

$$V_{OC}=\frac{k_B T}{q}\ln\frac{I_{SC}+I_0}{I_0} \tag{2.2}$$

对于一定的短路电流，V_{OC} 随反向饱和电流 I_0 的增加而减小。

电池的输出功率 P：

$$P=IV=I_{SC}V-I_0V(e^{\frac{qV}{k_B T}}-1) \tag{2.3}$$

图 2.4 中不同工作点的功率（$I\cdot V$）相当于矩形的面积。求解 P 的极值，获得最大输出电压 V_{mp} 和最大输出电流 I_{mp}：

$$V_{mp}=V_{OC}-\frac{k_B T}{q}\ln\left(1+\frac{qV_m}{k_B T}\right) \tag{2.4}$$

$$I_{mp}\approx I_{SC}\left(1-\frac{k_B T}{qV_m}\right) \tag{2.5}$$

式中，V_m 为最大电压。最大输出功率是图 2.4 中 I-V 曲线内面积最大的矩形：

$$P_{mp}=V_{mp}I_{mp}\approx I_{SC}\left[V_{OC}-\frac{k_B T}{q}\ln\left(1+\frac{qV_m}{k_B T}\right)-\frac{k_B T}{q}\right] \tag{2.6}$$

定义 $I_{mp}V_{mp}$ 与 $I_{SC}V_{OC}$ 两个矩形的面积比为填充因子 FF：

$$FF=\frac{I_{mp}V_{mp}}{I_{SC}V_{OC}} \tag{2.7}$$

填充因子是描述电池性能的第三个参数。理想情况下的 FF 为 1。FF 与 V_{OC} 有直接的关系，有一经验表达式：

$$\mathrm{FF}=\frac{V_{\mathrm{OC}}-\dfrac{kT}{q}\ln\left(\dfrac{qV_{\mathrm{OC}}}{k_{\mathrm{B}}T}+0.72\right)}{V_{\mathrm{OC}}+\dfrac{k_{\mathrm{B}}T}{q}} \tag{2.8}$$

表征太阳能电池的另一参数是光电转换效率 η，它是电池最大输出功率 P_{mp} 与入射功率 P_{in} 之比：

$$\eta=\frac{P_{\mathrm{mp}}}{P_{\mathrm{in}}}=\frac{I_{\mathrm{mp}}\cdot V_{\mathrm{mp}}}{P_{\mathrm{in}}}=\frac{\mathrm{FF}\cdot I_{\mathrm{SC}}\cdot V_{\mathrm{OC}}}{P_{\mathrm{in}}} \tag{2.9}$$

至此用 I_{SC}、V_{OC}、FF 和 η 四个参量来描述太阳能电池的性能。

电池短路电流 I_{SC} 是与入射光子能量有关的，因此引入另一参数——量子效率（quantum efficiency，QE），或称收集效率（collection efficiency），以表征光电流与入射光谱的关系。QE 描述不同能量的光子对短路电流 I_{SC} 的贡献。对整个入射光谱，则是短路电流的光谱响应。

QE 是入射光能量的函数，有两种表述方式。一是外量子效率（external quantum efficiency，EQE），它的定义是：对整个入射太阳光谱，每个波长为 λ 的入射光子能对外电路提供一个电子的概率，用下式表示：

$$\mathrm{EQE}(\lambda)=\frac{I_{\mathrm{SC}}(\lambda)}{qAQ(\lambda)} \tag{2.10}$$

式中，$Q(\lambda)$ 为入射光子流谱密度；A 为电池面积；q 为电荷电量。它反映的是对短路电流有贡献的光生载流子密度与入射光子密度之比。

量子效率的另一种描述是内量子效率（internal quantum efficiency，IQE）。它的定义为被电池吸收的波长为 λ 的一个入射光子能对外电路提供一个电子的概率。

内量子效率与外量子效率的关系为

$$\mathrm{IQE}(\lambda)=\frac{\mathrm{EQE}(\lambda)}{1-R(\lambda)-T(\lambda)} \tag{2.11}$$

式中，$R(\lambda)$ 为电池半球角反射；$T(\lambda)$ 为电池半球透射，如果电池足够厚，$T(\lambda)=0$。

电池的外量子效率谱在实验上是可直接测量的。量子效率谱从另一个角度反映电池的性能，分析量子效率谱可了解材料质量、电池几何结构及工艺等与电池性能之间的关系。

（3）太阳能电池效率分析。高效的太阳能电池要求有高的短路电流、开路电压与填充因子。这三个参数与电池材料、几何结构及制备工艺密切相关。

讨论一个实际的太阳能电池，其几何结构如图 2.5 所示。除了 pn 结外，光照面有一层抗反射膜，以减少光反射。测量用金属栅线，电池受光照面积为 $A(1-S)$，A 为电池面积，S 为栅线与电池的面积比。电池背面有 pp^+ 背表面电场（back surface field，BSF）有助于载流子的收集。

下面分析材料参数对电池效率的影响。

材料带隙宽度：带隙宽度 E_{g} 减小，可以拓宽电池对太阳光谱的吸收，但 E_{g} 的减小使本征载流子浓度 n_{i} 呈指数地增加。宽的带隙有利于 V_{OC} 的提高，但过高的带隙宽度使材料的吸收光谱范围变窄，降低了对光谱的利用和载流子的激发，减少了光电流。

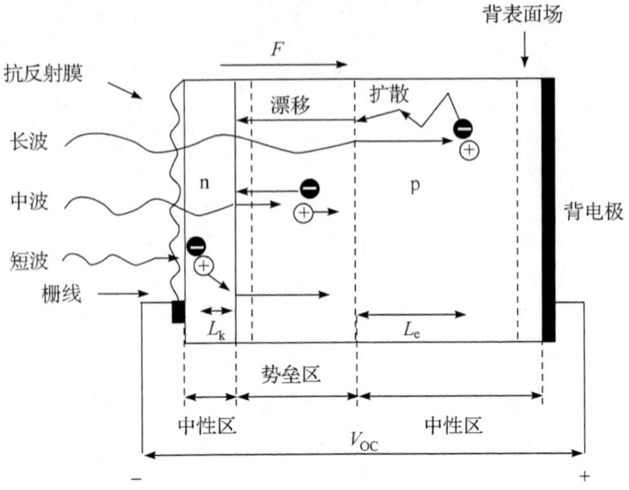

图 2.5 太阳能电池几何结构及运作示意图

少数载流子寿命：非平衡少数载流子在半导体中存在的时间长短，长的少子寿命可制备出高性能的太阳能电池。非平衡载流子复合是决定少子寿命的关键因素。

表面复合的影响：无论是前电极还是背电极的表面复合对电池效率都有重要的影响。表面复合是与工艺有关的参量。背表面复合主要影响电池的长波响应，前表面复合主要影响电池的短波响应。

寄生电阻效应：考虑电池实际存在的寄生电阻，完整的双二极管模型表示如图 2.6 所示。

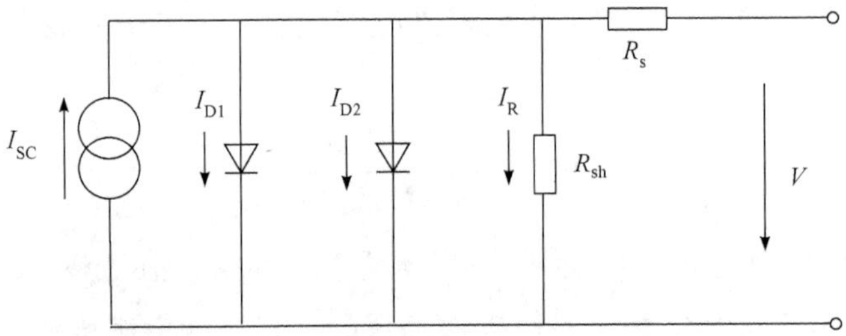

图 2.6 完整的太阳能电池等效电路

对于电流为零的开路，串联电阻不影响开路电压。电流不为零时，它使输出终端间有一压降 IR_s，因此串联电阻对填充因子的影响十分明显。

对于电压为零的短路情况，并联电阻不影响短路电流。电压不为零时，与 pn 结并联的电阻 R_{sh} 将分流一部分电流，I-V 特性呈现为输出电流将减小 V/R_{sh}。

电池的电流-电压（I-V）特性与其性能和制造工艺密切相关，是评估和优化电池质量的重要依据。例如，较小的并联电阻往往与电池切割边缘的污染或短路通道的形成有关。在薄膜太阳能电池中，由于沉积薄膜可能存在致密性不足、针孔缺陷等问题，易导致漏电现象；此外，组件连接过程中的不当操作也可能引起短路。这些工艺缺陷都会在 I-V 特性中有所体现。因此，对 I-V 特性的深入分析不仅有助于揭示电池在制造过程中存在的问题，也是发现缺陷、优化工艺、提升电池性能的有效手段之一。

温度对 *I-V* 特性的影响：电池温度系数是描述电池性能的另一个参数。温度引起电池 *I-V* 特性变化的示意图如图 2.7 所示。短路电流随温度升高稍有提高，但开路电压明显下降，电池效率随温度的升高而降低。电池效率随温度变化的具体特性需与电池材料和结构结合起来分析。

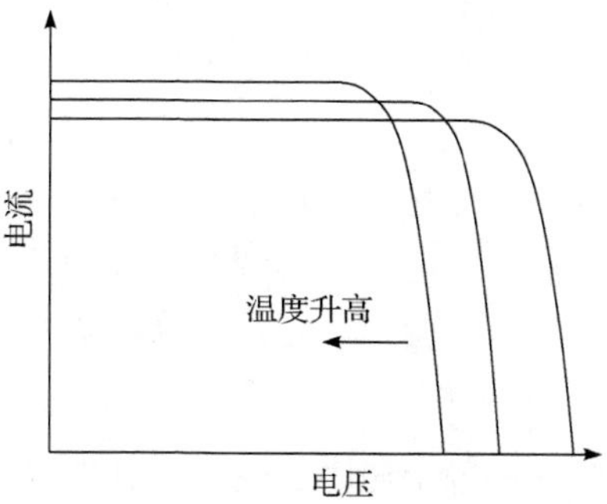

图 2.7　温度对太阳能电池特性（*I-V* 特性）影响示意图

2.3　硅太阳能电池

硅太阳能电池是指以硅晶体为基体材料的太阳能电池。按硅材料的结晶形态，可分为单晶硅、多晶硅和非晶硅太阳能电池。硅太阳能电池的历史能够追溯到 50 多年前硅双极性器件出现的时期，2022 年 11 月 19 日，由中国光伏企业自主研发的硅异质结电池转换效率达 26.81%，这也是全球硅太阳能电池效率的最高纪录。本节主要简要介绍硅太阳能电池，内容包括硅太阳能电池工作原理、硅太阳能电池材料、单晶硅太阳能电池、多晶硅太阳能电池、非晶硅太阳能电池。

2.3.1　硅太阳能电池工作原理

硅太阳能电池的工作原理实际上就是半导体 pn 结光电原理，或者说是二极管工作原理，简单来说就是吸收阳光、生出电流。具体地说，就是将 p 型半导体和 n 型半导体结合在一起，由于电子和空穴的扩散，在交界面处便会形成 pn 结，并在结的两边形成内建电场，又称势垒电场。由于此处的电阻特别高，因此也称为阻挡层（耗尽区）。当太阳光照射 pn 结时，能量大于硅禁带宽度的光子进入 pn 结，根据耗尽近似条件，耗尽区边界处的载流子浓度近似为零，在 n 区光生电子-空穴对产生以后，光生空穴便向 pn 结边界扩散，一旦到达 pn 结边界，便受到内建电场的作用，被电场力牵引做漂移运动，越过耗尽区进入 p 区，光生电子则被留在 n 区。同样，p 区中的光生电子（少子）先因扩散，后因漂移进入 n 区，光生空穴（多子）留在 p 区，从而使 n 区有过剩的电子，p 区有过剩的空穴，于是在 pn 结附近形成了与势垒电场方向相反的光生电场。光生电场的一部分抵消势垒电场，其余部分使 p 区带正电、n 区带负电；于是就使 n 区与 p 区之间的薄层产生了电动势，即光生伏特电动势。当接上负载构成回路后，光电流便从 p 区经负载流向 n 区，负载中得到功率输出。图 2.8 表示晶硅太阳能电池的工作原理。下面分无光照、有光照开路、有光照短路、有光照接负载这四种情况进行详细说明。

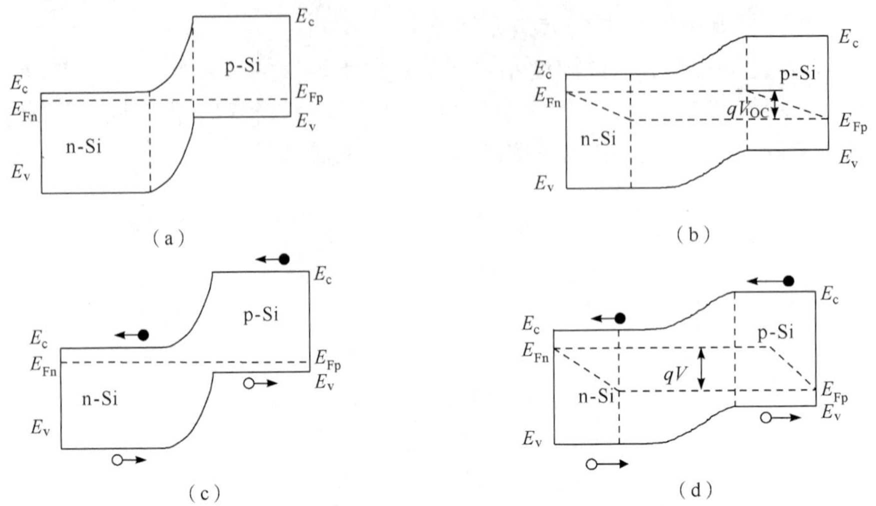

图 2.8 晶硅太阳能电池的工作原理：(a) 无光照；(b) 有光照开路；(c) 有光照短路；(d) 有光照接负载

(1) 无光照。pn 结处于热平衡状态，有统一的费米能级，势垒高度为

$$qV_D = E_{Fn} - E_{Fp} = q\left(V_{Fn} + V_{Fp}\right) \tag{2.12}$$

(2) 有光照开路。光照下，pn 结处于开路非平衡状态，光生载流子积累，出现光电压，使 pn 结处于正偏，费米能级发生分裂。因 pn 结处于开路状态（未接负载），故费米能级分裂的宽度等于 qV_{OC}，剩余的结势垒高度为 $q(V_D - V_{OC})$。

(3) 有光照短路。在光照下，pn 结处于短路状态，原来在 pn 结两端积累的光生载流子通过外电路复合，光电压消失，势垒高度为 qV_D，各区中的光生载流子被内建电场分离并流进外电路，形成短路电流 I_{SC}。

(4) 有光照接负载。在光照下，有负载，一部分光电流在负载上建立电压 V，另一部分光电流与 pn 结在电压 V 的正向偏压下形成的正向电流抵消。费米能级分裂的宽度正好等于 qV，这时剩余的结势垒高度为 $q(V_D - V)$。

由于太阳光具有很宽的光谱，对于太阳能电池有用的光谱区覆盖紫外光、可见光和红外光。显然用一种禁带宽度的半导体材料不能有效地利用所有太阳光子的能量。一方面对于光子能量小于半导体禁带宽度的光在半导体中的吸收系数很小，对太阳能电池的转换效率没有贡献。另一方面对于光子能量远大于禁带宽度的光，有效的能量只是禁带宽度的部分，大于禁带宽度的部分能量会通过热电子的形式损失掉。基于这种原因，利用多结电池可以有效地利用不同能量的光子。在以非晶硅、非晶锗硅合金和微晶硅为吸收材料的太阳能电池中，多采用双结或三结的电池结构。非晶硅及非晶锗硅在长时间的光照条件下会产生光诱导缺陷。相同密度的光诱导缺陷态对具有薄本征层的太阳能电池效率的影响比对厚本征层电池的影响小。而在多结电池中每结的厚度都可以相对较薄，因此多结硅基薄膜电池不仅效率比单结电池高，而且稳定性也比单结电池好。图 2.9 为双结和三结电池的结构示意图。

以双结硅太阳能电池为例介绍多结电池的工作原理：双结电池的结构是由两个 n-i-p 结串联而成的，所以在理想情况下整体器件的光电压等于两个子电池光电压之和，而光电流等于两个子电池光电流中较小的一个。两个子电池的连接处是顶电池的 n 层和底电池的 p

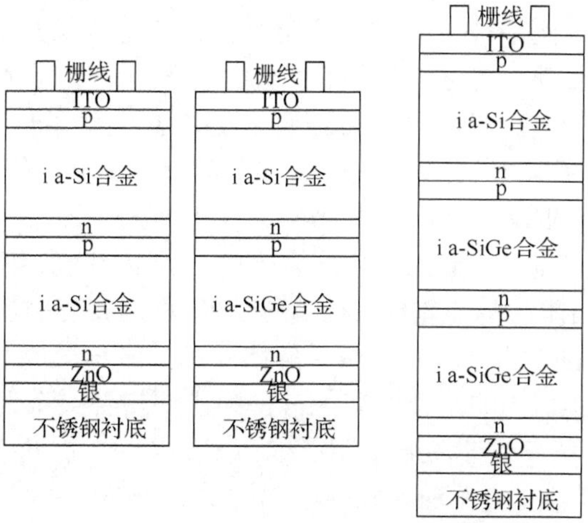

图 2.9 双结和三结硅太阳能电池的结构示意图

层相连，这是一个反向的pn结，在此，光电流是以隧道复合的方式流过的。顶电池的n层中的电子通过隧道效应进入底电池 p 层中与其中的空穴复合，或者是底电池 p 层中的空穴通过隧道效应进入顶电池的n层中与那里的电子复合。

2.3.2 硅太阳能电池材料

硅太阳能电池的主要材料是硅，硅是一种非金属元素，也是一种重要的半导体材料。硅是一种地球上极为常见的元素，但它极少以单质的形式在自然界出现，而是以复杂的硅酸盐或二氧化硅的形式广泛存在于岩石、沙砾、尘土中。在地壳中，硅是第二丰富的元素，构成地壳总质量的26.4%，仅次于第一位的氧（49.4%）。

硅原子序数为14，核外电子占据三个轨道，每个轨道上的电子数分别为2、8、4。硅晶格常数是0.54 nm，密度为$2.33\times10^3\,kg\cdot m^{-3}$，熔点为1420℃，折射率为3.4。晶体硅为灰黑色，属于原子晶体，其不溶于水、硝酸和盐酸，溶于氢氟酸和碱液，硬而有金属光泽。硅的晶体结构如图2.10所示，是一个立方金刚石结构，它可以看作是两个面心立方晶胞沿对角线方向上位移1/4相互套构而成的。1个硅原子与4个相邻硅原子由共价键连接，这4个硅原子恰好在正四面体的4个顶角上，而四面体的中心是另外一个硅原子。共价键的形成使

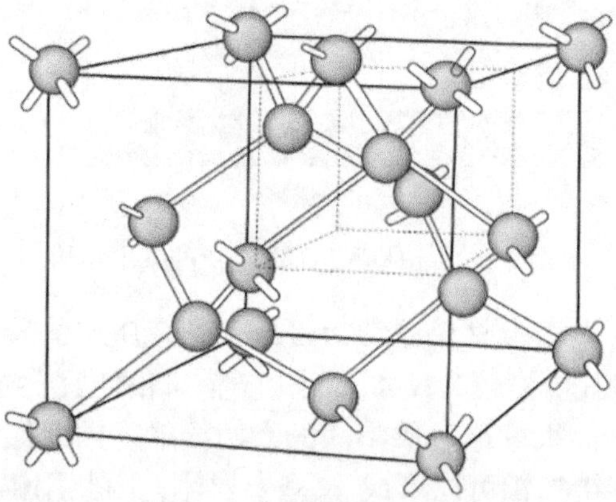

图 2.10 硅的晶体结构

得价电子不能自由运动，而是被束缚在共价键位置，但是如果共价键电子吸收了足够的能量，可能脱离共价键的束缚，成为自由电子，自由电子的产生为材料的导电提供了载流子。所以，一般情况下，半导体材料导电能力较差，但是在高温的条件下其导电能力会增强。硅按照内部原子排列方式的不同可分为单晶硅、多晶硅和非晶硅。单晶硅原子排列规则，缺陷少；多晶硅晶粒之间会出现晶界缺陷；非晶硅原子排列无规则，为非晶体结构。

硅基薄膜材料是包括硅与其他元素构成合金的各种晶态（如纳米晶、微晶、多晶）和非晶态薄膜的统称。根据晶体结构的差异，硅基薄膜可以分为单晶硅薄膜、多晶硅薄膜和非晶硅薄膜，并且按照晶粒的尺寸可以分为微晶硅薄膜和纳米硅薄膜。单晶硅薄膜和多晶硅薄膜的主要材料是不同晶体结构的硅，而非晶硅薄膜主要指各类 a-Si 薄膜，其中最著名的是氢化非晶硅（a-Si:H）薄膜。自非晶硅太阳能电池发明以来，世界各地都对非晶硅薄膜进行了广泛的研究，并在此基础上，发现了各种不同性质的非晶硅薄膜，如非晶硅碳（a-SiC:H）、非晶硅锗（a-SiGe:H）等，这些非晶硅薄膜材料的带隙宽度可以通过形成合金进行调节，a-SiC:H 合金薄膜具有较宽的带隙，用作 p-i-n 型 a-Si:H 电池的 p 型窗口层，可以显著提高电池的开路电压和短路电流。而 a-SiGe:H 合金薄膜具有较窄的带隙，可以用于与 a-Si:H 材料构成叠层电池，从而显著扩展电池的长波吸收光谱范围。

晶体硅太阳能电池的基本结构：在 p 型硅片上扩散进磷杂质形成 n 型扩散层，与 p 型衬底构成 pn 结，结区附近的区域为耗尽层。扩散层的表面沉积了一层减反射膜，在扩散层表面通过丝网印刷并烧结一层栅状金属电极，栅状电极又称顶电极。在太阳能电池背面通过相同方式获得金属电极，称为背电极。晶体硅太阳能电池的基本结构如图 2.11 所示。

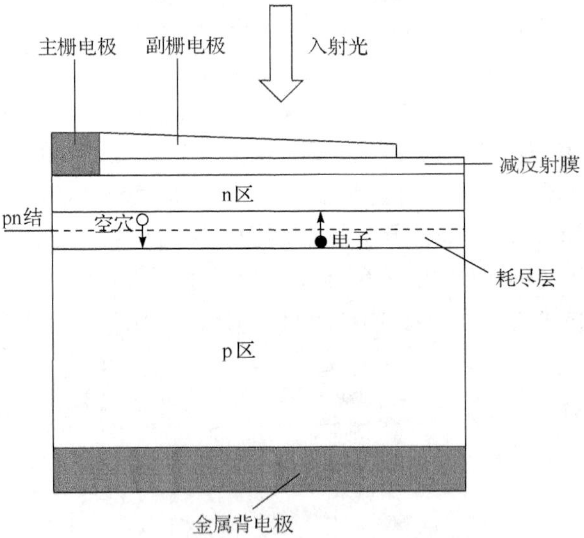

图 2.11　晶体硅太阳能电池的基本结构

硅太阳能电池中的导电栅极材料通常为银或铝。金属银的导电性能好，常被用作硅太阳能电池的主栅电极，但其价格较为昂贵。而由于铝价格便宜，纯度高，容易获得，工艺控制比较简单，而且铝与硅能很好地形成牢固的欧姆接触，因此铝也常被用来制作硅太阳能电池的背电极。此外，硅中掺铝可以形成 p^+型半导体，因此用铝作电池的背电极，可以在电池背面形成 p^+/p 高低结，产生背表面电场，俗称铝背场。但铝的导电性不是很好，而且不易焊接，因此铝层上紧接印刷上两条银铝电极，以便于电池间的焊接。这就是银铝电极。

硅太阳能电池对 0.5～1.1 μm 波长范围内的光，有高达 35%的光能量被表面反射而损失，为了减少这部分损失，往往在表面上镀一层减反射膜，可以提高光电流和光电转换效率约 30%。晶体硅太阳能电池的工业化生产中，常用的减反射层材料是 Si_3N_4 和 TiO_2。氮化硅薄膜具有良好的绝缘性和致密性，作为减反射膜，氮化硅具有良好的光学性能，光的波长在 632 nm 时，氮化硅膜的折射率为 1.8～2.25，而最理想的封装太阳能电池的减反射膜的折射率为 2.1～2.25。相比之下，TiO_2 减反射膜的折射率较高（2.0～2.7），减反射效果不如氮化硅膜理想。此外，氮化硅膜不仅是十分理想的减反射膜，而且还可以达到硅片表面钝化和体钝化的效果，目前在生产中使用较为普遍。

为了使太阳能电池适应实际使用条件，在实际应用中通常需要将单体太阳能电池进行封装保护，制成太阳能电池组件。太阳能电池的组件主要包括以下几个部分：面板、胶黏剂、背板、互连条和汇流条、助焊剂、铝边框、接线盒、硅胶。这里主要介绍胶黏剂、背板两个部分所选用的材料。太阳能电池组件结构如图 2.12 所示。

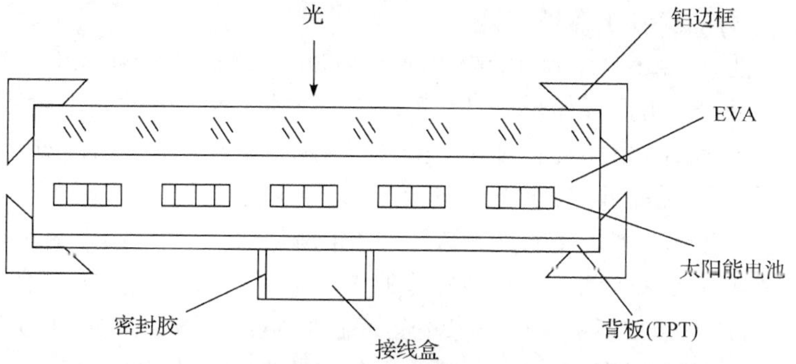

图 2.12 太阳能电池组件结构

晶体硅太阳能电池与玻璃面板和背板之间的黏结是通过胶黏材料实现的。常用的胶黏材料有两种，即 EVA 胶膜和 POE 胶膜。EVA 胶膜是乙烯与乙酸乙烯酯的共聚物。EVA 是一种热熔胶黏剂，常温下无黏性，厚度为 0.4～0.6 mm，表面平整，厚度均匀，内含交联剂、抗紫外剂和抗氧化剂等，能在约 140℃的固化温度下实现胶连接，采用挤压成型方法，快速固化或以常规固化工艺形成稳定的胶层。在抽真空热压条件下发生熔融交联固化后，变成有弹性的透明材料，具有优良的柔韧性和化学稳定性。对内与太阳能电池形成三明治式的包封结构，对外能够黏结上层保护材料玻璃和下层保护材料 TPT（聚氟乙烯复合膜），与之黏合密封。对于太阳能电池来说，EVA 是一种很好的封装材料。

太阳能电池组件中的背板材料分为有机材料和无机材料两大类，其中有机材料又可分为双面含氟有机材料、单面含氟有机材料和不含氟有机材料三类，无机材料主要为玻璃和金属板。按照生产工艺的不同，太阳能电池组件背板材料可分为复合型、涂覆型和共挤型三类。复合型背板是用聚氟乙烯（PVF）或聚偏氟乙烯（PVDF）树脂加工而成的氟膜，通过胶黏剂与聚对苯二甲酸二乙醇酯（PET）基膜黏结复合形成。涂覆型背板主要是以全氟乙基乙烯基醚、PVDF 等为主体树脂制备成的氟碳涂料，采用涂覆方式与 PET 基膜通过化学键键合成膜。

2.3.3 单晶硅太阳能电池

单晶硅太阳能电池是最早开始研究的太阳能电池。早在 1954 年，美国贝尔实验室的 Pearson、Fuller 和 Chapin 就发明了 pn 结型太阳能电池，它的转换效率为 4.5%。不久后，他们将电池中的锂扩散成结技术替换为硼扩散，使效率提高到 6%。现如今，单晶硅太阳能电池的实验室效率已达到 27.6%，在已实用化、商业化的太阳能电池中处于顶尖水平。此外，单晶硅太阳能电池的制备技术已经十分完善，其中的单晶硅棒和 pn 结的制造技术历史悠久，技术成熟。单晶硅太阳能电池的可靠性高，性能稳定，常被用于人造卫星和海上灯塔，可以在较为恶劣的条件下长时间使用。太阳能电池的光电转换效率是衡量其质量的一个重要标准，下面将简要介绍几种高效的单晶硅太阳能电池。

（1）PERC 电池（passivated emitter and rear contact cell），即发射极及背面钝化电池，作为一种高效电池，对电池的背面进行了改善，通过引入背钝化以及激光开槽技术，在保证电池制造低成本的基础上实现了电池效率的显著提高，由常规背场电池演变而来。由于常规的金属铝薄膜仅能反射 60%～70%到达背表面的红外光，降低了器件对光的利用率，PERC 电池就通过在电池背部生长一层介质钝化层（氧化铝）来提高内表面反射率，这一操作大大减少了光学损失，有效提升了器件性能。

（2）PERT 电池（passivated emitter and rear totally diffused solar cell），即钝化发射极背表面全扩散电池，由于它的正背面都可以接受太阳光的照射，因此是一种双面发电的电池。PERT 电池分为 n 型和 p 型两种，由于 n 型硅在少数载流子寿命和抗金属杂质污染方面较 p 型硅片有明显的优势，因此 n-PERT 电池成为光伏行业的关注点。

n-PERT 电池的特点如下：在弱光条件下，光谱响应好。这是由于 n 型硅片少子寿命远高于 p 型硅。相同电阻率的情况下，n 型硅片的少子寿命通常比 p 型硅片高 1～2 个数量级，一般为毫秒级；无光致衰减现象。硼掺杂的衬底在光照条件下，形成 B-O 复合对，捕获少数载流子，使电池效率出现衰减。以 n 型硅为基体的电池，硼含量极低，基本消除了 B-O 复合对对载流子的影响；具有抗金属杂质污染特性，对过渡金属 Fe、Cr、Co、W、Cu、Ni 等的容忍度高。

为了进一步提高电池的转换效率，一个思路是最大限度地减少电池正面栅线的遮挡，从而使太阳能电池正面接受辐射的面积尽可能大，同时降低金属栅线和硅片直接接触带来的严重复合。1975 年，Schwartz 等最早提出了 n 型叉指状背接触（interdigitated back contact，IBC）电池的构想，它将 pn 结、衬底与发射区的接触电极以叉指状全部做在电池背面，电池正面没有任何栅线结构，从而完全消除了前表面栅线的遮光，同时电池背面电极设计也有了更多的优化空间，可以采用更大的有效电池接触面积，提升电池的填充因子，达到提升转换效率的目的。IBC 电池转换效率高，但制作流程复杂，工艺成本高。

2.3.4 多晶硅太阳能电池

依据硅原子的排列方式，可以将硅分为单晶硅、多晶硅及非晶硅三类。单晶硅原子排列是具有周期性且朝向同一方向的；多晶硅的结构是由许多不同排列方向的单晶粒组成的；非晶硅原子排列非常松散且没有规则。由于单晶硅的原子排列具有周期性，单晶结构具有比较少的晶格缺陷，因此所制得的太阳能电池的转换效率高。多晶硅是由许许多多不同排列方向的单晶粒所组成的，在晶粒与晶粒之间存在原子排列不规则的界面，称为晶界。由于这些晶界缺陷的影响，多晶硅太阳能电池的转换效率比单晶硅太阳能电池低，但其成本低于单晶硅太阳能电池。

在早期的太阳能电池研究中，研究人员通常使用单晶硅作为电池的制造材料。但单晶硅的生产成本高昂，并且制备过程相对复杂。20 世纪 60 年代初，美国劳伦斯伯克利国家实验室的研究人员通过改进制造工艺，制造出了第一块多晶硅太阳能电池。20 世纪 80 年代，由于成本低廉，制备简单，很多太阳能电池厂商开始使用多晶硅材料制作太阳能电池。在 1998 年以后，多晶硅太阳能电池的产量大量增加，已经超过了单晶硅太阳能电池。随着光伏行业的迅猛发展，多晶硅太阳能电池凭借其较高的性价比，一直占据着光伏市场的主导地位。目前多晶硅太阳能电池的最高效率已达 23.3%。

多晶硅太阳能电池器件的结构与单晶硅太阳能电池类似，其具体工艺有所不同，在后续的晶硅太阳能电池制备技术中会有详细的说明。多晶硅太阳能电池的效率相较于单晶硅太阳能电池略低，通常在 15%～20%之间，但其成本较低，适合大规模生产，同时也具有较长的使用寿命和较好的稳定性，可以在室外环境下工作多年。如今的晶硅太阳能电池多用多晶硅制作，由于其成本低廉的特性被广泛应用于民用行业，如在城市中将多晶硅太阳能电池安装在屋顶、墙面或窗户等位置，为公共建筑和住宅提供清洁能源，在农村为农业灌溉、村庄的基础设施等提供电力供应。

2.3.5　非晶硅太阳能电池

多晶硅太阳能电池相较于单晶硅太阳能电池的成本已有所下降，但在多晶硅太阳能电池的生产过程中，它所需要的原料成本依旧占多晶硅太阳能电池制造总成本的 30%～40%。日益严峻的能源问题和对新能源的极大需求促使人们寻求成本更加低廉的太阳能电池。1976 年，美国无线电公司（RCA）的 Carlson 等研制出第一块 p-i-n 结构的非晶硅太阳能电池，光电转换效率达到了 2.4%，在国际上掀起了研究非晶硅材料和器件的热潮。1980 年，Carlson 将非晶硅太阳能电池效率提高到 8%，具有产业化标志意义。1994 年，日本采用 PECVD 方法制备了非晶硅太阳能电池，效率达到 18.9%。非晶硅太阳能电池通常采用薄膜结构，在硅基薄膜电池中主要采用的材料就是非晶硅，在之前的硅太阳能电池材料一节中有所涉及。

非晶硅基薄膜电池通常分为两种结构，即 p-i-n 结构和 n-i-p 结构。p-i-n 结构的电池一般沉积在玻璃衬底上，以 p、i、n 的顺序连续沉积各层而得。光是透过玻璃衬顶入射到太阳能电池的，而在玻璃衬底上先要沉积一层透明导电膜（TCO）。透明导电膜有两个作用，一是让光通过衬底进入太阳能电池，二是充当收集电流的电极（称顶电极）。非晶硅基薄膜电池的 p 层通常采用非晶碳化硅（a-SiC:H）合金。由于非晶碳化硅合金的禁带宽度比非晶硅宽，其透过率比通常的 p 型非晶硅高，因此 p 型非晶碳化硅合金也称窗口材料（window material）。使用 p 型非晶碳化硅合金可以有效地提高电池的开路电压和短路电流。但由于 p 型非晶硅碳合金和本征非晶硅在 p/i 界面存在带隙的不连续性，在界面处容易产生界面缺陷态，从而产生界面复合，降低电池的填充因子。为了降低界面缺陷态密度，一般采用一个缓变的碳过渡层（buffer layer），在过渡层上面可以直接沉积本征非晶硅层，然后沉积 n 层。在沉积完非晶硅层后，背电极可以直接沉积在 n 层上。非晶硅太阳能电池常用的背电极是铝（Al）和银（Ag）。由于银的反射率比铝高，使用银电极可以提高电池的短路电流，因此实验室中常采用银作为背电极。但由于银的成本比铝高，而且在电池的长期可靠性方面存在一些问题，在大批量非晶硅太阳能电池的生产中铝背电极仍然是常用的。为了提高光在背电极的有效散射，在沉积背电极之前可以在 n 层上沉积一层氧化锌（ZnO）。氧化锌有两个作用，首先它有一定的粗糙度，可以增加光散射，其次它可以起到阻挡金属离子扩散到半导体中的作用，从而降低由金属离子扩散引起的电池短路。

与 p-i-n 结构相对应的是 n-i-p 结构。这种结构通常是沉积在不透明的衬底上，如不锈钢和塑料。由于硅基薄膜中空穴的迁移率比电子的迁移率小近两个数量级，因此硅基薄膜电池的 p 区应该生长在靠近受光面的一侧。以不透光的不锈钢衬底为例，制备电池结构的最佳方式应该是 n-i-p 结构。即首先在衬底上沉积背反射膜，之后在背反射膜上依次沉积 n 型、i 型和 p 型非晶硅材料，然后在 p 层上沉积透明导电膜。常用的透明导电膜是氧化铟锡。

非晶硅太阳能电池的厚度远小于晶硅太阳能电池，因此在制作过程中可以节省很多的硅材料，由于反应温度低，可在 200℃左右的温度下制造，因此可以在玻璃、不锈钢板、陶瓷板、柔性塑料片等上淀积薄膜，易于大面积化生产，成本较低。由于非晶硅可以在诸多衬底上沉积，其也可以十分方便地制备出适合不同需求的多品种产品。非晶硅太阳能电池适合作为室内用的微低功耗电源，如手表电池、计算器电池等。由于其轻薄柔韧的特点，也可以应用于移动充电设备，为移动设备如手机、平板电脑等提供电力。在建筑设计中，利用非晶硅太阳能电池柔性的特点，可以将它和窗户、墙壁等融合，实现太阳能发电与建筑外观的结合。

2.4 薄膜太阳能电池

2.4.1 薄膜太阳能电池工作原理

薄膜太阳能电池（thin film solar cell）是一种基于化合物半导体材料的太阳能光伏技术。相比于传统的晶硅太阳能电池，薄膜太阳能电池具有轻便、灵活、低成本的特点，同时在特定条件下能够表现出更高的光电转换效率。本小节将详细介绍薄膜太阳能电池的结构及其工作原理。

薄膜太阳能电池的基本结构通常由以下几层组成。①衬底：衬底是太阳能电池的支撑部分，通常由玻璃、不锈钢、塑料等材料制成。衬底的选择取决于太阳能电池的应用场景，如在需要柔性电池的应用中，塑料衬底会更加适合。②背电极：背电极是太阳能电池的底层电极，用于收集并传导电流。常见的背电极材料包括钼、铝等金属。钼膜具有较低的电阻率和优异的化学稳定性，是薄膜太阳能电池背电极的常见选择。③吸光层：吸光层是太阳能电池的核心部分，其功能是吸收太阳光并产生光生电子-空穴对。薄膜太阳能电池常用的吸光材料包括铜铟镓硒（CIGS）、铜铟硫化物（CIS）、镉碲（CdTe）、钙钛矿等。这些材料具有优异的光吸收特性，可以在较薄的膜层中有效吸收太阳光。④缓冲层：缓冲层位于吸光层和窗口层之间，起到减少界面复合和提高器件开路电压的作用。常用的缓冲层材料包括硫化镉（CdS）、氧化锌（ZnO）等。⑤窗口层：窗口层位于最顶层，它需要对阳光具有高透过率，并同时能起到良好的导电性作用。常见的窗口层材料是透明导电氧化物，如掺铟氧化锡

（ITO）和掺铝氧化锌（AZO）。⑥前电极：前电极是顶层电极，用于收集由光生载流子产生的电流。前电极一般是透明的，以保证尽可能多的光能够通过。常用的前电极材料包括银网格、ITO 和 AZO 等。

薄膜太阳能电池的工作原理是基于光伏效应，即光照射到半导体材料表面时，产生电子-空穴对，并在电场的作用下分离，从而形成电流。其工作过程可以分为以下几个步骤：①光吸收与激发电子-空穴对。当太阳光照射到太阳能电池时，吸光层中的半导体材料吸收光子。吸收的光子能量使得吸光材料中的电子从价带跃迁到导带，形成电子-空穴对。②载流子分离与传输。由于吸光层与缓冲层或窗口层之间形成了 pn 结或异质结，内建电场会将光生电子和空穴分离开。电子被吸引到 n 型层（窗口层或缓冲层），而空穴被吸引到 p 型层（吸光层）。③载流子的收集与外电路输出。分离后的光生电子通过窗口层到达前电极，光生空穴通过吸光层到达背电极。通过外部电路，这些电子和空穴重新结合，形成电流。这样，光能被转换为电能，输出电流和电压可用于驱动负载设备。④界面复合与效率损失。在实际工作过程中，界面缺陷和不纯物会导致部分光生载流子在到达电极之前复合，造成效率损失。为了提高薄膜太阳能电池的效率，需要优化吸光层的材料纯度、结构及界面态密度等参数。

薄膜太阳能电池主要包括 CdTe 电池、CIGS 电池和钙钛矿电池等类型。CdTe 和 CIGS 电池已经在商业化生产中取得了一定的市场份额，尤其是 CIGS 电池凭借其良好的转换效率和稳定性，成为柔性太阳能电池的首选。而钙钛矿太阳能电池因其较低的制造成本和可调节的带隙，正成为一个非常有前途的研究方向。薄膜太阳能电池以其轻便、灵活、成本较低和高效率等优势，在未来的光伏市场中具有巨大的潜力。未来的研究方向包括进一步提高电池效率、改善长期稳定性以及探索新型材料和结构。这些技术的进步将推动薄膜太阳能电池在各种应用场景中的广泛应用。

2.4.2 薄膜太阳能电池材料

（1）铜铟镓硒是一种基于Ⅰ-Ⅲ-Ⅵ族化合物的半导体材料，广泛应用于高效薄膜太阳能电池。CIGS 材料由铜（Cu）、铟（In）、镓（Ga）和硒（Se）组成，形成了一种具有黄铜矿（chalcopyrite）结构的化合物半导体。这种材料因其优异的光电性能、高吸光系数以及良好的化学和热稳定性，在光伏领域引起了广泛关注。CIGS 材料的一个重要特性是其带隙可调性。通过调整组成元素的比例（特别是 Ga 与 In 的比例），CIGS 的带隙可以在 1.0～1.7 eV 之间调节。这种带隙调控使得 CIGS 材料能够优化对太阳光谱的吸收，特别是在 1.1～1.4 eV 内，接近于太阳光谱的最佳带隙值，从而提高了光电转换效率。CIGS 材料还具有很高的光吸收系数（约 10^5 cm^{-1}），这意味着它可以在极薄的膜层（1～2 μm）中吸收大部分的入射光。这种高效的光吸收能力使得 CIGS 太阳能电池可以实现较高的转换效率，目前实验室效率已经超过 23%，接近晶硅电池的效率。此外，CIGS 薄膜具有较强的抗辐照能力和较好的温度系数，适合在各种环境条件下使用，尤其在太空应用和高温地区具有显著优势。

（2）砷化镓薄膜是由元素镓（Ga）与元素砷（As）按原子比 1∶1 化合而成的化合物半导体材料，属于闪锌矿晶体结构。GaAs 材料晶体结构的原子排列是每个 Ga 原子周围都由四个最靠近的 As 原子包围而形成正四面体，而每个 As 原子周围又由四个 Ga 原子包围形成正四面体。砷化镓薄膜太阳能电池被公认为新一代高性能长寿命空间主电源，GaAs 材料的特性决定了其与 Si 相比，在制作太阳能电池方面有更加显著的优点，如光吸收能力强、光电转换效率高、耐高温性能好、抗辐照性能好、可制成更高效率的多结太阳能电池。当然，GaAs 薄膜太阳能电池也具有一些自身固有的缺点，如材料昂贵、机械强度差、制备所用砷化物有毒、材料制备技术难度高等。

（3）碲化镉是一种闪锌矿结构的Ⅱ-Ⅵ族化合物半导体。由 CdTe 薄膜制备的单结太阳能电池就能获得较高的光电转换效率，理论效率为 30%。CdTe 为直接带隙半导体，吸收系数很大，在可见光范围内可达 $10^5\ cm^{-1}$。从理论上讲，2 μm 左右的厚度就可以吸收 99%的能量，大于其带隙宽度的太阳光能量。这就使得此类薄膜太阳能电池需要的原材料很少，电池成本比较低。

（4）铜锌锡硫（CZTS）为Ⅰ-Ⅱ-Ⅲ-Ⅵ族半导体材料，可以看作是Ⅰ-Ⅲ-Ⅵ族化合物 $CuInS_2$ 中三价的 In^{3+}被二价的 Zn^{2+}和四价的 Sn^{4+}替换得到。CZTS 中的部分或全部 S 被 Se 替换，就可以得到 $Cu_2ZnSn(S,Se)_4$（CZTSSe）和 $Cu_2ZnSnSe_4$（CZTSe）化合物。CZTS 晶体中由于 Cu 和 Zn 原子排列的不同，具有锌黄锡矿（kesterite）结构和黄锡矿（stannite）结构，这两种晶体结构都属于四方晶系。通过理论计算，目前认为锌黄锡矿结构的 CZTS 形成能更低，因而锌黄锡矿结构更稳定。此外，在低于 300℃的环境下，还可能得到 CZTSSe 化合物的亚稳相态的化合物，如立方相和六方相结构的 CZTSSe 材料。当温度大于或等于 350℃时，立方相和六方相的亚稳结构将向稳定的四方相转化。

2.4.3 铜铟镓硒薄膜太阳能电池

1974 年，美国贝尔实验室利用单晶 $CuInSe_2$ 制备出光电转换效率为 5%的第一块太阳能电池，标志着 CIS 光伏材料的崛起。进入 20 世纪 90 年代后，CIS 薄膜太阳能电池得到迅速发展。1993 年，通过多源共蒸发法和化学水浴法相结合，制备得到了转换效率为 14.8%的 CIS 薄膜太阳能电池。同年，通过制备具有梯度带隙结构的 CIGS 薄膜太阳能电池，实现了 15.1%的效率。1994 年，美国国家可再生能源实验室（NREL）采用三步蒸发法制备的 CIGS 薄膜太阳能电池的转换效率高达 15.9%。我国研究 CIGS 薄膜太阳能电池是从 20 世纪 80 年代开始起步的，南开大学光电子薄膜器件与技术研究所开始了 CIGS 薄膜太阳能电池的初期研究，制备出光电转换效率为 4.7%的薄膜太阳能电池，完成了我国 CIGS 薄膜太阳能电池零的突破。与国际上 CIGS 薄膜太阳能电池研究开发的力度和规模相比较，国内相关基础研究水平较低。虽然西方国家在研究 CIGS 薄膜太阳能电池方面拥有技术优势，但是我国有得天独厚的资源优势。CIGS 的主要制造原料是铜、铟、镓、硒，这四种原料的最大产地均在我国，全球已探明的铟储量我国占 70%，因此我国将有希望成为 CIGS 薄膜太阳能电池的最大生产国。

单结 CIGS 薄膜太阳能电池是一种多层结构，典型的 CIGS 薄膜太阳能电池的结构为衬底（玻璃或柔性衬底）/Mo 背接触层/CIGS 吸收层/缓冲层（硫化镉 CdS 或其他无镉材料）/窗口层（本征氧化锌 i-ZnO 或掺铝氧化锌 ZAO）/减反射层 MgF_2/顶电极 Ni-Al，具体如图 2.13 所示。铜铟镓硒作为光电转换材料制备薄膜太阳能电池具有显著优点：可通过组分的变化调整和优化带隙宽度；光吸收系数（$10^5\ cm^{-1}$）高，直接带隙半导体材料，弱光性能好，适合薄膜化；具有薄膜太阳能电池转换效率的世界纪录；电池稳定性高、使用寿命长。近几年来，德国巴登-符腾堡州太阳能和氢能研究中心（ZSW）、美国 NREL、瑞士联邦材料科学与技术研究所（EMPA）、日本青山学院大学（AGU）等研究机构制备了效率为 20%左右的铜铟镓硒薄膜太阳能电池。

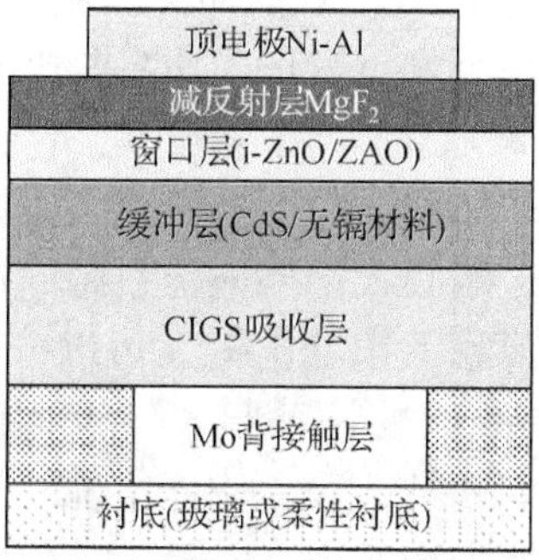

图 2.13 CIGS 薄膜太阳能电池典型结构

CIGS 薄膜太阳能电池具有较高的光吸收系数，可以在极薄的膜层（1～2 μm）中吸收大部分入射光。其实验室效率已超过 23%，接近于晶硅电池的效率。CIGS 具有带隙可调性（1.0～1.7 eV），能够优化太阳光谱的吸收，有效提升光电转换效率。CIGS 电池可以在轻质、柔性的衬底（如塑料、金属箔）上沉积，使其在弯曲、可变形的环境下仍能保持良好的性能。这种特性使 CIGS 薄膜太阳能电池适合于可穿戴设备、便携式电子产品以及建筑一体化光伏（BIPV）等应用。CIGS 薄膜材料表现出优异的环境适应性，包括抗辐照能力强、温度系数低、耐高温和抗湿性能好。与其他薄膜技术（如 CdTe 和有机太阳能电池）相比，CIGS 电池的稳定性更高，使用寿命更长，适合恶劣环境条件下的应用，如太空、沙漠等场景。与含有镉的 CdTe 电池不同，CIGS 薄膜太阳能电池避免了使用有毒元素镉，减少了对环境的潜在危害，更符合绿色环保和可持续发展的需求。

CIGS 太阳能电池可用于柔性和透明的建筑材料，如屋顶瓦片、幕墙和窗户等。其轻便、柔性和高效的特性使其成为 BIPV 应用中的理想选择。由于 CIGS 电池的轻质和柔性特点，它们可以集成到便携式充电器、背包、野外探测设备等小型电子产品中，提供清洁、可再生的能源。CIGS 太阳能电池可以与汽车的车顶或车身结合，为电动汽车提供额外的能源补充，延长续航里程。此外，它们还可用于无人机、船舶等其他交通工具的能源补给。由于其抗辐照和耐高温特性，CIGS 薄膜太阳能电池被广泛应用于卫星、航天器等空间探索任务中，是一种理想的空间光伏电源解决方案。

2.4.4 砷化镓薄膜太阳能电池

砷化镓（GaAs）薄膜太阳能电池是一种基于Ⅲ-Ⅴ族化合物半导体材料的高效光伏技术，以其卓越的光电性能和广泛的应用前景而闻名。GaAs 材料具有直接带隙（约 1.43 eV），使其对太阳光的吸收效率极高，光吸收系数大，因此 GaAs 薄膜太阳能电池的光电转换效率能够达到 30%以上，远高于传统的硅太阳能电池。GaAs 薄膜太阳能电池的发展是从 20 世纪 50 年代开始的，至今已有 70 多年的历史。1954 年世界上首次发现 GaAs 材料具有光伏效应。20 世纪 60 年代，美国等研制了掺锌的 GaAs 薄膜太阳能电池，不过转换效率不高，仅为 9%～10%，远低于 27%的理论值。20 世纪 70 年代，美国和苏联等采用液相外延（LPE）技术引入 GaAlAs 异质窗口层，降低了 GaAs 表面的复合速率，使 GaAs 薄膜太阳能电池的效率达 16%。不久，美国通过改进了 LPE 技术使得电池的平均效率达到 18%，并实现了批量生产，开创了高效率 GaAs 薄膜太阳能电池的新时代。从 20 世纪 80 年代后，GaAs 薄膜太阳能电池技术经历了从液相外延法到金属有机化合物化学气相沉积，从同质外延到异质外延，从单结到多结叠层结构的几个发展阶段，其发展速度日益加快，效率也不断提高，目前实验室最高效率已达到 50%，产业生产转换率可达 30%以上。

GaAs 薄膜太阳能电池按照结构来分，主要包括单结 GaAs 薄膜太阳能电池和多结 GaAs 薄膜太阳能电池。其中单结 GaAs 薄膜太阳能电池包括同质结和异质结两种，而多结 GaAs 薄膜太阳能电池又可以分为双结 GaAs 薄膜太阳能电池和三结 GaAs 薄膜太阳能电池。图 2.14 为传统的 AlGaAs/GaAs 同质结薄膜太阳能电池结构示意图。在电池的受光一侧有一宽带隙的 P-AlGaAs 层，与内侧窄带隙的 P-GaAs 层结合，将自身的透射光谱与 GaAs 层的吸收光谱相重合的区域组成一个较宽的光谱范围，从而对入射到太阳能电池上的阳光起到“窗口”的作用。高 Al 组分的 AlGaAs/GaAs 异质结结构的窗口光谱与太阳光谱较匹配，且使导带呈现较大的不连续性，对光生少子起到反射器的作用，有利于钝化载流子的上表面复合。

图 2.14 AlGaAs/GaAs 同质结薄膜太阳能电池结构示意图

GaAs 薄膜太阳能电池在单结和多结结构中均表现出极高的光电转换效率，适合于高效能量转化需求的应用。GaAs 材料具有出色的抗辐照性能和较低的温度系数，使其在高辐照、高温环境中性能依然稳定。GaAs 薄膜太阳能电池可以制备在柔性衬底上，具备轻便、可弯曲的特点，适用于特殊应用场景。GaAs 薄膜太阳能电池因其高效率和耐辐照性，广泛用于卫星、航天器、无人机等空间和军事设备中。GaAs 薄膜太阳能电池的高能量密度和柔性特性，使其适合集成到小型电子设备和太阳能电动车顶上，提供高效能源补给。GaAs 薄膜太阳能电池常用于需要极高效率的光伏系统中，如聚光型光伏（CPV）电站。

2.4.5 碲化镉薄膜太阳能电池

碲化镉（CdTe）薄膜太阳能电池是一种基于Ⅱ-Ⅵ族化合物半导体的光伏技术，因其较低的生产成本和较高的光电转换效率，广泛应用于商业化光伏发电。CdTe 材料具有直接带隙（约 1.45 eV），接近太阳光谱的最佳吸收范围，能够有效吸收光子，具备优异的光电性能。将 CdTe 材料应用于太阳能电池领域最早是由美国无线电公司于 1956 年首先提出的。1959 年，该实验室通过在 p 型 CdTe 单晶上扩散 In 得到第一个光电转换效率为 2%的 CdTe 单晶同质结太阳能电池。1979 年，法国国家研究中心利用近空间气相输运法在 n 型 CdTe 单晶上沉积 As 掺杂的 p 型 CdTe 薄膜，制备了光电转换效率达 7%的 CdTe 薄膜太阳能电池，这是首次将 CdTe 薄膜用于制备太阳能电池。不久后，通过优化制备工艺将 CdTe 薄膜太阳能电池的光电转换效率提升到 10.5%。

20 世纪 60 年代，人们开始了对 CdTe 异质结太阳能电池的研究。在 60 年代早期，研究人员将 p 型 CdTe 单晶或多晶薄膜浸入含有 Cu 的酸性溶液中，通过表面反应在 CdTe 表面制备 p 型 Cu_2Te，首次得到了由 n 型 CdTe 和 p 型 Cu_2Te 构成的异质结太阳能电池。80 年代，CdTe 薄膜太阳能电池的光电转换效率提高到了 10%。2001 年，美国 NREL 通过改善电极的制备工艺将 CdTe 薄膜太阳能电池的效率提升至 16.5%。后来 First Solar 公司制备了光电转换效率为 17.3%的 CdTe 薄膜太阳能电池。图 2.15 为 CdS/CdTe 薄膜太阳能电池"Superstrate"与"Substrate"的结构示意图。研究人员采用"Superstrate"结构获得了较高的光电转换效率，正因如此，这种结构在 CdS/CdTe 薄膜太阳能电池研究及生产过程中被广泛采用。这种结构除了电池制备工艺简单，另一个优点就是有利于电池背电极的制备。人们还可以通过刻蚀、掺杂、外延等手段对 CdTe 薄膜表面进行处理，从而得到质量优异的欧姆接触。

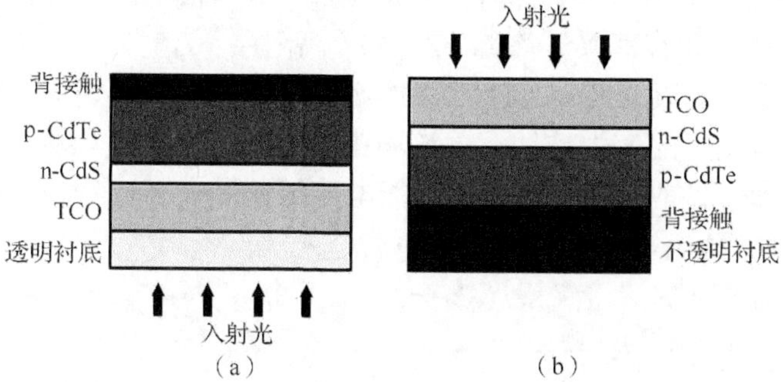

图 2.15　CdS/CdTe 薄膜太阳能电池"Superstrate"结构（a）与"Substrate"结构（b）示意图

室温下，CdTe 多晶薄膜太阳能电池理论转换效率极限为 28%。目前，小面积 CdTe 薄膜太阳能电池的最高转换效率为 20.4%。从 CdTe 多晶薄膜太阳能电池目前已达到的转换效率、可靠性和价格因素等方面看，它在光伏转换应用方面的发展前景极为广阔。CdTe 薄膜太阳能电池的优势是制造工艺相对简单、材料消耗少、适合大规模生产。与硅太阳能电池相比，CdTe 薄膜太阳能电池的成本更低，有利于降低光伏发电的总体成本。CdTe 薄膜太阳能电池具有高光吸收系数，能够在很薄（1～2 μm）的膜层中实现良好的光电转换效率，实验室效率已超过 22%。CdTe 薄膜太阳能电池表现出良好的长期稳定性和抗紫外线能力，适合于不同环境条件下的应用，使用寿命长。

CdTe 薄膜太阳能电池广泛用于地面光伏电站和集中式光伏发电系统，尤其适合低光照地区，有助于提升整体发电效率。CdTe 薄膜太阳能电池可集成于建筑外墙、屋顶等结构，作为光伏幕墙或瓦片，实现发电与建筑材料的结合。CdTe 薄膜太阳能电池适用于农业大棚、渔光互补等应用，充分利用空间资源，提高土地利用效率。

2.4.6　铜锌锡硫薄膜太阳能电池

1988 年，日本信州大学采用原子束溅射技术首次成功制备了 Cu_2ZnSnS_4(CZTS)薄膜，发现其具有适合的光学带隙（约 1.45 eV），并报道了 CZTS/TCO 异质结二极管的开路电压为 165 mV。1997 年，斯图加特大学研究人员采用共蒸发法制备了 CZTS 薄膜，其电池开路电压和转换效率分别达到 470 mV 和 2.3%。从 2007 年开始，来自世界各地的多个研究机构对 CZTS 薄膜太阳能电池的研究报道逐渐增多，CZTS 薄膜太阳能电池的转换效率也取得了快速的提升。2012 年美国 AQT Solar 公司和斯坦福大学联合研究了共溅射化合物靶材得到预制层薄膜，然后在 580℃温度下含硫气氛退火得到高质量 CZTSSe 薄膜，其电池转换效率达到 9.3%。此外，该公司首次制备出功率达 60 W 的电池组件，并计划商业化 CZTS 光伏电池。日本 Toyota 公司采用溅射法制备了效率为 8.5%的 CZTS 小面积器件，开路电压达 708 mV。在 2013 年 7 月举行的第 39 届全球光伏专家会议上，日本 Solar Frontier 报道了采用溅射叠层后硫化法，通过优化薄膜成分，制备的 CZTS 电池子模块转换效率达 9.19%。报道同时称掺 Se 的 CZTSSe 电池子模块效率达 10.8%，电池吸收层 CZTS 厚度仅为 600 nm，且该子模块是由 7 个 5 cm×5 cm 的电池集成的，有效光照面积达 14 cm^2，显示出优异的产业前景。

CZTS 太阳能电池的器件结构主要借鉴于 CIGS 太阳能电池。CZTSSe 太阳能电池的结构如图 2.16 所示，依次为钠钙玻璃（衬底）/Mo 薄膜（底电极）/CZTSSe 薄膜（吸收层）/CdS 薄膜（缓冲层）/本征氧化锌薄膜（简称 i-ZnO）（高阻层）/掺 In 的 SnO_2 薄膜（简称 ITO）（透明导电层）/Al 栅极（顶电极）。虽然 CZTS 薄膜材料的研究起步较晚，但近几年在一些大型企业和相关科研院所的大力推动下，该薄膜制成的电池器件转换效率得到非常迅速的提升，最高达到 12.7%。目前 CZTS 薄膜太阳能电池的发展大多还处在实验室阶段，对 CZTS 薄膜的生长机理和材料缺陷有待更深入的研究。

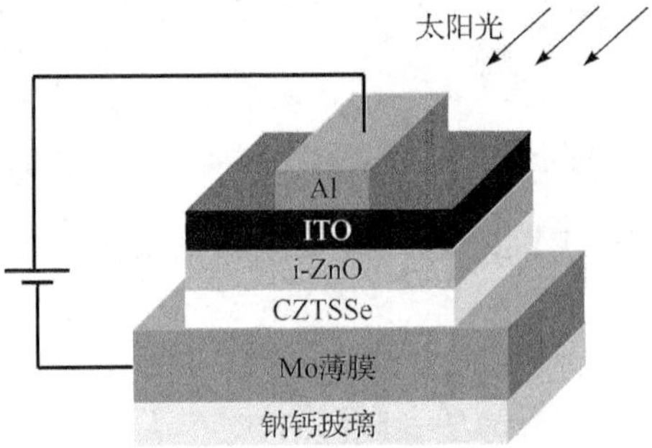

图 2.16 CZTSSe 太阳能电池的器件结构

由于 CZTS 的组成元素无毒害、价格较低，且在地球中储量非常丰富，更适合低成本大规模的商业生产。因此 CZTS 薄膜材料成为取代 CdTe 和 CIGS 薄膜太阳能电池吸收层材料的最佳候选者，并且受到越来越多的关注。但是 CZTS 太阳能电池还需要进一步提高光电转换效率，才能成为新能源的重要组成部分。可以通过元素掺杂的手段来提升 CZTS 吸收层的光学和电学性能，抑制吸收层中的不良缺陷，解决 CZTS 的电压损耗的问题，进而提高效率。还可以进一步优化表面和界面性能，考察 pn 结界面对电池开路电压和电池效率的影响。通过理论和实验模拟相结合的手段，以及优化器件结构和 pn 结界面质量来提高 CZTS 太阳能电池的效率。

2.4.7 柔性薄膜太阳能电池

柔性薄膜太阳能电池主要包括铜铟镓硒、铜锌锡硫、碲化镉等体系，由于铜锌锡硫薄膜太阳能电池是铜铟镓硒薄膜太阳能电池的衍生体系，下面重点介绍柔性铜铟镓硒及碲化镉薄膜太阳能电池。

（1）要实现柔性铜铟镓硒薄膜太阳能电池，需要采用柔性衬底替代玻璃刚性衬底。作为 CIGS 薄膜太阳能电池的柔性衬底，首先需要具备热稳定性，要求衬底可以承受制备高质量功能层所需的温度；其次还要有合适的热膨胀系数（coefficient of thermal expansion，CTE），与电池吸收层、缓冲层、窗口层等材料匹配良好；然后是化学和真空稳定性，即在 CIGS 沉积过程中不与 Se 反应，在化学水浴法制备 CdS 时不发生分解，以及在衬底材料加热时不放气；此外还需要具备表面平整度、深气阻隔性、质轻等特性。其中热膨胀系数、耐温性以及密度最为关键，因为这几个参数直接影响柔性薄膜太阳能电池的光电转换效率及功率质量比。柔性 CIGS 薄膜太阳能电池衬底主要包括三类：金属箔、聚合物及陶瓷。目前应用最为广泛的 CIGS 薄膜太阳能电池柔性衬底为不锈钢、聚酰亚胺（PI）。

PI 衬底上 CIGS 薄膜太阳能电池的最高效率达 20.4%，比玻璃基电池效率的绝对值低 2.5%。相比于不锈钢衬底，PI 衬底具有质轻、表面较光滑平整等优势。但 PI 衬底也存在劣势，导致相比于玻璃基电池效率略低。首先，PI 的热膨胀系数高于 Mo、CIGS 等薄膜，导致 Mo 背电极及 CIGS 薄膜内容易形成裂纹乃至剥离脱落。其次，PI 的热稳定性较差，最高只能耐 450℃下短时间处理，而高质量 CIGS 薄膜的生长温度一般为 550～600℃。在低温下沉积 CIGS 薄膜吸附原子获得的能量不足，在衬底上扩散不充分，会影响薄膜结晶质量以及元素的纵向分布。

不锈钢是另外一类广泛采用的柔性衬底。相比于 PI 衬底，不锈钢的热稳定性及热膨胀系数特性都具有一定优势。但是相比于 PI 衬底上 CIGS 薄膜太阳能电池，不锈钢上薄膜太阳能电池效率略低，这主要是由于较大的表面粗糙度、衬底内杂质以及衬底中无 Na 掺杂等因素的影响。首先，不锈钢衬底的粗糙度一般在几百到几千纳米之间，粗糙表面将在 CIGS 薄膜生长过程中提供更多成核中心，导致形成较小晶粒和较多缺陷，增加载流子复合概率。粗糙表面还会促进衬底杂质向吸收层的扩散，导致薄膜内杂质元素增多。此外，金属衬底上较大的尖峰可能穿过 Mo 背电极进入 CIGS 吸收层，导致漏电流增大甚至短路。

（2）相对于柔性 CIGS 薄膜太阳能电池来说，柔性 CdTe 薄膜太阳能电池的研究进展比较缓慢，目前柔性电池衬底主要分为金属和聚合物两大类。常用的聚合物衬底是 PI，由于 PI 衬底热稳定性较差，最高只能耐 450℃短时间处理，因此需要研发 PI 衬底上电池的低温制备工艺。目前 PI 衬底上制备高质量 CdTe 薄膜的常用方法为高真空蒸发法，制备温度为 300～400℃。除了制备温度外，影响 PI 衬底上 CdTe 薄膜太阳能电池光电转换效率的因素还包括 PI 衬底的高吸收率，其制约了电池的短路电流密度，因此研究团队采用较薄的 PI 衬底（如 12.5 μm、7.5 μm）以减少光吸收损失。近几年来随着无色耐高温 PI 衬底的研发成功，PI 衬底上 CdTe 薄膜太阳能电池效率得以进一步提升，瑞士联邦材料科学与技术研究所在 7.5 μm PI 衬底上制备的薄膜太阳能电池的转换效率达 13.8%。

金属箔是另一类广泛研究的柔性衬底，主要包括不锈钢、钼、钛等体系。由于钼与 CdTe 的热膨胀系数近似，同时高纯钼可减少衬底杂质对电池的影响，因此钼是常用的金属衬底。目前钼衬底上柔性 CdTe 薄膜太阳能电池的最高转换效率为 11.5%。另外，商业化玻璃厚度逐渐减小，目前已经实现 0.1 mm 甚至更小厚度玻璃的制备。较薄的玻璃也具备一定柔性，同时玻璃具有耐温性好的优点，有利于在柔性玻璃上制备高效的 CdTe 薄膜太阳能电池。美国 NREL 通过改善 CdTe/背金属的欧姆接触特性，以及减少 CdS 的寄生吸收，在 100 μm Willow 玻璃衬底上实现薄膜太阳能电池转换效率达 16.4%，是目前柔性 CdTe 薄膜太阳能电池的最高转换效率。

2.5 有机太阳能电池

有机太阳能电池就是由有机材料构成核心部分，基于有机半导体的光生伏特效应，通过有机材料吸收光子从而实现光电转换的太阳能电池。有机半导体作为有机太阳能电池中的最核心部分，具有光敏特性、热敏特性和掺杂特性等半导体特性。其中，光敏特性是指某些半导体受到强烈光照射时，其导电性能大大增强；光移开后，其导电性能大大减弱。热敏特性是指外界环境温度升高时，半导体的导电性能也随着温度的升高而增强。掺杂特性是指在纯净的半导体中，如果掺入极微量的杂质可使其导电性能剧增。有机半导体主要是一类含有 π 共轭结构的有机材料，电导率为 10^{-8}～10^{2} S · cm^{-1}，在导电金属和绝缘体之间。

有机太阳能电池的研究始于 1958 年，美国加利福尼亚大学伯克利分校研究人员将镁酞菁染料夹在两金属电极之间，观测到 200 mV 的开路电压，由于激子的解离效率太低使得转换效率极低。此后的二十多年，有机太阳能电池发展比较缓慢，电池结构都与 1958 年报道的器件结构类似，器件的光电转换效率都没有取得比较大的突破。直到 1986 年，柯达公司的邓青云博士以酞菁衍生物和四羧基苝衍生物分别作为 p 型半导体电子给体材料和 n 型半导体电子受体材料，首次制备了双层异质结太阳能电池，异质结结构使能量转换效率达到 1%。这也是第一块真正意义的有机太阳能电池，此后有机太阳能电池的结构都是以此为基础发展起来的。

有机太阳能电池的结构，由单层肖特基器件（Schottky device）开始，相继发展了双层异质结器件、体异质结器件，以及基于以上单元结构的叠层器件。图 2.17 所示为常见的几种有机太阳能电池器件结构，其中（a）为单层肖特基器件，（b）为双层异质结器件，也称平面异质结器件（planar heterojunction device），（c）为体异质结器件(bulk heterojunction device)，（d）为叠层器件。它们都是由 ITO/玻璃作为衬底，只是中间的活性材料或者分布方式不同。

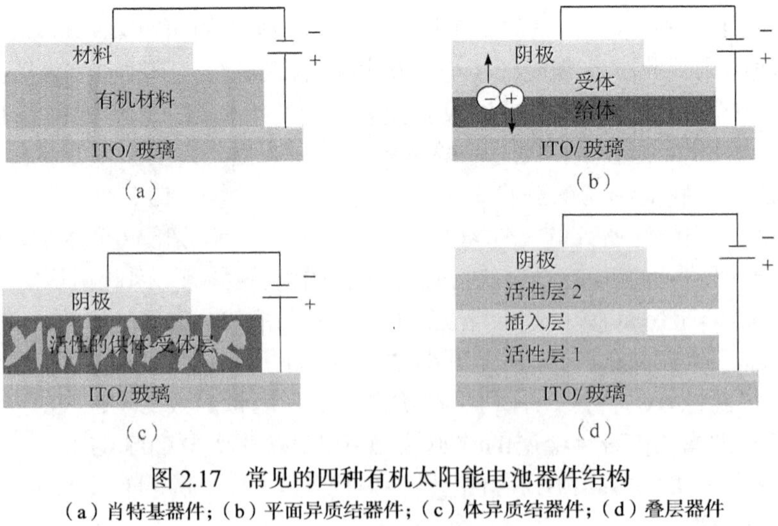

图 2.17 常见的四种有机太阳能电池器件结构

（a）肖特基器件；（b）平面异质结器件；（c）体异质结器件；（d）叠层器件

2.5.1　有机太阳能电池工作原理

经典有机太阳能电池一般由一个给体材料（p 型半导体）和一个受体材料（n 型半导体）作为活性层。给体材料在吸收光后产生激子，激子扩散到给受体界面后发生分离，形成自由的空穴和电子，电荷传输到电极后经电极收集即在整个回路形成电流（图 2.18），具体分为四个步骤，包括光吸收和激子的产生、激子的扩散、激子在给受体界面的解离、电荷的传输与收集等。

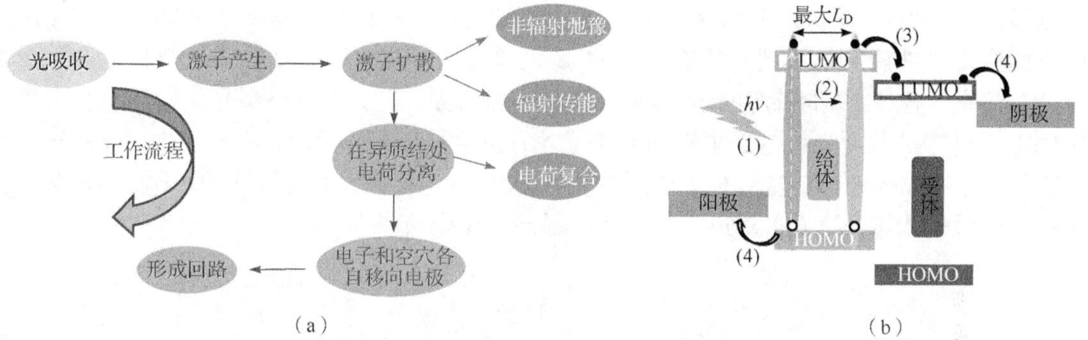

图 2.18　有机太阳能电池光电转换的基本过程

（1）光吸收和激子的产生。有机太阳能电池将光能转换成电能，光吸收是非常重要的第一步。太阳光的大部分能量主要集中在可见光及近红外区域，有机太阳能电池材料的吸收光谱应尽可能在这部分区域并与太阳光的辐射光谱相匹配，材料对太阳光的高效率吸收是太阳能电池性能优良的前提。例如，当聚合物半导体的带隙是 1.1 eV 时，可以吸收 77%的太阳光能量，而如果其带隙超过 2 eV，最多只能吸收 30%的太阳光能量。与无机半导体材料不同，有机半导体材料的相对介电常数小（2～4），在光激发下，电子从最高占据分子轨道（highest occupied molecular orbit，HOMO）跃迁到最低未占分子轨道（lowest unoccupied molecular orbit，LUMO），不能直接生成自由的电子和空穴，而是产生由库仑力紧密束缚的空穴-电子对，即激子，其束缚能为 0.3～1 eV。

（2）激子的扩散。一般认为，激子的扩散距离小于 20 nm，距离给受体界面 20 nm 以外的光生激子难以传递到给受体界面处进行电荷分离。因此，对于利用给受体共混形成的本体异质结的器件结构，增加给受体的接触面积是目前解决有机材料激子有效扩散距离小的有效方法。

（3）激子在给受体界面的解离。激子扩散到给受体界面后，在内建电场的作用下发生电荷分离，给体上的激子将电子转移到受体的 LUMO 能级上，而将空穴留在给体的 HOMO 能级上。要实现该过程必须有足够的能量促使受束缚的激子发生解离，以前普遍认为需要给受体材料的 LUMO 能级差（$E_{LUMO,D}-E_{LUMO,A}$）大于 0.3 eV，这样才能提供足够的驱动力使激子发生解离，但近年针对小分子非富勒烯受体的研究表明，当给受体 LUMO 能级差小于此数值时也可以发生有效的激子解离。另外，激子发生解离的效率与给体的电离势、受体分子的电子亲和势以及电荷转移速率有关。

（4）电荷的传输与收集。激子解离后形成的自由的空穴和电子，在内建电场的作用下分别通过连续的给体和受体相迁移至外接收集电极上。在载流子（或称为电荷，是空穴、电子的统称）传输的过程中，如果某一相相区能级紊乱或者存在化学杂质，载流子就不能有效地传输到收集电极而被陷阱俘获；如果某一相相区不连续，给体材料或者受体材料的迁移率太低或者不平衡，导致器件内部空间电荷累积，电子和空穴也可能发生再复合，该过程称为双分子复合，从而导致器件的短路电流密度和填充因子减小。

1）单层肖特基器件结构和工作原理

图 2.19（a）所示为单层太阳能电池结构，只有一层同质单一极性的有机半导体材料内嵌于两个电极之间。图 2.19（b）是器件的能级示意图，有机分子吸收光产生激子后，电子占据较高能级的 π^*轨道（LUMO），而与之相关联的空穴占据较低能级的 π 轨道（HOMO）。由于两个电极功函数的不同，传输空穴的 π 轨道能级与具有较低功函数的电极之间将形成肖特基势垒（图 2.19 能带弯曲 W 区域），即内建电场。这是有机单层光伏器件电荷分离的驱动力：只有扩散到肖特基势附近的激子，才有机会被解离。然而，有机物中激子扩散长度一般都小于 20 nm 且肖特基势垒的范围 W 在电极与材料接触界面处仅几纳米厚，因此只有极少一部分激子能够到达电极附近，被解离，最终产生电流。

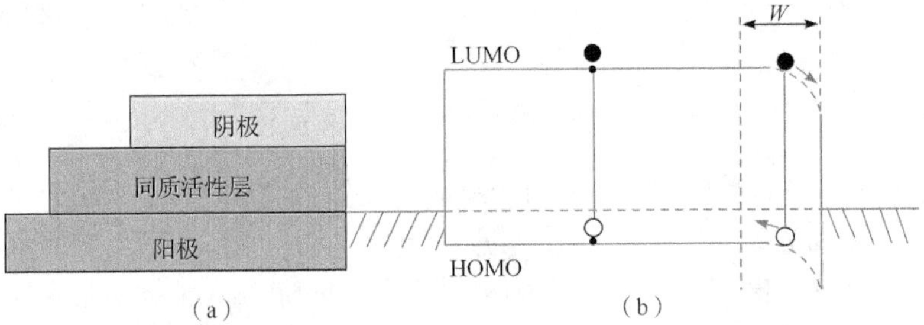

图 2.19　单层器件工作原理：（a）器件结构；（b）能级示意图

2）双层异质结器件结构和工作原理

在双层光伏器件中，给体（D）和受体（A）有机材料分层排列于两个电极之间，形成平面型 D-A 界面。其中，阳极功函数要与给体 HOMO 能级匹配；阴极功函数要与受体 LUMO 能级匹配，这样有利于电荷收集。双层异质结器件的原理见图 2.20，图中忽略所有由于能级排列而产生的能带弯曲和其他界面效应。

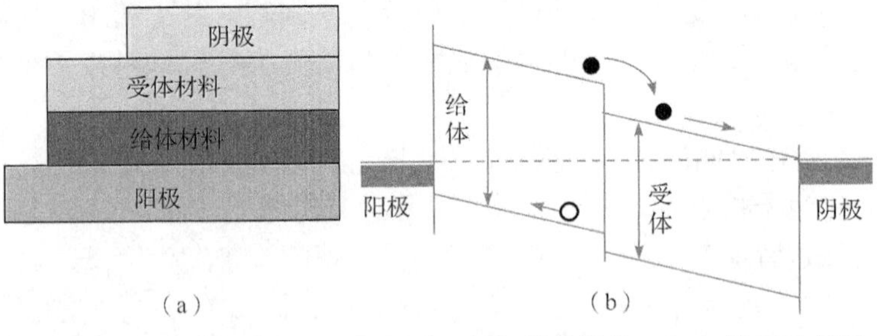

图 2.20　双层异质结器件工作原理：（a）器件结构；（b）能级示意图

与单层异质结器件相比，双层异质结器件的最大优点是同时提供了电子和空穴传输的材料。当激子在 D-A 界面产生电荷转移后，电子在 n 型受体材料中传输，空穴在 p 型给体材料中传输。因此，电荷分离效率较高，自由电荷重新复合的机会也降低。

3）本体异质结器件结构和工作原理

本体异质结器件原理见图 2.21，图中忽略所有由于能级排列而产生的能带弯曲和其他界面效应。本体异质结器件与双层异质结器件相似，都是利用 D-A 界面效应来转移电荷。它们的主要区别在于：①本体异质结中的电荷分离产生于整个活性层，而双层异质结中电荷分离只发生在界面处的空间电荷区域（几纳米），因此本体异质结器件中激子解离效率较高，激子复合概率降低，源于有机物激子扩散长度小而导致的能量损失可以减少或避免；②由于界面存在于整个活性层，本体异质结器件中载流子向电极传输主要是通过粒子之间的渗滤（percolation）作用，而双层异质结器件中载流子传输介质是连续空间分布的给体或受体，因此双层异质结器件中载流子传输效率相对高。

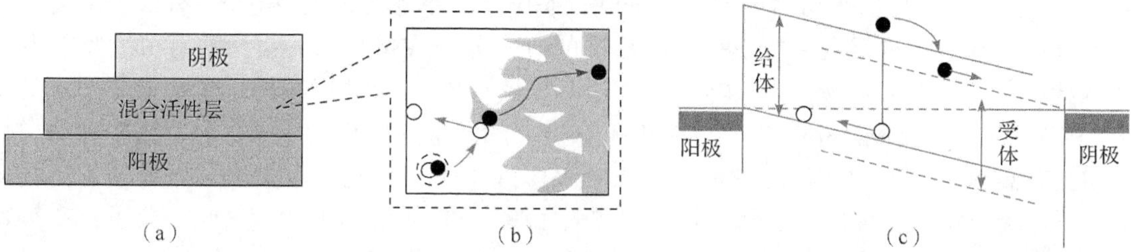

图 2.21 本体异质结器件工作原理：(a) 器件结构；(b) 混合在一起的给体（白色）和受体（灰色）空间分布示意图；(c) 本体异质结器件能级示意图

2.5.2 有机太阳能电池材料

（1）有机太阳能电池给体材料。在有机太阳能电池中，给体材料扮演关键的角色，它们在可见光范围内吸收光子，并产生激发态（即激发电子），随后将该激发态电子传递给电子受体材料。给体材料通常是一种具有共轭结构的有机分子或聚合物。常见的有机太阳能电池给体材料有：共轭聚合物，包括聚噻吩（polythiophene）、聚苯乙烯（polystyrene，PS）等（图 2.22）。这些聚合物具有良好的溶解性和导电性，在太阳能电池中可以形成连续的电子传输通道。小有机分子材料，包括有机染料和小分子有机半导体，也通常具有良好的光吸收性能和电荷传输特性，被用作给体材料。

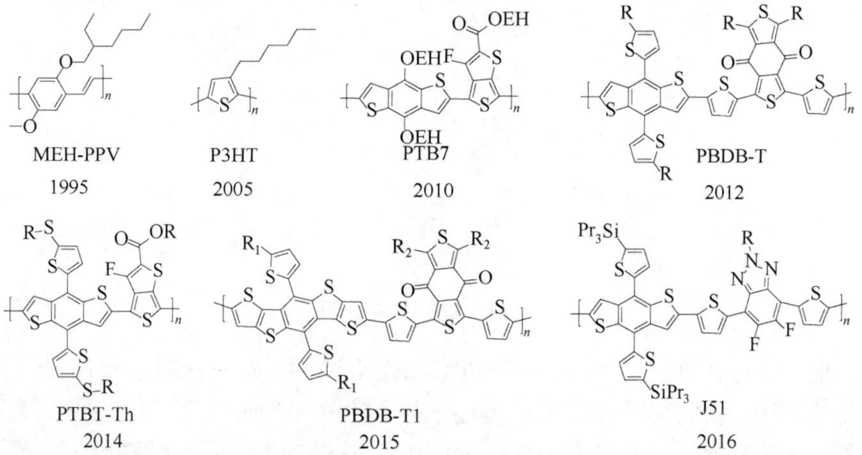

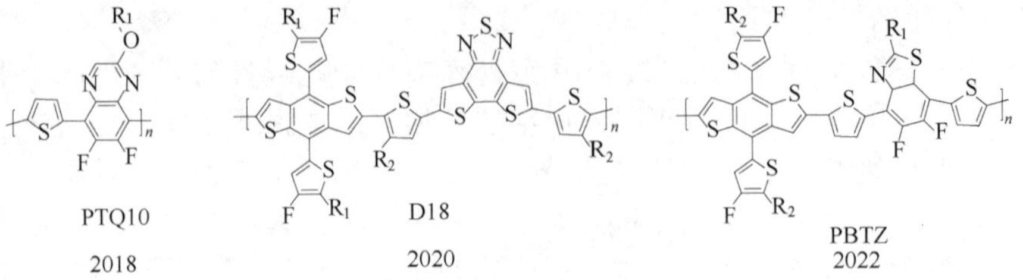

图 2.22　常见的聚合物给体材料
各物质研发年份放于结构式下方

（2）有机太阳能电池受体材料。在有机太阳能电池中，受体材料也是至关重要的组成部分，它们负责接收从给体材料传递过来的激发态电子，并将其转化为电流。有机太阳能电池受体材料通常是一种具有良好电荷传输特性的有机分子或聚合物。常见的有机太阳能电池受体材料有富勒烯衍生物，如[6,6]-苯基-C_{61}-丁二酰亚胺（PCBM）、[6,6]-苯基-C_{71}-丁二酰亚胺（PC71BM）等富勒烯衍生物广泛应用于有机太阳能电池中作为受体材料。这些富勒烯衍生物具有高电子迁移率和良好的电荷分离效果。近年来，研究人员提出了一系列非富勒烯小分子作为有机太阳能电池受体材料，如 Y6、ITIC、IT-M、IT-4F 等。这些小分子具有较宽的光谱响应范围和高电子迁移率，有助于提高有机太阳能电池的效率（图 2.23）。

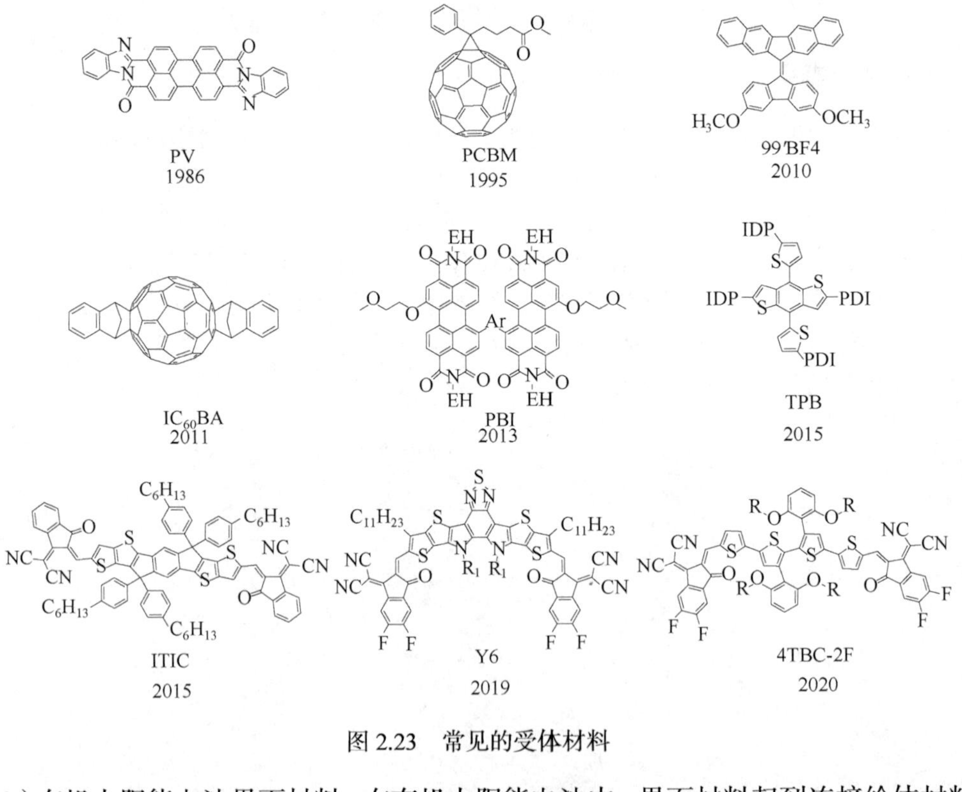

图 2.23　常见的受体材料

（3）有机太阳能电池界面材料。在有机太阳能电池中，界面材料起到连接给体材料和受体材料的关键作用，它们帮助优化电荷传输、电子抽取和光吸收等过程，从而提高光电转换效率。常见的有机太阳能电池界面材料包括缓冲层材料、电子传输层材料、空穴传输层材料等。缓冲层位于导电衬底（如玻璃、ITO）和给体材料之间，用于提高电子注入效率以及防止电子与衬底之间的反应。常见的缓冲层材料有聚(3,4-乙撑二氧噻吩)-聚(苯乙烯磺酸盐)(PEDOT:PSS)、聚苯胺（PANI）等。电子传输层位于给体材料和受体材料之间，用于促进电子从给体材料向受体材料的有效传输，并帮助形成良好的电子接触。常见的电子传输层材料有富勒烯类材料(如[6,6]-苯基-C_{61}-丁二酰亚胺)、非富勒烯类小分子材料(如ITIC、IT-M）等。空穴传输层位于受体材料和电极之间，用于促进空穴从受体材料向电极的有效传输，并帮助形成良好的空穴接触。常见的空穴传输层材料有聚（3,4-乙撑二氧噻吩)、聚咔唑、聚噻吩等。

(4)有机太阳能电池电极材料。在有机太阳能电池中，电极材料是连接电池内部电子流动的关键部分，它们负责收集和输送电子或空穴，并与外部电路连接。常见的有机太阳能电池电极材料包括透明导电氧化物、金属网格、有机导电聚合物等。透明导电氧化物，如掺铟氧化锡（ITO）是最常用的透明电极材料之一，具有良好的透光性和导电性能。透明导电氧化物材料通常作为背电极或底电极使用。金属网格电极由金属线网格构成，如银（Ag）或铜（Cu）等，它们具有较好的导电性能和透光性，可用于替代传统的ITO电极。金属网格电极通常应用于前电极或顶电极。有机导电聚合物也被用作电极材料，如聚（3,4-乙撑二氧噻吩）等。这些聚合物具有良好的导电性能和柔韧性，可用于制备柔性有机太阳能电池。

(5)有机太阳能电池封装材料。在有机太阳能电池中，封装材料是保护电池内部结构和功能的关键组成部分，它们对电池的稳定性、耐候性和长期性能起重要作用。常见的有机太阳能电池封装材料包括有机封装材料、玻璃材料、金属材料、密封胶等。有机封装材料有聚甲基丙烯酸甲酯（PMMA)、聚苯乙烯等，这些有机材料具有良好的透光性、柔韧性和耐候性，可以有效地保护电池内部免受湿气、氧气、灰尘等外界环境的影响。玻璃是一种常用的封装材料，具有高透明性、高机械强度和优异的化学稳定性。金属材料（如铝、钢）可以用作有机太阳能电池的背部封装材料，提供良好的物理和机械保护。密封胶是一种用于填充和黏合封装组件的材料，常用于封闭电池边缘和连接处。常见的密封胶材料有硅酮胶、环氧树脂胶等，它们具有良好的黏结性能和密封性能，可以确保电池内部的稳定性和耐候性。

2.5.3 小分子有机太阳能电池

小分子有机太阳能电池的发展历史可以追溯到20世纪80年代末和90年代初。1986年，邓青云博士等首次报道了基于有机小分子材料的薄膜有机太阳能电池。他们使用了铜酞菁和富勒烯C_{60}作为光敏材料，并在玻璃衬底上制备了具有较高光电转换效率（约1%）的有机太阳能电池。2003年，美国加利福尼亚大学洛杉矶分校成功地将富勒烯衍生物[如甲烷富勒烯苯基-C_{61}-丁酸甲酯（PCBM）]应用于小分子有机太阳能电池中，实现了更高的光电转换效率。这项研究进一步推动了小分子有机太阳能电池的快速发展。2006年，美国加利福尼亚大学洛杉矶分校报道了第一种非富勒烯小分子材料作为电子受体的有机太阳能电池。这种新型的电子受体材料在吸收和转换太阳能方面表现出优异的性能，为进一步提高小分子有机太阳能电池的效率和稳定性提供了新的可能性。近年来，小分子有机太阳能电池得到了广泛的关注和研究。研究人员不断改进电子受体和给体材料的结构设计，探索新的界面工程和封装技术，以提高小分子有机太阳能电池的效率、稳定性和可扩展性。目前，单结小分子有机太阳能电池的最高效率已经超过19%，并且在柔性、透明和半透明等方面具备了更多的应用潜力。

小分子有机太阳能电池的器件性能和稳定性是评估其实用化应用的关键指标。主要针对器件性能和器件稳定性这两个方面。首先是器件性能，主要考虑光电转换效率、开路电压、短路电流等参数。其次，需要考虑器件的稳定性，主要包括光热稳定性、氧化稳定性和湿度稳定性。小分子有机太阳能电池中的材料和结构应具有良好的光热稳定性，以抵抗高温环境下的降解和失效。氧气是导致小分子有机太阳能电池降解的主要因素之一。为了提高器件稳定性，需要采用氧化稳定性较好的材料，并进行有效的封装保护。湿气对小分子有机太阳能电池的性能和稳定性具有负面影响，适当的封装技术和材料选择可以有效防止湿气进入电池内部，减缓湿度引起的降解。

小分子有机太阳能电池具有以下优势：①可溶液加工性：小分子有机太阳能电池可以使用溶液加工技术在柔性衬底上制备，具备可弯曲、可卷绕和可定制的特点，使其适用于各种形状和应用场景。②光谱响应范围宽：小分子有机太阳能电池材料可以通过化学结构调控来实现光谱响应范围的调整，使其能够有效吸收可见光和近红外光谱范围内的光。③能源多样性：小分子有机太阳能电池可以根据需求进行设计和制备，以适应各种不同应用场景的能源需求。它们可以作为独立的充电设备，也可以与其他能源装置集成，如电网、电池储能系统等。④环境友好：相比传统硅太阳能电池，小分子有机太阳能电池采用无毒、可回收的有机材料，且制备过程中消耗较少的能源，具有较小的环境影响。

然而，小分子有机太阳能电池仍然面临一些挑战：①效率和稳定性：尽管小分子有机太阳能电池的效率得到了持续的提高，但仍然低于硅太阳能电池。同时，其长期稳定性和耐久性仍然需要改进，以满足实际应用的要求。②材料选择和设计：寻找具有良好光电特性、高吸收系数和适当能级匹配的电子受体和给体材料是一项挑战。此外，材料的制备成本和可扩展性也需要考虑。③缺乏标准化和产业化：小分子有机太阳能电池领域缺乏统一的标准测试方法和评估体系，这使得不同研究团队之间的结果比较和商业化转化变得困难。④封装和环境适应性：小分子有机太阳能电池对环境的敏感性较高，需要有效的封装技术来保护其免受湿度、氧气和紫外线等因素的损害。

2.5.4 聚合物有机太阳能电池

聚合物有机太阳能电池（polymer organic solar cell，POSC）是在有机太阳能电池的基础上发展起来的。1991 年，邓青云博士等首次报道了使用共轭聚合物作为光敏材料的有机太阳能电池。他们采用了聚苯乙烯和富勒烯 C_{60} 作为基础材料，并在 ITO 玻璃衬底上制备了有机太阳能电池。1995 年，聚合物/富勒烯（polymer/fullerene）异质结构的有机太阳能电池首次被报道。这种新型的电子给体-受体材料组合极大地提高了光电转换效率，使得聚合物有机太阳能电池的发展迈出了重要的一步。2001 年，加利福尼亚大学报道了使用新型共轭聚合物（PPV）和富勒烯衍生物（PCBM）薄膜的有机太阳能电池。这项研究进一步改善了器件的性能，实现了较高的光电转换效率。2000 年，黑格尔等因发现导电聚合物的开创性工作，共同获得诺贝尔化学奖。这一荣誉标志着聚合物有机太阳能电池领域的重要突破和认可。

聚合物有机太阳能电池的功率转换效率在过去几年里取得了长足的进展。最初的聚合物有机太阳能电池性能较低，但随着材料和器件结构的改进，目前已经达到超过 17%的高功率转换效率。然而，聚合物有机太阳能电池的稳定性一直是一个挑战，但近年来研究人员取得了一些突破。通过优化材料、界面和封装等方面的设计，可以降低电池在光照、湿度、温度等环境条件下的衰减速率，延长其使用寿命。

聚合物有机太阳能电池具有许多优势，如低成本、柔性与轻薄、轻量化以及半透明性等。但也面临一些挑战，聚合物有机太阳能电池的能量转换效率相对较低，光照、湿度、温度等环境条件可能导致电池性能的衰减，限制了其实际应用的可靠性和持久性。此外，为了改善聚合物有机太阳能电池的性能和稳定性，需要开发新的材料，并选用合适的合成方法。这需要大量的研究和实验工作，并且需要考虑材料的成本、可扩展性和环境友好性等因素。

2.5.5　柔性有机太阳能电池

柔性有机太阳能电池是指基于有机材料制备的可弯曲、可卷曲的太阳能电池。2001 年，聚合物有机太阳能电池首次实现柔性衬底上的制备，为柔性有机太阳能电池的发展奠定了基础。2004 年，首次实现了在塑料聚酰亚胺衬底上制备柔性有机太阳能电池，获得了较高的光电转换效率和柔性性能。2008 年，日本东京大学的研究团队报道了将柔性有机太阳能电池制备在超薄聚酰亚胺膜上的成功案例，并取得了相对较高的光电转换效率。2010 年，美国加利福尼亚大学洛杉矶分校的研究团队报道了一种基于薄膜硅材料的柔性有机太阳能电池，通过柔性衬底和封装材料的设计，使电池具备了很好的柔性性能。2012 年，一种基于纸张的柔性有机太阳能电池被开发，利用纸张作为衬底和电解质材料，实现了低成本、环境友好和可大规模印刷制备。然而，柔性有机太阳能电池仍然面临一些挑战，如长期稳定性、封装技术和制备工艺等方面需要进一步研究和改进，以推动其在实际应用中的商业化进程。

柔性有机太阳能电池具有轻薄、可弯曲、可定制等独特优势，因而在可穿戴设备、智能手环和便携式充电器等应用领域展现出广阔前景。随着有机太阳能电池研究的不断深入，其大面积制备技术也在持续进步，为实际应用提供了更强有力的支撑。当前，许多物联网设备主要在室内环境中运行，因此开发兼容室内光源的有机太阳能电池成为一项极具前景的策略。此外，用于移动和便携场景的太阳能电池，通常需要在不同入射角条件下高效工作，进一步推动了对角度不敏感、适应性强的器件设计需求。

2.6　染料敏化太阳能电池

染料敏化太阳能电池（dye-sensitized solar cell，DSSC）是一种新型的第三代太阳能电池，由于其成本低、制作工艺简单和可以在弱光环境下工作等优点，在光伏领域引起了广泛关注。DSSC 采用了类似于光合作用的原理，通过染料分子吸收光子并将光能转换为电能。

2.6.1　染料敏化太阳能电池工作原理

（1）染料敏化太阳能电池器件结构。染料敏化太阳能电池的典型结构包括五个主要组成部分：导电衬底、半导体纳米材料层（通常为二氧化钛）、敏化染料、电解质和对电极。染料敏化太阳能电池的器件结构如图 2.24 所示。

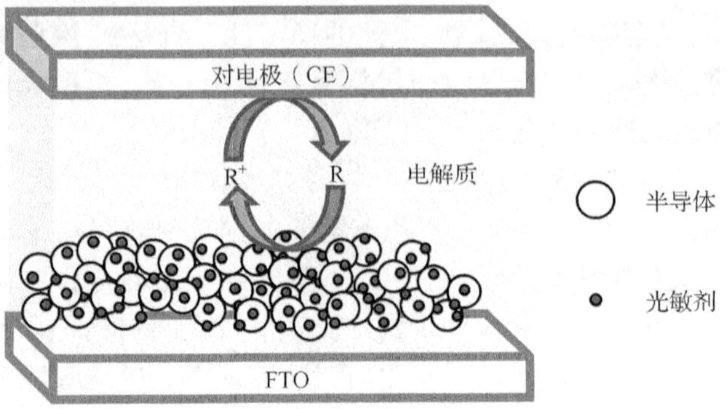

图 2.24　DSSC 的结构示意图

导电衬底：导电衬底通常由透明导电氧化物（transparent conductive oxide，TCO）玻璃制成，如掺铟氧化锡或掺铝氧化锌（AIO）玻璃。它既起到支撑作用，又能透过光并导出电流。

半导体纳米材料层：半导体纳米材料层是由具有纳米级孔隙结构的二氧化钛（TiO_2）制成。TiO_2 材料因其较大的比表面积，有助于吸附大量染料分子。其主要功能是传输光生电子。

敏化染料：敏化染料是 DSSC 的核心成分，它决定了太阳能电池的光吸收能力和转换效率。常用的染料包括金属有机染料（如钌配合物）和有机染料。染料分子吸附在 TiO_2 表面，吸收太阳光并产生电子。

电解质：电解质通常是含有碘/三碘（I^-/I_3^-）的液态溶液，起到闭合电路的作用。它能够将电子从对电极传递回染料分子，完成电池的电流循环。

对电极：对电极一般由具有高催化活性的材料（如铂或碳基材料）制成，用于催化电解质中离子的还原反应，闭合电路。

（2）n 型染料敏化太阳能电池工作原理。染料敏化太阳能电池根据光阳极的半导体类型，可以分为 n 型和 p 型两种。n 型 DSSC 是指使用 n 型半导体（如 TiO_2）作为光阳极的 DSSC，n 型 DSSC 的工作原理可以分为以下几个步骤，如图 2.25 所示。①光吸收：当太阳光照射到染料敏化的半导体薄膜上时，染料分子会吸收光子的能量，从基态跃迁到激发态。在光照下，吸附在半导体表面的染料分子（S）被转移到激发态（S^*）。②电荷分离：处于激发态的染料分子将电子注入 n 型半导体的导带中，形成染料氧化态（S^+）。③电荷再生：失去电荷的染料分子会从电解质中获得电荷而恢复到基态。④电荷传输：半导体中的电荷会通过导电玻璃或金属电极传输到外部电路中。⑤电荷还原：对于 n 型 DSSC，电解质中的氧化剂会在光阴极上获得电子而被还原，从而完成电路。除了染料激发态的弛豫⑥外，还有两个电子复合损失过程显著影响 DSSC 的效率，即注入电子与氧化染料⑦。

（3）p 型染料敏化太阳能电池工作原理。与传统的 n 型染料敏化太阳能电池相比，p 型染料敏化太阳能电池（p-DSSC）可以看作是一种倒置器件。其工作原理可以分为以下几个部分，如图 2.26 所示。①光吸收：在入射光的照射下，染料分子被激发，电子由 HOMO 跃迁到 LUMO，使 HOMO 上形成空穴。②电荷分离：染料将 HOMO 上的空穴注入 p 型半导体的价带，或者 p 型半导体中的电子注入染料的 HOMO，染料得到电子被还原成还原态染料。③电荷再生：还原态染料被电解质中的氧化剂氧化，而恢复到基态，同时处于氧化态的电解质被还原。④电荷传输：p 型半导体价带中的空穴扩散到导电玻璃衬底上，经外电路流到对电极。⑤电荷还原：扩散到对电极的还原态电解质与空穴反应使电解质被氧化，从而实现了电解质的再生。

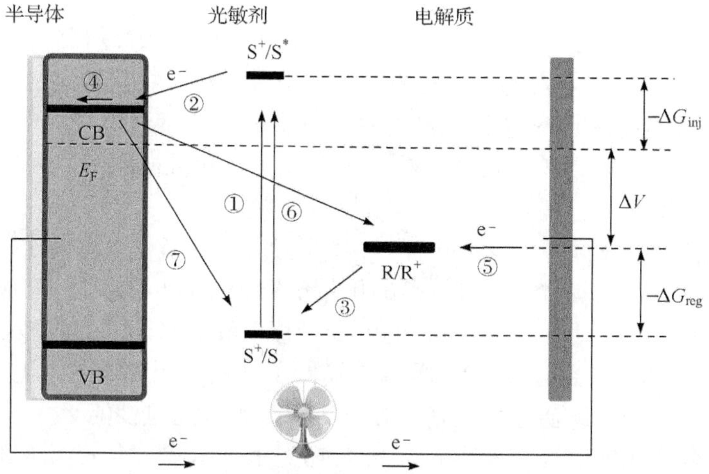

图 2.25　n 型染料敏化太阳能电池工作原理

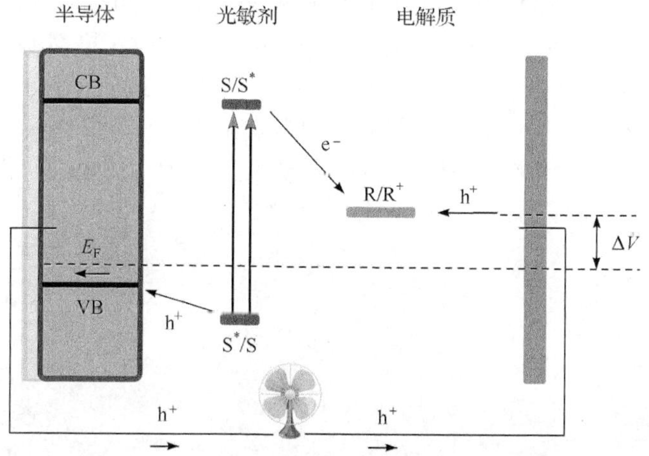

图 2.26　p 型染料敏化太阳能电池工作原理

2.6.2　染料敏化太阳能电池材料

（1）染料敏化太阳能电池光阳极材料。目前，最常用的光阳极材料是 TiO_2，它具有宽带隙、高化学稳定性、低成本等优点。TiO_2 通常以纳米多孔薄膜的形式制备，以提供大的比表面积和高的光散射效应。然而，TiO_2 也存在一些缺点，如低的光谱吸收、较慢的电子迁移率、较大的电子复合等，这些都限制了 DSSC 的性能。为了改善 TiO_2 光阳极的性能，研究者们采用了不同的方法，如优化微观结构、设计新型复合结构、粒子掺杂、表面改性等。这些方法主要目的是增加 TiO_2 的比表面积、增大光谱吸收、减少电子复合、提高电子传输效率等。除了 TiO_2，还有一些其他的光阳极材料，如氧化锌、金属有机骨架材料、金纳米材料等。这些材料都有各自的优缺点，主要取决于它们的光吸收范围、电子结构、载流子迁移率、表面性质等因素。

（2）染料敏化太阳能电池光阴极材料。光阴极材料是染料敏化太阳能电池的重要组成部分，它主要负责收集染料敏化的半导体产生的空穴，并传输到对电极。光阴极材料的选择和优化对于提高染料敏化太阳能电池的光电转换效率和稳定性有重要作用。光阴极材料的选择对于 p-DSSC 的性能有重要影响，主要涉及以下几个方面：①光阴极材料的费米能级应高于电解质的氧化还原电位，以提高器件的开路电压；②光阴极材料的价带边缘应低于染料的 HOMO 能级，以保证空穴的有效注入；③光阴极材料应具有较高的空穴迁移率和扩散长度，以减少空穴的复合损失；④光阴极材料应具有较高的染料负载量和光散射能力，以增强光的利用率；⑤光阴极材料应具有良好的化学稳定性和机械强度，以保证器件的长期稳定性。

目前，常用的光阴极材料有以下几种：p 型半导体，如氧化镍（NiO）、氧化铜（CuO）、铜铟镓硒（CIGS）等。这些材料具有较高的价带位置，可以与染料的 HOMO 能级匹配，从而实现有效的空穴注入。但是，这些材料的电子迁移率和载流子寿命都较低，导致电荷传输和收集效率不高，同时也容易发生电荷复合，降低了开路电压和短路电流。因此，需要通过控制材料的形貌、结构、掺杂、表面修饰等方法来改善其光电性能。

（3）金属配合物光敏染料。金属-有机配合物光敏剂由中心金属离子和含有至少一个锚定基团的配体组成，光的吸收通常是由金属向配体的电荷转移（metal to ligand charge transfer，MLCT）过程造成的。因此，中心金属离子是配合物的重要组成部分。通过不同的取代基（烷基、芳基、杂环等）对配体进行调节，可有效地改变染料的光电物理和电化学性能，从而提高电池的光电性能。锚定基团将染料与半导体连接起来，并促进染料激发态的电子注入半导体的传导带中。一种常见的钌基染料的结构如图 2.27 所示。根据金属离子和配体的种类，常见的金属-有机配合物敏化剂有：多吡啶钌配合物染料、铜配合物染料、锇配合物染料、铂配合物染料以及金属卟啉配合物染料等。

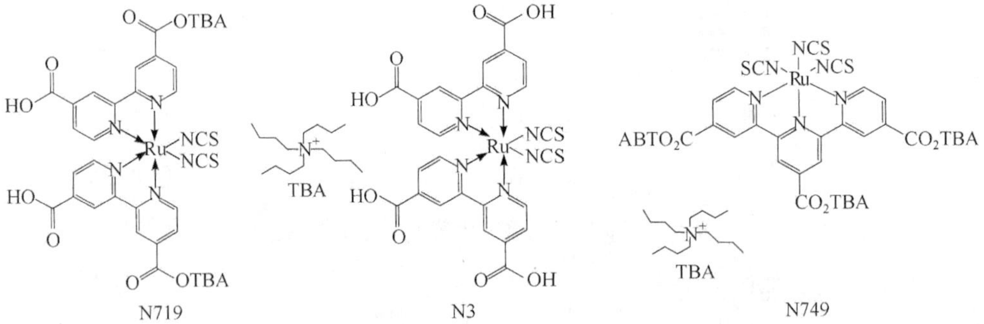

图 2.27 钌基染料 N719、N3、N749 的结构式

多吡啶钌配合物具有良好的激发态性质、高的化学稳定性，作为敏化剂一直具有较高的光电转换效率。图 2.27 中列出了一些具有代表性、已商业化的钌系染料。1993 年，迈克尔·格雷泽尔（Michael Grätzel）等研究了一系列钌配合物染料，其中使用 SCN^-配体的 N3 染料性能最佳，可见光吸收光谱宽，激发态寿命长（约 20 ns），并能牢固吸附到半导体表面上，因此在 AM 1.5 模拟太阳光下，N3 染料的光电转换效率首次达到 10%。Nazeeruddin 等研究了 N3 染料中质子化程度对器件性能的影响，发现含有两个四丁基的 N719 染料，由于羧酸基团去质子化效应影响，染料的氧化和还原电位发生负移，使电池的光电转换效率得

到进一步提高。另一个著名的商业化染料为 N749，钌原子中心连接三个 SCN^-配体和三联吡啶配体，吸收光谱占据了整个可见光区域以及近红外光区域。拓宽到 920 nm，器件的光电转换效率达到 10.4%。

（4）有机光敏染料。有机光敏染料是一类可以吸收可见光并将电子注入半导体中的有机分子，有机染料具有易合成、成本低、吸光系数高等优点。纯有机染料普遍采用 D-π-A 结构，即在共轭体系的两端分别连着推电子基团 D 和拉电子基团 A，光谱的吸收源于分子内电荷转移（intramolecular charge transfer，ICT），通过改变电子给体 D、电子受体 A、共轭 π 桥可以灵活地调整分子的吸光能力。常用的电子给体有三苯胺、咔唑、吲哚啉、吩噁嗪等；电子受体部分通常具有吸电子特性与吸附在光阳极上的能力，如氰基丙烯酸、绕单宁酸；常用的 π 共轭体系有多烯类、多炔类、噻吩、呋喃、吡咯等。

图 2.28 显示了一种高效和经典的 D-π-A 型有机染料（命名为 D5），基于一种简单的合成路线，由 Sun 和同事于 2006 年发明，主要用于 DSSC。在该染料中，三苯胺单元作为 D，噻吩乙烯基连接剂作为 p 单元和氰基丙烯酸构成 A，同时也可以作为锚定组。该分子的特征是通过 HOMO 到 LUMO 的转变，电子云从给体部分有效地转移到受体部分。基于 D5 染料的 DSSC 的有效效率为 6%。通过调整不同的基团，可以显著地改变后代染料的物理性质。如图 2.28 所示，使用相同的连接基团和受体基团，可以设计和合成基于更强的电子给体单元的染料 TH208 和 C1-1，分别是苯并噁嗪和四氢喹啉。

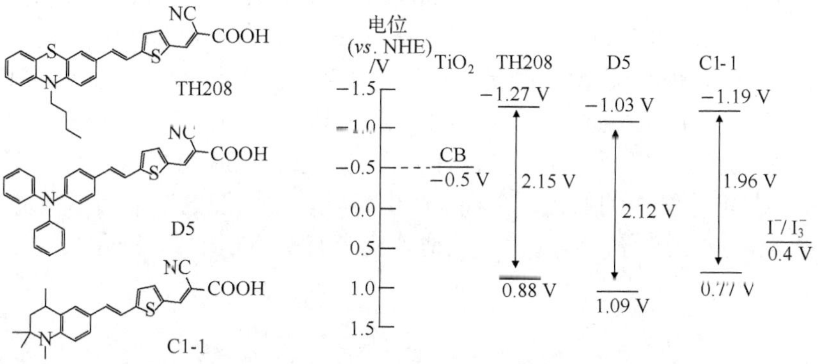

图 2.28　相关有机染料 TH208、D5、C1-1 的分子结构和能级

改变色基是寻求新型 DSSC 分子光敏剂的一种方法。由于卟啉是一种开发全光谱染料的良好色基平台，卟啉染料也被广泛地用于 DSSC 的研究。卟啉色基本质上显示了在 Soret 和 Q 带的光吸收。然而，Q 带的光吸收非常弱，而且在 Soret 和 Q 带之间也缺乏光吸收。随着 D-π-A 结构的出现，在卟啉的染料中引入电子给体和 π-共轭连接基团也成为提高光吸收能力的重要策略。此外，引入长烷基链也大大提高了溶解度，使纯化更加方便，也解决了简单卟啉染料严重的聚集问题。因此，基于卟啉的器件的性能迅速提高。图 2.29 显示了两种用于 DSSC 的高效卟啉染料。基于 SM315 的器件在与钴基氧化还原对的组合中获得了 13%的世界纪录效率。

（5）液态电解质。液态电解质具有低黏度、高电导率、良好的界面润湿性等特点，因此能够获得较高的光电转换效率。液态电解质按照其所用溶剂不同，分为有机溶剂电解质和离子液体电解质。

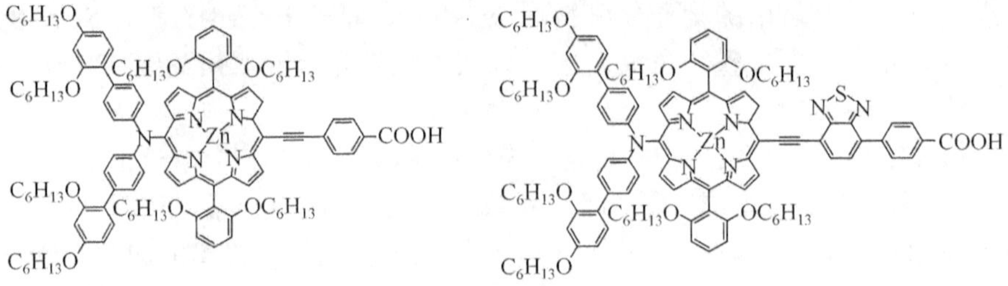

SM371　　　　SM315

图 2.29　相关有机染料 SM371 和 SM315 卟啉染料的分子结构

有机溶剂电解质。最早用于染料敏化太阳能电池中的电解质大多是有机溶剂电解质。有机溶剂电解质具有介电常数高、黏度低、离子传输快、光电转换效率高、对纳晶多孔膜的渗透性好等特点。这种电解质主要由有机溶剂、氧化还原电对和添加剂组成。液态电解质中的氧化还原电对主要是 I^-/I_3^- 。除了 I^-/I_3^- 电对外，Br^-/Br_3^- 电对具备更高的氧化还原电位，也可以用于染料敏化太阳能电池。

离子液体电解质。液态电解质中存在易挥发的有机溶剂，严重影响了电池的长期稳定性，大大缩短了电池的使用寿命，从而使有机溶剂液态染料敏化太阳能电池的实际应用受到限制。因此，离子液体作为 DSSC 中的电解质溶剂成为有机液态电解质的良好替代品。离子液体又称为室温熔盐，即在低温（<100℃）下呈液态的盐，它一般由有机阳离子和无机或有机阴离子组成，图 2.30 显示了一些用于太阳能电池的典型的离子液体。离子液体具有一系列不同于水和常规有机溶剂的优点：①离子液体几乎没有蒸气压，不挥发，不易燃，毒性小；②具有良好的化学稳定性及较宽的电化学窗口（>4 V）；③具有较高的电导率。因此，离子液体的应用极其广泛，可以作为有机合成和聚合反应的溶剂，还可以用于电池、电容器、电沉积等与电化学相关的诸多方面。在染料敏化太阳能电池中用不挥发、高电导率的离子液体替代电解质中的有机溶剂，有效地解决了有机溶剂的挥发性问题，有利于提高电池的稳定性。

阳离子：

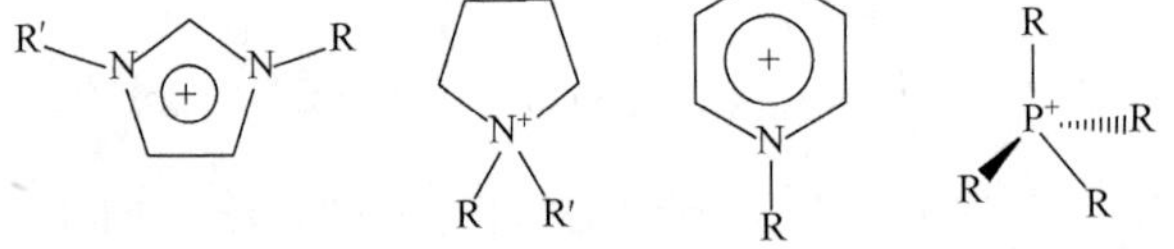

阴离子：Cl^-、Br^-、I^-、PF_6^-、BF_4^-、CF_3COO^-、$CF_3SO_3^-$、$[N(CN)_2]^-$等

图 2.30　典型的离子液体组成

（6）固态有机空穴传输材料。有机空穴传输材料就是位于光阳极和电解质层之间的一层薄膜，它的作用是将染料分子中的空穴收集并传输到对电极，从而减少空穴与光生电子的复合，提高电子的收集效率，同时也可以阻止电解质中的氧化物与半导体层中的电子发生反应，提高电子的寿命。

有机空穴传输材料可以分为小分子有机空穴传输材料和聚合物有机空穴传输材料。小分子有机空穴传输材料通常是由一些具有共轭结构的有机分子构成，如 Spiro-OMeTAD（图 2.31）。小分子有机空穴传输材料的优点是具有较高的空穴迁移率和较低的电子亲和能，而且可以通过化学修饰来调节其能级和电子结构，提高其与染料和对电极的匹配性。小分子有机空穴传输材料的缺点是具有较低的分子量和较差的膜形成能力，因此需要添加一些添加剂或辅助材料来提高其在半导体层上的润湿性和均匀性，以及在对电极上的导电性和稳定性。

聚合物有机空穴传输材料通常由一些具有共轭结构的有机聚合物构成，如聚（3, 4-乙撑二氧噻吩）-聚（苯乙烯磺酸盐）（PEDOT:PSS）、聚[双（4-苯基）（2,4,6-三甲基苯基）胺]（PTAA）、聚[2-甲氧基-5-（2-乙基己氧基）-1,4-苯撑乙烯撑]（MEH-PPV）（图 2.31）等。聚合物有机空穴传输材料的优点是具有较高的分子量和较好的膜形成能力，因此可以形成较厚和较均匀的空穴传输层，提高其在半导体层上的润湿性和均匀性，以及在对电极上的导电性和稳定性。聚合物有机空穴传输材料的缺点是具有较低的空穴迁移率和较高的电子亲和能，而且难以通过化学修饰来调节其能级和电子结构，降低其与染料和对电极的匹配性。

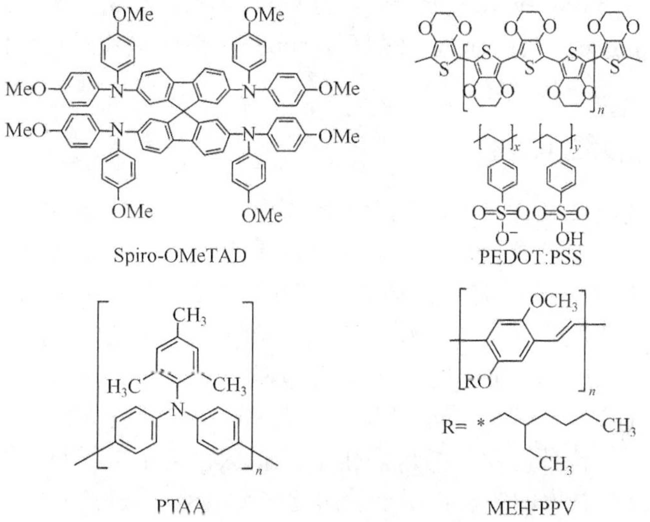

图 2.31　几种固态有机空穴传输材料的化学结构式

目前，有机空穴传输材料在 DSSC 中的应用还面临一些挑战，如如何提高其空穴迁移率和化学稳定性、如何降低其电子亲和能和界面阻抗、如何优化其与染料和半导体层的接触和匹配、如何简化其制备工艺和降低其成本等。为了解决这些问题，研究人员采用了一些新的策略和方法，如设计和合成新型的有机空穴传输材料，引入新的添加剂或辅助材料，改变有机空穴传输材料的形态和结构，优化有机空穴传输材料的沉积和处理条件等。

（7）金属对电极材料。已报道的染料敏化太阳能电池对电极主要由电催化剂层和导电衬底两部分组成。电催化剂种类较多，包括金属、碳材料、导电聚合物、合金及过渡金属的化合物等。导电衬底主要有三类：导电玻璃、沉积有导电层的聚合物衬底、金属衬底。导电玻璃主要有掺铟氧化锡　（ITO）、掺氟氧化锡（FTO）、掺铝氧化锌（AZO）及掺铝氧化锡（ATO）等。聚合物衬底主要有 ITO/PET 和 ITO/PEN。金属衬底主要有不锈钢片、铝片、镍片和钛片等。

铂（Pt）是最早用于染料敏化太阳能电池对电极的催化材料。铂导电性高、电催化活性好，是目前报道的高效率染料敏化太阳能电池的主要对电极材料。但是，Pt 价格昂贵，而

且在 I^-/I_3^- 氧化还原电解质中易被腐蚀生成 PtI_4，从而影响染料敏化太阳能电池性能的稳定。Ru 与 Pt 属同一族元素，但价格比 Pt 低。同时，Ru 具有较高的电导率、电催化性能和化学稳定性。因此，Ru 可以代替 Pt 制备染料敏化太阳能电池对电极。银（Ag）是一种较软的亮白色过渡金属，在金属材料中，它的电导率、热导率和光反射率最高。另外，银在空气中和水中都有很高的稳定性和抗腐蚀能力。因此，银适合制备染料敏化太阳能电池对电极，特别是在固态染料敏化太阳能电池中。在导电衬底表面镀一层银形成银镜，银镜的高反射率可以将光阳极未吸收的光反射回光阳极，从而大大提高染料敏化太阳能电池的光吸收利用效率。

（8）染料敏化太阳能电池封装材料。染料敏化太阳能电池封装材料的选择不仅影响电池的结构完整性和机械强度，还影响电池的光学性能、电气性能和耐久性能。因此，封装材料的优化是提高电池性能和寿命的重要途径之一。用于密封 DSSC 的材料主要有三类：聚烯烃热塑性塑料[polyolefin thermoplastics，也被称为热熔胶或热熔垫片（hot-melt sealing foil）]、环氧树脂（epoxies）、有机硅添加剂（silicones）。热熔垫片是目前使用最广泛的 DSSC 封装材料，具有相当优异的密封效果。

2.6.3 液态染料敏化太阳能电池

染料敏化太阳能电池又称为光电化学太阳能电池，是从对半导体电极中的光诱导反应在电化学电池中的研究中发展起来的。DSSC 的发展历程可以追溯到 20 世纪 70 年代，并在 20 世纪 90 年代取得重要突破。最早的研究工作开始于 20 世纪 70 年代，科学家们首次探索了染料在二氧化钛上吸收光并产生电流的原理。虽然初期的光电转换效率较低，但这一工作为 DSSC 的概念奠定了基础。瑞士洛桑联邦理工学院的迈克尔 · 格雷泽尔教授团队在 1991 年发表了标志性论文，首次成功开发出高效率的染料敏化太阳能电池，达到 7%～8% 的光电转换效率。这一设计使用了纳米多孔 TiO_2 薄膜作为电极材料，极大地增大了染料的吸收光面积，是 DSSC 技术的突破性进展，因此该类电池也被称为“Grätzel 电池”。随后十年中，研究人员致力于优化电池结构、染料分子和电解质，以提高效率和稳定性。新型金属有机染料、固态电解质以及碘/碘化物电解质系统的引入，使得 DSSC 的效率进一步提高。进入 21 世纪后，DSSC 逐步走向商业化应用，但由于稳定性和长时间操作下效率下降等问题，市场应用受到限制。研究继续集中在新型材料的开发、封装技术优化以及无液态电解质的全固态 DSSC 发展上。

液态染料敏化太阳能电池的研究主要集中在改进或发现新的组成材料，包括光阳极、敏化剂、对电极、电解质和光谱吸收等方面。2003 年，台湾工业技术研究院能源与资源研究所应用纳米晶体开发出染料敏化太阳能电池，其光电转换效率可达 8%～12%。但是其稳定性由于液态电解质容易挥发等问题依然没有得到很好的解决。

液态染料敏化太阳能电池有以下几点优势：原料来源广泛，成本低廉，对生产设备要求低，生产工艺简单，能耗低，适合大规模的生产应用。染料可以吸收可见光和近红外光，使得它的光谱吸收范围比传统的硅太阳能电池更广，提高了光电转换效率。弱光效应好，每天工作时间可以超过 8 h，远高于硅太阳能电池每天约 4 h 的工作时间，补足了其发电效率相对较低的不足。

液态染料敏化太阳能电池也面临一些挑战，主要有以下几点：效率低，由于染料的效率比太阳能电池的效率低，因此液态染料敏化太阳能电池的效率也较低，目前实验室效率最高达到 15%，商业化产品的效率一般为 6%～10%。稳定性差，染料的热稳定性较差，高温环境会导致染料失效，从而影响电池的性能。此外，液态电解质也会造成电池的密封性和耐久性问题，容易发生泄漏或蒸发。它的环境影响不明确，虽然液态染料敏化太阳能电池的原材料和生产工艺都是无毒、无污染的，但是染料和电解质的回收和处理还没有完善的方案，可能会对环境造成潜在的危害。

2.6.4　固态染料敏化太阳能电池

固态染料敏化太阳能电池（solid-state dye-sensitized solar cell，SSDSC）是一种新型的太阳能电池技术，它在传统染料敏化太阳能电池基础上进行了改进和优化，其器件结构如图 2.32 所示。2005 年研究人员开始尝试将液态电解质替换为固态电解质，以提高电池的稳定性和耐久性。固态电解质可以避免电解质的泄漏和蒸发问题，从而延长电池的寿命。2009 年研究人员首次报道了采用固态电解质的染料敏化太阳能电池，其光电转换效率达到 6.5%。这标志着固态染料敏化太阳能电池作为一种新型太阳能电池技术的诞生。

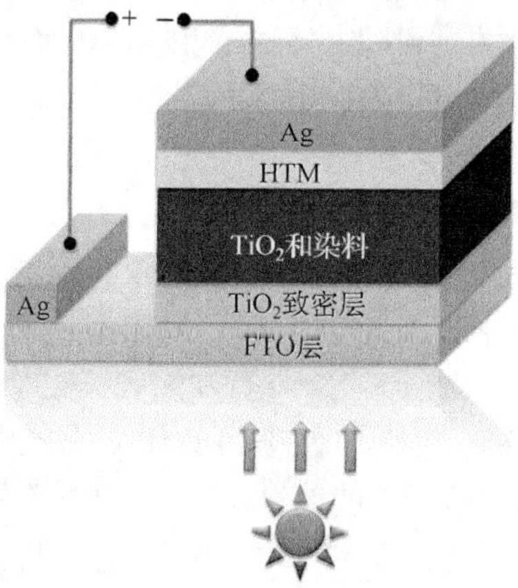

图 2.32　固态染料敏化太阳能电池结构示意图

固态染料敏化太阳能电池的光电转换效率逐步提高。目前，最先进的 SSDSC 已经达到约 11.7%的效率水平，接近传统 DSSC 的性能水平。固态染料敏化太阳能电池相对于液态染料敏化太阳能电池来说具有更好的稳定性，主要由于固态电解质对水分和氧气的阻隔作用，减少了染料和电解质之间的溶剂蒸发和渗漏现象。

固态染料敏化太阳能电池相比于传统硅太阳能电池，具有一些独特的优势。①较高的光电转换效率：固态染料敏化太阳能电池通过在导电氧化物材料上吸附固态染料分子来吸收光能，并将其转换为电能。相比于传统液态染料敏化太阳能电池的液体染料，固态染料对光的吸收更高效，因此具有更高的光电转换效率。②固态染料在结构上更加稳定，可以提供更长久的使用寿命和稳定的性能。③固态染料敏化太阳能电池不需要使用刚性的硅基底板，可以利用柔性导电材料制成薄膜或纤维状，从而具备了更大的形状灵活性，可以应用于更广泛的场景。④相比于传统硅太阳能电池，固态染料敏化太阳能电池的制备工艺更简便，成本更低。

固态染料敏化太阳能电池的挑战主要有以下几点：①需要寻找合适的固态电子传输材料，使其具有良好的光学性能、电子传输性能、热稳定性和相容性。②需要解决固态电子传输材料与染料和半导体电极之间的界面问题，如电荷注入、电荷复合和电荷阻滞等。③需要优化固态电子传输材料的沉积方法，使其能够充分渗透和填充半导体电极的孔隙，形成均匀和连续的薄膜。

2.6.5 柔性染料敏化太阳能电池

染料敏化太阳能电池独特的工作原理使其具有工艺简单、成本低、可基于柔性基板制备及可在弱光下工作等特点。这些特点使其在日常应用领域的开发利用中展示出诱人的前景。传统的染料敏化太阳能电池一般采用 FTO（掺氟氧化锡）或 ITO（掺铟氧化锡）玻璃作为导电衬底。导电玻璃本身的刚性、易碎、质量大及成本高等特点限制了其在便携式产品中的应用。与刚性衬底（如玻璃、Ti 板等）染料敏化太阳能电池相比，柔性薄膜太阳能电池具有可折叠或弯曲、质量轻便、不易破碎等特点，且应用广泛。新型无机和有机太阳能电极材料的开发，新的太阳能电池结构的探索，卷对卷印刷生产工艺的改进以及喷墨印刷工艺的应用为降低柔性薄膜太阳能电池的成本提供了可能。

柔性染料敏化太阳能电池的器件结构与传统的染料敏化太阳能电池类似，主要包括透明导电衬底、光阳极、染料、电解质和对电极。柔性染料敏化太阳能电池的性能主要取决于光阳极、染料、电解质和对电极的材料选择和优化。目前，已有许多研究者探索了不同类型的柔性导电衬底（如 PET、PEN、ITO、FTO 等）、柔性光阳极（如 TiO_2、ZnO、SnO_2 等）、柔性对电极（如 Pt、CuS 等）和柔性电解质（如凝胶、聚合物、固态电解质等）。柔性染料敏化太阳能电池的光电转换效率已经超过 10%，并且具有较好的稳定性和可制造性。

柔性染料敏化太阳能电池的稳定性受到多方面因素的影响，如温度、湿度、光照、氧气、电解质的泄漏和蒸发等。为了提高柔性染料敏化太阳能电池的稳定性，需要采用合适的封装材料和方法，如使用聚合物薄膜、玻璃纤维、环氧树脂等，以及使用热压、紫外光固化、激光焊接等技术。此外，还需要优化染料、电解质和电极的材料和结构，以减少光降解、电化学腐蚀和电子复合等不利过程。

相比于传统的基于透明导电玻璃的染料敏化太阳能电池，柔性染料敏化太阳能电池可以使用更便宜、更轻薄、更易加工的柔性材料，如塑料或金属衬底，从而降低生产成本和质量，扩大应用范围。柔性染料敏化太阳能电池可以根据不同的需求定制不同的形状、尺寸和颜色，具有较高的美观性和灵活性。柔性染料敏化太阳能电池可以在低光照条件下，如室内、阴天、早晚等，仍然保持较高的光电转换效率，且对光照角度不敏感，适合于各种复杂的光照环境。柔性染料敏化太阳能电池可以使用环境友好的材料，如天然染料、有机染料、无机染料等，减少对环境的污染和影响。

柔性染料敏化太阳能电池因新兴应用需求的增长而受到广泛关注，如便携式电源供应、物联网（IoT）设备、可穿戴设备和高度集成的微电子设备。对于这些应用，DSSC 需具有超轻、灵活和多功能的特点。2019 年，三星和华为推出了可折叠和柔性智能手机，展示了它们广泛应用的潜力。理想情况下，柔性染料敏化太阳能电池可以为此类便携式电子设备供电。像 IoT 这样的计算技术近年来已经渗透到日常生活中。这些设备需要微瓦级别的电力，并且主要在室内运行。柔性染料敏化太阳能电池有潜力满足这些 IoT 设备的能源需求，因为 DSSC 适用于弥散或低光环境。

2.7　钙钛矿太阳能电池

钙钛矿太阳能电池（perovskite solar cell，PSC）是一种新兴的光伏技术，以其高光电转换效率、低成本和简单的制造工艺，在过去十年里迅速成为太阳能研究领域的热点。钙钛矿材料的独特性质，使其在光伏发电领域展现出巨大的潜力。

2.7.1　钙钛矿太阳能电池工作原理

（1）金属卤化物钙钛矿半导体基本特性。钙钛矿半导体是指一类具有 ABX_3 分子结构的晶体总称，一般为立方体或八面体结构，可作为钙钛矿太阳能电池的光吸收层材料。在晶体内部，B 离子位于立方晶胞的中心，被 6 个 X 离子包围成配位立方八面体，配位数为 6；A 离子位于立方晶胞的角顶，被 12 个 X 离子包围成配位八面体，配位数为 12。如图 2.33 所示，其中，A 位为原子半径较小的阳离子（如 MA^+、FA^+、Cs^+等），B 位为原子半径较大的过渡金属离子（如 Pb^{2+}、Sn^{2+}等），X 位为卤素阴离子（I^-、Br^-、Cl^-等）。钙钛矿半导体材料在全光谱范围内具有高吸光系数，拥有优异的电荷传输性质、较长的载流子扩散距离，可以有效吸收太阳光并高效地产生光生载流子，减少在光电转换过程中的电荷损失，成为近年来理想的光电转换材料。

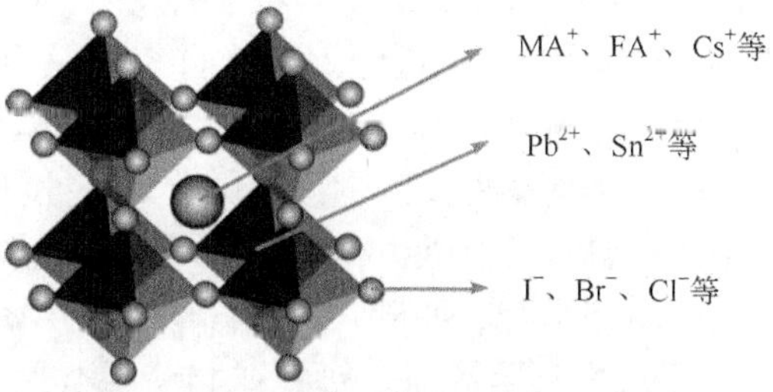

图 2.33　金属卤化物钙钛矿材料的晶体结构

（2）钙钛矿太阳能电池器件结构。钙钛矿太阳能电池主要由以下五个功能层组成：透明导电氧化物、电子传输层、钙钛矿活性层、空穴传输层和背电极。如图 2.34 所示，介孔结构的钙钛矿太阳能电池一般为：导电玻璃、TiO_2 致密层、TiO_2 介孔层、钙钛矿活性层、空穴传输层、金属电极。在此基础上，英国科研工作者 H. J. Snaith 等尝试去掉绝缘的支架层，

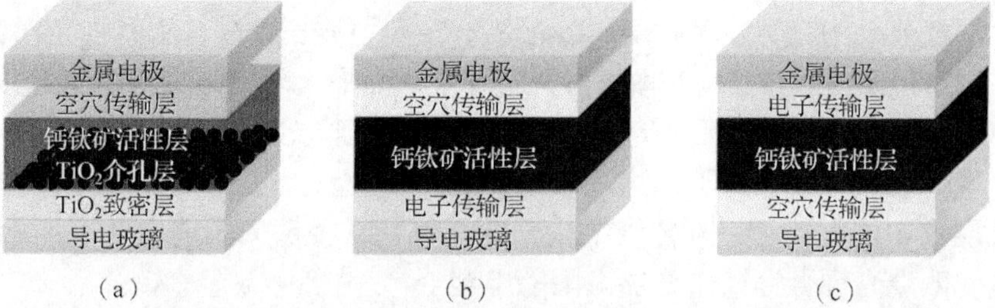

图 2.34　钙钛矿太阳能电池结构图：（a）介孔结构；（b）正向平面结构；（c）反向平面结构

制备出具有类似于 p-i-n 结构平面型异质结电池，并且具有较高的器件效率。此外，钙钛矿太阳能电池为多层薄膜结构，根据电子传输层和空穴传输层位置的不同，可分为正向结构和反向结构。正向结构，从透明玻璃衬底起始，依次为导电玻璃、电子传输层、钙钛矿活性层、空穴传输层和金属电极；反向结构，从透明玻璃衬底起始，依次为导电玻璃、空穴传输层、钙钛矿层、电子传输层和金属电极。

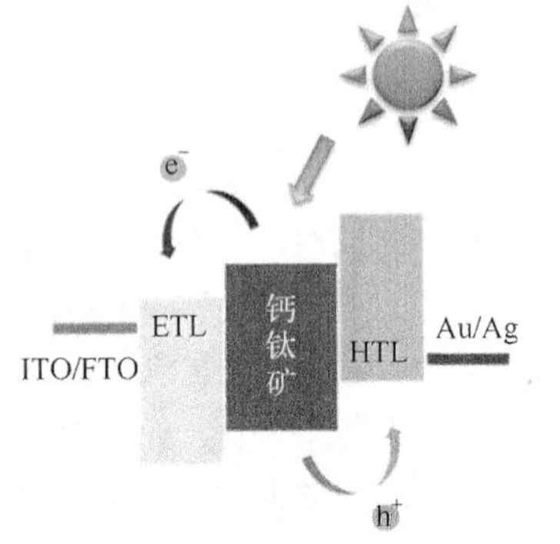

图 2.35 钙钛矿太阳能电池中的电荷分离和传输过程

（3）钙钛矿太阳能电池工作原理。如图 2.35 所示，钙钛矿作为一种半导体材料，会产生光生伏特效应，即半导体在光照下会产生电动势。在光照条件下，钙钛矿化合物吸收光子，在吸收光子后其价带电子会跃迁至导带，导带电子随后被注入电子传输层的导带，然后被传输到电极，与此同时空穴传输到空穴传输层，从而实现电子-空穴对的分离，在接通外电路时，电子与空穴移动产生电流。当然，这些过程中总不免伴随着一些导致载流子损失的情况，如电子传输层的电子与钙钛矿活性层空穴的可逆复合、电子传输层的电子与空穴传输层的空穴的复合（钙钛矿层不致密的情况）、钙钛矿活性层的电子与空穴传输层的空穴的复合。要提高电池的整体性能，这些载流子的损失应该降到最低。

（4）钙钛矿叠层太阳能电池工作原理。经过十几年的发展，单结钙钛矿太阳能电池的效率已经从最初的 3.8%提升到 26%以上，正逐渐逼近其肖克利-奎伊瑟（Shockley-Queisser）效率极限。叠层太阳能电池旨在打破单结太阳能电池的限制，采用串联的方式组合两个带隙不同的光吸收层，这样不但可以吸收波长范围更广的光，而且可以降低热力学损失，进而实现对太阳光更充分的利用。钙钛矿太阳能电池通常采用低温液相法制备，这种方法很容易与许多其他类型的太阳能电池相结合，如硅、铜铟镓硒、砷化镓、有机材料等。所以，正因为简便的制备工艺和连续可调的光学带隙，钙钛矿材料在叠层太阳能电池方面得到了越来越广泛的应用。事实上，自 2014 年首次开发叠层钙钛矿技术以来，便在学术界和产业界激发了广泛的兴趣。无论是在研究型实验室还是商业化公司，基于钙钛矿材料的叠层太阳能电池的开发都取得了重大进展。

其中，叠层太阳能电池应满足材料晶格匹配、禁带宽度组合合理和顶底子电池电流匹配等基本要求。叠层太阳能电池电流密度一般不同，顶底电池的电流失配会使电池性能大受影响。设法获取电池匹配的结构是保证叠层太阳能电池具有良好性能的关键。叠层太阳能电池的顶部电池采用宽带隙吸收层，以有效地转换短波长光谱，从而将光损失降到最小；底部电池采用窄带隙吸收层，以获取近红外光子，从而最大限度地提高电流密度。当器件被光照射时，宽带隙的顶电池吸收能量高于其带隙的短波长光子，产生高的开路电压（V_{OC}），而窄带隙底电池吸收长波长光子，这可以减少光热损失，提高光电转换效率。图 2.36 展示了钙钛矿叠层太阳能电池的三种传统结构：两端钙钛矿叠层太阳能电池、四端钙钛矿叠层太阳能电池、四端光耦合钙钛矿叠层太阳能电池。

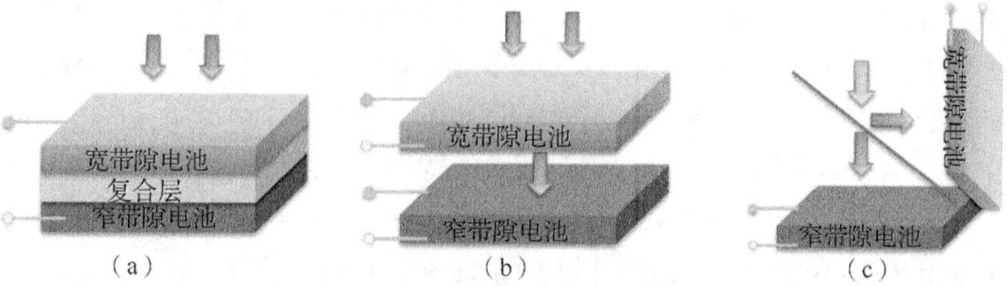

图 2.36　钙钛矿叠层太阳能电池的器件结构：（a）两端钙钛矿叠层太阳能电池；（b）四端钙钛矿叠层太阳能电池；（c）四端光耦合钙钛矿叠层太阳能电池

四端叠层太阳能电池又称为机械叠层太阳能电池。它由一个半透明的宽带隙顶电池和一个窄带隙底电池组成，并且这两块子电池都具备独立工作的能力。四端叠层太阳能电池不需要匹配的电流就可以有效完成分配光吸收的任务，这种电池比较容易实现并且显示出比两端串联电池相对更高的效率。对于连接层的选择，通常选自具有高折射率的透明材料。有效的连接层需要具有高透光性以减少光在连接层界面的反射和吸收，以及良好的导电性以减少串联电阻对器件性能的影响。但是，为了简化制造过程，部分研究人员将两个子电池直接与气隙堆叠在一起，并没有考虑连接层。四端叠层太阳能电池为了保证电池有效吸收红外光，需要制备透明电极，这也就提高了制备成本。相比而言，两端叠层太阳能电池制备难度较大，因为对两端叠层太阳能电池而言，为确保电池内部的电子和空穴复合需要制备中间层，这是影响两端叠层太阳能电池效率的关键。两端叠层太阳能电池制备过程需要根据器件结构中应用的各种材料（包括透明电极、薄金属等）采用不同技术，包括溅射、溶液处理和薄金属蒸发。两端叠层太阳能电池的 V_{OC} 是两个单电池之和，电流密度（J_{SC}）取决于电流密度较小的电池。因此，叠层太阳能电池结构设计的原则是使各单结电池吸收光谱分配合理。要想获得高效率的叠层太阳能电池，首要解决的问题就是上下两块电池之间的电池匹配度，而顶电池中吸光层的禁带宽度以及薄膜的厚度在其中起到了至关重要的作用。因此，在两端串联电池中需要在带隙、薄膜厚度和连接层之间协同优化。

2.7.2　钙钛矿太阳能电池材料

（1）钙钛矿太阳能电池半导体光吸收材料。钙钛矿层作为钙钛矿太阳能电池的吸光层，直接决定器件的性能。有机-无机杂化钙钛矿材料的晶体结构为 ABX_3 型，一般为立方体或八面体结构。钙钛矿材料的晶体结构以及晶体的稳定性主要由容忍因子（t）决定：

$$t=\frac{r_A+r_X}{\sqrt{2}\left(r_B+r_X\right)} \tag{2.13}$$

式中，r_A、r_B、r_X 分别为钙钛矿结构中 A、B、X 原子的原子半径。钙钛矿材料的立方结构中 A、B、X 位置的原子的变化都会对钙钛矿材料的能带结构产生影响，其中 A 位的改变对材料的能带结构有一定的影响但不是非常明显，替换 A 位能够优化钙钛矿材料的能级达到最佳值。例如，钙钛矿材料 $MAPbI_3$ 的禁带宽度为 1.55 eV，当用 FA^+ 替代 MA^+ 阳离子基团形成新的钙钛矿材料 $FAPbI_3$，其能带带隙缩小至 1.4 eV，基于这种钙钛矿材料的太阳能电池器件的光响应范围增大，有效地提高了器件短路电流密度。另外还有用无机 Cs^+ 离子取代有机的 MA^+ 和 FA^+ 离子，形成全无机的钙钛矿材料 $CsPbI_3$，其光学带隙增大为 1.77 eV。B

位置上的元素是有毒的重金属元素，对环境及人体都有很大的危害，因此许多的研究者研究少铅或无铅结构的钙钛矿材料。Sn 作为 Pb 的同族元素首先被考虑到作为替代元素应用到钙钛矿材料中。通过调节 Sn 和 Pb 元素的比例合成少铅的 $MASn_{1-x}Pb_xI_3$ 钙钛矿材料，其带隙宽度从 1.55 eV 变化到 1.17 eV，将钙钛矿材料的光响应范围拓宽到近红外区域，但是成膜仍有待提升。对于 X 位的替换，I、Br、Cl 都可在 X 位自由替换，调控钙钛矿材料的能带结构。对于 $MAPbX_3$ 结构的钙钛矿材料，$MAPbCl_3$ 的带隙宽度为 3.11 eV，$MAPbBr_3$ 的带隙宽度为 2.22 eV 以及 $MAPbI_3$ 的带隙宽度为 1.55 eV。总之，不同的元素组成会明显影响器件的光学带隙以及后续的器件性能。

（2）钙钛矿太阳能电池电极材料。在钙钛矿太阳能电池中，一般使用透明金属氧化物电极和金属电极，分别来收集光生电子和空穴。最常用的透明电极是 ITO 和 FTO，ITO 的功函数为 4.5～4.9 eV，带隙宽度约为 3.7 eV，同时在可见光范围内透光率能够达到 80%以上，但是由于 In 元素含量稀少使其在大规模应用上受到了限制。相较于 ITO，FTO 的功函数约为 4.4 eV，其透光性能基本相同，且具有优异的耐高温性能。此外，常见的电极有 Al、Ag、Au、碳电极等，另外还有一些新型电极，如 Ag 纳米线电极、碳纳米管、Ag/Al 合金电极等，有效地提升了电荷的收集效率，对电池器件的效率和稳定性都有很好的提高。

（3）钙钛矿太阳能电池空穴传输材料。在正向结构中，空穴传输材料（p 型材料）插入钙钛矿层和金属电极之间，能够有效改善肖特基接触，形成良好的欧姆接触，实现空穴的快速传输，减少界面处载流子复合，提高器件的效率。其中，Spiro-OMeTAD 小分子是最早应用到钙钛矿太阳能电池中的有机空穴传输材料，其未掺杂时的电导率为 10^{-5} S · cm^{-2}，空穴迁移率为 10^{-4} cm^2 · V^{-1} · s^{-1}，都是比较低的。在后续的工艺改进中引入了 4-叔丁基吡啶（*t*-BP）和锂盐（Li^+）作为掺杂剂，有效地提高了其空穴迁移率和电导率，从而提高了钙钛矿太阳能电池的器件效率。此外，NiO_x 由于成本低廉、制备简单、空穴迁移率较高、稳定性好等优势，作为传统的无机空穴传输材料，也被广泛地应用于反向结构的太阳能电池中。

（4）钙钛矿太阳能电池电子传输材料。n 型半导体能够接受电子并传输电子，称为电子传输材料，通常被用作电子传输层。电子在 n 型半导体的传输由晶格热振动造成的散射作用以及内建电场的驱动下的定向漂移这两个过程决定。较小禁带宽度的直接带隙半导体，其电子的有效质量也比较小，因而其载流子迁移率较高。对于无机半导体来说，缺陷和杂质都会对其电化学性质有很大的影响。例如，向 TiO_2 中引入氧空位能够使电子的有效质量和散射概率都减小，从而增加了其载流子迁移率。对于有机半导体材料，其能带是不连续的，电荷的传输主要靠 π-π^* 共轭体系，电子在分子间的传递是通过跳跃的方式完成的。除了 TiO_2，还有 ZnO、SnO_2、富勒烯及其衍生物等材料也被广泛地作为电子传输材料。

（5）钙钛矿太阳能电池封装材料。金属卤化物钙钛矿太阳能电池在各种环境压力源（如水分、氧气、热量和光照）下都会发生一定的降解。因此，了解并开发合适的封装材料和技术对器件的商业化进程意义重大。目前，多层封装是阻止水分、氧气和挥发性材料进入器件的最有希望的策略之一。多层封装结构基于堆叠多个无机或有机层，使每一层补充和增强整体结构的性能。有机层始终具有良好的加工性，并显示出良好的厚度均匀性。无机层具有良好的阻隔性能和良好的运行稳定性。采用紫外线固化黏合剂（UVCA）和石蜡作为密封剂，玻璃作为盖子。将 UVCA 均匀涂覆在电池装置周围，然后用紫外光照射 40 s。然后将浸入熔化石蜡中的封装玻璃覆盖在金电极侧的器件上。最后，目前仍没有理想的外部封装材料，它们都有一定的局限性，对此可以鼓励更多对于力学性质和其他附加功能（如铅泄漏、过滤紫外线、减少反射、提高光利用率等）方面的研究。常见的封装方式大致可分为两种：一种是完全覆盖封装，通常在模块顶部制备封装层；另一种是边缘封装，在模块周围放置密封剂。对于完全覆盖封装，既可以使用聚合物作为封装材料，也可以采用原子沉积法制备隔绝水氧的薄膜，其优势在于保护效果更好，但是对钙钛矿层以及其他功能层影响较大，并且由于其直接接触钙钛矿功能层，因此对其透光率有较高要求。边缘封装优势在于可以减少对接触层的影响，降低封装材料与钙钛矿发生副反应的可能性，同时对材料透光率的要求较低，但封装效果会相应降低。为了进一步增加阻水效果，可以在边缘封装过程中加入干燥剂。封装设备可以与晶硅行业共用。

2.7.3 钙钛矿太阳能电池器件

钙钛矿材料已有 180 多年历史，最初它是指一种由无机物钛酸钙（$CaTiO_3$）组成的矿物。1839 年，在欧亚两洲的分界线乌拉尔山脉，柏林大学矿物学家古斯塔夫斯·罗斯（Gustavus Rose）发现了这种天然矿物，他以俄罗斯矿物学家列夫·佩洛夫斯基（Lev Perovski）的名字为这种物质命名。2009 年，日本科学家宫坂力（Tsutomu Miyasaka）及其同事首次选用有机-无机杂化的钙钛矿材料 $MAPbI_3$ 和 $MAPbBr_3$ 作为新型光敏化剂，取代染料敏化太阳能电池中的染料，制备出首个钙钛矿太阳能电池器件。其转换效率仅为 3.8%，有效面积为 0.24 cm^2，虽然稳定性不足，但为后续钙钛矿太阳能电池的发展奠定了研究基础。2011 年，韩国成均馆大学朴南圭（Nam-Gyu Park）课题组通过技术改进将转换效率提高到 6.5%，但仍采用液态电解质，导致材料不稳定，几分钟后效率便削减了 80%。时至今日，经过对各层功能材料和界面的优化，单结钙钛矿太阳能电池的效率已经提升到 26%以上，基本达到晶硅太阳能电池的水平。

钙钛矿太阳能电池理论极限效率高达 33%，实验室最高效率为 26.1%。钙钛矿太阳能电池的高转换效率及发电量主要得益于钙钛矿材料带隙更接近最优带隙，其中单结太阳能电池转换效率的理论值最高为 33.7%（对应带隙宽度 1.34 eV），传统的铅基钙钛矿材料的禁带宽度为 1.5～1.7 eV，传统晶硅电池的带隙宽度约为 1.12 eV，钙钛矿的带隙更为接近最优带隙。然而，钙钛矿太阳能电池不稳定，主要是钙钛矿材料本身和各功能层相互影响所致。影响钙钛矿太阳能电池稳定性的因素主要包括：①钙钛矿材料本身具有不稳定性（决定性因素），钙钛矿材料易在水、氧气、热、光等环境作用下加快分解；②器件中各功能层（空穴传输层、电子传输层、电极）与钙钛矿层易产生相互影响。在正式结构中，多用 TiO_2 和 ZnO 等金属氧化物作电子传输层，这两种材料在光照下会产生光生空穴并催化分解钙钛矿材料。Spiro-OMeTAD 是空穴传输层的常用材料，其对碘离子比较敏感，钙钛矿材料中的碘离子扩散到 Spiro-OMeTAD 后，会降低其电荷传输性能。金属顶电极为目前较主流的选择，但金属原子可以通过扩散作用进入钙钛矿层中，引起钙钛矿材料发生分解，且光生伏特效应所形成的内建电场会加剧原子的扩散，从而加速分解。此外，钙钛矿材料中的卤素离子会扩散到金属电极并造成腐蚀，从而影响性能。任何一个环节，材料性能失效都会导致产品性能衰减，从而影响电池的稳定性。

钙钛矿太阳能电池具有成本低的优势，钙钛矿组件成本是晶硅组件极限成本的 50%。其低成本主要表现在：①原材料成本较低，首先钙钛矿层原材料均为基础化工材料，储量较丰富且价格较低，其次原材料用量少，钙钛矿层厚度仅为 500 nm 左右，单晶硅电池硅片平均厚度在 150 μm，最后钙钛矿材料对于提纯要求不高，对比硅太阳能电池必须使用 99.9999%高纯硅，太阳能级钙钛矿材料纯度要求 95%以上即可；②制备过程可低温进行，能耗较低，钙钛矿电池可以采用溶液法制备，生产工艺流程温度不超过 150℃，而晶硅材料的铸锭和拉晶都需要 1500℃以上高温，生产能耗差距较大，每瓦单晶组件制造的能耗约是 1.52 kWh，而每瓦钙钛矿组件能耗约为 0.12 kWh，单瓦能耗只有晶硅的 1/10；③生产效率高，钙钛矿太阳能电池从原材料到最后的组件制备，整个生产流程仅需约 45 min，生产效率大幅提升。从钙钛矿组件成本构成来看，钙钛矿占比约为 5%，玻璃、靶材等占到另外的 2/3，总成本为 0.5～0.6 元 · W^{-1}，是晶硅组件极限成本的 50%。钙钛矿太阳能电池具有高转换效率和发电量的优势，叠层更具效率发展潜力。钙钛矿太阳能电池具有轻质和柔性特点，钙钛矿材料吸光系数大，因此下游应用场景广泛。此外，钙钛矿太阳能电池的带隙可调性使其具有室内光伏电池理想的宽带隙，将钙钛矿太阳能电池的下游应用范围拓展至弱光及室内光伏，进而可被广泛应用于工业物联网、智能家居和智能出行等领域。

柔性钙钛矿太阳能电池，以其卓越的光电性能、轻便的特性、低成本以及适合卷对卷生产的特点，正在引领太阳能技术飞速发展。柔性钙钛矿太阳能电池具有轻质、柔性等独特优势，适用于开发便携式电子产品以及光伏建筑一体化应用。然而，低热导率的柔性衬底造成的延迟热传递会严重影响钙钛矿结晶生长过程中阳离子的反应活性和扩散性，从而导致钙钛矿薄膜的空间组分不均一和残余应变，因此柔性钙钛矿太阳能电池的光电转换效率和机械稳定性还未达到行业标准，这阻碍了柔性钙钛矿太阳能电池的工业化进程。要实现可扩展且具有柔性的钙钛矿太阳能电池，必须同时提高钙钛矿晶体的质量和整个器件的灵活性。

2.7.4 钙钛矿叠层太阳能电池

钙钛矿材料具有一系列的独特优势，如成本低廉、制备简单、设备依赖度低、光吸收系数高、载流子迁移率高、载流子扩散长度长、缺陷容忍度高等。相比于单晶 Si 复杂的生长工艺，钙钛矿薄膜可以通过十分简便的低温液相法来制备。基于此，钙钛矿薄膜可以通过多种方法（如旋涂、闪蒸、刮涂、喷涂、卷对卷等）在不同衬底上制备，而且器件的功能层薄膜与钙钛矿光吸收层之间也不需要严格的晶格匹配，这可以极大地降低生产成本，加速其未来的商业化进程。此外，钙钛矿材料的另一个显著优点是在较大范围内连续可调的光学带隙。通过改变晶体结构中 A 位、B 位和 X 位的组成，就可以得到光学带隙连续可调的钙钛矿材料，这也是其他类型的光伏材料所不具备的独特优势。受益于上述优势，钙钛矿材料特别适合用于制备叠层甚至多结太阳能电池，可以极大地降低不同材料之间实现带隙匹配的难度。其中，经美国国家可再生能源实验室（NREL）认证，隆基绿能（LONGi Green Energy）自主研发的晶硅-钙钛矿叠层太阳能电池效率达到 33.9%，首次超越晶硅单结太阳能电池的 Shockley-Queisser 理论效率极限值，成为目前全球晶硅-钙钛矿叠层太阳能电池效率的最高纪录（图 2.37）。接下来，考虑到单晶硅复杂的制备工艺和制造成本，钙钛矿-钙钛矿叠层太阳能电池可能具有比钙钛矿-硅叠层太阳能电池更好的发展潜力，可以用来进一步降低光伏器件的商业成本。针对钙钛矿-钙钛矿叠层组合，其顶部和底部钙钛矿材料的光学带隙都可以进行调节，也更容易实现电流匹配。

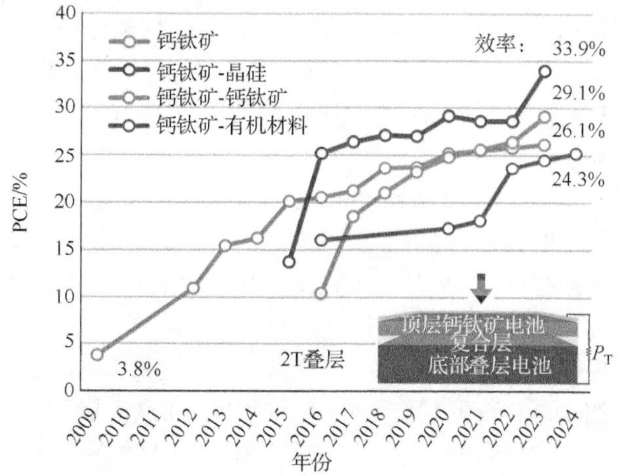

图 2.37　钙钛矿叠层器件的效率发展图

以全钙钛矿叠层器件为例，在 2016 年，Jin Hyuck Heo 等采用 $MAPbBr_3$-$MAPbI_3$（2.3 eV/1.55 eV）钙钛矿制备出两端子钙钛矿-钙钛矿叠层太阳能电池，其效率仅仅达到 10.8%，甚至低于单一 $MAPbI_3$ 钙钛矿太阳能电池的效率。此后，因为窄带隙 Pb-Sn 钙钛矿薄膜制备工艺的改善和太阳能电池效率的提升，钙钛矿-钙钛矿叠层太阳能电池的效率才得到了显著的提升。其中，使用窄带隙 Pb-Sn 钙钛矿作为底部电池的光吸收层，两端子钙钛矿-钙钛矿叠层太阳能电池的效率从 10.8%逐渐提高到 26.4%。Xiao 等通过在钙钛矿前驱体溶液中加入表面锚定两性离子抗氧化剂，提升了窄带隙 Pb-Sn 钙钛矿太阳能电池的效率和稳定性。同时，两性离子抗氧化剂可以抑制 Sn^{2+}氧化，钝化晶粒表面缺陷，进而提高 Pb-Sn 钙钛矿薄膜的均匀性，这也使得单结窄带隙 Pb-Sn 钙钛矿太阳能电池的效率达到 21.7%（认证为 20.7%）。同时，有效面积超过 1 cm^2 的两端子钙钛矿-钙钛矿叠层太阳能电池（1.22 eV/1.77 eV）的认证效率也达到 24.2%。当将有效面积减小到 0.049 cm^2 时，叠层太阳能电池的效率可以提高到 25.6%。其中，因为窄带隙 Pb-Sn 钙钛矿材料中载流子的扩散长度约为 1.2 μm，所以薄膜的最大厚度受到明显的限制。接下来，南京大学谭海仁等采用 4-三氟甲基苯基铵钝化窄带隙 Pb-Sn 钙钛矿材料，使其载流子扩散长度提升至 5 μm，因此可以通过增加窄带隙 Pb-Sn 钙钛矿薄膜厚度的方式提升其对太阳光的吸收效率。最终，钙钛矿-钙钛矿叠层器件的效率也被进一步提升至 26.4%，已经超过了单结钙钛矿太阳能电池的世界纪录。

相比于钙钛矿-晶硅叠层结构，钙钛矿-钙钛矿结构中的窄带隙钙钛矿通常通过 Pb-Sn 混合的方式获得，其中的二价 Sn^{2+}很容易被氧化成四价 Sn^{4+}，产生高密度的 Sn 空缺，导致窄带隙 Pb-Sn 钙钛矿薄膜的光电性能急剧下降。因此，科研人员尝试了很多方法抑制窄带隙 Pb-Sn 钙钛矿中的 Sn^{2+}氧化，包括组分工程、添加剂工程、界面缺陷钝化等，希望制备出稳定的窄带隙钙钛矿材料。在钙钛矿太阳能电池中有许多已知的降解机制。钙钛矿材料不仅由作为有效电子导体的软晶格形成，而且由空位和间隙等产生的可移动离子缺陷的导体形成。离子电导率由低活化能（EA）促进，当低活化能低至 0.1～0.3 eV 时会引起碘离子迁移。在分子水平上，离子迁移可以形成不平衡的局部化学计量变化，从而导致钙钛矿材料分解。例如，由于有机离子和卤化物离子的迁移，Pb^{2+}可以被还原为金属 Pb^0 缺陷，这增加了太阳能电池中的非辐射重组。在器件层面，钙钛矿层中的移动离子可以迁移到空穴传输材料和电极，降低其电荷传输和提取性能。例如，据报道，卤化物离子迁移到空穴传输材料中，如常用的聚[双（4-苯基）(2,4,6-三甲基苯基）胺]（PTAA），从而降低了其 p 型掺杂和空穴输运能力。移动离子被认为是许多降解机制的核心。例如，在宽带隙钙钛矿中，相偏析会对宽带隙器件的效率和稳定性产生影响。

多结叠层太阳能电池为突破单结器件的效率极限提供了一条极具前景的路径。其中，全钙钛矿叠层太阳能电池因其潜在的高功率转换效率而备受关注。尽管制造工艺相对简单，但该类器件的效率已突破 28%，展现出良好的发展。然而，实现高性能全钙钛矿叠层太阳能电池仍面临诸多科学与工程挑战，尤其是在吸收层和功能层的设计方面。从材料化学的角度来看，以下几个关键问题亟需解决：①钙钛矿材料中的离子迁移现象可能引发器件不稳定；②上下子电池之间的电流失配会限制整体效率；③电极设计与中间层工程在 2 端（2-T）结构中尤其关键。在 2-T 结构的叠层太阳能电池中，为实现上下电池之间电子和空穴的有效复合，必须引入功能性中间层。然而，2-T 结构的制备较复杂，中间层需要兼容不同材料（如透明导电电极、薄金属层等），这通常涉及多种工艺技术，包括溅射、溶液处理和热蒸发等。

因此，结构设计的核心原则在于合理分配各子电池的吸收光谱，以最大限度提高整体光电转换效率。要实现高效的叠层器件，最关键的问题是确保上下电池之间的光电匹配程度。其中，顶电池中吸收层的禁带宽度和薄膜厚度对电流匹配具有决定性影响。因此，在 2-T 叠层结构中，必须对带隙、薄膜厚度及中间连接层进行协同优化，以实现性能与稳定性的兼顾。

参考文献

陈哲艮. 2020. 晶体硅太阳电池物理. 北京：电子工业出版社.

丁建宁. 2019. 高效晶体硅太阳能电池技术. 北京：化学工业出版社.

黄昆，韩汝琦. 1988. 固体物理学. 北京：高等教育出版社.

林原，张敬波，王桂强. 2021. 染料敏化太阳电池. 北京：化学工业出版社.

马廷丽，云斯宁. 2013. 染料敏化太阳能电池：从理论基础到技术应用. 北京：化学工业出版社.

肖立新，邹德春，王树峰，等. 2020. 钙钛矿太阳能电池. 北京：北京大学出版社.

朱美芳，熊绍珍. 2014. 太阳能电池基础与应用. 北京：科学出版社.

Lin R X, Xu J, Wei M Y, et al. 2022. All-perovskite tandem solar cells with improved grain surface passivation. Nature, 603: 73-78.

Xiao K, Lin R X, Han Q L, et al. 2020. All-perovskite tandem solar cells with 24.2% certified efficiency and area over 1 cm^2 using surface-anchoring zwitterionic antioxidant. Nature Energy, 5: 870-880.

第3章 光电化学能源材料与器件

3.1 引　言

约 138 亿年前的一场大爆炸导致了宇宙的诞生，太阳系在漫长的时间中逐渐形成。经过漫长的演化，又出现了光合细菌，进行了最早的光合作用，开始释放氧气，为生命的多样化和向高级进化创造了生态环境。因此，太阳光的辐射是人类生命起源的必要和关键条件。

目前，主要有以下四种太阳能量转化及利用的方式：

（1）光能-生物质能转化。地球上的绿色植物通过自然光合作用固定空气中的二氧化碳，合成自身需要的营养物质并释放氧气，完成光能到生物质能的转化。

（2）光能-化学能转化。主要通过人工光合成过程进行，典型的例子如在催化剂的作用下光解水制氢，氢气作为能源使用，最后生成水完成能量循环的闭合；又如通过人工光合成过程捕获二氧化碳使其还原成甲醇、甲烷等物质，作为燃料使用。

（3）光能-电能转化。主要利用光伏电池等器件对太阳能进行转化，获得能被直接利用的电能。

（4）光能-热能转化。太阳辐射属于一种热辐射，其热量可以被直接利用，但平均能量密度比较低，需要进行聚焦和储存，目前主要有太阳能热水器、太阳灶等设备可以进一步利用太阳能产生的热量供人类使用。

除了光能的转化外，这些经过转化的能量同样可以互相转化（图 3.1），生物质能可以通过化学方式转化成化学能，化学能又能通过燃料电池等形式转化成电能，电能可以驱动电机产生机械能，同样热能也能通过热机转化成机械能等，这些能量构成了人类社会生活的一部分。

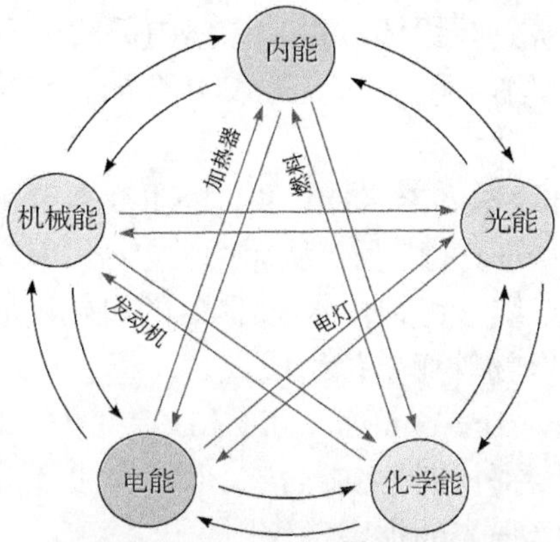

图 3.1　各种能源的互相转化

随着工业的发展，人类对能源的需求越来越大，通过光能-化学能转化，将太阳能以化学能的形式存储，以此实现高效的“光子经济”逐渐成为太阳能转化和利用的研究热点之一。

3.1.1 自然界光合作用

1. 光合作用概述

光合作用是地球上最重要也是规模最大的化学反应，是指绿色植物利用太阳的光能，吸收二氧化碳（CO_2）和水（H_2O）制造有机物质并释放氧气的过程。在这个过程中，光能被转化成化学能储存在有机物中，其反应通式可以表示为

$$nH_2O + nCO_2 \xrightarrow{\text{光能}} nO_2 + (CH_2O)_n \tag{3.1}$$

光合作用根据是否释放氧气可以分为厌氧光合作用和产氧光合作用两类。其中产氧光合作用占据主导地位，氧气为生物提供有氧呼吸和细胞代谢的条件，糖类提供物质和能量，通过生物的呼吸作用被分解，产生的二氧化碳继续回到大气中被光合作用利用，这构成了生物圈中最重要的循环：碳氧循环（图 3.2）。

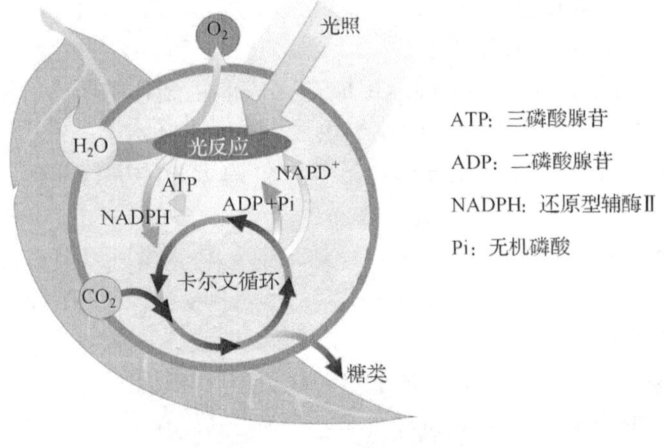

图 3.2 光合作用原理示意图

光合作用的主要发生场所是叶绿体，在叶绿体内部的类囊体薄膜上镶嵌着四种光合膜蛋白：光系统Ⅱ、光系统Ⅰ、细胞色素 b6f 和 ATP 合酶，在这四种蛋白的作用下，光化学反应持续进行。

（1）光系统Ⅱ。光系统Ⅱ（photosystem Ⅱ，PSⅡ）是光合作用中产生氧气的部位，通过补光色素吸收光能，激发水分子的分解，从而产生电子和质子并释放氧气。受体侧的质体醌分子被电子还原，因此光系统Ⅱ可视为水-质体醌的氧化还原酶。光系统Ⅱ由捕光复合物Ⅱ、PSⅡ反应中心、放氧复合物等亚单位组成。

捕光复合物Ⅱ（light-harvesting complex Ⅱ，LHC Ⅱ）是一种结合了叶绿素 a 和叶绿素 b 的捕光色素蛋白复合物，也称外周捕光复合物。除了负责光能的吸收和传递外，还有维持类囊体膜结构、保护植物免受强光的损害等作用。

PS Ⅱ反应中心（photosystem Ⅱ-reaction center，PS Ⅱ-RC）是该阶段光化学反应的中心地点，周围有内周捕光蛋白与其紧密结合。内周捕光蛋白可以将 LCH Ⅱ传递过来的光能汇集到反应中心，以引发光化学反应。此外，还有助于维持光系统Ⅱ放氧复合物的结构。

放氧复合物（oxygen-evolving complex，OEC）的主体是一个 Mn_4CaO_5 团簇，也称为锰簇。在锰簇上，水氧化反应过程为 S 态循环，反应中心每吸收四个光子就会使锰簇的 S 态氧化进入下一个阶段，直到最高氧化态的 S_4 态，当其重新转化成 S_0 态时就会放出一个氧气分子。

（2）光系统Ⅰ。与光系统Ⅱ类似，光系统Ⅰ也具有对应的反应中心和捕光复合物，其基本功能是通过接收光系统Ⅱ从电子传递链传输过来以及本身吸收光能产生的高还原性电子，还原 $NADP^+$ 生成 NADPH，根据光化学反应的电子给体和受体特征，该系统也称为质体蓝素-铁氧还蛋白氧化还原酶。

其捕光蛋白复合物 LHC Ⅰ是结合了叶绿素和胡萝卜素的多肽，它们捕获光能，将激发能传递到反应中心，反应中心吸收后发生电荷分离，产生高能电子。高能电子有三种可能的传递方向：①线性电子传递过程，电子传递给铁氧还蛋白，在还原酶的作用下将 $NADP^+$ 还原成 NADPH；②循环式电子传递，电子在传递到铁氧还蛋白后又传递回电子传输链，形成跨膜的质子梯度并生成 ATP；③假循环电子传递，电子传递到 O_2 分子，形成超氧自由基，在超氧化物歧化酶的作用下形成 H_2O_2，最终转化成水。

2. 光合作用过程

根据是否有光的参与，光合作用可分为光反应和暗反应。光反应主要发生在类囊体膜蛋白上，在捕光蛋白捕获光能后，两个光系统的反应中心发生光化学反应并形成电荷分离态，其中在光系统Ⅱ上驱动水发生氧化反应，产生质子和电子并释放出氧气，而在光系统Ⅰ上，从光系统Ⅱ上接收和本身产生的电子发生还原反应生成 NADPH 和 ATP，这也称为还原力。

暗反应发生在叶绿体间质中，无需光的参与，二氧化碳首先被受体底物固定生成中间产物，然后利用 ATP 和 NADPH 将中间产物还原，进一步生成有机物，一般是蔗糖和淀粉，受体底物再生，完成循环，这一过程也称为卡尔文（Calvin）循环。

3.1.2 人工光合作用

1. 人工光合作用的基本概念

自然光合作用仅仅是为了满足自然界生物的自身需求，它不会产生多余的富能量化学物质，因此总体的效率比较低。人工光合作用是以自然光合作用为灵感，通过人工设计和构建太阳能转化体系将太阳能转化为高能量的化学品，也称为“太阳燃料”或“液态阳光”，以此提高太阳能的利用率。从广义上说，太阳燃料可以指通过转化太阳能而储存的任何形式的化学能，其整体反应吉布斯自由能变化（ΔG）大于零；从狭义上说，是指直接利用太阳能分解水制氢，或者还原二氧化碳生成碳氢燃料（图 3.3）。无论以何种方式制备太阳燃料，宗旨永远是利用太阳能、水、二氧化碳等产生清洁能源，以此代替化石燃料，减少碳排放，改善生态环境。人工光合作用通常由三个过程组成：①快速的光吸收导致材料进入激发态；②产生电荷分离；③空穴和电子分别进行氧化和还原反应产生新的化学品。为了提高这三个过程的速率，捕光材料和催化材料的性能便成了目前的研究关键。

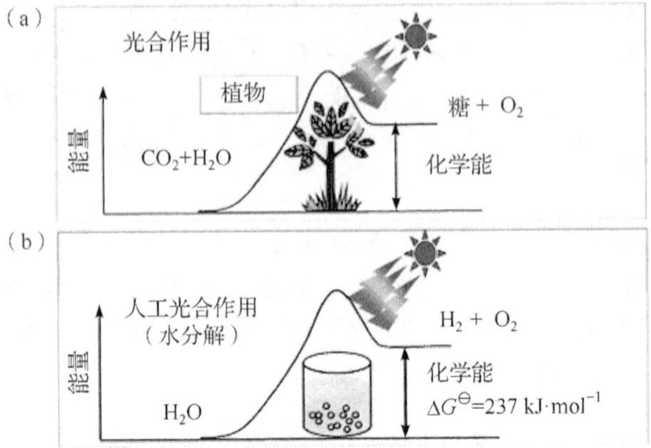

图 3.3 植物光合作用（a）和人工光合作用（b）（水分解制氢）

2. 光捕获材料

人工光合成分解水制氢体系分为多相体系和均相体系。多相体系主要以合适带隙的半导体材料作为捕光组分，包括硅（Si）、硒化镉（CdSe）、氧化钨（WO_3）、钒酸铋（$BiVO_4$）等，半导体材料受到光激发产生光生电子-空穴对，实现光电转化。但目前已有的材料吸光范围较窄，且大部分无机半导体材料的能带位置不能同时满足氧化和还原反应的要求。

均相体系主要以有机光敏染料分子或量子点作为捕光组分，金属配合物为析氢或者析氧催化剂。有机光敏材料包括聚合物、有机分子等，如聚噻吩（P3HT）、富勒烯（C_{60}）等。有机光敏材料通常具有较好的可塑性和可溶性，适用于柔性光伏器件的制备。量子点包括纳米级的半导体颗粒，如硫化镉（CdS）、硫化铅（PbS）等。这类材料的特点是分子催化剂的活性高，但稳定性较差。太阳能光催化分子器件通过构筑染料敏化的叠层光电化学池可以实现光驱动分解水，光阳极和光阴极分别为不同的捕光材料和对应的分子催化剂，可在光照条件下、中性电解质中实现无偏压水分解析氢反应和析氧反应。

3. 催化材料

在捕光组分完成光吸收后，需要催化材料来促进水的光解和二氧化碳或氮气的还原反应生成氢气或其他有机物，这些催化材料包括金属催化剂、半导体催化剂、复合催化剂等。例如，二氧化钛等半导体材料的光催化水解制氢，金、铂等金属材料催化二氧化碳的加氢反应生成甲醇，氮的捕获还原生成氨气，以及生物中的氢化酶促使氢与 NADPH 和 ATP 耦合转化成生物质能。但催化过程往往需要严苛的条件如高温高压以及合适的催化剂，且目前的转换效率和选择性也不尽如人意。解决这些问题最为关键的因素是开发高效、高稳定性及高选择性的催化剂。

4. 人工光合作用体系

从自然光合作用的光反应和暗反应得到启发，人工光合成体系由捕光系统、光驱动水氧化系统、还原力生成系统以及二氧化碳转化储存系统构成。借鉴光合作用的氧化反应和还原反应在不同光系统（PS Ⅰ 和 PS Ⅱ）上进行的特点，科研人员发展了由光阴极和光阳极组成的光电化学体系及由两种光催化剂材料和电子传递体构成的光催化仿生“Z 机制”体系。除此以外，催化剂的发展在对生物结构的模拟上也开辟了一条新的道路，在自然光合作用中，起主要催化作用的物质是酶，因此酶晶体结构的解析及其催化活性位点的研究对催化剂的设计与合成起到了极其重要的作用。仿氢化酶的研究起步较早，人工合成的氢化酶类似物展现出极高的催化析氢活性，甚至超过了天然酶。而基于 PS Ⅱ 中的 Mn_4CaO_5 结构的解析，仿生水氧化剂的合成也取得了较大的进展，现在已经可以合成与自然界放氧复合物类似的 Mn_4CaO_5 簇核心结构。在二氧化碳的还原方面，虽然反应体系已经逐渐完善，但反应所需的条件仍然比较严苛，高温高压会导致生产成本较高，且副产物的生成也会导致主产物难以提纯。因此，催化剂的设计与构建还有很长的路要走，后续的研究方向应该是如何使反应条件更温和、使反应活性和选择性提高。

3.2　太阳能制氢

3.2.1　光催化的基本原理

氢能作为最理想的清洁能源，在我国能源转型中占据重要地位。1972 年，日本东京大学的本多建一教授和博士班学生藤岛昭发现，用光照射 TiO_2 电极可分解水获得 H_2。这就是“本多-藤岛效应”。经过 50 多年的发展，利用太阳光照射半导体材料驱动水分解制氢已被认为是获取可再生氢能源的重要手段。这些具有太阳能响应的材料也称为光催化剂，这种人工光合作用称为光催化反应。

光催化水分解过程是一个上坡反应，整体吉布斯能量变化为 $\Delta G^{\ominus} = 237\ \mathrm{kJ \cdot mol^{-1}}$。在热力学上，水氧化还原的电位分别为 0 V *vs.* NHE（标准氢电极）和 1.23 V *vs.* NHE。因此，半导体催化剂的导带（CB）与价带（VB）需要跨越水的氧化还原电位才能在理论上实现水分解过程。在微观层面上光催化水分解包括三个连续的过程，如图 3.4 所示：①首先，太阳能入射到光催化剂表面，处于基态的电子吸收入射太阳光后跃迁到激发态成为光生电子（e^-）。电子跃迁后在 VB 上留下带正电荷的空穴（h^+），此时光催化剂就产生拥有高活性的电子-空穴对。②其次是光生电子-空穴对的分离。光生电子和空穴都会迁移到光催化剂的表面，绝

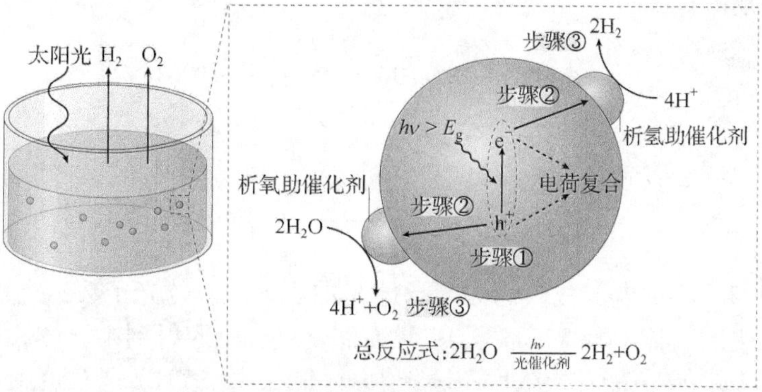

图 3.4　光催化制氢的原理示意图

大部分光生电子-空穴在迁移的过程中会发生复合，只有少部分光生电子和空穴会得到有效的分离。③最后，迁移到光催化剂表面的电子会与吸附在催化剂表面的质子发生反应生成氢气，空穴将牺牲剂氧化成氧化状态的中间产物或者氧化水生成氧气。这三个连续的光催化过程影响整个光催化水分解析氢的效率。利用多种技术手段对半导体光催化剂进行修饰、改性和功能化以达到增强半导体对光的吸收利用、降低光生电子-空穴对复合和加快表界面氧化还原反应的动力学，进而提高光催化水分解析氢速率以及各类光催化反应的效率。

因此，光催化反应必须在载流子的有效寿命内进行，才能成功将水分离。但是，在目前研究的光催化分解水催化剂中，光生载流子复合仍然是光催化体系面临的巨大挑战。因此为了促进载流子分离参与表面反应，在光催化剂上需要添加适当的助催化剂和缓冲层，使得最终的水分子被整体分解生成 H_2 和 O_2。这些反应总结如下。

酸性溶液：

$$2H^+ + 2e^- \longrightarrow H_2 \text{（HER）} \tag{3.2}$$

$$2H_2O \longrightarrow O_2 + 4e^- + 4H^+ \text{（OER）} \tag{3.3}$$

碱性溶液：

$$2H_2O + 2e^- \longrightarrow H_2 + 2OH^- \text{（HER）} \tag{3.4}$$

$$4OH^- \longrightarrow O_2 + 4e^- + 2H_2O \text{（OER）} \tag{3.5}$$

总的太阳能转换效率 η 考虑了与三个基本过程相关的效率，因此总的反应公式为

$$\eta = \eta_{abs} \times \eta_{sep} \times \eta_{inj} \tag{3.6}$$

式中，η_{abs} 为光子吸收效率，定义为入射光子激发的电子-空穴对的比例；η_{sep} 为分离效率（或电荷传输效率），是分离并迁移到固-液界面的光生载流子的比例；η_{inj} 为电荷注入效率（或电荷转移效率），涉及参与固体-液体界面电荷载流子的比例。

表观量子产率（AQY）作为均相光化学体系中总量子产率（OQY）的延伸，成为一种有效评估光催化性能的手段。

$$\text{OQY} = \frac{N_e}{N_p} \times 100\% \tag{3.7}$$

对于析氢反应：

$$\text{AQY} = \frac{N_e}{N_i} \times 100\% = \frac{2 \times N_m}{N_i} \times 100\% \tag{3.8}$$

对于析氧反应：

$$\text{AQY} = \frac{2 \times N_m}{N_i} \times 100\% \tag{3.9}$$

式中，N_e 为参与反应的电子数；N_p 为半导体光催化剂吸收的光子数；N_m 为在一定时间内催化剂分解水产生的气体（氢气或氧气）；N_i 为催化过程中照射到半导体表面的光子数。除了量子产率外，太阳能-氢能转换效率（solar-to-hydrogen，STH）通常也用于评价光催化剂的催化性能。它的定义是

$$STH = \frac{E_{H_2}}{E_l} \times 100\% \tag{3.10}$$

式中，E_{H_2} 为产生的氢气的输出能量；E_l 为入射的太阳光的总能量。

3.2.2　光催化剂的光吸收

光催化将太阳能转化为化学燃料的过程始于光子吸收。在入射光的能量等于或大于材料带隙的情况下，半导体材料被光激发产生光生载流子。按照载流子产生的方式不同，光催化半导体分为无机半导体和有机半导体。在有机半导体材料中，光激发的电子会从 HOMO 跃迁到 LUMO。而在无机半导体中，价带顶的电子会被激发到飞秒时间尺度上的导带底，进而产生光生电子-空穴对。按照载流子激发的路径不同，光催化半导体分为直接半导体和间接半导体。在直接半导体中，导带底的电子的波矢量等于价带顶中电子的波矢量，电子激发不损失能量。相反，在间接带隙半导体中，价带顶与导带底的电子波矢量不相等，电子必须经历其动量的显著变化，才能被激发越过禁带，并产生电子-空穴对（图 3.5）。这是因为电子不仅与初始光子相互作用以获得能量，而且与被称为声子的量子化晶格振动相互作用，该振动可以增加或减少其动量。因为电子、光子和声子都参与了这种间接吸收过程，所以它进行的概率更低，速度也比直接吸收慢得多。

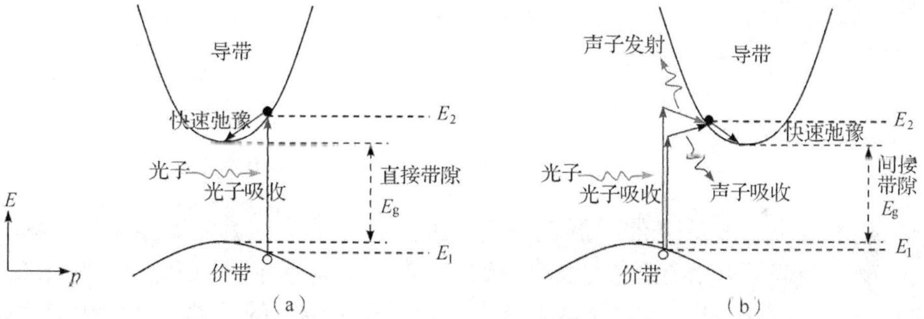

图 3.5　直接与间接带隙半导体中的光子吸收示意图

太阳光吸收范围与能量转换效率之间的关系是非常重要的。太阳发出的辐射波长很大范围集中在 400～1100 nm（图 3.6），大约占总能量的 70%。假设光催化剂的量子效率达到 100%，拥有 400 nm 吸收波长的光催化剂所能达到的理论最大 STH 仅为 2%，而如果将吸收范围扩大到可见光区的 700 nm 或近红外区的 1000 nm，STH 则能够提升到 25%或 47%。可见，光催化剂能带结构影响太阳能制氢效率的上限。

在大多数情况下，掺杂是调节光催化剂能带结构、提高可见光区光响应的有效策略。例如，在宽带隙半导体中进行低含量金属离子掺杂可以引入局域化的电子态，从而产生一个施主能级高于 VB[图 3.7（a）]或一个受主能级低于 VB[图 3.7（b）]的能级，因而缩小了带隙。而掺杂含量足够高的金属离子可以通过在能带中间形成离域态的能带（中间能带或中间能带态）来实现宽带隙半导体的多光子激发，如图 3.7（c）所示。然而，掺杂引入的这些缺陷位点也可以作为光激发载流子的复合中心，通常会导致在紫外-可见光照射下光催化剂活性显著降低。因此，优化的掺杂原子浓度对于实现光催化分解水的活性非常关键。

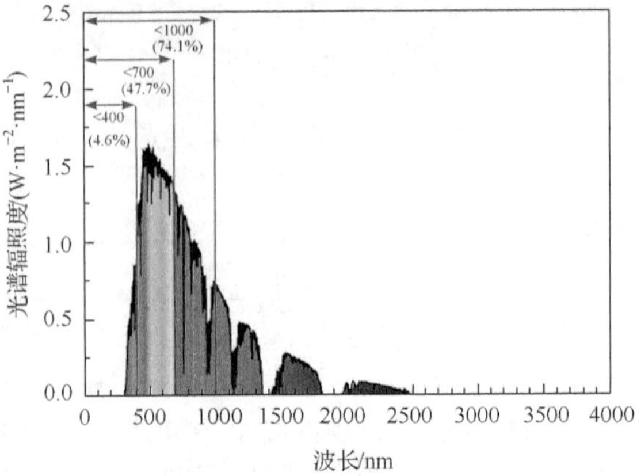

图 3.6 AM 1.5 G 太阳光谱

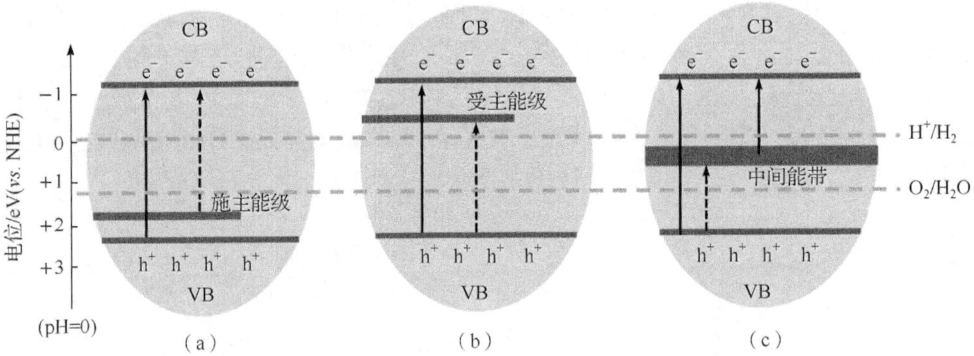

图 3.7 （a）施主能级；（b）受主能级；（c）中间能带

光敏化剂修饰也是改善光催化剂光吸收范围的有效手段，其基本条件为光敏分子必须具有较高的摩尔吸光系数和较宽的光谱吸收区，理想的是整个可见和近红外光区；其次光敏分子的 LUMO 需要比半导体的导带更负，有利于光生电子的转移。光敏化剂主要有有机染料和无机配合物，通用的光敏化剂有卟啉、联吡啶 Rh/Ru 类配合物、酞菁、劳氏紫等。

控制光催化剂的形貌同样可以提高光催化剂的光吸收能力。例如，在零维、一维、二维和三维多孔材料体系中，二维结构通常截面积大，在较低的光子通量密度下，许多光子可以在非常短的时间内被纳米片吸收，而三维多孔光催化剂更容易发生折射来促进光子的循环吸收。

3.2.3 半导体光催化材料的电荷分离

光受激发后产生的电子-空穴对会大部分发生结合，以光的形式释放吸收的能量，或者更频繁地以热的形式释放。然而，这些载体中有一小部分会迁移到表面，在那里它们可以被吸附的分子捕获，从而开始催化循环（图 3.8）。

在半导体光催化反应过程中，载流子复合过程可以通过辐射（能带到能带）复合，或者更常见的是通过禁带中的陷阱（缺陷或杂质状态）复合。不同的材料可以表现出极大不同的体复合动力学过程。例如，在同等条件下，赤铁矿的复合速率比锐钛矿型 TiO_2 快 100～1000 倍。由于有效的电子和空穴密度，带间复合和 Shockley-Read-Hall 复合会经常发生，并通过

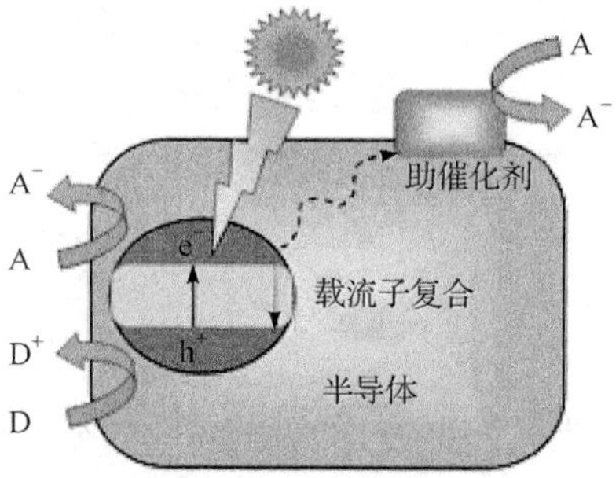

图 3.8 光催化反应过程中助催化剂的行为图示

与声子的能量交换来促进。电子空穴复合也可以通过表面态的复合发生，这种现象在纳米粒子悬浮液或高表面积胶体中起重要作用。

电荷分离是决定光催化效率的重要因素之一。通常，由于激子半径很大，在块体半导体中激子处于 Mott-Wannier 模式，而在有机分子和聚合物中，Frenkel 模式占主导地位。这两种激子模型的结合能分别小于 0.01 eV 和 1 eV，只有当激子结合能低于这些值时，才能实现激发态电子与空穴的有效分离。激子结合能主要由有效质量和介电常数决定，而这又取决于半导体的电子结构。由于其介电常数较高，氧化物往往具有极低的激子结合能。此外，光激发载流子湮灭所需的平均时间称为载流子寿命（τ），它是衡量半导体能否成为高效光催化剂的关键参数。然而，半导体光催化剂的载流子寿命通常很短，范围从皮秒到纳秒。

当半导体与电解液接触时，由于界面电场的形成，半导体能带会发生弯曲。在典型的 n 型半导体中，电荷迁移会导致能带向上弯曲。与本体相比，这种效应增加了表面电荷层内的载流子寿命。另外，电子可以在半导体表面电荷层的整个电势上被热激活，从而通过捕捉电解质中的受体物种而越过界面。电子也能穿过电势势垒的某一部分而进入电解质。

与单组分或双组分光催化剂相比，合理设计具有多个功能组分的集成纳米光催化剂，可以使光生载流子有效地参与氧化还原反应，从而改善光催化性能，包括活性和稳定性。电子和空穴的有效消耗可以避免半导体表面的电荷堆积，而电荷堆积会导致半导体的光降解。例如，对于有效的光催化水分解反应，考虑到基本的热力学能量需求，相对于 H_2/H^+、H_2O/O_2 氧化还原对的氧化还原电势和气体释放过电位，通常需要一个较大带隙的半导体。然而，宽带隙半导体往往不能吸收可见光。解决这个问题的一种方法是使用 Z 型结构模拟自然的光合作用。Z 型结构需要耦合第一个光催化剂生成 H_2 和第二个光催化剂生成 O_2 与电子介质。在这里，每个光催化剂只对整个水分解过程的一半反应有效，而介质在生成 H_2 的光催化剂上被氧化，在生成 O_2 的光催化剂上被还原。在 Z 型结构中，每两个光子被用来完成一个电子反应，这允许使用较低能量的可见光光子来进行有效的水分解反应。

3.2.4 半导体光催化材料的表面反应

在水分解系统中，半导体光催化剂通常需要加入助催化剂来提高水分解反应的速率。因此，为了促进光催化剂与溶液界面的电子转移和催化过程，需要合理选择适当的助催化剂来降低催化过程中的势垒。

如上所述，水分解反应通过到达表面的光生载流子的消耗发生光催化析氢反应（HER）和析氧反应（OER）。因此，OER 和 HER 过程的动力学快慢与光催化剂性能的好坏有直接关系。尤其是涉及多步质子耦合电子转移的 OER 反应，氧气的释放需要四个电子参与，同时从两个吸附水分子转移到光催化剂上，这个过程通常在没有助催化剂的情况下会受阻。与此同时，水也可以通过单电子或双电子过程催化氧化形成 OH 自由基或 H_2O_2，这是典型的光催化分解水的副反应。除了上面讨论的副反应，还涉及分子氧参与的反应，如氧气还原反应或氢气和氧气逆反应生成水等，都是常见抑制正反应生成氢气的不利因素。

助催化剂的引入不仅能够通过形成异质结促进电荷分离和传输，也可作为反应位点参与催化反应，如图 3.9 所示。

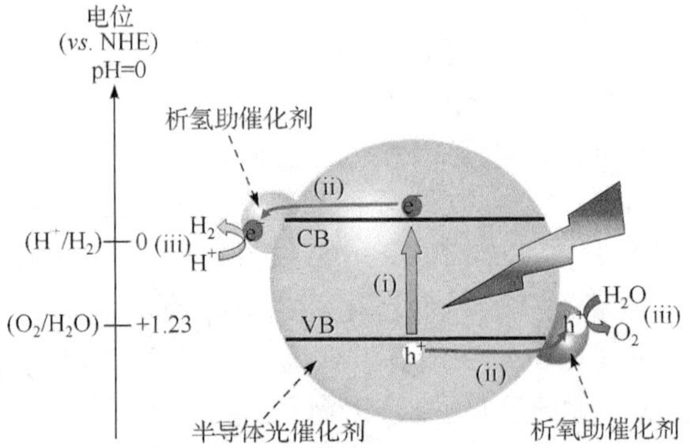

图 3.9 负载助催化剂的半导体示意图

一般来说，优良的电催化剂也可作为高效的助催化剂。因此，贵金属 Pt 在电催化析氢过程中表现出中等的吸附解吸行为（即$|\Delta G_{H*}| \rightarrow 0$），被广泛应用在光催化制氢反应中。然而，考虑到未来大规模的应用，发展廉价的助催化剂已成为光、电水分解制氢领域共同关注的问题。

光催化水分解反应中，助催化剂和光催化剂需要有效结合，它们的相对能级决定了光生载流子分离和运输的方向和效率，一般而言，制氢助催化剂的费米能级应该比半导体的导带更正，而制氧助催化剂的费米能级应该比半导体价带更负。两者能级差越大，其驱动力越强，光生载流子的迁移速率越快。此外，具有优异导电性的助催化剂能够更快转移光生载流子。不同助催化剂和光催化剂之间载流子转移具有不同的方式和方向，这是由助催化剂的种类、负载方式和物理特性等决定的。助催化剂的负载方式和位置同样会影响光生载流子的迁移路径。与单组分助催化剂不同，两个接触的助催化剂之间也能发生光生电子的相互转移。当两种助催化剂形成核壳结构时，光生电子会从半导体通过接触界面转移到壳结构的助催化剂Ⅰ上，光生电子经过核结构的助催化剂Ⅱ再一次转移到壳结构的助催化剂Ⅰ表面发生反应。

3.2.5 光催化反应拓展

1. 光催化 CO_2 还原

与自然界的碳循环类似，发展成熟的光催化 CO_2 还原技术可以实现工业碳循环。理想的状态下，由化石燃料燃烧后产生的大量的 CO_2 可以直接有效地收集储存起来并用于光还原反应，转换成化学用品或化学燃料。这种做法直接规避了 CO_2 进入自然界，以人工手段实现了碳循环，并有望实现碳中和。

与光催化水分解制氢相比，光催化 CO_2 还原更为复杂。除了满足能带结构、电荷分离、水氧化等基本需求，光催化剂表面不同的 CO_2 吸附和活化模型也会影响 CO_2 还原的催化机理和催化效率。如图 3.10 所示，以常见的 5 个 CO_2 吸附模型为例，不同的吸附模型决定了不同的吸附能。第一种是 CO_2 分子通过表面的 O 原子线性吸附在表面[图 3.10（a）]。第二种是 CO_2 分子通过 C 原子被吸收，生成单齿碳酸盐[图 3.10（b）]。在第三种情况下，CO_2 分子通过 O 和 C 原子的相互作用产生双齿状碳酸盐[图 3.10（c）]。第四种是生成桥接碳酸盐几何结构，CO_2 的 C 原子指向下方，CO_2 的两个 O 原子与两个金属原子结合，与表面的 O 原子形成 C—O 键[图 3.10（d）]。在第五种情况下，形成 CO_2 的 C 原子指向向上，CO_2 的两个 O 原子与两个金属原子结合成桥接构型[图 3.10（e）]。表面上 M—O—M 键的存在有助于第四种模型或第五种模型的形成。

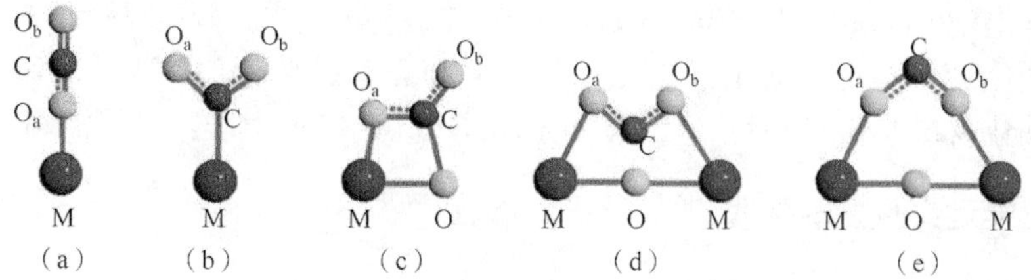

图 3.10 光催化剂表面吸附 CO_2 的可能构型

由于 CO_2 属于惰性气体，常温常压下非常稳定，从热力学角度来看，需要大量的能量来打开 C═O 键（750 $kJ \cdot mol^{-1}$）。与 NHE 相比，pH＜7 的情况下，CO_2 可以分别还原为甲酸、一氧化碳、甲醛、甲醇和甲烷。这些反应需要转移 2～8 个电子和相应数量的质子，属于多电子反应体系。这种涉及的多体系的化学反应也反映了在自然光合作用系统中观察到的多组分步骤。

2. 光催化 N_2 还原

光催化固氮是一种在室温和常压下进行氮气还原反应的清洁、绿色无污染的固氮方法。光催化氮气还原生成 NH_3 涉及 6 个质子和 6 个电子的转移，同时需要打开键能为 946 $kJ \cdot mol^{-1}$ 的 N≡N 键。理论上，光催化剂 CB 的底部应该比 N_2 的还原电位更负（–3.2 V *vs*. NHE），同时 VB 顶部也要超过 H_2O 的氧化电位（1.23 V *vs*. NHE）。

目前公认的光催化氮气还原为氨的机制大致可分为以下几种：解离、缔合或酶途径。对于解离途径，N—N 键的断裂先于氢化过程，随后被吸附的氮原子逐步质子化形成 NH_3，类似于工业 Haber-Bosch 过程的反应机制。然而，由于 N≡N 键的裂解需要大量的外部能量输入，这不利于 N_2 光还原成 NH_3。根据不同的加氢顺序，缔合 N_2 还原机制有远端途径和交替途径两种方式。在远端结合途径中，远离吸附位点的氮原子在生成第一个 NH_3 分子前依次质子化，留下另一个 N 原子生成第二个 NH_3 分子；在交替路径中，加氢反应在两个氮原子上交替发生，每个氮原子都可以与注入的电子和质子发生反应，形成关键的中间产物，如金属结合的重氮烯和反应副产物（N_2H_4）。对于酶途径，氮气分子的 2 个 N 原子同时被催化剂的活性中心吸附，通过“侧对”的构型锚定在催化剂表面，然后进行氢化反应。尽管已经提出了四种不同的反应路径，但对不同催化体系的深层反应机制可能有所不同，仍有待进一步探索。

3. 光催化有机物转化

随着化石能源的逐渐枯竭和自然环境的不断恶化，人类对低能耗和低碳排的绿色化工生产方式的需求更加迫切。光催化因其自身独特的优势在有机物选择性合成领域中受到了极大的关注，被广泛应用于各种有机反应中，如醇类选择性氧化、硝基还原、胺类氧化偶联、不饱和烯烃加氢、环氧化以及生物质转化过程等。光催化有机物转换不一定完全是爬坡反应，但有望取代一些高能耗、高污染的传统有机反应过程。

3.3 光电化学电池

光电化学电池（photoelectrochemical cell，PEC）是研究光、电与化学相互作用的一门交叉学科，采用组装于导电基底上的半导体材料薄膜及其助催化剂作为光电极来发生光催化反应。与光催化反应具有相似性，而其电场下的光催化过程也导致其具有特殊性。

3.3.1 光电化学定义及基本原理

早在 20 世纪上半叶，A. J. Nozik、H. Gerischer 和 S. R. Morrison 等半导体物理和电化学方面的科学家便已经清晰地认识了半导体的能级结构及光激发后表面的电化学反应过程，并初步形成了半导体光电化学的基本理论。一般来说，PEC 过程涉及在半导体光电极的光吸收，电子-空穴对在电场下的分离，以及表面引发的催化反应。从严格意义上说，PEC 体系是光催化和电催化的耦合体系，而整个过程却需要限制在光催化的范畴。光催化范畴是指整个催化反应所涉及的电荷必须是光生载流子，这也就意味着 PEC 过程属于人工光合成。然而，PEC 系统需要在电极表面合成半导体薄膜或将半导体粉末固定在电极表面上，同时存在电解质溶液，当半导体电极浸入电解质溶液中时，半导体与电解质溶液之间会发生电子转移，从而使费米能级与电解质溶液的氧化还原电位达到平衡。尽管与光催化反应使用的半导体材料可能一致，但影响催化活性的因素并不完全相同。在光催化系统中，半导体粉末均匀悬浮在水介质中，光线透过介质到达半导体的深度、材料表面所具有的特定功能基团等因素显著影响光催化活性；而在光电化学系统中，在半导体和导电基底（如 FTO、ITO 等）之间需要紧密和良好的接触，以实现高效的电荷转移，从而实现优异的光电化学活性。

如图 3.11（a）所示，典型的 PEC 系统由包含工作电极（WE）、对电极（CE）和参比电极（RE）的三电极体系构成。PEC 系统的工作过程如下：太阳光照射到半导体光阳极表面上，当入射光的能量大于或等于半导体材料的带隙时，光阳极价带的电子（e^-）会受到激发，跃迁至导带成为光生电子，并在价带处生成光生空穴（h^+）。在外加偏压的作用下，水分解所需的热力学电势得到补偿，半导体的少数载流子转移至对电极表面，而多数载流子会转移至对电极，分别发生氧化和还原反应。在 pH 为 0 的条件下，H_2 的还原电势为 0 V *vs.* NHE，O_2 的氧化电势为 1.23 V *vs.* NHE。因此，在热力学上，用于自发 PEC 水分解的半导体的价带和导带位置应跨越水氧化电位（1.23 V *vs.* NHE）和质子还原电位（0 V *vs.* NHE），以实现足够的氧化还原能力光生电子-空穴对。考虑到 PEC 分解水过程中的过电位要求（0.4～

0.6 eV）和能量损耗（0.3～0.4 eV），理想的带隙应为约 2.0 eV，对应于约 620 nm 的光吸收边缘。

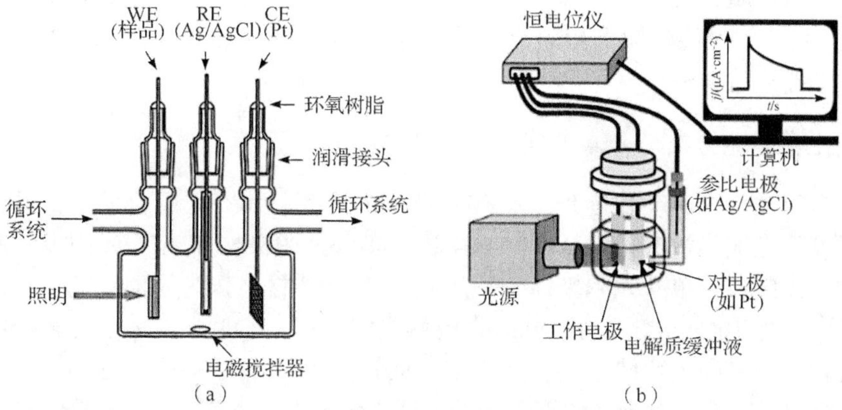

图 3.11　(a) PEC 系统；(b) PEC 性能测试

当半导体电极浸入电解质溶液中时，半导体与电解质溶液之间会发生电子转移，费米能级与电解质溶液的氧化还原电位从而达到平衡。电解质溶液从半导体中接受（贡献）电子，当半导体的费米能级比电解质溶液的还原电位更负（正）时，由于半导体中电子的密度是有限的，并且假定界面处能带位置的势能被固定，电子转移引起了能带弯曲。需要注意的是，在悬浮在水溶液中的半导体颗粒中也可能发生能带弯曲，尽管对纳米颗粒而言，空间电荷层的宽度可能大于颗粒大小，其效应可能不太显著。半导体-电解质结的结构由半导体光电极的空间电荷层、亥姆霍兹层（也称为致密层或内层）和扩散层（古依-查普曼层）组成。图 3.12 显示了 n 型半导体的半导体-电解质界面结构。亥姆霍兹层（Ⅱ）的厚度为 0.3～0.5 nm，这与固体光电极的性质无关。然而，空间电荷层（耗尽层，Ⅰ）和扩散层（古依-查普曼层，Ⅲ）的厚度分别随着光电极和电解质中电荷载流子浓度的增加而减小。例如，在低

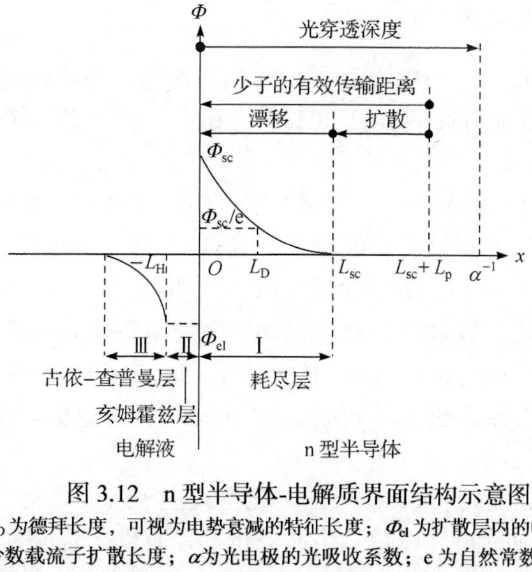

图 3.12　n 型半导体-电解质界面结构示意图

Φ_{sc} 为耗尽层内的电势降；L_D 为德拜长度，可视为电势衰减的特征长度；Φ_{el} 为扩散层内的电势降；L_{sc} 为空间电荷层的宽度；L_p 为少数载流子扩散长度；α为光电极的光吸收系数；e 为自然常数，e≈2.71828

离子浓度的水性离子溶液中，扩散层（Ⅲ）的厚度为 10～100 nm，而在 1 mol · L^{-1}浓缩离子溶液中，它的厚度范围减小到大约一个单分子层。因此，在 PEC 系统中，由于通常使用高离子浓度的电解质，可以忽略其影响。基于此，选择 n 型半导体作为光阳极是因为其费米能级较高，将会导致能带向上弯曲，从而有利于空穴向阳极表面的转移和积累，而光阴极一般为 p 型半导体材料。

3.3.2 光电化学电池分类

光电化学电池根据其工作原理、结构特点及体系各单元器件组合模式，可以分为不同的类型，常见的光电化学电池包括单一光阳极、单一光阴极、光阳极/光阴极体系等。

（1）单一光阳极：单一光阳极体系采用 n 型半导体材料作为光催化剂，利用半导体材料吸收光子产生光生电子-空穴对，同时在电解质溶液中，n 型半导体与电解质溶液之间会发生电荷转移，能带向上弯曲，促使光生空穴向光阳极-电解液界面处迁移，参与水的氧化反应。光阳极材料需要具有合适的能带结构（通常带隙大于 1.23 eV，价带位置＞1.23 V *vs.* NHE），以确保光生电子和空穴的有效催化分解水，如 TiO_2、WO_3 等。

（2）单一光阴极：单一光阴极体系采用 p 型半导体材料作为光催化剂，在电解质溶液中，p 型半导体能带向下弯曲，促使光生电子向光阴极-电解液界面处迁移，参与水的还原反应。通常光阴极材料的带隙大于 1.23 eV，导带位置接近析氢反应的热力学电位（0 V *vs.* NHE），如 p-Si、p-GaAs、p-GaN 等。

（3）光阳极/光阴极体系：在实际应用中，为了提高光催化反应的效率和稳定性，通常采用光阳极-光阴极耦合体系。该系统使用了光活性阳极和光活性阴极作为光吸收组件，入射光先穿过光阳极随后再照射到光阴极上。这种可以同时激发光阳极和光阴极的自发水氧化还原反应最小化或消除了价带/导带边缘电位的基本要求。由于这种串联装置需要将部分太阳能从光阳极传输到光阴极，因此光阳极的导带顶（CBM）必须比光阴极的价带顶（VBM）具有更低或相似的电势。

3.3.3 光电化学电池测试及效率评估

PEC 系统性能参数：由于整个反应会产生法拉第电流，因此可通过电流密度大小以及电流极化曲线对 PEC 效率进行评估，这与电催化相似。以下是一些核心的光电化学基本参数。

光电压（photovoltage）：光电压是在光照射下产生的电位差，通常由半导体材料的能带结构决定。光电压高，说明光催化或光电池系统具有更好的光电转换效率。

光电流（photocurrent）：光电流是在光照射下由光生载流子产生的电流。光电流的大小与光照强度、半导体吸收光子数量以及载流子的扩散速率等因素有关。

光电流密度（J_{ph}）：光电流密度是指在光照条件下，单位面积上产生的电流量。它是评价光电极性能的一个重要参数，通常以 mA · cm^{-2} 为单位。光电流密度越大，说明该光电化学系统对光的响应越好。

光生载流子寿命（lifetime of photocarrier）：光生载流子寿命是指光照射后产生的电子和空穴在半导体中存在的平均时间。长的光生载流子寿命有助于提高光电化学反应的效率。

电荷传输效率（$\eta_{transport}$）：电荷传输效率是指光生载流子在半导体表面进行电荷传输的

效率，对于光催化反应的进行具有重要影响。

填充因子（FF）：填充因子是指实际光电流密度与理论光电流密度（即在开路电压和短路电流下计算得到的最大功率点）之比。填充因子的大小直接影响光电化学器件的功率转换效率，填充因子越接近1，说明器件性能越优良。

稳定性：稳定性是指光电化学器件在长时间连续工作或周期性工作下，其性能保持不变的能力。稳定性不仅影响器件的使用寿命，还直接关系到其在实际应用中的可靠性。

光谱响应范围：光谱响应范围是指光电化学器件对不同波长光的响应能力。理想的光电化学器件应当具有宽广的光谱响应范围，能够有效地利用太阳光中的大部分光谱。

3.3.4 光电化学性能测试方法及参数

常用的光电催化性能测试方法主要分为以下几种。

（1）电流-电势测试：该测试可以获得光电极在不同电势下的电流密度，反映了光电催化体系对外部电势变化的响应。通过此测试可以计算出光电极的电流-电势曲线和电化学阻抗谱等参数，从而评估光电极的催化活性、稳定性和电荷传输效率等。

（2）光电流密度测试：光电流密度大小能直观地反映光电极性能，对于光阳极上的氧化反应，一般以1.23 V *vs.* RHE下的光电流密度为比较的指标；对于光阴极上的还原反应，一般以0 V *vs.* RHE下的光电流密度作为比较的指标。

（3）开路电位-时间测试：开路电位通过在三电极体系下测量光电极在开路条件下相对于标准参比电极（饱和甘汞电极、Ag/AgCl 电极）的电位而获得。理想条件下，相对于同样的参比电极，光照条件下测得的开路电位应与光电流开启电位一致。

（4）光电流开启电位测试：开启电位是指光电极开始有光电流响应时对应的电位，它主要受到光电压和表面反应过电位的影响。对于光阳极，开启电位越负，越有利于获得更高的效率；对于光阴极，开启电位越正，越有利于获得更高的效率。

（5）光电稳定性测试：一般通过测量在恒定电位下光电流密度随时间变化的趋势来评估，是衡量光电催化体系性能的重要指标。通常光电流密度会随反应的进行而降低，可采用光电极保持相对稳定的时间作为考察其稳定性的度量。

3.3.5 光电催化性能评价指标

（1）太阳能转换效率（STH）是衡量光电化学分解水效率最直接的指标。进行标准STH测量需要满足一系列严格的条件，以确保实验结果的准确性和可比性。以下是进行标准STH测量时需要满足的一些条件：①要在AM 1.5 G太阳光照下；②要在无偏压的两电极体系条件下进行测试，同时两者必须处于相同pH溶液中，不存在化学偏压；③测试溶液中无牺牲试剂，反应必须是H_2：O_2（物质的量比）为2：1的全分解水反应。

STH 的计算方法为入射产生的氢能量与对应的入射太阳能的比值，其中产生的氢能量为单位时间内氢气产生量乘以标准生成吉布斯自由能变化，入射太阳能为对应入射太阳光的功率密度乘以光电极的照射面积。

$$\mathrm{STH}=\left(\frac{\text{产生H}_2\text{能量}}{\text{入射太阳能}}\right)_{\mathrm{AM\,1.5\,G}}=\left(\frac{\mathrm{H}_2\text{生成速率}\times\Delta G_{\mathrm{H_2O}}}{P_{\mathrm{sun}}\times S}\right)_{\mathrm{AM\,1.5\,G}} \tag{3.11}$$

式中，ΔG_{H_2O} 为水分解的吉布斯自由能变化；P_{sun} 为在 AM 1.5 G 光照下产生的入射太阳光的功率密度（100 mW · cm^{-2}）；S 为光电极的照射面积。

如果整体反应没有副反应发生，STH 也可通过光电流密度、生成氢气的法拉第效率和水的标准热力学分解电位的乘积计算氢能的产生速率，然后除以输入太阳光的功率密度。

$$\mathrm{STH}=\left(\frac{\left|j_{\mathrm{ph}}\right|\times 1.23\times \eta_{\mathrm{F}}}{P_{\mathrm{sun}}}\right)_{\mathrm{AM\,1.5\,G}} \tag{3.12}$$

式中，j_{ph} 为光电流密度（mA · cm^{-2}）；η_F 为生成氢气的法拉第效率；1.23 V 为水的标准热力学分解电位。

对 STH 的理论计算可以为太阳能制氢系统的性能提供基准。通过半导体材料的能带间隙 E_g，可估算出单个半导体 PEC 电池的最大理论效率极限 STH_{max}。图 3.13 为在 AM 1.5 G 标准太阳光谱下不同波长光子的功率密度分布和计算得到的不同带隙波长对应的 STH_{max} 及 j_{max}。由图可知，半导体材料的能带间隙越小，STH_{max} 越大，但是水分解反应存在热力学势垒和一定过电位，合适的带隙应为 1.5～2.5 eV。

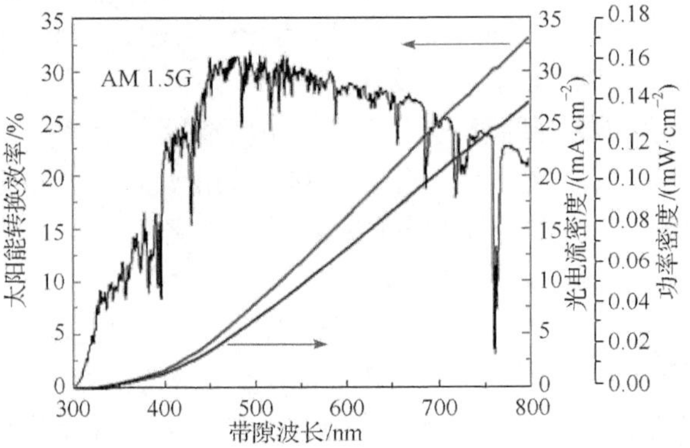

图 3.13　在 AM 1.5 G 标准太阳光谱下不同波长光子的功率密度分布和不同带隙波长对应的 STH_{max} 及 j_{max}

（2）光电转换效率：由于半导体材料普遍存在严重电荷复合现象，且部分材料的带隙结构达不到水分解的热力学条件，因此实际的光电催化体系需要在工作电极和对电极之间施加偏压，从而引出一个新的效率值——外加偏压下光电转换效率（applied bias photon-to-current efficiency，ABPE），表示在一定外加偏压条件下，输入的太阳能转化为氢能的比例。鉴于 ABPE 测量并不是真正的太阳能制氢测量，因此它一般作为材料开发中的诊断测量。此外，计算时要减去施加偏压所增加的电流。

$$\mathrm{ABPE}=\left[\frac{\left|j_{\mathrm{ph}}\right|\times\left(1.23-\left|V_{\mathrm{b}}\right|\right)\times \eta_{\mathrm{F}}}{P_{\mathrm{sun}}}\right]_{\mathrm{AM\,1.5\,G}} \tag{3.13}$$

式中，V_b 为外加偏压；j_{ph} 为在外加偏压 V_b 下的光电流密度（mA·cm^{-2}）；η_F 为生成氢气的法拉第效率；P_{sun} 为在 AM 1.5 G 光照下产生的入射太阳光的功率密度（100 mW·cm^{-2}）。

（3）外量子效率：外量子效率（EQE）也称入射光到电流转换效率（incident photon-to-current efficiency，IPCE），通常通过测量光电流和入射光子流量，并结合光源的光谱分布，可以计算出在特定波长下的光电流转换效率，主要是用来评估光电化学材料在特定波长下（通常是太阳光谱范围内）的光电转换效率。IPCE 考虑了 PEC 中涉及的三个基本过程的效率：①光吸收，定义为每次入射光子通量（η_{e^-/h^+}）产生的电子-空穴对的比例；②电荷向固液界面传输效率（$\eta_{transport}$）；③界面电荷转移效率（$\eta_{interface}$）。这种方法假定对电极不限制流过电路的电流。

$$EQE = IPCE = \eta_{e^-/h^+} \cdot \eta_{transport} \cdot \eta_{interface} \tag{3.14}$$

$$\eta_{e^-/h^+} = \frac{I_0 - I}{I_0} = 1 - \frac{I}{I_0} = 1 - 10^{-A} \tag{3.15}$$

式中，I_0 为入射光功率密度；I 为出射光功率密度；A 为吸光度，满足朗伯-比尔定律，可通过紫外-可见吸收光谱测定。在光伏器件中，光生电荷通过半导体-金属界面转移到金属上，由于半导体与金属之间形成欧姆接触，$\eta_{interface}$ 通常接近或等于 1。

在单色光照射下，稳态电流与稳态背景电流之间的差异即为由于发生在工作电极和对电极表面的氧化还原反应而产生的光电流。IPCE 对应于该光电流密度（转换为单位面积电子速率）与入射光子速率（从光源功率转换而来）的比值。

$$EQE(\lambda) = IPCE(\lambda) = \frac{电子速率}{光子速率} = \frac{|j_{ph}| \times 1239.8}{P_{sun} \times \lambda} \tag{3.16}$$

式中，j_{ph} 为光电流密度（$mA \cdot cm^{-2}$）；1239.8 为普朗克常量与光速常数的乘积（$eV \cdot nm$）；P_{sun} 为在 AM 1.5 G 光照下产生的入射太阳光的功率密度（$100\ mW \cdot cm^{-2}$）；λ 为单色光波长（nm）。

（4）内量子效率：光电催化性能的测试，如 IPCE/EQE 或 STH 等测试，忽略了来自反射或透射所造成的入射光子的损失，为了了解材料的固有性能，应排除这些损失所造成的误差，并仅基于实际被吸收的光子来测量效率，这称为内量子效率（IQE），即吸收光子到电流转换效率（absorbed photon-to-current efficiency，APCE），是指特定波长入射光子所产生的电子数与所吸收的光子数的比值。其对薄膜研究尤为重要，因为它有助于确定光子吸收路径长度和材料中电子-空穴对有效传输距离对光电催化体系效率的影响。

$$IQE = APCE = \frac{IPCE}{\eta_{e^-/h^+}} = \eta_{transport} \cdot \eta_{interface} \tag{3.17}$$

结合 IPCE 和 η_{e^-/h^+} 进而可以推导出具体计算公式：

$$IQE(\lambda) = APCE(\lambda) = \frac{|j_{ph}| \times 1239.8}{P_{sun} \times \lambda \times (1 - 10^{-A})} \tag{3.18}$$

3.4　光伏-电催化耦合体系

虽然光催化和 PEC 系统能够实现太阳能的有效转换，但是它们存在太阳能利用效率较低的缺点。将电催化剂与光伏半导体进行空间耦合构建串联太阳能驱动的水分解反应系统能够有效地解决上述问题。光伏电池与电催化串联耦合反应系统是由光伏发电系统、化学反应系统及相关控制系统等组成的将太阳能间接转化为化学能的反应装置，即首先光伏发电系统会将太阳能转化为电能（这部分电能既可以直接供电催化反应系统使用，也可以先存储在蓄电池中，然后通过稳压控制电源调节蓄电池的输出电压再供反应系统使用），随后化学反应系统可通过电催化反应将水分解成氢气和氧气实现最终的能量转化。相比于光催化和 PEC 体系，光伏-电催化体系具有普遍更高的 STH 和出色的稳定性，这种绿色可持续的制氢方法不仅有助于降低温室气体的排放，也为未来能源结构调整提供了无限的可能性。

3.4.1 光伏-电催化体系基本原理

在通常情况下，如图 3.14 所示，光伏电池是设置在电催化溶液体系外部，以避免电解质溶液的腐蚀损害光伏电池的层级结构，其一般通过导线与电催化反应系统连接构成闭合回路。当然也有一部分是电催化剂直接沉积或黏结负载在光伏半导体组件上。在光伏-电催化体系中，由于光伏电池和水分解的阴极和阳极是串联的，因此光伏电池和电催化反应系统在运行时其工作电流和电压是相同的，在标准的电流-电压曲线图中则体现在二者曲线间的交叉点。由于光伏-电催化体系中发生的是连续递进的能量转换过程，因此整个体系的反应速率不仅取决于光伏电池和电催化剂的性能，还会受它们之间的匹配度和稳定性的影响。因此在构筑太阳能驱动的电催化水分解反应系统时，需要对耦合程度进行不断优化使得光伏电池和电催化水分解池的匹配度达到最佳以及确保体系的稳定。

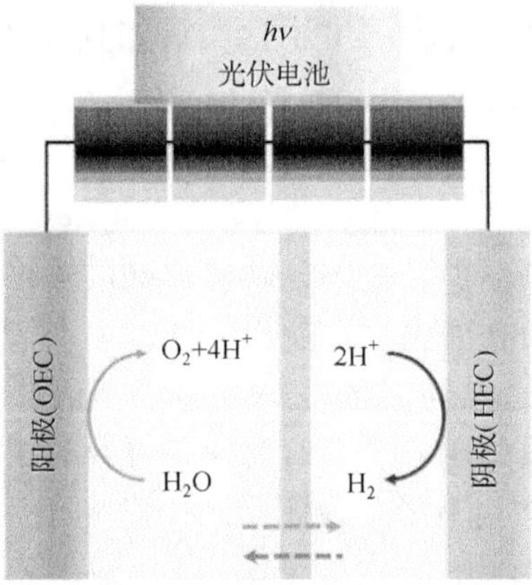

图 3.14 光伏-电催化体系中光伏电池和电催化池的基本构型

光伏电池仅作为光吸收组件，其产生光生电子和空穴将作为直流电传输到电催化分解水的阴极和阳极，然后通过阳极负载的析氧反应电催化剂和阴极负载的析氢反应电催化剂将水分解为氢气和氧气。这对光伏电池而言，就需要产生的电压超过水分解的反应势垒，并且该电压要具有一定的稳定性。对电极上负载的催化剂而言，需要尽量降低电催化水分解过程中所需的过电势损耗，这样才能实现光伏-电催化体系高效稳定的运行。理论上在考虑过电势的情况下无外加偏压辅助的水分解可以通过开路电压为 1.8 V 以上的光伏电池实现，因此该系统中光伏电池的选择至关重要。鉴于各种光伏半导体，如硅、Ⅲ-Ⅶ族材料、铜铟镓硒和染料敏化光伏电池已被研究用于光伏-电催化反应系统，而为了实现较高的 STH，各类光伏电池需要提供足够的开路电压和短路电流。目前，文献中达到较高转换效率的各种光伏电池中，硅、铜铟镓硒和染料敏化光伏电池的最大光电转换效率分别为 26.6%、23.4%

和 14.1%，而对于Ⅲ-Ⅶ族材料制备的三结和六结串联光伏电池，它们的效率分别可以达到 37.7%和 39.4%左右。除此以外，与硅串联前后的钙钛矿类过氧化物光伏电池的效率也分别可达到 24.4%和 25.5%左右。至于与水分解相关的开路电压，硅、铜铟镓硒、染料敏化、三结Ⅲ-Ⅶ族、六结Ⅲ-Ⅶ族、硅串联钙钛矿过氧化物分别可达到 0.74 V、0.73 V、1.01 V、3.02 V、5.38 V、1.76 V。可以发现，这些光伏电池大多数能够提供的单结光电压不满足驱动电催化水分解反应的最低热力学条件，而有少数开路电压满足条件，但其对应的光电流又太小，因此体系的 STH 也会严重受限。因此在保证光电压的前提下，提高电池光电流显得十分重要。目前，常用的方法是将多结光伏电池进行串联或并联以有效提高整体的开路电压和短路电流。如图 3.15 所示，将顶部电池与串联在一起的中间和底部电池并联，从理论上显著提高了三结光伏电池的太阳能转换效率。

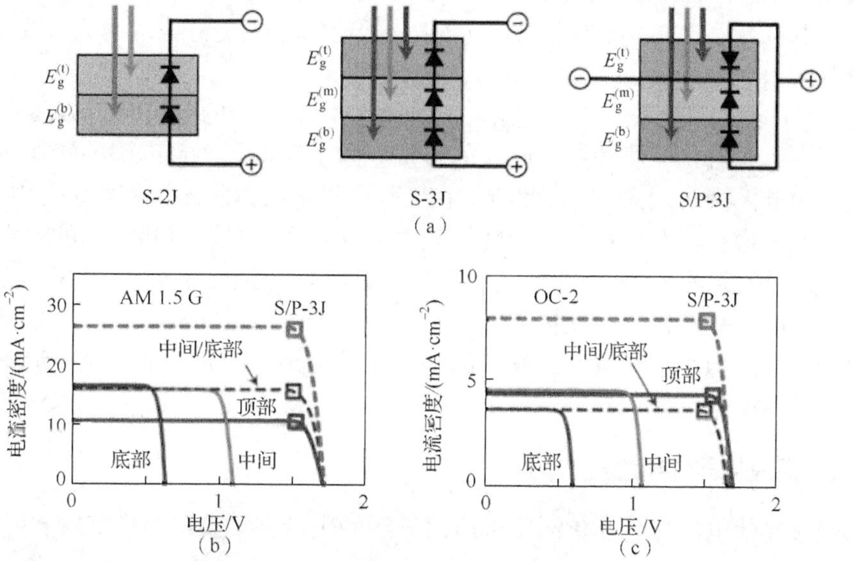

图 3.15　（a）光伏电池不同串联连接方式电路图；（b）、（c）按 S/P-3J 方式串联的光伏电池在不同光谱照射下的电流密度-电压特性曲线

3.4.2　太阳能转换效率评估

太阳能转换效率是评估太阳能驱动的水分解制氢体系的主要参数，具体有三种形式：STH、ABPE 和 IPCE。在这三种效率中，STH 可以直接用于比较不同太阳能驱动的水分解制氢体系的性能，也包括光伏-电催化体系，而其他两种效率则主要用来评估光电催化体系中光电极的反应效率。

对于所有太阳能驱动的水分解制氢体系，都可以用 STH 评估其将太阳能转换为化学能的能力。在没有外加电压的引入下，通常有两种方法计算 STH。第一种方法是直接测量反应过程中单位时间内产生氢气的量，而乘以水的标准生成吉布斯自由能后可以得到单位时间内输出的氢能。至于单位时间内输入的太阳能能量，则是通过入射太阳光的功率乘以光电极的照射面积得到的，两者的比值即为 STH，如下式所示：

$$STH = \frac{r_H \times \Delta G\left(H_2O \longrightarrow H_2 + \frac{1}{2}O_2\right)}{P_{AM1.5} \times S} \times 100\% \quad (3.19)$$

式中，r_H为氢气产生速率；ΔG为水分解成氧气和氢气的吉布斯自由能变化，237000 J · mol^{-1}；$P_{AM1.5}$为入射光功率；S为吸光面积。第二种方法是测量体系运行时的光电流密度和生成氢气的法拉第效率，并用两者和水的标准热力学分解电位的乘积除以入射太阳光的功率和光电极的照射面积的乘积，如下式所示：

$$STH = \frac{J_{ph} \times E \times \eta_H}{P_{AM1.5} \times S} \times 100\% \quad (3.20)$$

式中，J_{ph}为光伏电池吸收光后电催化分解水的光电流密度；E为水分解成氧气和氢气标准热力学分解电位，1.23 V；η_H为生成氢气的法拉第效率；$P_{AM1.5}$为入射太阳光功率；S为光电极的照射面积。

值得注意的是，在衡量一个光电化学电池系统而非单个的电极时，STH 是最重要也是唯一适用于所有光电化学器件相互比较的参量。为了获得真实且准确的转换效率，在测量中必须使用两电极体系，因为只有此时加在工作电极上的偏压才是相对于对电极的电位差。而从另一方面考虑，在上述对太阳能转换效率的计算中，是通过检测到的光电流来计算转换效率，但实际在定义上，太阳能转换效率是太阳能与化学能的转化，考虑到光电流不一定都来自太阳能的催化转化，因此标准的做法是检测产生的氢气和氧气，这才是完全转化出的化学能的度量。但由于对氢气和氧气的测量比较复杂，因此通常用光电流密度度量能量转化的情况更加简便。

3.4.3 光伏-电催化器件构置

根据连接光伏电池与电催化阴阳极所需导线的数量，实验室规模下所有的光伏-电催化体系可分为三种类型。图 3.16 展示的是一种浸没式的器件构型，其中用于析氧和析氢反应的电催化剂直接沉积负载在光伏电池两侧，而无需用外部导线连接。当光照在光伏电池上时，所产生的光生电子和空穴会在内建电场的作用下分离，光生电子流向析氢电催化剂一侧将水还原成氢气，光生空穴则流向析氧电催化剂一侧将水还原成氧气。为了优化半导体材料中载流子的传输，还可以在电催化剂与光伏电池之间增加空穴传输层和电子传输层，以提高载流子的传输效率。此构型是高度集成式的光伏-电催化器件，但考虑到光伏电池长期浸没在电解液中会被腐蚀损害的可能，以及水对太阳光的吸收及反射，导致器件整体效率并没有十分优秀。

图 3.17 展示的是一种单导线连接式的光伏-电催化体系构型，其中用于析氢反应的电催化阴极材料直接通过特定的沉积方法，负载在光伏电池背面，用于析氧反应的阳极材料通过导线连接与光伏电池在空间上分离。当光照在光伏电池上时，所产生的光生电子和空穴会在内建电场的作用下分离，光生电子会流向析氢电催化剂将水还原成氢气，而光生空穴则会流向阳极析氧电催化剂将水氧化成氧气。此种构型由于一侧与电解池贴合，因此通常用于需要透明玻璃基底的薄膜光伏电池，制备时可以通过依次在透明玻璃基底上制备光伏电池和析氢催化剂层以实现共用同一个基底的便利。

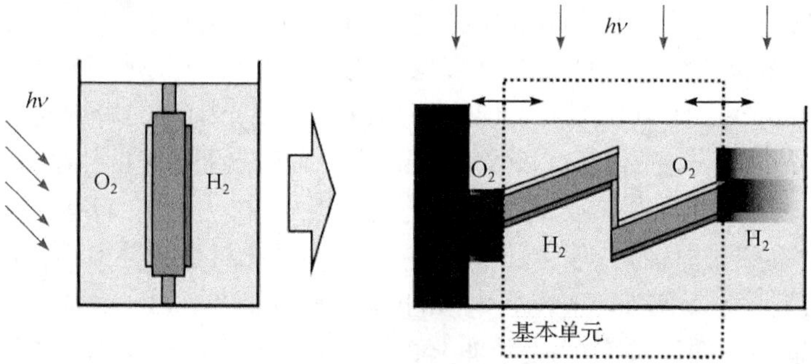

图 3.16　浸没式光伏-电催化水分解构型及重复扩大规模示意图

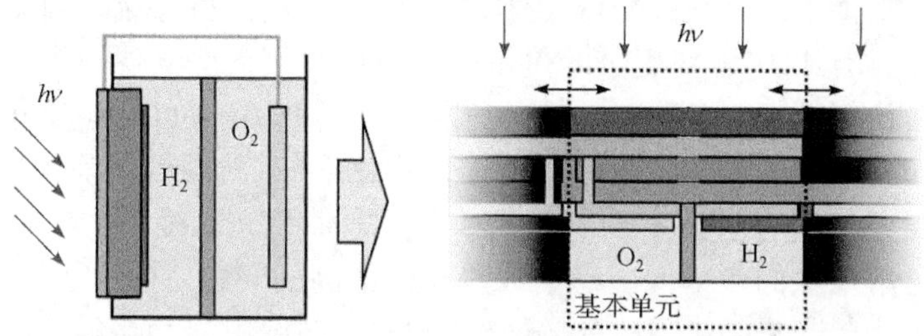

图 3.17　单线式光伏-电催化水分解构型及重复扩大规模示意图

图 3.18 展示的是一种双导线连接的、光伏电池外置于电解液的光伏-电催化体系构型，其中用于析氧反应的电催化剂、析氢反应的电催化剂以及光伏电池均可独立存在于体系中。此种构型中由于光伏电池不会与电解液接触，因此可以避免遭受酸性或碱性电解液的腐蚀与干扰。而且由于外部导线的可延展性，此种构型在空间上具有更加灵活布局的优势，可以独立地对光伏电池进行参数优化以提升器件整体的转换效率。

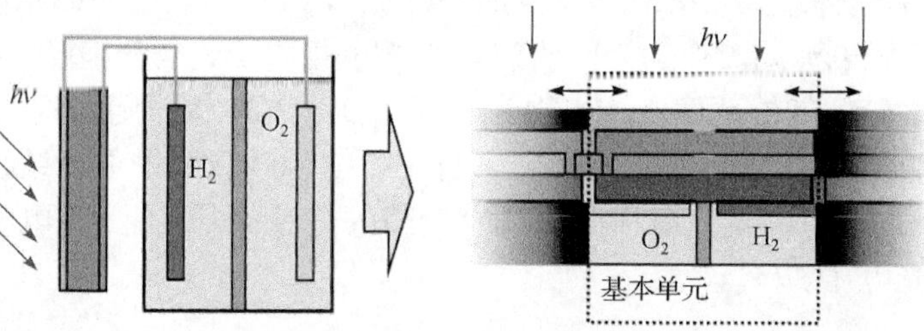

图 3.18　分离式光伏-电催化水分解构型及重复扩大规模示意图

3.4.4　光伏-电催化器件与光电化学电池的区别

首先从原理上，在光电催化中，光阳极承担着全部吸收太阳光的任务，在无外加或部分外加偏压的辅助下，半导体中的多数载流子将迁移到对电极上参与水还原反应生成氢气，而少数载流子将迁移到半导体/电解液界面上发生氧化反应生成氧气。这表明在光电极的半导体/电解液结中发生反应的总是少数载流子，而在光伏-电催化体系中则是靠光伏电池中的 pn 结分离电子-空穴对，通过多数载流子在光伏电池内部复合产生的光电压而推动两极发生的水氧化反应和还原反应，这就是半导体光电极和半导体光伏-电催化体系的最大区别。

其次，光电催化反应是半导体材料受光激发的同时施加外电压组成光电化学反应电池来进行氧化还原反应。用于光电催化的电极材料主要分为光阳极和光阴极材料，它们的构造主要为催化剂/保护层/光敏剂/衬底这种多层结构。以光阳极为例，各种 n 型的金属氧化物（如 TiO_2、WO_3、Fe_2O_3、$BiVO_4$ 等）半导体都是目前实用光阳极的候选材料。然而，这些材料对于光电催化水氧化反应而言存在两个问题。第一个问题是它们的带隙较大，光学吸收性能差。例如，$BiVO_4$ 是目前最好的金属氧化物的光阳极材料，但其 2.4 eV 的带隙相对水分解串联电池的光阳极的理想带隙较大。第二个问题是这些半导体材料的导电性普遍偏差，电荷载流子转移效率低和迁移率小。例如，金属氧化物的电荷迁移率只有 1.0～0.0001 $cm^2 \cdot V^{-1} \cdot s^{-1}$，但光伏-电催化水分解系统的迁移率可以达到 100～10000 $cm^2 \cdot V^{-1} \cdot s^{-1}$ 的水平。此外，对光阴极材料而言，光电催化分解水常采用的主要是 p 型半导体。但是采用 p 型半导体作为光阴极不太容易在析氧平衡电位（1.23 V *vs.* RHE）的情况下获得负电流，因为目前可以选择的大多数 p 型半导体具有比 1.23 V 更负的价带顶，所以它们无法实现一步全解水。若想直接通过分解水来进行析氢析氧，半反应电池必须同时达到 H^+/H_2 和 O_2/H_2O 标准电极电势并同时克服产氢和产氧过电位，否则就需要由外部电压来补充。然而到目前为止，没有性价比高的材料能同时满足上述所有的技术要求。所以，光电催化光阳极和阴极材料的这些缺点造成了光电催化水分解反应的效率低、稳定性差和成本高的问题。而由于光伏-电催化体系中光伏电池通常是被密封起来的，因此其 pn 结两侧不会与电解液相接触，也就不存在导价带位置必须跨立在 H^+/H_2 和 O_2/H_2O 标准电极电势两侧的要求。这就意味着光伏-电催化体系不存在光电催化的核心部分，即半导体/电解液结，因此严格意义上讲，这种器件本质上只是太阳能电池和电催化的器件。

3.5 光伏-光电化学耦合体系

除了光伏-电催化体系，光伏（PV）电池同样能与 PEC 耦合。该体系使用光电极（光阳极或光阴极）和 PV 电池同时作为光吸收组件，光电极与 PV 电池串联，PV 电池提供的光电压被视为辅助水分解的外部偏压。入射光先穿过前置光电极，随后到达后面的 PV 电池，由光阳极激发的载流子（电子-空穴对）与来自 PV 电池的载流子重新结合，共同参与水分解反应。在这种配置中，前置光电极必须具有较高的透过率，以便 PV 电池吸收足够的入射光，激发较高的光电压。

3.5.1 光伏-光电化学器件的基本原理

在光伏-光电化学器件中，光电极既可以为 n 型半导体，也可以为 p 型半导体。

图 3.19 为 n 型半导体材料与光伏电池串联构成光伏-光电化学耦合体系的工作原理。在半导体光阳极这一侧，与纯光电化学分解水原理类似，都是光阳极在光照下吸收能量大于带隙的光子使得价带中的电子跃迁进入导带产生光生电子-空穴对，随后光生电子-空穴对在扩散到空间电荷层时被内建电场分离为光生电子和光生空穴，其中电子作为多数载流子将向体相内迁移，而空穴作为少数载流子将向电极/电解液界面方向迁移，参与水氧化反应。

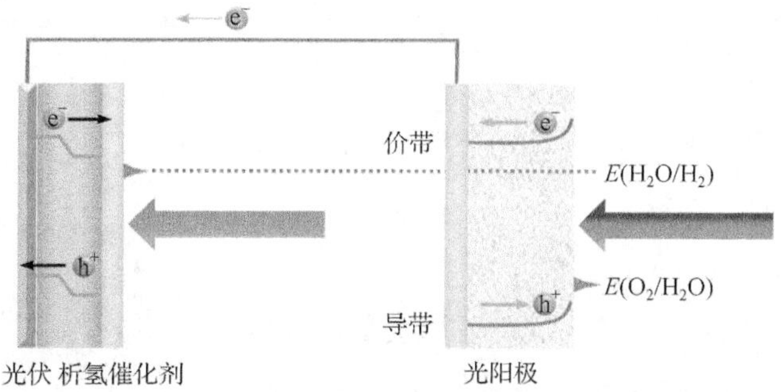

图 3.19　n 型半导体光阳极与光伏电池串联电解水原理示意图

光伏-光电化学耦合体系与纯光电化学体系中电荷转移过程的主要区别在于对电极和光伏这一侧。纯光电化学体系的对电极上是由光阳极产生的光生电子传输过来进行反应，而在光伏-光电化学耦合体系中，n 型半导体材料产生的光生电子将首先传输到与其串联的光伏电池上。光伏电池在光照下吸收光子后，同样可以产生光生电子-空穴对，随后光生电子-空穴对在扩散到 pn 结处空间电荷层时同样被内建电场分离为光生电子和光生空穴，其中光生空穴将与光阳极产生的光生电子复合，而光伏电池中留下的未复合的光生电子将传输到表面的析氢催化剂上，将水还原产生氢气。

需要注意的是，上述过程从光阳极表面流出发生反应的都是半导体的少数载流子，而在光伏电池表面发生反应的都是材料中的多数载流子（少数载流子均在内部复合产生光电压）。对纯光电化学体系而言，如果要完全分解水，那么从热力学角度上，光阳极的导带位置应比 H^+/H_2 标准电极电位更负以推动水的还原反应，同时价带位置应比 O_2/H_2O 标准电极电位更正以夺取水分子中的电子推动水的氧化反应。但对光伏-光电化学耦合体系而言，正因为有光伏电池内部产生的光电压，光阳极并不需要导带位置比 H^+/H_2 标准电极电位更负这种严苛的要求，光伏电池可以作为参与反应电子能量不足时的支持。

对 p 型半导体材料与光伏电池串联的耦合体系而言，其电荷转移过程具有类似的特点。首先在半导体光阴极这一侧，光阴极吸收太阳光使得价带中的电子跃迁进入导带产生光生电子-空穴对，随后光生电子-空穴对在扩散到空间电荷层时被内建电场分离为光生电子和光生空穴，其中空穴作为多数载流子向体相内迁移，电子作为少数载流子向电极/电解液界面方向迁移，发生水的还原反应。与光阴极串联的光伏电池吸收光子后，同样可以产生光生电子-空穴对，随后光生电子-空穴对在扩散到 pn 结处空间电荷层时被内建电场分离为光生电子和光生空穴，其中光生电子与光阴极产生的光生空穴复合，未复合留下的光生空穴传输到与之接触的负载有水氧化电催化剂的电极表面，发生水氧化反应产生氢气，如图 3.20 所示。

对纯粹的光电化学分解水体系而言，由于作为光电极的材料，其带隙以及价导带边位置具有严格的要求，因此在设计时需要考虑诸多因素，具有一定的限制性。但对光伏-光电化学耦合体系而言，由于光伏电池可以提供部分光电压以协助驱动水分解反应，因此在光电极材料的选择上具有更宽松的要求。但考虑到光伏电池需要吸收太阳光以产生光电压，同时光电极也需要吸收太阳光，二者存在明显的光吸收竞争关系，平衡其间的光能分配会极大地影响耦合体系的总体性能。

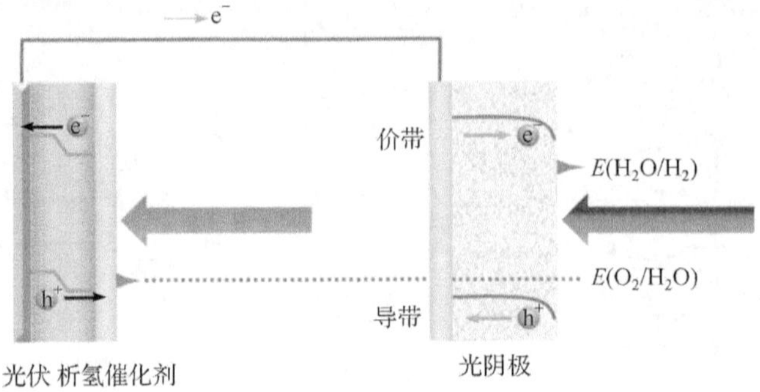

图 3.20 p 型半导体光阴极与光伏电池串联电解水原理示意图

如图 3.21 所示，在光伏-光电化学体系中光电极（以 n 型半导体光阳极为例）通常与多结光伏电池（以双结光伏电池为例）串联以获得足够的光电压以实现水分解反应。为了在器件内部实现光生载流子的高效转移与分离，通常光电极和光伏电池的材料的价带和导带位置被设计为阶梯型——光阳极的价带顶能量比串联的第一结光伏电池的价带顶能量更正，同时光伏电池的导带底能量比光阳极的导带底能量更负，这样便可以保证光阳极中的光生空穴可以顺利转移到光阳极表面参与水氧化反应，光生电子与光伏电池中的光生空穴复合。类似地，对双结串联在一起的光伏电池而言，其材料的价带和导带位置也被设计为阶梯型，第一结光伏电池的价带顶能量比串联的第二结光伏电池的价带顶能量更正，同时第二结光伏电池的导带底能量比第一结光伏电池的导带底能量更负，这样可以保证第二结光伏电池中的光生空穴与第一结光伏电池中的光生电子复合，光生电子可以顺利转移到阴极表面参与水还原反应。上述光阳极与所串联光伏电池的能带结构要求意味着它们对太阳光吸收的情况注定是不相同的，即光伏-光电化学体系中不同部分对太阳光吸收波长范围是有区别的，这也说明可以通过更加优化的器件构型设计而使各部分对太阳光的吸收利用达到最充分。

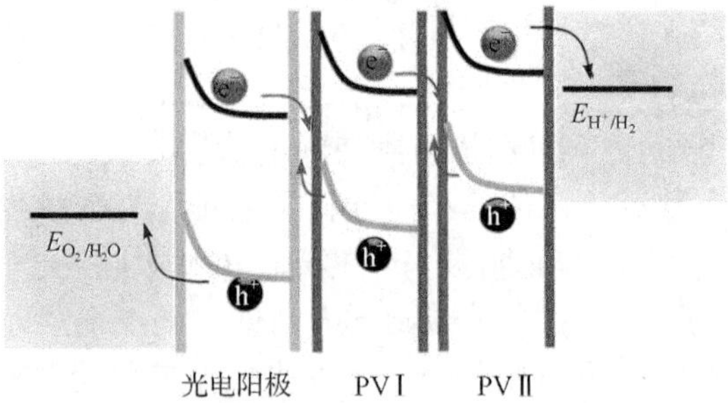

图 3.21 光伏-光电化学体系设计对各材料间热力学能级的要求

光伏-光电化学体系中光阳极和光伏电池的串联构型对太阳光吸收的影响如图 3.22 所示（以氧化铁光阳极和双结染料敏化光伏电池为例），与光阳极串联单结染料敏化光伏电池相比，串联双结染料敏化光伏电池可以提供足够的光电压用于克服水分解反应所需的过电位。在图 3.22（a）中，太阳光先照射到氧化铁光阳极上被吸收后，再透射到光伏电池上，由于氧化铁对 600 nm 以下的光谱有良好的吸收能力，因此串联的光伏电池只剩下 600 nm 以上的太阳光用来吸收而非全波段的太阳光，意味着其开路电压一定小于在正常全波段太阳光下运行时的数值。图 3.22（b）是将光伏电池与光阳极的位置进行调换，太阳光先照射到光伏电池上被吸收然后透射到氧化铁光阳极上，此时光伏电池将先对全波段的太阳光吸收，氧化铁光阳极继续对透射来的太阳光吸收 600 nm 以下的波段，这意味着光伏电池的光电压会提升但光阳极的光电流密度会下降。综上可以看出，在不同构型中光阳极和光伏电池在光吸收上存在一定此消彼长的竞争关系，因此合理优化光伏-光电化学耦合体系的构型对于提升器件总体性能有重要的影响。

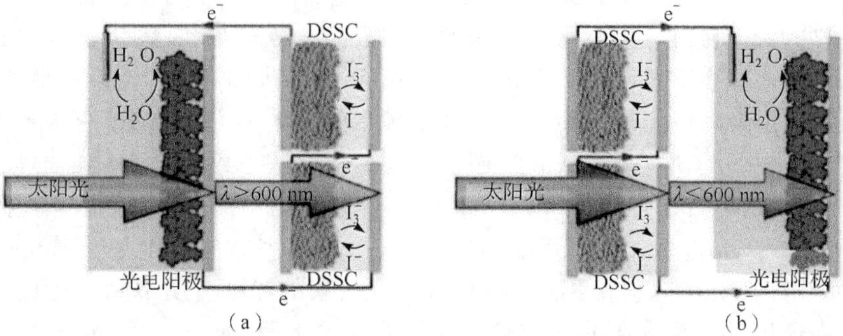

图 3.22 两种光伏-光电化学体系的串联方式对光吸收的影响

除了以上两种构型，还可以通过串联不同吸光能力的光伏电池以达到对太阳光的充分利用。如图 3.23 所示，仍以氧化铁光阳极为例，可以通过改变染料敏化光伏电池中的光敏染料调控光伏电池对不同波段太阳光的吸收能力。将其依次串联起来后可以看出，当太阳光经过氧化铁光阳极后，波长小于 600 nm 的光将被光阳极吸收，波长大于 600 nm 的光将透射到第一结染料敏化光伏电池上；波长小于 700 nm 的光将被第一结染料敏化光伏电池吸收，波长大于 700 nm 的光将透射到第二结染料敏化光伏电池上随后被吸收。此时氧化铁光阳极内部被激发出充足的光生电子和空穴，所产生的光电压足以驱动水氧化半反应，光生电子在双结染料敏化光伏电池提供的光电压下迁移到对电极上驱动水还原半反应。此构型是基于光阳极和所串联的光伏电池对不同波段太阳光的吸收能力不同而专门设计的，由此可以实现太阳光从可见到红外波段的充分利用。

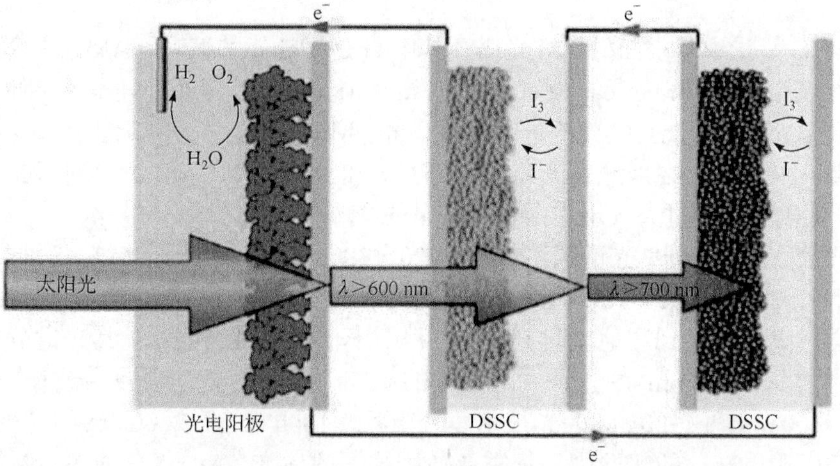

图 3.23 连续光伏-光电化学体系串联方式对光吸收示意图

3.5.2 太阳能转换效率的影响因素

1. 光学参数对太阳能转换效率的影响

在太阳能转换效率公式中，入射光功率虽然只代表光功率的大小，但还应注意其隐含了所用光源应该一致的要求。因为当光源不同时虽然能得到相等的功率，但入射光子的波长分布光谱却不一样，这对光电极（同时也对整个光电化学池）的转换效率有显著影响。为了有统一规格的对比标准，通常采用模拟的标准太阳光 AM 1.5 G（100 mW · cm^{-2}）作为标准光源。其中 AM 代表空气质量（air mass），是描述地球表面大气层对所接收太阳辐射的影响程度。在大气层以外的区域，由于太阳和地球之间的距离大约为 1.5 亿 km，即太阳光穿越了 1.5 亿 km 的太空到达地球大气层上界时，如图 3.24 所示，其辐射强度将衰减到 1353 W · m^{-2}。该值可看作是一个常数，即太阳常数，也被称为大气质量零辐射的标准值，记作 AM 0。当太阳光进入大气层逐渐到达地球表面时，其辐射强度会不断衰减，最高可达 30%以上。而由于阳光的入射角不同，其所穿过大气层的厚度有所不同，太阳光辐射强度的衰减程度也有所区别。设太阳光入射到地球的天顶角（即太阳光入射光线与地面法线之间的夹角）为 θ，则大气质量与 θ 的关系可表示为：AM=1/cosθ。当 θ=48.2°时，大气质量为 AM 1.5，代表典型晴天时太阳光照射到一般地面的情况，其常被用作评估地面太阳能转换装置及器件性能的入射光能量标准。

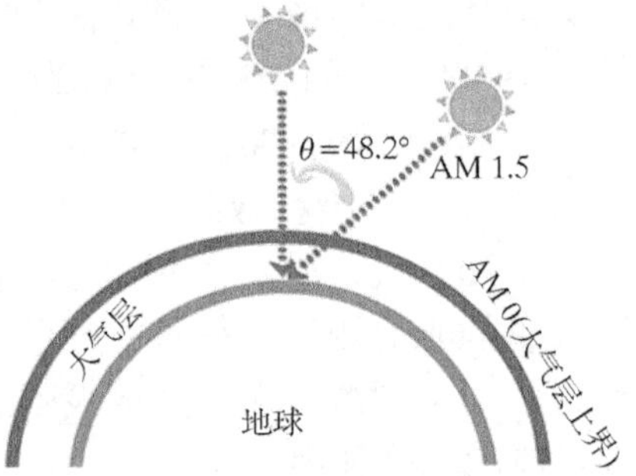

图 3.24 太阳辐照 AM 1.5 与 AM 0 标准定义说明图

AM 1.5 G 是指地球表面的标准光谱，其中 G 是 global 的缩写。AM 1.5 G 出自一项与太阳能相关的 ASTM（American Society of Testing Materials）标准，其是为了便于对在不同时间和地点测量的太阳能转换效率进行比较，将 AM 1.5 G 定义为太阳能转换系统标准测试的参考光谱。图 3.25 为在地球表面（AM 1.5 G）和大气层外（AM 0）接收到的太阳光谱，可以看出，太阳光在穿过大气层之前辐射能量的 99%以上分布在 150～4000 nm 区间；大约 50%的太阳辐射能量在可见光谱区，波长为 400～780 nm；7%在紫外光谱区，波长＜400 nm；43%在红外光谱区，波长＞780 nm；最大能量出现在波长约 500 nm 处，即蓝绿光波段。当太阳光穿过大气层后到达地表时，这个过程中不仅辐照度会衰减，其光谱分布也发生了变化，其中波长＜300 nm 的光被大气层中的氧气、臭氧、氮气吸收，波长为 900 nm、1100 nm、1400 nm 和 1900 nm 的光被水蒸气吸收，1800 nm 及 2600 nm 的光被 CO_2 吸收。因此在任何太阳能转化的实验中，都需要使用统一的标准 AM 1.5 G 光源以排除入射光方面的影响。

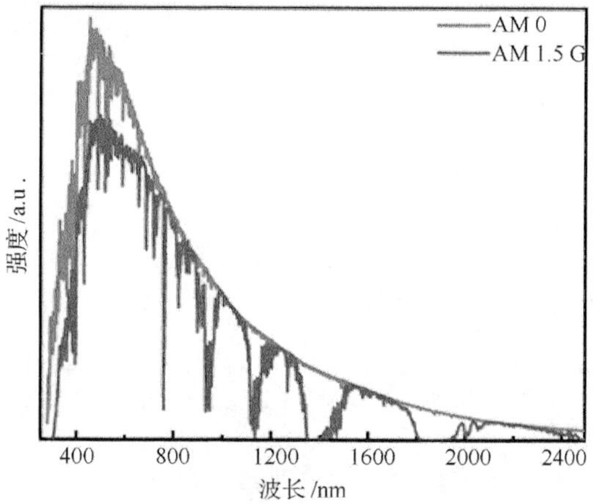

图 3.25　太阳光谱 AM 1.5 G 和 AM 0 的对比

对单一光电极的光电化学水分解池而言，可以通过尽可能提升光电极对太阳光的吸收能力以提高其光电分解水性能。但对光电极和光伏电池串联而成的光伏-光电化学耦合体系而言，因为光伏电池通常是放置在光电极的背面，所以光电极能吸收的太阳光谱范围越宽、光子越多，意味着留给光伏电池能吸收的光子越少，会导致光伏电池所能产生的开路电压和短路电流变小甚至远低于正常光照下的水平。又由于当光伏电池与光电极串联在一起时，器件整体最终的光电流大小将由电流较小的部分决定，因此虽然光电极通过吸收更多的光子使光电流增大，但器件整体的光电性能受到光伏电池的制约反而变差。这表明对光伏-光电化学耦合体系而言，在光电极和光伏电池光吸收问题上存在一定的权衡考虑，不是单纯提升某一部分的性能就可使器件整体性能提高。

图 3.26 以钒酸铋光阳极串联 $CH_3NH_3PbI_3$ 钙钛矿光伏电池为例，展示了串联后各部分对 AM 1.5 G 太阳光谱的吸收情况。可以看出由于钒酸铋光阳极在 $CH_3NH_3PbI_3$ 光伏电池之前先接收到全谱的太阳光照射，因此波长小于 500 nm 的光将被钒酸铋光阳极吸收，理论上最大可转化为 7.5 mA · cm^{-2} 的光电流密度。随后剩余部分的光透过光阳极照射到 $CH_3NH_3PbI_3$ 光伏电池上，由于光阳极的存在，此时光辐照强度已经衰减了近 50%，光伏电池理论上最大可转化的电流密度降低到 12.5 mA · cm^{-2}。

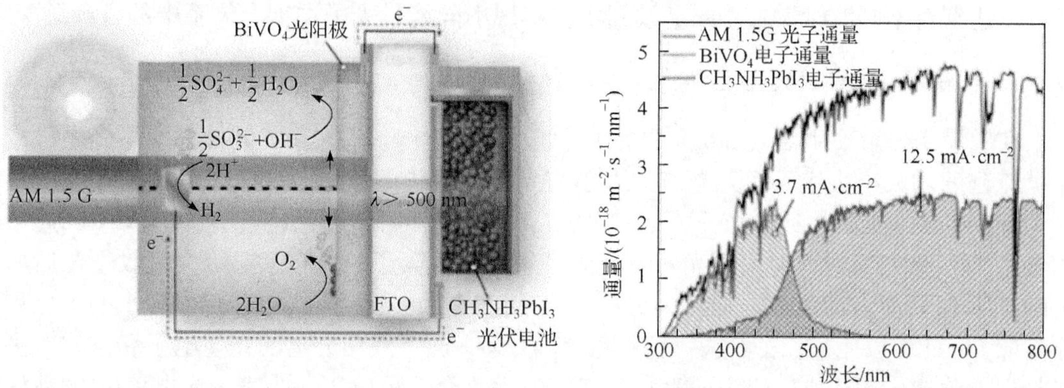

（a）　　　　（b）

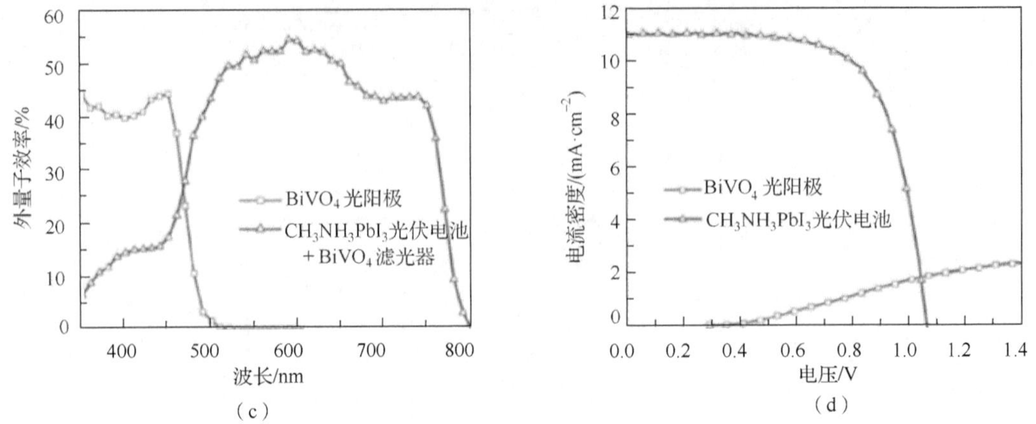

图 3.26 （a）钒酸铋光阳极串联 $CH_3NH_3PbI_3$ 钙钛矿光伏电池原理示意图；（b）钒酸铋光阳极和 $CH_3NH_3PbI_3$ 光伏电池各自对 AM 1.5 G 太阳光谱的吸收情况；（c、d）钒酸铋光阳极和 $CH_3NH_3PbI_3$ 光伏电池各自的外量子效率和电流密度-电压特性曲线

即便如此，此种构型也是权衡光阳极和光伏电池二者光吸收问题之后的最佳布局。因为如果调换二者的前后顺序，$CH_3NH_3PbI_3$ 光伏电池在之前钒酸铋光阳极先接收到全谱的太阳光的照射，虽然前者可以吸收近乎全谱的太阳光的照射从而获得更高的光电流密度，但透射到钒酸铋光阳极上的太阳光微乎其微，意味着光阳极上几乎不产生光电流密度。考虑到光伏电池与光电极串联在一起时，器件整体最终的光电流密度大小将由电流密度较小的部分决定，所以此种构型器件整体的光电性能会受光阳极的制约而变差。

综合以上分析，可以得出结论，考虑到太阳能转换的主要原理是基于光电效应，即半导体吸收光子使价带的电子跃迁到导带，对于带隙较宽的半导体，其形成的能量差较大，但是光子激发到导带的电子数目较少；对于窄带隙的半导体，虽然光子激发到导带的电子数目较多，但是导带电子容易回落到价带与光生空穴复合。因此可以说，对任何一种单一半导体材料而言，其都无法实现既能吸收大量光子又能高效利用光子的目标，即当一束光照射到半导体材料上时，任何半导体材料都不可能将这束光所蕴含的光能高效地全部转换为电能。而光伏-光电化学耦合体系是通过将不同带隙的光电极和光伏电池串联，让太阳光先通过宽带隙的光电极，吸收能量较高的光子，然后再照射到窄带隙的光伏电池，吸收能量较低的光子，以达到对不同波段太阳光的高效利用，实现不同能量光子在耦合体系中的合理分配。

2. 电荷分离效率对太阳能转换效率的影响

在假设水分解产生氢气和氧气的法拉第效率为 100%时，太阳能转换效率由光电极产生光电流密度的大小决定，而光电流的大小与光生载流子的数量密切相关。考虑到在同样的光源下，半导体能吸收到的光子数是一定的，都与材料的吸收系数呈正相关关系，因此可以用 η_{abs} 表示光电极对入射太阳光的吸收而产生光生载流子的效率。又因为吸收光子后所产生的光生电子-空穴对需要在体相内分离为自由的光生电子和空穴以分别参与水的氧化和还原反应，因此可以用 η_{sep} 表示这一过程的分离效率。至于成功分离的光生电子和空穴有多少参与到水的氧化和还原反应中而没有在表面发生复合，可以用 η_{inj} 表示光电极/电解液界面处载流子注入反应中的效率。因此，光电极的光电流密度可由下式表示：

$$J_{ph} = J_{abs} \times \eta_{abs} \times \eta_{sep} \times \eta_{inj} \tag{3.21}$$

η_{abs} 作为评估半导体材料将入射的光子数转化为电子-空穴对的比例，可以分解为半导体对光子的吸收率与吸收光子转化为电子-空穴对的乘积，其中光吸收率由半导体自身的能带结构决定。

图 3.27 为在标准太阳光 AM 1.5 G 下以 100%效率转化吸收光子为电子-空穴对时，不同吸光半导体材料在各自吸收带边可得到的最大理论光电流密度及在两电极体系下的 STH。可以看出，半导体材料的带隙越小（Fe_2O_3＜$BiVO_4$＜WO_3＜TiO_2），能吸收的光子数越多，相继产生的光电流越大，因此 STH 越高（Fe_2O_3＞$BiVO_4$＞WO_3＞TiO_2）。之前已经讨论过，要完全分解水，从热力学上需要 1.23 eV 的带隙，再考虑到产氢和产氧所需的过电位，则带隙至少需达到 1.8 eV，对应吸收带边在 688 nm 左右。如果使用太阳能电池提供偏压辅助，半导体材料的带隙要求可放宽，但太阳能电池的成本无法解决。此外，对于无偏压辅助的光电极，如果其导价带位置合适但带隙刚刚满足 1.8 eV 的最低要求，那么整个光电化学电池分解水的速度非常慢，光电流会非常微弱。考虑到较大的光电流才能产生较大量的氢气，因此实际半导体材料的最佳带隙约为 2.3 eV，对应理论光电流密度为 13.6 mA · cm^{-2}。

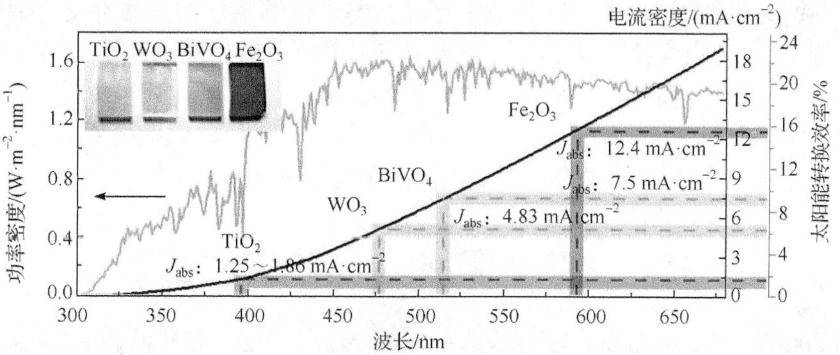

图 3.27　标准太阳光 AM 1.5 G 下常见不同吸光半导体材料可得到的最大理论光电流密度及 STH

η_{sep} 作为评估半导体材料内光生电子-空穴对在体相内分离情况的指标，可表达为迁移到半导体光阳极/电解液界面处的少数载流子数目与光生电子-空穴对数目的比值。与光电极的电荷分离效率相对应的概念是体相的电子-空穴复合率，两者相加理论上应为 100%。光生电荷的分离效率一方面由半导体材料本身的物化性能决定，另一方面也可以通过电解液与半导体界面的配合，提高光生电荷的分离效率。如图 3.28 所示，在靠近半导体/电解液界面处的光电极内（以光阳极为例）存在空间电荷层，可以认为电荷在其中的分离效率能达到 100%，因此最好能让光生电子-空穴对产生在空间电荷层内以获得高效的分离。一个有效的办法是将平板状的材料制备成纳米结构，如纳米棒。当半导体材料制备成纳米棒结构时，其中产生的空间电荷层的宽度和平板半导体材料产生的宽度相当，控制纳米结构的尺寸能使空间电荷层占有更大的体积比例，这样光生载流子也能更多地出现在空间电荷层中。得益于光吸收方向和少数载流子收集方向的垂直，少子在到达半导体/电解液结时只需要传播小于纳米线的直径的距离，多子直接沿着纳米线传向衬底，大大减少了可能存在的电子-空穴复合的概率。同时，这种几何结构还允许电解液在纳米线阵列中更容易地扩散和传质，增大了电解液和电极之间的接触面积，增加了电催化剂的可担载的位点。

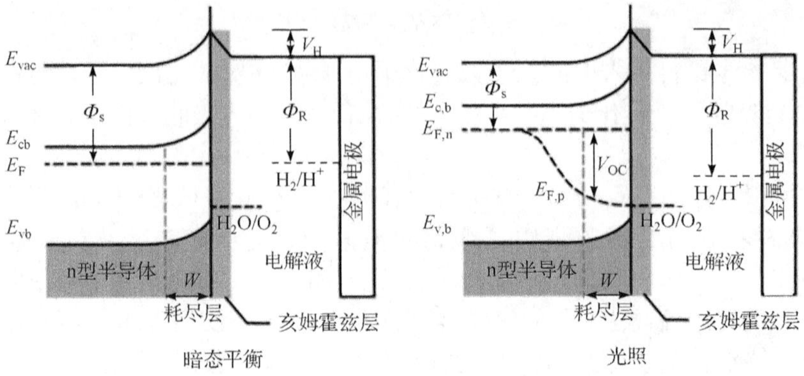

图 3.28　暗态和光照下半导体/电解液界面处的空间电荷层分布

另一个提升电荷分离效率的办法是提升空间电荷层的厚度。以 n 型半导体材料为例，若提升空间电荷层的厚度，则半导体材料与电解液之间多数载流子的耗尽程度也将加剧，所以可以在 n 型半导体材料表面覆盖一层极薄的 p 型半导体材料。当外层的 p 型半导体材料很厚时，其与 n 型半导体材料构成 pn 结而外层形成的是 p 型的半导体/电解液结，这时两个半导体材料互相起抑制作用。当 p 型半导体很薄，仅够内层的 n 型半导体耗尽且 n 型半导体材料产生的空穴能够隧穿出来时，等同于空间电荷层被拉宽，电荷分离效率得到提升。而考量通过提升电荷分离效率从而提升太阳能转换效率，其本质在于提升光电化学体系和光伏电池电流-电压特性曲线的交点，因此任何有利于电荷分离效率提升的方法均有利于器件整体效率的提升，此时不存在像太阳光吸收一样，光伏电池和光电极存在矛盾的关系。

3.6　新型太阳能化学转化耦合体系

以上人工光合体系均受到水分解热力学电势影响，其最大被利用光谱波长为 1100 nm，占比不到 50%，红外光谱区往往以热量形式耗散。因此，如何利用红外光谱区的能量是人们一直考虑的问题，而光热效应是一个很好的答案。在多相催化中，光能和热能都是驱动反应的常见能源，大多数催化反应可以通过热催化过程发生，如氢化、氧化、羰基化、聚合、卤化、裂解、水合、烷基化、异构化以及其他反应。由于热能可以通过化石燃料的燃烧轻松获得，大多数工业催化反应是由热能驱动的，如哈伯-博施过程（氨合成）、费舍尔-托罗普施合成、CO_2 加氢制甲醇及水气转移反应等。然而，化石燃料高能耗和快速消耗以及碳排放引起的环境问题，长期来看使得传统热催化过程变得不可取。因此，迫切需要寻找绿色、温和、可持续的方式来驱动催化反应。

一般来说，如果一个反应涉及光、热和催化转化，那么它可以被视为光热催化。在光热催化过程中，热能或热量可以由光热材料（自发加热）产生，也可以在光热催化过程中由外部热源引入（辅助加热）。在本节中，我们关注基于光热效应（自发加热）的光热催化，它可以通过热化学路径或光化学路径调节催化转化。在热化学路径中，光热催化系统可以与入射光互动，然后将吸收的光子能量转化为热能（热），促进电荷载体的传递并增强催化活性。在光化学路径中，光激发的“热”载体（电子或空穴）可以在光照下生成，然后参与催化反应。值得注意的是，在光热催化过程中，有时很难完全区分这两种交织在一起的催化路径。

3.6.1 光热耦合体系基本原理

具备光热效应的材料可以吸收光子将其转化成热能释放出来，根据与光子的作用机制，可分为等离子体局部加热、半导体非辐射弛豫和分子热振动。

等离子局部加热是在外部辐射下，电磁波会在导电材料和介质（如空气或水）之间的界面上，当光的频率与传导带电子的谐振频率匹配时，诱发电子的集体振荡。这样的相干电子振荡可以被限制在亚波长结构上，称为表面等离子体共振（surface plasmon resonance，SPR）。由于其极度局部化，这种现象有时被称为局部表面等离子体共振（localized surface plasmon resonance，LSPR）。SPR激发可以显著增强局部电场，并在等离子体结构表面产生高浓度的活跃（热）电子。激发后（5～100 fs），SPR中的能量可以通过非辐射途径（电子-电子碰撞和电子-空穴对复合）和辐射途径（光子再发射）衰减。经由非辐射途径的等离子体衰变可以通过电子-声子散射与声子模式耦合，从而加热金属晶格（100 fs～1 ps）。这种热量可以通过声子-声子弛豫传递到周围环境中（100 ps～10 ns）。

半导体非辐射弛豫是在半导体中，强光吸收表现为光波长接近带隙能量。光子的能量接近或高于带隙能量时会引起电子-空穴对的产生。然后，激发的电子可以弛豫到能量较低的态。能量可以通过两种机制释放：一是以激发声子的形式进行的非辐射弛豫，二是通过发射的光子进行的辐射弛豫。由于非辐射弛豫过程，晶格振动会产生局部加热，然而在带隙范围内电子和空穴的复合可以通过光子发射导致能量损失，因此半导体的带隙宽度决定了光热转换效率。

对于带隙较窄的半导体，大多数来自太阳光的光子能量高于带隙能量，导致产生超过带隙能量的电子-空穴对。这些电子-空穴对可以通过非辐射弛豫途径弛豫到带的边缘，以热的形式释放多余能量。相比之下，在带隙能量较高的半导体中，大多数能量低于带隙能量的光子在其中被散射，导致光热转换效率极低。

分子热振动是指当入射光的能量与分子中的电子跃迁能量匹配时，弛豫束缚较弱的电子可以从基态激发到能量较高的轨道。例如，在辐照下，可以发生从HOMO到LUMO的电子跃迁。然后，光激发的电子通过电子-振动耦合回到基态，导致分子内产生热量。具有强光吸收能力的碳质材料和一些聚合物材料（通常是黑色的聚合物）由于其丰富的共轭π键，可以通过热振动机制将太阳能转化为热能，这些材料能促进电子从π轨道到π^*轨道的激发，即使在较低的辐照能量下也能实现。此外，当π键数量增加时，LUMO和HOMO之间的能隙会减小。

在光热催化中，光和热效应可以分别起作用或共同起作用。因此，根据它们特定的反应途径，光热催化可以分为三种主要类型的反应。第一种类型是热辅助光催化反应，其中主要的反应途径是光化学路径。催化剂本身不能仅通过热驱动反应。该反应可能涉及光催化剂的激发电子态或“热”载体。热能在进一步降低光催化的表观活化能、促进光生载体的迁移和传质方面起到辅助作用，从而加速反应过程。

第二种类型是光辅助热催化反应，其中主要的反应机制是热化学路径，类似于传统热催化。在这种情况下，反应主要涉及光催化剂的基态电子态。光起到升高局部温度并通过光热效应激发振动态的作用，从而使反应发生，光化学途径的贡献较小。因此，对于反应来说，需要适当的温度条件和良好的吸光能力。这种类型的极端情况是光驱动热催化，其中光照仅用于提供热能。这种亚型光催化剂需要优秀的光吸收能力和光热转换效率。太阳光产生的热量被用于提高催化剂和反应物的温度，可以避免传统热反应中的苛刻条件。

第三种类型是光热共催化，是热化学和光化学途径集体贡献的结果。光热效应产生的热能可以通过热化学途径促进反应过程，同时光化学效应也显著有助于提高表观活性，导致热化学和光化学途径的协同作用，与这两条途径简单相加不同。这种反应可能涉及被激发的电子态或热激活态和光催化剂的耦合。有时，光催化循环和热催化循环之间的协同作用可以按顺序发生。

合适的光热催化材料需要具备以下特点：具有在整个太阳光谱范围内足够强大的吸光能力；具有高效的光热转换能力；具有在高温环境下足够的稳定性以及足够多的反应活性位点。

3.6.2 多场耦合体系

对于太阳能的转化利用，光催化、光电效应、光热效应等转化途径已被大众熟知，然而单一途径的转换效率逐渐无法满足需求。光电催化、光热催化等耦合体系开始出现在人们眼前，在证实耦合体系能提高整体的转换效率后，人们开始关注多场耦合，尝试将声场、电场、磁场、辐射场等物理场与光化学领域耦合，以期望促进光子吸收，加快载流子的分离和转移，提高氧化还原反应的速率等。多场耦合催化是指在催化反应中同时引入多种能量场（如光、热、电等）以实现更高效的催化过程。其基本原理包括以下几个方面。

协同作用：不同能量场之间相互促进、相辅相成，使得催化反应具有协同增效的特性。例如，光和热可以相互转换、相互结合，提高催化反应速率。

能级调节：不同能量场可调节催化剂表面的能级结构，影响反应物吸附态和反应过渡态的形成，从而影响催化活性和选择性。

载流子生成与传递：在多场耦合催化中，光、热、电等能量场可以诱导产生热激发态或光激发态的载流子，这些载流子能够参与催化反应并加速反应动力学过程。

界面反应增强：多场耦合催化可以提高界面反应的速率，促进反应物分子在催化剂表面的吸附、解离和转化，提高反应效率。

选择性调控：通过合理设计催化剂结构和选择不同的能量场输入方式，可以实现对催化反应产物的选择性调控，提高目标产物的选择性。

总的来说，多场耦合催化利用不同能量场之间的协同作用，调控催化剂表面的反应过程，提高催化效率和产物选择性，是一种具有广阔应用前景的新型催化策略。

多场耦合材料体系主要由以下体系相互搭建构成：光催化材料体系，主要有光敏催化剂，包括半导体和金属有机骨架，吸收光能转化为化学能，促进反应进行；电催化材料体系，主要有电催化剂和电极材料，包括贵金属、过渡金属氧化物、碳材料等，通过调控电子传输过程来控制催化过程；热催化材料体系，主要有热敏催化剂，利用温度变化引起的表面吸附质量变化或活性位点结构变化来促进催化反应。通过合理设计构筑多场耦合体系可以促进催化反应过程。例如，在光催化过程中加入电场促进载流子分离传输，加入热辐射提高温度，促进氧化还原反应的进行和加快载流子的运动，加入超声系统使催化材料和反应物均匀接触等。

参考文献

李灿. 2020. 太阳能转化科学与技术. 北京: 科学出版社.

Bai S, Jiang J, Zhang Q, et al. 2015. Steering charge kinetics in photocatalysis: intersection of materials syntheses, characterization techniques and theoretical simulations. Chemical Society Reviews, 44(10): 2893-2939.

Chatenet M, Pollet B G, Dekel D R, et al. 2022. Water electrolysis: from textbook knowledge to the latest scientific strategies and industrial developments. Chemical Society Reviews, 51: 4583-4762.

Chen S, Takata T, Domen K. 2017. Particulate photocatalysts for overall water splitting. Nature Reviews Materials, 2(10): 1-17.

Chen Z, Jaramillo T F, Deutsch T G, et al. 2010. Accelerating materials development for photoelectrochemical hydrogen production: standards for methods, definitions, and reporting protocols. Journal of Materials Research, 25(1): 3-16.

Fan R, Huang G, Wang Y, et al. 2018. Efficient n^+ p-Si photocathodes for solar H_2 production catalyzed by Co-W-S and stabilized by Ti buffer layer. Applied Catalysis B: Environmental, 237: 158-165.

Frydendal R, Paoli E A, Knudsen B P, et al. 2014. Benchmarking the stability of oxygen evolution reaction catalysts: the importance of monitoring mass losses. ChemElectroChem, 1(12): 2075-2081.

Fujishima A, Honda K. 1972. Electrochemical photolysis of water at a semiconductor electrode. Nature, 238(5358): 37-38.

Gust D, Moore T A. 1989. Mimicking photosynthesis. Science, 244(4900): 35-41.

He Y, Hamann T, Wang D. 2019. Thin film photoelectrodes for solar water splitting. Chemical Society Reviews, 48(7): 2182-2215.

Hernández-Alonso M D, Fresno F, Suárez S, et al. 2009. Development of alternative photocatalysts to TiO_2: challenges and opportunities. Energy & Environmental Science, 2(12): 1231-1257.

Higashi T, Kaneko H, Minegishi T, et al. 2017. Overall water splitting by photoelectrochemical cells consisting of $(ZnSe)_{0.85}(CuIn_{0.7}Ga_{0.3}Se_2)_{0.15}$ photocathodes and $BiVO_4$ photoanodes. Chemical Communications, 53(85): 11674-11677.

Hunter B M, Gray H B, Müller A M. 2016. Earth-Abundant heterogeneous water oxidation catalysts. Chemical Reviews, 116(22): 14120-14136.

Jiang N, Zhuo X, Wang J. 2017. Active plasmonics: principles, structures, and applications. Chemical Reviews, 118(6): 3054-3099.

Jiao S, Fu X, Huang H. 2022. Descriptors for the evaluation of electrocatalytic reactions: d-band theory and beyond. Advanced Functional Materials, 32(4): 2107651.

Jin M, Zhang X, Niu S, et al. 2022. Strategies for designing high-performance hydrogen evolution reaction electrocatalysts at large current densities above 1000 $mA \cdot cm^{-2}$. ACS Nano, 16(8): 11577-11597.

Kang Z, Si H, Zhang S, et al. 2019. Interface engineering for modulation of charge carrier behavior in ZnO photoelectrochemical water splitting. Advanced Functional Materials, 29(15): 1808032.

Kendall O, Melendez L V, Ren J, et al. 2023. Photoactive p-type spinel $CuGa_2O_4$ nanocrystals. Nano Letters, 23(7): 2974-2980.

Kuang P, Wang Y, Zhu B, et al. 2021. Pt single atoms supported on N-doped mesoporous hollow carbon spheres with enhanced electrocatalytic H_2-evolution activity. Advanced Materials, 33(18): 2008599.

Kubacka A, Fernandez-Garcia M, Colon G. 2012. Advanced nanoarchitectures for solar photocatalytic applications. Chemical Reviews, 112(3): 1555-1614.

Li H, Lin C, Yang Y, et al. 2023. Boosting reactive oxygen species generation using inter-facet edge rich WO_3 arrays for photoelectrochemical conversion. Angewandte Chemie, 135(1): e202210804.

Li X, Yu J, Low J, et al. 2015. Engineering heterogeneous semiconductors for solar water splitting. Journal of Materials Chemistry A, 3(6): 2485-2534.

Li Z, Luo W, Zhang M, et al. 2013. Photoelectrochemical cells for solar hydrogen production: current state of promising photoelectrodes, methods to improve their properties, and outlook. Energy & Environmental Science, 6(2): 347-370.

Liu Z, Yan H, Wang K, et al. 2004. Crystal structure of spinach major light-harvesting complex at 2.72 Å resolution. Nature, 428(6980): 287-292.

Lu Y, Yang Y, Fan X, et al. 2022. Boosting charge transport in $BiVO_4$ photoanode for solar water oxidation. Advanced Materials, 34(8): 2108178.

Luo Y, Zhang Z, Chhowalla M, et al. 2022. Recent advances in design of electrocatalysts for high-current-density water splitting. Advanced Materials, 34(16): 2108133.

Mccrum I T, Koper M. 2020. The role of adsorbed hydroxide in hydrogen evolution reaction kinetics on modified platinum. Nature Energy, 5(11): 891-899.

Moniz S J A, Shevlin S A, Martin D J, et al. 2015. Visible-light driven heterojunction photocatalysts for water splitting: a critical review. Energy & Environmental Science, 8(3): 731-759.

Priebe J B, Karnahl M, Junge H, et al. 2013. Water reduction with visible light: synergy between optical transitions and electron transfer in Au-TiO_2 catalysts visualized by *in situ* EPR spectroscopy. Angewandte Chemie International Edition, 52(43): 11420-11424.

Ran J, Zhang J, Yu J, et al. 2014. Earth-abundant cocatalysts for semiconductor-based photocatalytic water splitting. Chemical Society Reviews, 43(22): 7787-7812.

Shi Y, Zhang B. 2016. Recent advances in transition metal phosphide nanomaterials: synthesis and applications in hydrogen evolution reaction. Chemical Society Reviews, 45(6): 1529-1541.

Sivula K, Le Formal F, Grätzel M. 2011. Solar water splitting: progress using hematite (α-Fe_2O_3) photoelectrodes. ChemSusChem, 4(4): 432-449.

Smiljanic M, Panic S, Bele M, et al. 2022. Improving the HER activity and stability of Pt nanoparticles by titanium oxynitride support. ACS Catalysis, 12: 13021-13033.

Song C, Wang Z, Yin Z, et al. 2022. Principles and applications of photothermal catalysis. Chem Catalysis, 2(1): 52-83.

Suen N T, Hung S F, Quan Q, et al. 2017. Electrocatalysis for the oxygen evolution reaction: recent development and future perspectives. Chemical Society Reviews, 46(2): 337-365.

Tu W, Zhou Y, Zou Z. 2014. Photocatalytic conversion of CO_2 into renewable hydrocarbon fuels: state-of-the-art accomplishment, challenges, and prospects. Advanced Materials, 26(27): 4607-4626.

Wang J, Cui W, Liu Q, et al. 2016. Recent progress in cobalt-based heterogeneous catalysts for electrochemical water splitting. Advanced Materials, 28(2): 215-230.

Wang J, Li Y, Deng L, et al. 2017. High-performance photothermal conversion of narrow-bandgap Ti_2O_3 nanoparticles. Advanced Materials, 29(3): 1603730.

Wang Q, Domen K. 2019. Particulate photocatalysts for light-driven water splitting: mechanisms, challenges, and design strategies. Chemical Reviews, 120(2): 919-985.

Wang Y, Wang Q, Zhan X, et al. 2013. Visible light driven type Ⅱ heterostructures and their enhanced photocatalysis properties: a review. Nanoscale, 5(18): 8326-8339.

Xiong J, Fischer W M, Inoue K, et al. 2000. Molecular evidence for the early evolution of photosynthesis. Science, 289(5485): 1724-1730.

Yang J, Pang Y, Huang W, et al. 2017. Functionalized graphene enables highly efficient solar thermal steam generation. ACS Nano, 11(6): 5510-5518.

Yoon H, Na S H, Choi J Y, et al. 2014. Carbon-and oxygen-free Cu (InGa)(SSe)$_2$ solar cell with a 4.63% conversion efficiency by electrostatic spray deposition. ACS Applied Materials & Interfaces, 6(11): 8369-8377.

Yu P, Wang F, Shifa T A, et al. 2019. Earth abundant materials beyond transition metal dichalcogenides: a focus on electrocatalyzing hydrogen evolution reaction. Nano Energy, 58: 244-276.

Zhang C, Chen C, Dong H, et al. 2015. A synthetic Mn$_4$Ca-cluster mimicking the oxygen-evolving center of photosynthesis. Science, 348(6235): 690-693.

Zhang Y, Bu Y, Wang L, et al. 2021. Regulation of the photogenerated carrier transfer process during photoelectrochemical water splitting: a review. Green Energy & Environment, 6(4): 479-495.

Zhu J, Hu L, Zhao P, et al. 2019. Recent advances in electrocatalytic hydrogen evolution using nanoparticles. Chemical Reviews, 120(2): 851-918.

第4章 燃料电池材料与器件

4.1 燃料电池概述

4.1.1 燃料电池原理

燃料电池（fuel cell，FC）是一种将储存在燃料和氧化剂中的化学能直接转化为电能的电化学装置。燃料电池工作时，氢气或含氢燃料输入阳极（也称燃料极），氧气或空气作为氧化剂送入阴极（也称空气极），并在电极与电解质的界面上发生氢气氧化与氧气还原的电化学反应，产生电流，输出电能。按照工作原理的不同主要分为质子交换膜燃料电池、碱性燃料电池、熔融碳酸盐燃料电池、磷酸燃料电池和固体氧化物燃料电池五大类。

1. 燃料电池动力学基础

在燃料电池中，有三种主要的极化现象——活化极化、欧姆极化和浓差极化，它们会影响燃料电池的工作效率。

当使用燃料电池时，反应速率会受到活化极化限制。活化极化是因为反应物需要克服一定能量才能在电极表面发生反应。当电流密度增大时，活化极化的影响更加明显。为了降低活化极化，可以使用催化剂提高反应速率。欧姆极化是由燃料电池内部的电阻引起的。电阻会导致电流通过电解质和电极时产生电压降，从而降低燃料电池的工作电压。随着电流密度的增加，欧姆极化的效果会变得更加明显。为了减少欧姆极化，可以采用低电阻材料，并优化电池内部的结构。浓差极化是反应物在电极与电解质之间的传输过程中产生的。在燃料电池中，反应物需要通过电解质到达电极表面进行反应。然而，反应物浓度的差异会导致反应速率下降。随着电流密度的增加，浓差极化也会增大。为了减少浓差极化，可以改变电极的结构，提高反应物的传输速率。

图 4.1 给出不同电流密度时各种极化对电池电压的影响。一般而言，在电流密度较低

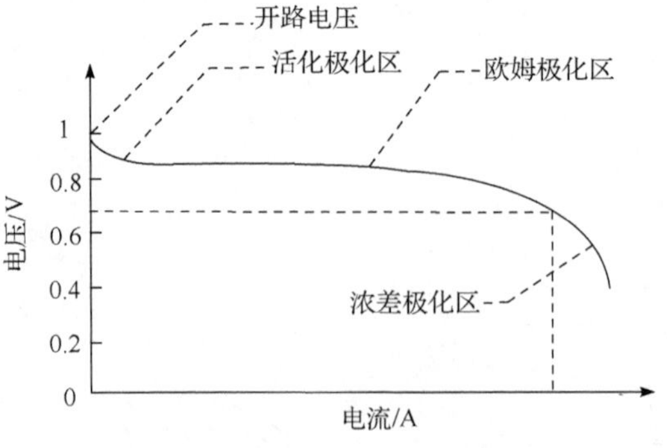

图 4.1 燃料电池极化曲线

时，以活化极化为主；中等电流密度时，欧姆极化占较大比例；在大电流密度时，浓差极化影响最严重。极化作用控制的区域与电解质、电极结构、电极催化剂、电流收集以及电池的运行条件等多种因素有关。为了提高燃料电池的效率和性能，需要理解和控制这些极化现象。通过使用催化剂、选择低电阻材料、优化电池结构以及改善反应物传输过程，可以降低这些极化现象的影响，实现更高效、稳定和可持续的燃料电池系统。

2. 燃料电池的转换效率

燃料电池的三种主要转换效率：燃料电池的实际发电效率（实际效率）、电压效率和燃料利用效率。

实际效率是指燃料电池从燃料转化为电能的比例。它是通过测量实际输出电能与输入化学能之间的比值来确定的。实际效率受到多种因素的影响，包括反应速率、极化现象（如活化极化、欧姆极化和浓差极化）、损耗和材料特性等。较高的实际效率意味着更高的能量转换效率和更低的能量损耗。电压效率是指燃料电池在产生电能过程中的电压损失情况。它是通过实际输出电压与理论电压之间的比值来计算的。电压效率受到极化现象的影响，尤其是欧姆极化和浓差极化。较高的电压效率表示更有效地利用了产生的电能。燃料利用效率是指燃料电池在将燃料转化为电能过程中对燃料的有效利用程度。它是通过实际产生的电能与输入燃料化学能之间的比值来衡量的。燃料利用效率受到反应速率、极化现象和燃料供应等因素的影响。较高的燃料利用效率意味着更充分地利用了燃料资源。

提高这些转换效率对于提升燃料电池的性能至关重要。通过优化电极催化剂、改善电解质和电极结构、增强反应物传输以及提高燃料供应等方法，可以降低极化现象的影响，从而提高实际效率、电压效率和燃料利用效率。

4.1.2 燃料电池的应用

燃料电池作为一种清洁高效的能源转换技术，在各个领域的应用逐渐增多。燃料电池可作为宇宙飞船、人造卫星、宇宙空间站等航天系统的能源，也可用于并网发电的高效电站；它可作为大型厂矿的独立供电系统，也可作为城市工业区、繁华商业区、高层建筑物、边远地区和孤立海岛的小型供电站；此外，它还能用于大型通信设备和家庭的备用电源以及交通工具的牵引动力等。在发电站领域，燃料电池被广泛应用于建设微型电力站或分布式能源系统。通过利用燃料电池建设发电站，可以有效减少对传统化石能源的依赖，促进能源结构的升级。燃料电池电动车在运行时几乎不排放 CO_2 和 NO 等污染环境的气体，顺应 21 世纪“绿色生态”的主题，因而备受青睐，成为世界各主要汽车厂商目前研发与竞争的热点。使用燃料电池作驱动力的电动车，尤其是质子交换膜燃料电池电动车的能量密度高、启动快、体积小，应用前景十分广阔。在电动汽车领域被广泛应用于氢燃料电池汽车。氢燃料电池汽车具有零排放、快速加注、长续航里程等优势，是电动汽车的重要发展方向之一。燃料电池汽车的推广应用有助于缓解交通尾气排放压力，改善空气质量，推动汽车工业向清洁能源方向发展。

此外，在便携式电源领域，燃料电池也得到广泛应用。例如，燃料电池移动电源、户外应急电源等产品，具有体积小、质量轻、持久稳定供电等优点，适用于户外探险、露营旅行、紧急救援等场景。燃料电池便携式电源的应用使得人们在没有电网供电的情况下仍能获得可靠的电力支持。

总的来说，燃料电池在发电站、电动汽车和便携式电源等领域的应用逐渐扩大，为推动清洁能源产业发展、提升能源利用效率、改善环境质量做出了重要贡献。随着技术的不断创新和成本的进一步降低，燃料电池的应用将更加广泛，为实现可持续发展目标助力。

4.2 质子交换膜燃料电池

4.2.1 质子交换膜燃料电池简介

早在20世纪60年代，质子交换膜燃料电池（proton exchange membrane fuel cell，PEMFC）就曾应用于美国的双子星座航天飞行。但采用的聚苯乙烯与二乙烯苯交联的磺酸膜作电解质在电池工作时降解，导致电池寿命短，生成的水被污染。因此，PEMFC的发展经历了一段低谷时期。20世纪80年代中期，电池材料和制备技术取得突破性进展，使PEMFC的性能大幅度提高，实用化前景愈加明朗，从而又掀起了迄今仍然高涨的PEMFC研发新阶段。目前包括通用汽车（GM）、丰田汽车（Toyota）、戴姆勒-克莱斯勒（Daimler-Chrysler）在内的世界上许多著名汽车公司，正在竞相开发PEMFC电动汽车，力争抢先实现PEMFC的商业化。

1. 工作原理

PEMFC 由双极板气体流场（气室）、阳极、质子交换膜（即电解质隔膜）和阴极构成（图4.2）。阴极和阳极均为多孔气体扩散电极，气体扩散电极具有双层结构，即由扩散层和催化（反应）层组成。通过热压将阴极、阳极与质子交换膜复合在一起，形成膜电极组件（membrane electrode assembly，MEA），又称膜电极。电池工作时，分别向阳极气室和阴极气室供给燃料（氢气或重整气）和氧化剂（空气或氧气），氢气和氧气在各自的电极上发生电化学反应，分别生成氢离子（H^+）和水（H_2O），并释放能量。

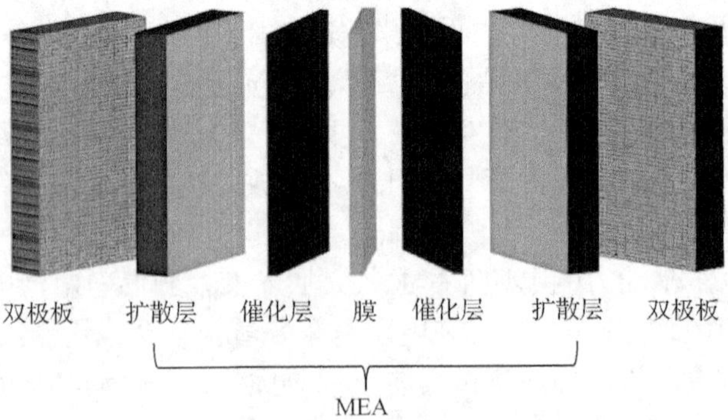

图4.2 PEMFC的结构示意图

质子交换膜燃料电池的工作原理（图4.3）是基于化学反应，其中氢气在阳极处发生氧化反应：

$$H_2 \longrightarrow 2H^+ + 2e^- \quad (4.1)$$

电子通过外部电路流入阴极，产生电流，质子穿过固体聚合物电解质（或称为质子交换膜）渗透到阴极。在阴极处，氧气和质子反应生成水：

$$\frac{1}{2}O_2 + 2H^+ + 2e^- \longrightarrow H_2O \quad (4.2)$$

整个反应的化学方程式为

$$H_2 + \frac{1}{2}O_2 \longrightarrow H_2O \quad (4.3)$$

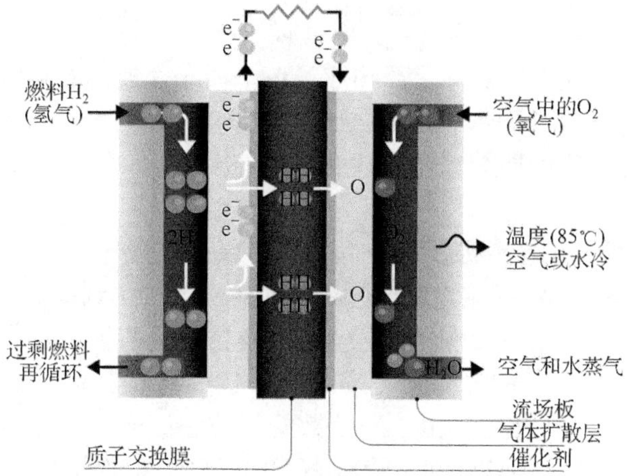

图 4.3　质子交换膜燃料电池工作原理

2. 特点与用途

PEMFC 的工作环境温度一般在 60～80℃，属于低温燃料电池。由于其高能量转换效率和长寿命，质子交换膜燃料电池被认为是未来可持续能源的重要来源。质子交换膜燃料电池具有以下特点。

（1）能量转换效率高：由于不受卡诺循环的限制，理论上 PEMFC 的能量转换效率可达 80%以上，但实际上受到极化等现象的影响，效率通常为 40%～60%。

（2）清洁无污染：当使用纯氢作为燃料时，PEMFC 产生的副产品仅为水蒸气，不产生任何有害物质。

（3）工作噪声低：由于运动部件较少，PEMFC 的工作噪声较小，运行时非常安静。

（4）零排放：PEMFC 的使用不会产生二氧化碳或其他有害气体，因此在某些方面被视为更环保的选择。

（5）高效节能：PEMFC 能够将化学能直接转换为电能，具有较高的能量密度和转换效率。

（6）适用性强：除了用于电动汽车外，PEMFC 还广泛应用于其他领域，如航空和船舶。

首先，在交通运输方面，由于 PEMFC 的高效能和零排放特性，其已经被应用于一些汽车、公交车和轮船等交通工具中。PEMFC 作为动力来源，能够减少大气污染物的排放，提升空气质量。例如，日本邮船株式会社已经开始投入使用由 PEMFC 驱动的船只，这些船只完全依赖燃料电池供电，避免了尾气排放和噪声污染。其次，由于高能量转换效率和可靠性，PEMFC 被广泛应用于便携式电源、备用电源及家庭能源供应等领域。在便携式电源方面，PEMFC 可以通过将氢气与氧气进行化学反应，从而产生电力，供给不同类型的便携设备，如手机、笔记本电脑等。此外，PEMFC 还可以作为备用电源，在自然灾害或突发事故中提供临时电力。但是由于可再生能源如太阳能和风能的不稳定性，其储存成为一个重要的问题。PEMFC 可以利用过剩的可再生能源产生氢气，在以后有能量需求时通过与氧气发生反应产生电能。这种方式可以实现能源的长期储存，并且达到零碳排放。

4.2.2 质子交换膜燃料电池关键材料

1. 膜电极

PEMFC 的核心部分是 MEA，MEA 构成了单个质子交换膜燃料电池的基本结构，也是 PEMFC 电池组的核心部件，因为它是 PEMFC 电池组中产生电能的唯一部件，其他电池组件只是为了促进和实现获得持续稳定的电能而设置的。质子交换膜、阴极与阳极构成了 MEA。

质子交换膜性能的要求主要涉及六方面：①具有高的氢离子（H^+）电导率；②不传导电子，以避免两极间短路；③对反应物和产物的透过率低，以达到高的电流效率；④具有良好的电化学稳定性；⑤膜表面的黏弹性质能满足电极与膜间的黏结要求；⑥在工作条件下具有良好的机械强度（主要指拉伸强度）。早期 PEMFC 采用苯酚基磺酸与甲醛聚合的苯酚膜，这种膜的机械强度较低；还使用过由乙醇分散的氯仿中溶解聚乙烯磺酸，并在室温下制成部分磺化的聚乙烯磺酸膜，但该膜在干燥状态下比较脆；也曾使用交联的聚乙烯-二氯苯乙烯磺酸在惰性基材（与单体苯乙烯、二氯乙烯苯和过氧化物）上共聚生成的聚乙烯磺酸膜，该膜的水保持性能好，质子电导率高。制约上述几种膜应用的主要原因是：①膜的质子电导率限制电池的功率密度；②阴极的高电位和阳极生成的过氧化氢均能导致膜结构中的 C—H 键断裂，造成膜的降解和电池性能退化。

现在常用的质子交换膜材料主要包括有机膜和无机膜两类。有机膜主要是指聚合物质子交换膜，常用的有氟化聚合物质子交换膜（如聚四氟乙烯基质的氟磺酸树脂膜）和磺酸树脂质子交换膜（如聚苯乙烯基质的磺酸树脂膜）。无机膜主要是指氧化物质子交换膜，常用的有磷酸盐质子交换膜和磷酸盐掺杂氧化物质子交换膜。有机膜具有很高的质子传导性能和较好的化学稳定性，但在高温和低湿条件下容易失水而导致性能下降。无机膜具有较好的耐高温和低湿性能，质子传导性能较有机膜差。因此，在应用中需要结合具体的工作条件选择合适的质子交换膜材料。研究人员不断探索新型的质子交换膜材料，以提高燃料电池的性能和降低成本。例如，近年来有机-无机杂化质子交换膜材料受到广泛关注。这种材料兼具机膜和无机膜的优点，具有较好的质子传导性能和耐高温性能。还有一些新型的质子交换膜材料被提出，如石墨烯质子交换膜、金属有机骨架质子交换膜等。这些新材料具有独特的结构和性能，可能成为未来燃料电池领域的重要突破点。

PEMFC 的电极是由扩散层和反应层构成的。

（1）扩散层。扩散层在 PEMFC 中具有多种重要功能，包括提供反应气体和排水的通道、作为电子传导的通道以连接双极板与反应层、支撑反应层结构以及收集电流。目前，常用的扩散层材料包括碳纸和碳布，其中碳纸是更为普遍的选择。碳纸由短的聚丙烯腈（PAN）碳纤维和有机树脂制成，在惰性气体下烧结而成，外观类似于硬纸质的多孔材料。

（2）催化层（反应层）。反应层是PEMFC中进行电化学反应的关键区域，也是电极的核心部分。催化剂是催化层的重要组成部分，起催化阴极和阳极的氧化还原反应的作用。对PEMFC而言，由于氧还原反应即阴极反应有很高的电化学极化，电催化剂的功能是加速电极与电解质界面上的电化学反应或降低反应的活化能，提高反应速率，避免较大的电压及电池输出效率的损失。尤其对于低温环境下使用的PEMFC，电催化剂需要具有高活性、良好选择性、耐腐蚀性强、长寿命、良好的电子传导性，并且成本较低。贵金属铂族元素是PEMFC电催化剂中最主要也是最关键的活性成分。由于膜电解质酸性和质子交换膜燃料电池低温运行等条件限制，铂金属是促进质子交换膜燃料电池氢氧化反应和氧还原反应最有效的催化剂。尽管其他材料，如钌、钯及非贵金属也可用作催化剂，但性能相对较差。PEMFC性能受限的主要原因是以纯氢为燃料所导致的氧还原反应（oxygen reduction reaction，ORR）动力学缓慢，因此人们采取了各种措施提高ORR动力学。最有效的措施是提高铂催化剂有效比表面积，可以使用分散较小的铂颗粒，最大限度地提高铂的利用率。在制造组件过程中，至关重要的是要使昂贵的催化剂得到有效利用。电极和膜之间良好的结合非常重要，因为电极和膜表面之间任何水膜和气体层都可能产生极高的接触电阻。

将铂碳催化剂直接黏合到质子交换膜上是制造MEA最传统的方法。该技术是将铂碳与聚四氟乙烯（PTFE）、Nafion溶液和一些有机溶剂混合，得到的混合物通过丝网印刷、涂覆和喷涂等方法在多孔碳纸（碳布）表面上形成催化层。随后通过热处理，碳纸（碳布）上的有机溶剂被蒸发以形成疏水孔，再将其热压到质子交换膜上，制成MEA。催化层通过浸渍Nafion溶液的方式，保证了质子运输到活性位点的有效通道。催化层经过聚四氟乙烯处理后形成的疏水孔供给活性位点提供了气体传输通道，高导电碳载体内良好的连接性保证了电子在活性位点之间的快速传输。

2. *双极板材料*

双极板又称为集流板，是电池的重要部件之一，在PEMFC中，MEA位于两个流体不渗透的导电板之间，通常分别称为阳极板和阴极板。这些极板作为集流器，为厚度小和机械强度弱的MEA提供结构支持，极板分别为阳极和阴极提供燃料和氧化剂，并去除燃料电池运行期间的产物水。通常，一种反应物在平板的一侧流动，冷却液在同一平板的另一侧流动，这些平板必须保持燃料氧化剂和冷却液分开。MEA非常薄（小于1 mm），双极板几乎占据了燃料电池组的全部体积，约占电池组质量的80%，占电池组成本的60%。因此，双极板是提高PEMFC电池组功率密度和降低成本的主要挑战工程。PEMFC电池组中双极板最常用的材料是石墨，其具有良好的导电性和耐腐蚀性，且密度小（质量轻）。然而，石墨相当易碎，很难机械处理，与金属相比，其导电性和导热性也相对较低。此外，石墨多孔性很好，对于轻质、低体积、低内阻燃料电池组是很理想的。通常情况下，石墨被树脂浸渍以提高其力学强度和流体防渗性。

研究人员探索了双极板的替代材料和制造方法，如碳-碳复合材料注射成型后在2500℃热处理中实现石墨化、石墨注射填充聚合物树脂模型和压缩成型，以及石墨粉末类似于油墨溶液的丝网印刷技术。然而，高温热处理不仅价格昂贵，而且热变形和扭曲难以精确控制板的尺寸。导电聚合物电子导电性低，丝网印刷板耐腐蚀性低。因此，金属被认为是用于轻质双极板的低成本材料。金属的机械强度高，而且不透水，因此双极板可以制造成很薄的厚度，便于搬运和电池组组装；更高的金属导热和电子传导性能改善电池组性能。双极板可由三块金属部件组装在一起或将金属板件整体冲压成型。金属片可以由耐腐蚀金属制成，也可以由易腐蚀金属制成，这些金属都会涂上耐腐蚀外层。钛、铬、不锈钢等都可以有效减少PEMFC运行过程中受到的腐蚀。金属在表面形成一层致密的氧化物阻挡层，以抵抗腐蚀并防止其溶解到冷却液中。然而，氧化物层具有较低的导电性，增加了燃料电池的内阻。此外，金属双极板不与流道一起制造，是为了避免MEA在电池组中受到不均匀压缩。穿孔或泡沫金属已被用于流场和集流器，这是另一种低质量和低成本的替代方案，但仅适用于小型电池，对于大型电池，其流体压力损失过大。

4.2.3 电池组技术

多节单电池组合起来构成电池组，即电堆。PEMFC电堆涉及三个方面的问题：电池增湿、电堆冷却和电堆密封。

1. 电池增湿

水在电解质隔膜中传递的方式有三种。第一种是由电曳力引起的水迁移，即水分子伴随质子从阳极向阴极移动，水的迁移量与电流强度和质子水合数成正比；第二种是水的浓差扩散，因为在阴极生成水，阴极一侧膜中水含量较高，水在浓度梯度作用下由阴极向阳极扩散，水的扩散量取决于膜中水的浓度梯度和水在膜中的扩散系数；第三种是由阴极与阳极气室之间的压力差导致的水渗透。为了避免由电曳力引起的水迁移导致阳极侧膜失水产生“干膜”现象，通常会控制阴极气室压力高于阳极气室压力，在气体压力梯度的作用下，水由阴极侧向阳极侧渗透，水的渗透量与压力梯度和水在膜中的渗透系数成正比，与水的黏度成反比。在这三种水传递方式中，电曳力的影响最大，因此当电流密度较大时，阳极一侧容易出现“干膜”现象。此外，大量氧化剂气体进入阴极也可能导致阴极侧膜干燥。膜中水含量与电导率密切相关，膜的部分失水会导致电导率急剧下降，因此需要采取增湿措施来防止“干膜”。

气体在进入电池前进行增湿是防止电池“干膜”的有效且可靠的措施。利用设置在电堆外部的热水槽对气体增湿，称为外增湿。为简化系统，也有在电堆内部设置增湿段，对气体增湿，称为内增湿。增湿段由多个一侧走水、另一侧走气的假电池构成，它利用隔膜的阻气与水渗透特性增湿气体。依增湿要求增湿段在电堆中的比例一般为1/10～1/5。

2. 电堆冷却

PEMFC的发电效率不足50%，表明燃料中的大部分能量在电池中转化成热耗散掉。为保持电堆工作温度稳定和均匀，必须对电堆进行冷却。通常在每两个电池之间设置一块冷却板，冷却板由两块板用导电胶粘接而成，内部有冷却介质流动的腔道。要求冷却介质的电导率极低、不污染电池、无腐蚀性、热容量高、黏度低。通常用纯水或纯水与乙二醇的混合物作冷却介质。在实践中，所采用的冷却技术很大程度上取决于输出功率，通常对于固定热电联产或交通运输工具来说，当燃料电池组功率达到几千瓦至数百千瓦以上时，液态水冷却是电池组有效的冷却方式，避免温度过高和温度分布不均的现象。冷却水在单个电池中特定的流动通道进行流动，冷却单元可以放置在每一个电池或每一个活化电池中。

3. 电堆密封

密封的目的是防止燃料、氧化剂与冷却介质间互混以及向电池外泄漏。密封材料要满足以下基本要求：密封压力 20～200 kPa，使用温度–40～100℃，在流体中的溶胀率不超过 5%，模压收缩率低于 3%，在流体中不发生成分浸出，不与电池其他部件发生化学反应，稳定运行 5 万～10 万 h。常用氟橡胶或硅橡胶作密封材料。柔性石墨用在电池中不仅密封效果好，而且成本低。与橡胶材料不同，柔性石墨属于导电材料，使用时要防止发生电池短路现象。处理 PEMFC 密封最关键的环节是电池的密封和 MEA 与双极板接触达到协调一致。采用面密封和线密封相结合的方式虽然可靠，但较麻烦。

MEA 的密封结构以及每种 MEA 密封结构类型的特征包括以下四种：①PEM 直接密封结构；②PEM 边缘密封结构；③MEA 边缘密封结构；④刚性保护框密封结构。其中紧凑的 MEA 边缘密封结构明显比其他结构具有更大的优势，因为它的堆叠组装更方便，成本更低。另一种很有前途的密封结构是刚性保护框密封结构。MEA 应该包括密封功能，以防止阳极燃料和阴极氧化剂混合，并防止气体泄漏到燃料电池（电堆）的外部。此外，MEA 结构及尺寸、密封件的结构及尺寸应与双极板对齐，以获得合适的夹紧力，保持部件之间的良好接触，最大限度地减少电阻，并避免气体扩散层过度压缩，从而在大电流密度下运行时增加气体的扩散阻力。

4.3 固体氧化物燃料电池

4.3.1 固体氧化物燃料电池简介

固体氧化物燃料电池（solid oxide fuel cell，SOFC）是一种在中高温下直接将储存在燃料和氧化剂中的化学能高效、清洁地转化成电能的全固态化学发电装置，工作温度为 500～1000℃。相比于其他类型的燃料电池，SOFC 的理论能量密度最高，普遍认为其将在未来与质子交换膜燃料电池一样得到广泛普及应用。SOFC 具有燃料适用性广、能量转换效率高、全固态、模块化组装、零污染等优点，可以直接使用氢气、一氧化碳、天然气、液化气、煤气及生物质气等多种碳氢燃料。在大型集中供电、中型分电和小型家用热电联供等民用领域作为固定电站，以及作为船舶动力电源、交通车辆动力电源等移动电源，都有广阔的应用前景。

4.3.2 固体氧化物燃料电池工作原理

SOFC 的工作原理是通过一系列的电化学氧化还原反应，将燃料和氧化剂的化学能转化为电能。具体过程：在阴极侧，氧气被还原成 O^{2-}，通过电解质传输到阳极侧，并与燃料气体（如氢气、天然气等）在阳极侧发生氧化反应产生的 H^+结合形成 H_2O，释放出的电子经外电路传输回到阴极侧，至此形成回路。

SOFC 可根据电解质传导离子类型的不同分为氧离子传导固体氧化物燃料电池（O-

SOFC）和质子传导固体氧化物燃料电池（H-SOFC）。图 4.4（a）展示了 O-SOFC 的工作原理，在阴极，O_2 被还原为 O^{2-}，与电子和阴极材料晶格中的氧空位$V_O^{\bullet\bullet}$结合形成晶格氧O_O^x，即为氧还原反应，具体反应如下：

$$O_2 + 4e^- + V_O^{\bullet\bullet} \longrightarrow 2O_O^x \quad (4.4)$$

O_O^x 通过 $V_O^{\bullet\bullet}$ 迁移穿过致密电解质从阴极到达阳极：

$$O^x_{O(\text{electrolyte, cathode})} \xrightarrow{V_O^{\bullet\bullet}} O^x_{O(\text{electrolyte, anode})} \quad (4.5)$$

在阳极，H_2 失去电子被氧化，与 O_O^x 结合产生 H_2O。

$$H_2 - 2e^- + O_O^x \longrightarrow H_2O + V_O^{\bullet\bullet} \quad (4.6)$$

其总反应方程式为

$$2H_2 + O_2 \longrightarrow 2H_2O \quad (4.7)$$

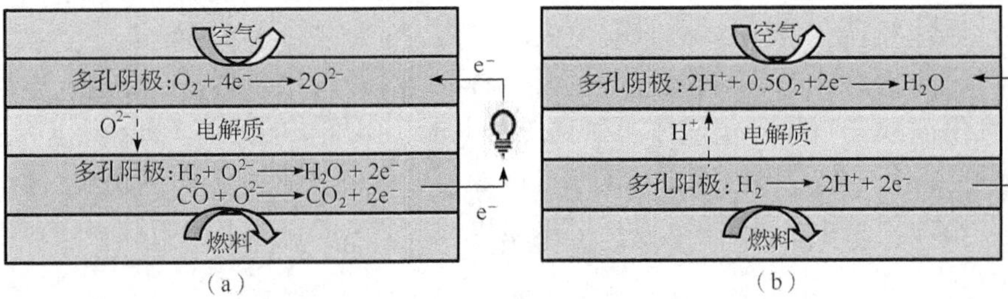

图 4.4 固体氧化物燃料电池工作原理：（a）O-SOFC；（b）H-SOFC

当以质子导体为电解质时，电极两侧的反应过程会有所不同，图 4.4（b）展示了 H-SOFC 的工作原理，阳极侧的 H_2 被氧化成质子并与晶格氧结合以$OH_O^{\bullet}$的形式存在，通过跳跃或旋转机制穿过电解质到达阴极，反应方程式如下：

$$H_2 + 2O_O^x \longrightarrow 2OH_O^{\bullet} + 2e^- \quad (4.8)$$

阴极侧的 O_2 得电子被还原，与$OH_O^{\bullet}$结合，反应生成 H_2O：

$$\frac{1}{2}O_2 + 2e^- + 2OH_O^{\bullet} \longrightarrow H_2O + 2O_O^x \quad (4.9)$$

总反应方程式为

$$H_2 + \frac{1}{2}O_2 \longrightarrow H_2O \quad (4.10)$$

4.3.3 固体氧化物燃料电池关键材料

固体氧化物燃料电池主要由阴极、电解质、阳极和连接体组成。电解质主要起到分隔阳极和阴极两侧气氛、传导离子的作用。常用的电解质材料包括 YSZ（8% Y_2O_3稳定的 Zr_2O_3）、$Gd_{0.1}Ce_{0.9}O_{2-\delta}$（GDC）和 $BaCe_{0.7}Zr_{0.1}Y_{0.1}Yb_{0.1}O_{3-\delta}$（BZCYYb）等。电解质的高离子电导率和化学稳定性有助于快速有效地传导离子。

1. 电解质材料

在固体氧化物燃料电池结构中，电解质是不可或缺的部分，主要是为了阻隔电极两侧空气和燃料气体直接接触，保证电池稳定运行。而且电解质在传导离子和质子的同时还需阻止电子通过，以防电池短路。因此为了保证 SOFC 稳定运行，电解质需满足良好的致密性和机械性能、高离子电导率及可忽略的电子电导率、与电极之间具有良好的热匹配和相容性、优异的结构稳定性和低成本。

目前，Y_2O_3 稳定 ZrO_2 电解质材料（YSZ）、Gd 或 Sm 掺杂的 CeO_2 电解质材料（GDC 或 SDC）以及 Sr 和 Mg 掺杂的 $LaGaO_3$ 电解质材料（LSGM）是传统 O-SOFC 使用较广泛的电解质材料。ZrO_2 基固体电解质在室温下为不稳定的单斜晶体结构，离子电导率较低，需要掺杂如二价或三价的氧化物（如 CaO、MgO、Y_2O_3 和一些稀土元素氧化物等）来转变为稳定的立方相结构，因为立方相结构有利于离子导电。而且掺杂低价氧化物会提高材料的氧空位浓度，有利于提高材料的氧离子导电性能。CeO_2 基固体电解质为萤石型结构，结构稳定，但其离子电导率较低，目前主要方法为通过掺杂 Gd_2O_3 或 Sm_2O_3 等来提高其离子导电性。但在 700℃以上，CeO_2 基电解质中的 Ce^{4+} 易被还原为 Ce^{3+}，从而产生电子，导致电池短路，因而 GDC 电解质在高温下的应用不多。$LaGaO_3$ 基电解质为钙钛矿型结构（ABO_3），物相结构稳定，而且通过 Sr 和 Mg 共掺杂得到的电解质 $La_{0.9}Sr_{0.1}Ga_{0.8}Mg_{0.2}O_{3-\delta}$（LSGM）氧离子电导率较高（800℃下为 0.17 $S \cdot cm^{-1}$）。

上述几种电解质都是以氧离子传导为主，而在过去的十多年里，质子导体材料相对于氧离子导体材料引起了更多关注。质子基固体氧化物燃料电池，由于质子具有较小的离子半径和高迁移率，质子传导活化能降低，更有利于固体氧化物燃料电池降低工作温度。目前研究最多的质子导体是 $BaZrO_3$ 和 $BaCeO_3$，Iwahara 等在研究中发现 $BaCe_xY_{1-x}O_{3-\delta}$（BCY）是一种性能优异的质子导体，BCY 具有高质子电导率（600℃的质子电导率维持在 10^{-2} $S \cdot cm^{-1}$）、低的电子电导率和良好的烧结性，但是在水汽和 CO_2 环境下，该电解质稳定性较差，而 Zr 是一种稳定化元素，Zr 的掺杂可以起到稳定钙钛矿晶体结构的作用。为了进一步提高 BZCY 的性能，2009 年，Yang 等通过 Yb 离子对 BZCY 中的 Y 离子部分取代合成了一种新的质子基电解质 $BaCe_{0.7}Zr_{0.1}Y_{0.1}Yb_{0.1}O_{3-\delta}$（BCZYYb），在 600℃，质子电导率为 5×10^{-2} $S \cdot cm^{-1}$，极大地增加了 BZCY 的质子电导率，而且相比于 BZCY 进一步提高了对 CO_2 和水汽的耐受性。

2. 阴极材料

在 SOFC 中，阴极又称为空气极，在阴极上发生氧还原反应，将氧气分子还原为氧离子（O^{2-}）。而且阴极极化损耗在整个电池的电极极化损耗中占主要部分，因此阴极作为 SOFC 的重要电化学反应场所，需要满足以下要求：①多孔结构，保证氧气容易扩散并吸附在电极表面；具有良好的孔隙率，以便反应物及生成物的排出；②高氧还原催化活性、高电子电导性或者具有离子-电子混合导电性（MIEC）；③良好的化学相容性以及与电解质匹配的热膨胀系数；④良好的机械加工性能和稳定性。

在 SOFC 发展初期，贵金属 Pt 由于其良好的催化活性被用作阴极材料，然而其成本较高，而且与电解质材料的相容性较差，因此具有良好的化学稳定性和低成本的钙钛矿阴极材料得到了广泛研究。钙钛矿氧化物的化学通式为 ABO_3，其中 A 位为碱土或稀土金属元素，B 位为过渡金属元素，一般为八面体或立方体。钙钛矿氧化物可以通过在 A 位和 B 位掺杂不同价态的金属离子获得优异的电子-离子混合导电性质，因此也被称为混合离子-电子导体。通过调节 A/B 位的比例或适量的掺杂，可以获得其他类钙钛矿结构的钙钛矿材料（图 4.5），如层状的 $LnBaBO_{5+\delta}$（Ln=Pr、Nd 和 Sm 等）、$ABB'O_{6-\delta}$ 和 $A_{n+1}B_nO_{3n+1}$（称为 R-P 相）。B 位金属一般含有 d 轨道电子，具有多重价态，因此钙钛矿氧化物可以通过适量的掺杂，晶体结构发生变化，变价产生电子（空穴）和氧空位（或间隙氧），表现出更大的氧表面交换系数和化学扩散系数，同时促进氧化还原反应的催化活性。

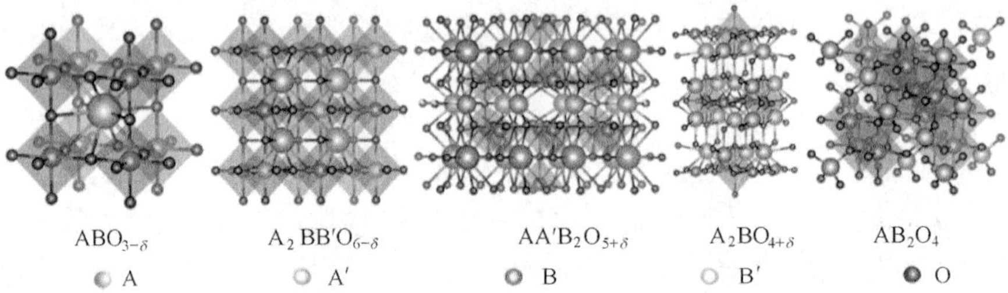

图 4.5 单钙钛矿与不同双钙钛矿晶体结构示意图

典型的阴极材料如 $Ba_{0.5}Sr_{0.5}Co_{0.8}Fe_{0.2}O_{3-\delta}$（BSCF）、$BaCo_{0.4}Fe_{0.4}Zr_{0.2}O_{3-\delta}$（BCFZ）等，可以通过离子掺杂、化学缺陷调控和表面修饰等方法调控阴极的催化活性。2002 年，Tong 等发现 BCFZ 材料具有优异的离子-电子电导率和良好的化学结构稳定性，开始将 BCFZ 材料应用于氧渗透膜反应器等领域。由于 Y^{3+}比 Zr^{4+}具有更低的价态和更大的离子尺寸，Y 掺杂可以提高材料的质子电导率，增大晶格体积，提高 BCFZ 的电催化活性，$BaCo_{0.4}Fe_{0.4}Zr_{0.1}Y_{0.1}O_{3-\delta}$ 材料作为氧电极材料具有优异的性能，可以使钙钛矿材料同时获得质子/离子/电子三重导电特性，是一种适用于质子交换膜系统的阴极材料。

3. 阳极材料

燃料气体在阳极侧发生氧化反应，为保证反应的有效进行，阳极应满足以下要求：①具有良好的电子电导率，应不低于 200 $S \cdot cm^{-1}$，以保证氧化反应过程中生成电子的传输；②其热膨胀系数应与其他组件的热膨胀相匹配以减少组装和在升降温的运行过程中的热失配；③具有良好的氧化还原稳定性、良好的抗积碳性能和抗硫毒化性能；④具有较好的氧化催化活性和适宜的孔隙率以保证燃料气体至活性位点的扩散和表面吸附；⑤成本低和易获取。

金属陶瓷基复合材料：作为阳极的金属一般采用对 H_2 等具有较高催化活性的贵金属和过渡金属等，如 Pt、Ag、Ni、Fe、Co 等，但是阳极只为金属时只能传导电子，大大限制了三相边界反应区域，因而阳极一般都是选择使用金属陶瓷基复合材料，以实现电子-离子双重导电，目前商业应用最广泛的就是 Ni-YSZ。NiO 与 YSZ 在高温下具有良好的化学相容性，因此在阳极侧的氢气气氛下被还原成多孔的金属陶瓷 Ni-YSZ。Ni 可以为电子传输提供通道，YSZ 陶瓷材料主要起到支撑和传输氧离子的作用，也可以阻止 Ni 在长期高温的工作条件下粒子的团聚与长大。而且通过复合电解质可以有效提高复合阴极与电解质的热匹配性。但是 Ni-YSZ 的氧化还原稳定性较差，容易硫中毒和使积碳产生，其长期稳定性较差。为解决该问题，采用 Cu 替代 Ni，以降低积碳的生成，但 Cu 相比于 Ni 的催化活性要差得多。钙钛矿阳极材料不仅对含硫元素的燃料具有一定的抵御能力，还具有良好的抗积碳能力，而且氧化还原结构稳定，还有很高的电导率和催化活性。

4.3.4　固体氧化物燃料电池单电池与电池堆

SOFC 电池堆是由多个单体电池组件按一定方式串联或并联而成的集成系统。在一个 SOFC 电池堆中，可以包含数十个甚至数百个单元电池，通过复杂的耦合作用，将化学能直接转换为电能和热能。自 1960 年起，SOFC 电池堆的设计主要集中在两种主要结构上：管式电池堆和平板式电池堆。

1. 管式电池堆

SOFC 最早采用的结构是管式，每个单电池由一端密封、一端开放的管子构成。与平板式 SOFC 相比，管式 SOFC 不仅具有 SOFC 的共同特性，而且可以简化密封要求，其热稳定性较高，长期热循环的耐受性较高，可以有效缩短启动时间。管式单电池内部是多孔支撑管，由内向外依次是阴极、电解质和阳极薄膜，管式单电池结构如图 4.6 所示，氧气从管芯输入，燃料气则通过管子外壁供给。

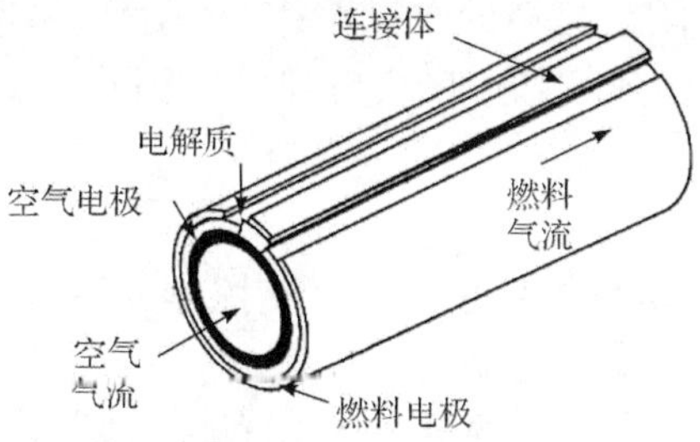

图 4.6　管式结构固体氧化物燃料电池

SOFC 根据支撑材料可以分为自支撑和外支撑两种类型。自支撑包括阳极支撑、阴极支撑和电解质支撑，外支撑包括陶瓷支撑、金属支撑和金属陶瓷支撑。目前，管式 SOFC 的主流支撑结构通常采用阳极支撑、阴极支撑和陶瓷支撑。

1）阳极支撑

在自支撑结构的 SOFC 中，阳极支撑的成本最低，因此是研究阶段使用最广泛的结构，如图 4.7 所示。镍基阳极具有高电导率，能显著降低电解质的厚度，减少欧姆电阻，并与电解质匹配良好，因此可以在相对较低的温度下实现优异性能。对单电池来说，燃料气扩散所需的高孔隙率、氧化反应所需的活性位点以及良好的机械强度会直接影响管式 SOFC 的性

图 4.7　(a) 阳极支撑管式 SOFC 示意图；(b) 阳极支撑管式 SOFC 的横截面图

能。阳极支撑也适合多节电池的结构。当在同一根管上制备多个单电池时，需要增加不参与反应的惰性材料作为绝缘层，因此需要更加关注阳极基体的孔隙率以及与绝缘功能层的匹配性。

阳极支撑管式 SOFC 具有一个显著的缺点，即阳极还原后再次氧化的问题。这种氧化还原会伴随镍较大的体积变化，从而导致机械应力，可能会损坏电池并导致故障。另外，阳极支撑也面临电极支撑普遍存在的问题。为了起到支撑作用，通常阳极需要做得比较厚（或牺牲孔隙率以达到强度），然而过厚的阳极会限制燃料气的扩散，影响电化学反应速率，并导致浓差极化的产生，从而降低电池性能。

2）阴极支撑

阴极支撑管式 SOFC 最早由西门子西屋电气公司开发。一般来说，阴极支撑电池具有较高的功率密度。在不同工作温度下，阴极支撑管式 SOFC 的性能均达到最佳，相比电解质支撑结构，其欧姆极化较小；与阳极支撑相比，阴极支撑管式 SOFC 可以通过减薄阳极厚度防止因阳极氧化还原反应引起的体积变化，从而提高氧化还原循环稳定性。因此，西门子西屋电气公司开发的电堆均采用这种阴极支撑结构的单管电池，并且成功地在全球展示了百千瓦级的 SOFC 发电系统。通过巧妙的结构设计，实现了在还原气氛下收集阴极电流，降低了阴极电流的欧姆损失。阴极材料的电导率相对较小，并且阴极材料比其他基体材料昂贵，导致阴极支撑的燃料电池成本高于阳极支撑的。因此，阴极支撑管式 SOFC 并没有得到广泛的应用。

3）陶瓷支撑

随着 SOFC 电解质薄膜化研究的兴起，陶瓷支撑体开始得到广泛发展。陶瓷支撑体仅起到支撑电池功能层的作用，不参与导电和化学反应，同时可以减小电解质及其他功能层的厚度，有效降低电池的极化，有助于降低 SOFC 的工作温度并提高其性能。陶瓷支撑体通常由较为廉价的材料制备，成本较低，更适用于商业化发展。陶瓷支撑型 SOFC 的支撑层通常由稳定的陶瓷材料制成，如掺杂氧化锆、镁铝尖晶石或其他氧化物，这些材料在高温和氧化还原环境中具有较好的稳定性，并且几乎不导电。许多国外知名的 SOFC 企业采用陶瓷材料作为串联结构的 SOFC 支撑材料，如日本三菱重工使用 CSZ 作为支撑材料，制备出的圆管多节电池单管功率超过 100 W。英国劳斯莱斯（Rolls-Royce）公司使用镁铝尖晶石作为陶瓷支撑材料，制备出的扁管多节电池单管功率超过 50 W。

2. 平板式电池堆

管式 SOFC 电池堆的主要缺点是电流路径长、内电阻大、比功率低、制造难度大且成本高，但其优点在于密封容易且稳定性良好。相比之下，平板式 SOFC 电池堆的主要缺点包括密封难度大、热循环性能差及性能衰减较高；而优点则在于电流路径短、比功率高及电性能良好。平板式 SOFC 电池堆由电池组件以平板式结构串联在一起组成。在平板式 SOFC 中，电流流向与电池垂直，流程短且采集均匀，因此电池的欧姆极化比管式 SOFC 低，可以实现更高的电性能。此外，平板式 SOFC 结构简单，电解质和电极制备容易控制，电池的造价也比管式 SOFC 低得多。因此，平板式 SOFC 电池堆目前是国际上 SOFC 研究的热点。

电解质支撑结构是平板式 SOFC 结构中最早得到发展的一种结构。在这种结构中，电解质层的厚度通常为 150～300 μm。其突出特点是性能稳定、制备工艺简单、制作成本低，但需要在较高的运行温度下工作，通常为 800～950℃。国际上已经成功运行的电解质支撑平板式 SOFC 电池堆已达到数百千瓦量级。美国布鲁姆能源公司采用了电解质支撑的单电池，并已推出多台百千瓦级 SOFC 系统。

阳极支撑平板式 SOFC 是目前世界上研究最广泛的结构形式。在这种结构中，阳极层的厚度通常为 200～1000 μm，而电解质层的厚度通常为 10～80 μm。由于薄层电解质的内阻较小，电池可以在较低温度（650～750℃）下运行，并且具有高功率密度。然而，采用主要由 Ni-YSZ 组成的阳极材料具有长期以来一直存在的抗热循环、抗氧化还原性能差等问题。

金属支撑结构是一种新型的 SOFC 结构，用以解决电解质支撑结构和阳极支撑结构所存在的问题。这种结构的优点是运行温度低、支撑体稳定，目前也是研究的热点方向。然而，金属支撑结构的制备工艺复杂，技术难度较高。英国锡里斯公司和丹麦托普索公司已经开发了千瓦级金属支撑 SOFC 电堆，并进行了示范运行。

4.3.5 固体氧化物燃料电池发电系统

在 SOFC 独立发电系统中，主要包括燃料处理供应子系统、空气供应子系统、发电子系统、尾气回收子系统和功率变换子系统等组成部分，下面将详细介绍这些子系统的优势。①燃料处理供应子系统：燃料处理供应子系统负责为 SOFC 提供燃料，常见的燃料包括氢气、天然气、生物质气等。该子系统的优势包括高效、稳定的燃料供应、适应性广、操作简便等特点，能够确保 SOFC 系统长时间稳定运行。②空气供应子系统：空气供应子系统用于向 SOFC 输送氧气以参与电化学反应。其优势在于能够提供高纯度的氧气、精确控制氧气流量、减少氧化反应产生的氮氧化物等有害物质，从而有效保障 SOFC 系统的高效运行。③发电子系统：发电子系统是 SOFC 系统的核心部分，负责将化学能转换为电能。其优势包括能量转换效率高、排放低、快速启动响应等特点，使得 SOFC 系统在发电效率和环保性能上具有明显优势。④尾气回收子系统：尾气回收子系统用于回收 SOFC 系统产生的废热和废气，实现能量再利用。其优势在于提高系统整体能量利用效率、减少能量浪费、减少对环境的影响，从而提升系统的可持续性和经济性。⑤功率变换子系统：功率变换子系统用于将 SOFC 系统产生的直流电转换为交流电或其他形式的电力输出。其优势在于高效稳定的功率转换、灵活的输出电压调节、可靠的电网连接等特点，能够满足不同场景下的电力需求。

4.4 熔融碳酸盐燃料电池

4.4.1 熔融碳酸盐燃料电池简介

熔融碳酸盐燃料电池（molten carbonate fuel cell，MCFC）是一种高温燃料电池，自 20 世纪中期开始研发并在 90 年代达到高潮。MCFC 通常在约 650℃的高温下运行，以确保碳酸盐电解质处于熔融状态并具有足够的电导率。它可以利用天然气或脱硫煤气等多种燃料进行发电，适用于工业、电力和军事领域。MCFC 的示范电站已经达到 2 MW 级，并且美国燃料电池能源公司（FCE）、日本石川岛播磨重工业株式会社（IHI）以及德国摩天宇（MTU）公司等正在推动其商业化。从技术特点和发展趋势来看，MCFC 被认为是未来民用电力的理想选择之一，具有高效率、低排放和燃料灵活性。随着对清洁能源和高效能源的需求增加，MCFC 有望在能源生产领域得到更广泛的应用。

1. 工作原理

MCFC 以碳酸锂（Li_2CO_3）、碳酸钾（K_2CO_3）及碳酸钠（Na_2CO_3）等熔融碳酸盐为电解质，采用镍粉烧结体作电极材料。MCFC 发电时，须向阳极输入燃料气体，向阴极提供空气和 CO_2 的混合气。在阴极，氧气（O_2）和 CO_2 发生反应生成碳酸根离子（CO_3^{2-}），CO_3^{2-} 通过电解质从阴极流向阳极。在阳极，氢气（H_2）与 CO_3^{2-} 在催化剂的作用下发生反应，生成 H_2O 和 CO_2，释放的电子通过外电路流向阴极，完成电流的闭合回路。

2. 特点

（1）高效率：发电效率通常为 50%～60%，若与联合循环发电结合，效率可提升至 60%～70%；采用热电联产方式时，效率可达 80%左右。

（2）低排放：在运行过程中几乎不产生污染物，尤其是 CO_2 排放量较低，对环境友好，有助于减少温室气体排放。

（3）灵活性：可以使用多种燃料，如天然气、甲烷等，增加了其应用范围和灵活性，适应性强。

（4）循环利用 CO_2：CO_2 在阳极和阴极之间循环利用，使得电池工作更为连续和稳定。

当然，MCFC 也存在明显的不足之处。例如，需要设计复杂的循环系统，将阳极处的 CO_2 输送回阴极；在高温高碱环境下工作，对电池组件要求较高；需要较长时间达到工作温度和稳定运行状态，不适合作备用电源。

4.4.2 熔融碳酸盐燃料电池关键材料

熔融碳酸盐燃料电池的关键材料主要包括电解质、阴极和阳极。电解质的电导率、气体溶解率、扩散能力、表面张力和电催化活性等因素会对电池性能产生影响。电极在燃料电池中起至关重要的作用，包括阴极和阳极，它们通常采用多孔结构，这种设计有利于反应气体、电解质熔盐和电催化剂之间形成气-液-固三相反应界面，从而提高电化学反应效率和电池性能。

1. 电解质

MCFC 采用熔融碳酸盐作为电解质，可以选择锂、钠或钾等碱金属的碳酸盐。在确定操作条件时，需要考虑电化学活性、对电极的腐蚀性和浸润性以及在特定条件下的挥发性等因素，以便选择适当种类和比例的碱金属碳酸盐。目前，常压下工作的 MCFC 电解质通常使用 Li_2CO_3/K_2CO_3=62/38（摩尔比）的混合物，高压下工作的 MCFC 电解质通常采用 Li_2CO_3/Na_2CO_3 为 52/48～60/40 的混合物。经过 10 kW MCFC 电池堆测试表明，Li_2CO_3/Na_2CO_3 组合具有良好的长期运行性能。然而，低摩尔比 Li_2CO_3/K_2CO_3 混合物存在相分离问题，导致阴极处 K_2CO_3 浓度增大，加剧了对 NiO 的腐蚀。相较之下，Na_2CO_3 对 NiO 的腐蚀性较低，但氧溶解能力强，可能提高阴极极化，并且在低于 600℃时的性能也欠佳。因此，在电解质中添加少量碱土金属碳酸盐可以减轻对 NiO 的腐蚀。在熔融碳酸盐电解质中添加 MgO、CaO、SrO 和 BaO 等碱土金属氧化物可以提高熔盐的碱性，但碱土金属离子会逐渐向阴极侧迁移，无法长期抑制 NiO 的溶解。

2. 阴极

金属或合金的化学稳定性确实与温度和气氛密切相关。在高温和特定气氛下，许多金属和合金可能会发生氧化、腐蚀等反应。只有少数贵金属在高温与空气或 O_2-CO_2 气氛下是稳定的。由于熔融碳酸盐电解质具有强腐蚀性和高温环境，因此具有较好的化学稳定性和电化学性能的氧化物半导体材料通常被选为阴极材料。目前，MCFC 阴极常用的材料之一是锂化的氧化镍（NiO）。一种常见的制备方法是将镍粉经过烧结处理使其氧化成 NiO，或者在电池升温时，通过空气氧化生成 NiO，然后 NiO 与碳酸锂的分解产物 Li_2O 发生锂化反应。

MCFC 阴极的氧化-锂化涉及的反应主要有：

Ni 的氧化反应式

$$Ni+\frac{1}{2}O_2 \longrightarrow NiO \tag{4.11}$$

Li_2CO_3 的分解反应式

$$Li_2CO_3 \longrightarrow Li_2O+CO_2 \tag{4.12}$$

锂化反应式

$$Li_2O+2NiO+\frac{1}{2}O_2 \longrightarrow 2LiNiO_2 \tag{4.13}$$

NiO 最初是一种 p 型半导体，带有正电荷载流子，经过锂化掺杂后，NiO 转变成 n 型半导体，带有负电荷载流子。MCFC 的阴极通常采用锂化的 NiO 材料，简称为 NiO 阴极。在高温环境下，NiO 阴极具有足够的催化活性，能够促进氧的还原反应，这使 MCFC 不需要使用铂族等贵金属作为电催化剂。在 MCFC 长时间高温运行过程中，阴极中的 NiO 颗粒会逐渐增长并缓慢溶解到熔融碳酸盐中，这一现象称为 NiO 阴极溶解。NiO 的溶解会导致阴极的有效面积减小，进而引起电池短路。这是因为溶解的 Ni 离子在电解质隔膜内被还原成 Ni，从而引起电子短路，称为 Ni 短路。向阴极和电解质中添加少量的添加剂是解决 NiO 阴极溶解问题的一种方法。通常使用的添加剂有 Fe_2O_3、MgO、La_2O_3、CeO_2 等。

添加剂的作用机理包括与 NiO 形成稳定的固溶体（如 Fe_2O_3 和 MgO），或者增强碱性来减少 NiO 阴极溶解（如 La_2O_3 和 CeO_2）。其他一些碱性更强的化合物也可以用来减少 NiO 阴极溶解。此外，向电解质中添加 $BaCO_3$ 和 $SrCO_3$ 也可以有效降低和抑制 NiO 溶解的效果。

3. 阳极

自 20 世纪 70 年代以来，多孔镍一直被作为 MCFC 的阳极材料。它主要起电催化剂作用，即促进氢气和氢离子之间的反应（H_2——H^+）。由于镍具有很强的吸氢能力，因此具有较高的交换电流密度。然而，在高温和长期应力的作用下，金属材料容易发生蠕变，从而导致阳极的形变和损坏。为了防止镍阳极的蠕变，通常采取一些增强处理措施。例如，在制备电池的过程中，可以将镍粉与 2%～10%的 Cr 粉混合后制成片状材料，并将其烧结成连续多孔的半成品。然后，直接将半成品安装到电池上，升温到操作温度并将燃料气和氧气引入电池中。随着反应的进行，阳极中的 Cr 会被氧化生成 Cr_2O_3 和 $LiCrO_2$（与熔融碳酸锂反应得到）等氧化产物。这些氧化产物可以弥散增强镍阳极，并减轻阳极的蠕变现象，从而延长阳极的使用寿命。除了添加 Cr 粉外，还可以向 Ni 粉中添加 Al 粉来弥补阳极的蠕变问题。然而，根据目前的研究，上述方法并非十分理想。这是因为 $LiCrO_2$ 或 $LiAlO_2$ 的生成会降低熔融碳酸盐对电极表面的浸润性，改变电极表面的特性。因此，一些学者尝试了不同的方法来改进，如在制备电极时向 Ni 粉中添加 NiAl 或 Ni_3Al 合金或稀土元素，或者在陶瓷粉体（如 $LiFeO_2$ 等）表面进行镀镍。将这种复合粉体制成素坯，然后烧结成阳极板。这些处理可以在一定程度上增强镍电极，或阻止镍晶粒的长大，从而使 MCFC 的阳极具有较好的抗蠕变性能。

4.4.3 熔融碳酸盐燃料电池电堆和发电系统

1. 电堆

MCFC 电堆是由多个单独的燃料电池单元叠放而成的系统。在 MCFC 电堆中，各个电池单元之间的双极板不仅起气体流道作用，同时充当电极的气室，通过这些双极板实现了电子的导通。如果电极与双极板之间接触良好，就可以不使用不锈钢集流板。

MCFC 的一项优点是，即使将电极面积放大到较大尺寸也不会产生机械应力。这是因为电解质隔膜的塑性与金属双极板的弹性在 MCFC 电堆中能够良好匹配。通过施加恒定压力，可以平衡 MCFC 电堆在紧固和运行过程中产生的不均匀热应力。因此，大容量的 MCFC 电堆的电极面积可以超过 1 m^2。

2. 电堆供气与密封

电堆供气可以通过内部气体和外部气体分配管两种方式进行。根据燃料气体与空气在电池内的流动方向，双极板上的气体流场可分为平行流和直交流两种形式。采用平行流形式时，燃料气体与空气相向流动（逆流），导致电池内温度分布较均匀，只有气体出口的温度最高，从而易于控制整个电堆的温度。采用直交流形式时，燃料气体与空气的流动方向互相垂直，导致电池内温度分布较为复杂，最高温度位于空气出口与燃料气入口的交汇处。尽管存在温度分布不均匀的问题，但由于燃料气体和空气的流动方向互相垂直，因此更便于实现外部气体的分配。在燃料利用率高、电极面积大的 MCFC 电堆中，电流密度和温度梯度较大，电堆的热管理和双极板流场设计对于电堆的正常运行至关重要。

MCFC 的密封方式十分独特。它使用的电解质隔膜是一种电解质陶瓷，由陶瓷粉末和碳酸盐电解质混合而成，使得电解质能够有效地固定在这种半固态混合物中。这种电解质材料具有一定的塑性，并且不透气，能够有效地密封电极周围，防止气体泄漏。在这种湿密封结构中，电解质隔膜相当于金属双极板表面间的柔性垫片。

3. 发电系统

单独的电堆无法实现连续稳定的工作，需要辅助供气装置、冷却装置等子系统。由于 MCFC 的工作温度较高，尾气余热利用设计将影响系统能量综合利用效率，因此对 MCFC 系统进行优化设计至关重要。在系统设计中，除了考虑电池堆本身的工作条件，还需要考虑尾气余热利用、燃料特性及环保要求。目前，主流的 MCFC 系统设计方案包括以下三种：①热电联产系统；②与燃气轮机相结合的混合发电系统；③可实现 CO_2 捕集的 MCFC 系统。

1）MCFC 热电联产系统

MCFC 的尾气温度为 400～600℃，为了有效利用这些高温余热，提高系统的综合效率，可以直接将尾气余热用于加热燃料气和空气，并向客户提供热水或蒸汽。这种系统不仅为客户提供电能，还能同时提供热能，被称为热电联产系统。典型的热电联产系统是由 FCE 公司开发的 DFC-3000 EU 型 MCFC 系统。该系统的发电功率为 2.8 MW，发电效率达到 47% 低热值（LHV），热电联产效率达到 83.7% LHV。该系统并联了两个电池堆组（每个输出功率为 1.4 MW）。为了进一步提高燃料电池系统的发电效率，满足用户对电能的需求，FCE 公司在 2015 年推出了一种新型燃料电池串联系统，即 DFC®HEFT™系统。与 DFC-3000 EU 系统相比，该系统在并联的两个电池堆组（每个输出功率为 1.4 MW）之后串联了一个电池堆组（输出功率 880 kW），通过串联的电池堆组提高燃料利用率，使系统的发电效率提高至 60% LHV，热电联产效率达到 90% LHV。

2）MCFC 混合发电系统

为了进一步提高 MCFC 系统的发电效率，可以将 MCFC 与燃气轮机（gas turbine，GT）、有机朗肯循环（organic Rankine cycle，ORC）等发电方式耦合，组成混合发电系统。MCFC 电池堆组工作温度较高（650℃），排放的尾气温度也很高，为混合发电系统提供了可利用的能量。目前，MCFC 与微型燃气轮机组成的混合发电系统是发展的重点方向，并已实现商业化应用。

3）用于 CO_2 捕集的 MCFC 系统

当前，以气候变化为核心的全球环境问题日益严重，降低温室气体 CO_2 的排放以减缓气候变化成为当今国际社会关注的焦点。在 MCFC 工作时，将 CO_2 和空气中的氧气作为氧化剂，CO_2 通过电化学反应从燃料电池阴极迁移至阳极，在这一过程中能够富集 CO_2 并进行捕获。目前的研究重点包括以下三种系统：①与火电厂结合的 MCFC CO_2 捕集系统；②带有 CO_2 捕集功能的 MCFC 系统；③带有 CO_2 捕集功能的整体煤气化燃料电池系统。

4. MCFC 的发展趋势

降低成本是燃料电池发电与传统发电形式竞争的关键。为了成功进入发电市场，MCFC 的电池寿命需要达到 40000 h 以上。对于大功率发电的 MCFC 系统，其燃料主要来自天然气、煤、甲醇或乙醇等。因此，研究新型燃料转化技术和煤气化技术是建立 MCFC 电站的必要条件。通过小型化和紧凑化 MCFC 和辅助设备，可以进一步减小系统的占地面积。这对于建在城市人口密集区的分布式 MCFC 电站尤为重要。提高 MCFC 的性能和可靠性、延长工作寿命及降低成本是 MCFC 制造者始终不变的努力目标。

4.5 碱性燃料电池

4.5.1 碱性燃料电池简介

碱性燃料电池（alkaline fuel cell，AFC）是最早被研究并成功应用的燃料电池之一。20 世纪 30 年代，培根（F. T. Bacon，1904—1992）开始了对 AFC 的研究。他采用碱性 KOH 溶液替代了传统酸性电解液，以减少对电极的腐蚀，并利用多孔气体扩散电极增加电极反应界面。此外，他还通过使用加压气体确保电解液不会堵塞多孔电极。1959 年，培根发明了双孔烧结镍气体扩散电极，并展示了功率为5 kW的AFC。与此同时，美国阿利斯-查默斯公司（Allis-Chalmers Co.）也演示了使用AFC驱动的农场拖拉机。该AFC电堆由1008个单电池组成，产生功率为15 kW。在20世纪60年代，美国国家航空航天局（NASA）将普拉特-惠特尼公司（Pratt & Whitney Co.）研制的AFC应用于阿波罗登月舱中，之后AFC一直作为NASA航天飞机的主要电源。AFC还被广泛应用于小型货车、叉车、公共汽车和潜艇等的动力来源。随着人类社会逐渐迈入氢能时代，碱性燃料电池无疑将得到更广泛的应用，发挥更为重要的作用。

AFC具有高达70%的能量转换效率，可以利用非贵金属作为电极催化剂，从而降低成本。此外，AFC的电池材料相对较为廉价。然而，AFC对气体中的O_2和CO_2非常敏感，因此必须使用纯净的氢气和氧气（或经过CO_2去除的空气）。这一特性导致近年来AFC的研发进展相对缓慢。

1. 工作原理

碱性燃料电池由阳极、阴极和碱性电解质组成。阳极通常由铂催化剂支持在碳纤维或碳布上，阴极则采用镍催化剂。两个电极之间放置一个碱性电解质膜，通常是氢氧化钾（KOH）溶液。在电解质中，氧气从阴极侧进入，氢气从阳极侧进入，并在电解质中进行氧化还原反应。

碱性燃料电池的工作原理是基于氢氧根离子（OH^-）在阳极和阴极上的电化学反应。下面是碱性燃料电池中的电极反应式：

阳极反应 $$H_2 + 2OH^- \longrightarrow 2H_2O + 2e^- \tag{4.14}$$

阴极反应 $$O_2 + 2H_2O + 4e^- \longrightarrow 4OH^- \tag{4.15}$$

总反应 $$2H_2 + O_2 \longrightarrow 2H_2O \tag{4.16}$$

在阳极，氢气与电解液中的OH^-在电催化剂的作用下，发生氧化反应生成水和电子，电子通过外电路到达阴极，在阴极电催化剂的作用下参与氧气的还原反应，生成的OH^-迁移到阳极。整个反应过程中，氢气和氧气被转化为水。这些电子通过外部电路流动，产生电能。而氢氧根离子在阳极和阴极之间进行传输，维持电荷平衡，并促进氧化还原反应的进行。

2. 特点

碱性燃料电池作为一种电化学装置，具有一些明显的优点和一些潜在的缺点。其优点是能量转换效率高、环境友好、燃料选择性灵活、长时间稳定运行；缺点是催化剂成本高、碱性电解质具有腐蚀性、氢气存储和供应挑战性高、能量密度相对较低。

4.5.2 碱性燃料电池关键材料

1. 电催化剂

电催化剂是碱性燃料电池中的关键组成部分，包括阴极电催化剂和阳极电催化剂。AFC电催化剂应满足以下条件：①具备良好的导电性能，以便在电池工作时促进电子传递；②具有高活性，即能够在阴极和阳极表面上促进氧气还原反应和氢气氧化反应，提高电池的工作效率；③具有良好的耐久性，在电池长期工作时不会失去活性或脱落，从而导致电池寿命缩短；④成本低廉，对于电池商业化应用来说，成本是一个非常重要的考虑因素。

1）阳极催化剂

阳极催化剂是碱性燃料电池中的一个重要组成部分，其主要作用是促进氢气在阳极表面的氧化反应。阳极催化剂能够提供活性位点，吸附和催化氢气，在其表面上发生氧化反应，产生电子和氢离子，然后将电子输送到电路中，完成电池的电化学反应。传统的阳极催化剂主要是贵金属材料，如 Pt、Pd 等，这些材料具有较高的电化学活性和稳定性，但是成本昂贵，难以推广应用。为了降低成本并增大氢与催化剂的接触面积，通常将 Pt、Pd 等贵金属分散到碳的表面上，以增大反应的活性表面积，同时碳作为载体还可以为反应物提供传输通道，增大反应散热面积，提高贵金属的热稳定性。因贵金属成本偏高，非贵金属阳极催化剂逐渐受到关注。目前常见的非贵金属阳极催化剂包括过渡金属氧化物、氮掺杂碳纳米管、碳材料等。虽然非贵金属阳极催化剂具有成本低、资源丰富等优势，但它们的催化活性和耐久性仍不如贵金属阳极催化剂，这主要是因为非贵金属阳极催化剂的电化学活性较低且易失活。因此，当前的研究方向主要是开发具有高效催化活性和长期稳定性的非贵金属阳极催化剂，以推动碱性燃料电池技术的发展和商业化应用。

2）阴极催化剂

阴极催化剂在燃料电池中是至关重要的，它能够催化氧气还原反应。这一过程是燃料电池产生电能的关键步骤之一。

常见的贵金属阴极催化剂包括铂、钯等，它们具有良好的催化活性和稳定性，特别是铂，被广泛应用于传统的聚合物电解质膜燃料电池中。然而，贵金属催化剂成本高昂，资源有限，这限制了燃料电池技术的商业化发展。

随着对贵金属催化剂的需求增加，科学家开始探索开发非贵金属阴极催化剂以降低成本并减少对稀缺资源的依赖。非贵金属阴极催化剂种类较多，主要包括：①过渡金属氧化物，如钨青铜、钙钛矿型氧化物、尖晶石等；②金属卟啉，一些含有过渡金属为中心原子的大环化合物，适用于各种介质，已在碱性锌-空气电池中得到应用；③碳材料，通过优选和预处理，碳材料可以作为有效的催化剂，具有成本低和资源丰富等优势；④金属银，银是一种常用的非贵金属阴极催化剂，在碱性燃料电池中应用广泛，并开发出多种高活性银催化剂的制备方法。

2. 电解质材料

碱性燃料电池的电解质是一种至关重要的材料，直接影响电池的性能和稳定性。在碱性燃料电池中，常用的电解质材料主要包括氢氧化钾（KOH）和氢氧化钠（NaOH）溶液。KOH 是碱性燃料电池中最常用的电解质之一。KOH 水溶液具有较高的电导率，可以提供良好的离子传导性能，有利于提高催化剂的活化和反应速率。通常情况下，KOH 的浓度为 6～8 $mol \cdot L^{-1}$，维持足够高的纯度可以避免催化剂中毒现象。此外，KOH 对 CO_2 不太敏感，在碱性条件下形成的碳酸盐溶解度较高，有助于维持电解质的稳定性。NaOH 也可作为碱性燃料电池的电解质材料，但相比 KOH，其导电性较差。升高温度以增加 NaOH 溶液的电导率效果不如 KOH 明显。另外，NaOH 对 CO_2 更敏感，形成的碳酸盐溶解度和导电性较低，可能降低碱性燃料电池的寿命。

3. 隔膜材料

石棉膜是一种常用的 KOH 电解液基体保持材料，通常由石棉纤维按照造纸的方法制备。浸泡在 KOH 电解液中的石棉膜不仅可以有效地分隔氢气和氧气，还可以为氢氧根离子的传递提供通道。主要由氧化镁和二氧化硅组成的石棉化学式为 $3MgO \cdot 2SiO_2 \cdot 2H_2O$。然而，长时间浸泡在浓碱水溶液中会使石棉受到侵蚀。其中的酸性成分 SiO_2 会与碱反应生成微溶性的 K_2SiO_3，但碱性成分会以水镁石的形式保留。微溶性产物 K_2SiO_3 对石棉的侵蚀具有一定的保护作用，使侵蚀后的残存石棉纤维也具备一定的抗蚀性。

由于石棉对人体有害且在浓碱中会发生缓慢腐蚀，因此需要寻找石棉的替代材料。目前，已经开发出使用钛酸钾（K_2TiO_3）膜替代石棉膜作为电解液基体材料。高温合成的钛酸钾具有耐氧化性，且不溶于 KOH 溶液中，因此寿命大大延长，可达石棉膜的 5 倍。这些改进后的材料具有良好的 OH^- 导电能力，并且在化学上稳定，耐酸碱和有机溶剂的腐蚀，非常适用于碱性燃料电池的电解液基体材料。

4. 燃料

AFC 通常使用纯氢作为燃料，然而在地面应用中，纯氢价格昂贵且储氢密度较低，这带来了一定的问题。另外，利用有机物热解制氢作为燃料也存在含有 CO 等问题。鉴于上述情况，人们开始考虑使用液体燃料替代氢，因为液体燃料的储存和运输更为方便且更安全。已经进行过研究的液体燃料包括肼、液氨、甲醇以及各种烃类燃料。

肼（也称联氨，N_2H_4）极易在阳极上发生分解。然而，肼的分解反应和制备得到的氢中含有较多的氮，这导致了使用肼作为燃料的 AFC 性能不佳。肼曾经在 20 世纪 50～60 年代得到广泛应用，主要用于英国、法国、德国和美国的防御计划中，作为军用电源。然而，联氨具有剧毒性且价格昂贵，导致其在 20 世纪 70 年代停止了应用。因此，这种燃料电池技术也停止了研究和发展。

5. 氧化剂

AFC 的氧化剂可以是空气或氧气。在一定电压下，使用空气作为氧化剂的 AFC 输出电流密度只有使用纯氧的 50%，这主要是由于空气中含有 CO_2 等杂质。尽管通过预处理除去了 CO_2，但其他杂质如 CO、SO_2 等仍然存在，这些杂质也会对电池产生不利影响。

4.5.3 碱性燃料电池电堆和发电系统

1. 电堆

电堆主要由两个基本部分组成：电池部件和框架。双极式 AFC 电堆结构如图 4.8 所示。

2. 供气子系统

供气子系统主要用于提供 AFC 所需的燃料（氢气）和氧化剂（氧气或空气），以及用作保护气氛的氮气。然而，氢气中含有 CO_2 等杂质、会降低电池性能的 CO，以及会使催化剂

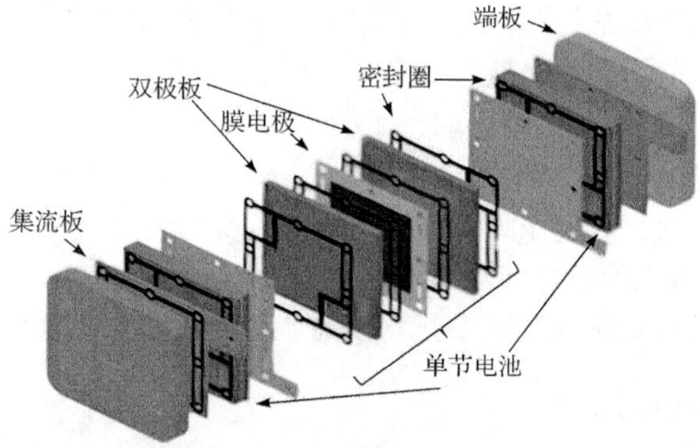

图 4.8 双极式 AFC 电堆结构

中毒的含硫化合物。此外，氯碱厂产生的氢气还含有加速电极极化的 Hg。因此，在使用前需要对氢气进行净化处理，去除其中的杂质。空气中的 CO_2 也会对电池的性能产生影响。在将空气引入 AFC 电堆前，需要对其进行净化处理。通常采用化学吸收法去除空气中的 CO_2。常见的吸收剂包括碱石灰和乙醇胺等化合物。此外，分子筛或 Pd-Ag 薄膜扩散方法也可用于去除 CO_2。这些净化方法可以有效地减少氢气和空气中的杂质，确保 AFC 系统的高效运行和长期稳定性。

3. 排水排热子系统

AFC 系统会产生水和热，这些产物可以通过两种方式排出：电解液循环方式和反应气体循环方式。例如，培根 AFC 系统采用电解液循环方式将热量和水分带走，阿波罗系统利用封闭回路中的过量氢气带出水和热。

4. 监控子系统

监控子系统的功能包括对电池的启动、运行和停机等常规操作进行程序化自动控制，同时对电解液温度、浓度等参数进行监测。此外，监控子系统还会自动监测电池电压、气体压力以及电解液的体积、流量等。在出现异常事故时，监控子系统将自动关闭电池以确保系统安全。

5. 电流收集子系统

电流收集可采用单极或双极形式，其主要由双极板、气体扩散层、集流板和密封组件等构成，相比 PEMFC，AFC 的电流收集材料更注重耐碱性。通过优化电流收集子系统，可显著提升 AFC 的功率、密度和寿命。

4.6 磷酸燃料电池

4.6.1 磷酸燃料电池简介

由于碱性燃料电池在地面应用时通常需要使用空气代替纯氧气作为氧化剂，因此必须清除空气中微量的 CO_2。此外，当使用各种重整富氢气体代替纯氢时，也需要去除其中相当

多的 CO_2，导致燃料电池系统变得复杂并增加了系统造价。考虑到这一点，自 20 世纪 60 年代以来，以酸性电解质为基础的酸性燃料电池受到了广泛关注。其中，磷酸燃料电池（phosphoric acid fuel cell，PAFC）首先取得了突破，成为目前唯一实现民用商业化的燃料电池系统。由于使用磷酸作为电解质，PAFC 可以直接使用富含氢气的重整燃料中的碳氢化合物和醇类化合物作为燃料，空气作为氧化剂，而不需要 CO_2 净化处理。此外，在 200℃左右温度下运行时，PAFC 显著降低了 CO 对催化剂的毒性，催化剂对 CO 的耐受性可达 1%～2%。此外，PAFC 可以有效排水，减少排水困难，简化燃料电池系统。

4.6.2 磷酸燃料电池关键材料

1. 电极

多孔气体扩散电极是由催化层和支撑层构成的。其中催化层也称反应层，由高度弥散的铂催化剂与 PTFE 黏结在碳载体上形成，厚度大约为 0.1 mm。支撑层也称扩散层，由多孔碳纸制成，可支撑反应层并收集电流。在阴极处，水被生成并通过多孔电极自然蒸发，并随着尾气一同排出电极。

1）反应层

电化学反应发生在气体-液体-固体（气-液-固）三相界面，这个三相区的面积应该尽可能大，为了实现这一点，需要优化电极的疏水性能，以确保电解质能够适当地润湿电催化剂。如果电解质将电极完全淹没，会影响反应气体的扩散；但是，过分强调反应气体的扩散又会不利于电解质润湿电极。当磷酸占反应层中的比例为 40%～80%时，有利于形成较大的三相界面，从而降低阴极和阳极的过电位。此外，高压下的反应气体使气体扩散路径变短，提高了反应层的电导率，进而减少了电极的极化损失。

2）扩散层

扩散层和反应层紧密相邻，电子和反应气体需要通过它。在燃料电池运行温度下，浓磷酸的腐蚀性极强，因此需要使用具有优异耐酸腐蚀性能、良好的导电和导热性能、低气体扩散阻力和一定机械强度的扩散层。早期的扩散层采用钽网制备，目前主要采用模压多孔炭材料或碳纸制备。模压多孔炭材料通常由石墨质碳纤维与酚醛树脂混合后模压成型制备而成。在高温下，黏结剂挥发，留下实心或多孔的碳块。这种扩散层的孔隙率为 60%～65%，平均孔径为 0.6～1.0 mm。碳纸制备的扩散层通常具有更高的孔隙率，约为 90%。经过 PTFE（PTFE 质量分数约为 40%）浸渍后，孔隙率降至约 60%，大孔直径为 3～50 μm（平均孔径约 12.5 μm），微孔平均孔径约为 3.4 nm。这种扩散层具有良好的气体扩散性能和较高的导电性能，可满足燃料电池高效稳定运行的需求。

2. 电催化剂

1）阴极催化剂

为改善阴极催化剂的活性，可以从催化和吸附活化两个方面着手。在铂中掺杂过渡金属元素时，会增加表面的 5d 空位，这样氧分子向铂表面释放更多的 2π 电子，增强了氧的吸附能力，并导致 O—O 键的弱化（易断裂）。然而，当非贵金属含量过高时，额外的 d 空位可能只会促进 O—O 键的断裂，反而抑制氧还原反应。因此，适量掺杂过渡金属元素可以提高氧还原活性，呈现出火山型的电催化性能变化。CeO_2 具有良好的储氧性能，其表面的 Ce^{4+} 是进行氧化反应的活性中心。当 Ce^{4+} 与 Zr^{4+} 等形成固溶体时，储氧性能会得到一定程度的提升。因此，CeO_2 和 ZrO_2 有助于促进氧的活化吸附，在铂表面形成更高的吸附浓度。此外，CeO_2 和 ZrO_2 还有助于分散铂，ZrO_2 还可以改善磷酸在催化剂表面的覆盖性能，扩大三相界面区域。实验证实，掺杂 CeO_2 和 ZrO_2 可以提高铂合金催化剂的活性。

2）阳极催化剂

在酸性介质中，阳极反应表现出非常好的可逆性，因此消除有害杂质对催化剂的毒害作用成为主要挑战。一般情况下，燃料气体经过天然气、甲醇、石油或柴油的重整反应制备而得，包含有害杂质如 H_2S、SO_2 和 CO_2 等，其中 CO 的毒害效应尤为严重。针对 CO 的毒害作用，研究者曾提出 CO 在铂上的吸附机理，包括线型吸附和桥型吸附两种方式。在线型吸附时，每个 CO 分子只占据一个吸附位点，而在桥型吸附时，每个 CO 分子可以涉及两个或多个吸附位置。实验表明，随着电池运行温度的升高，铂催化剂对 CO 毒害的抵抗能力也增强。例如，当电池在 180～190℃运行时，即使燃料气体中 CO 含量高达 1%～2%，也不会明显影响电池的性能。许多研究表明，使用 Pt-Ru 合金作为阳极催化剂具有良好的耐毒性能。另外，还有研究指出，铷能同时吸附 CO 和水，而锡只吸附 CO。因此，相较于 Pt-Ru 合金，Pt-Sn 合金具有更好的抗 CO 中毒能力。

3. 电解质材料

磷酸是一种无色、黏稠的液体，易吸湿。当工作温度超过 150℃时，磷酸具有良好的离子电导率，其电导率可达 0.6 $S\cdot cm^{-1}$，表现出优异的导电特性。磷酸非常稳定，在 250℃的电化学环境中仍能保持稳定状态。将反应气体溶解在磷酸中，可提高反应速率并减少浓差极化的发生。此外，由于高温下磷酸的蒸气压较低，因此电解质的损失速率变缓，延长了电池的维护周期。虽然磷酸与电极材料的接触角较大（超过 90°），但这实际上有助于优化电极结构。此外，磷酸在高温下的腐蚀性较低，有利于提高电池材料的使用寿命。

磷酸燃料电池的工作温度主要取决于磷酸电解质的特性。在低于 150℃时，磷酸分解产生的阴离子会吸附在铂催化剂表面，阻碍氢气或氧气在铂催化剂表面的吸附，从而降低氢气或氧气的电化学反应速率。然而，当温度高于 150℃时，磷酸主要以聚集态的焦磷酸（$H_4P_2O_7$）形式存在。$H_4P_2O_7$ 很容易发生离子化形成 $H_3P_2O_7^-$，由于其体积较大，在铂催化剂表面的吸附很少，对反应气体的吸附影响不大，因此高于 150℃时，磷酸燃料电池的电化学反应速率显著提高。因此，磷酸燃料电池需要在高于 150℃的温度下运行。

4. 电池隔膜

早期的隔膜主要使用经过特殊处理的石棉膜和玻璃纤维纸，但其中的碱性氧化物会与电解质浓磷酸发生反应，造成电池性能降低。经过多年的研究，现在的隔膜是由同时具有化学稳定性和电化学稳定性的 SiC 微粉和少量 PTFE 黏结制成的。这种载体可以采用 SiC 粉和 SiC 纤维并加入少量的 PTFE，用造纸法制备碳化硅隔膜。然而，由于碳化硅纤维难以制备且成本高，更适宜的方法是仅用 SiC 粉制备 SiC 隔膜。SiC 隔膜的功能是吸附磷酸，因此它需要具有大的孔隙率，一般为 50%～60%。为了确保磷酸优先充满 SiC 隔膜，其孔径应小于电极的孔径，最大孔径应小于几微米。

5. 双极板

双极板在磷酸燃料电池中具有分隔氢气和氧气、提供气体流通通道以及建立阴极和阳极之间电子流通的作用。对于双极板的要求包括良好的导电性、在磷酸燃料电池工作条件下（浓磷酸、高温、氧化气氛以及工作电压）具有化学稳定性、足够的机械强度和一定的孔隙率，可以使反应气体进行扩散，为阳极提供足够的燃料（H_2），为阴极提供足够的氧化剂（空气或 O_2）。

4.6.3 磷酸燃料电池电堆

（1）供气。气体供应是燃料电池系统中至关重要的一环。气体通过外部或内部分气管方式输送到每个电池单元。内部分气管通过在双极板上开设垂直于电池平面的气孔来分配气体，外部分气管直接连接到电堆侧面上的分气盒，这种设计方式比较常见。合理设计分气管有助于确保燃料和氧化剂均匀地输送到每个电池单元中，减少电堆内部温度差异，延长电堆的使用寿命。分气管的设计需要考虑通气阻力小、耐磷酸腐蚀，并且不会导致电堆短路（可以采用绝缘材料或绝缘垫片与电池进行隔离）等因素。

（2）密封。为防止氢气外泄，加压 PAFC 电堆必须放置在充满氮气的容器内，且氮气压力略高于电堆的运行压力。

（3）冷却。用于 PAFC 电堆的冷却介质包括水、空气和不导电的导热油。通常情况下，水的冷却效果最佳，适合大功率 PAFC 装置（功率大于 100 kW），但需要配备水软化处理设施。与之相对应，空气冷却最简单，适合小型 PAFC 装置，但需要循环空气，使用辅助动力设施，能耗大，系统发电效率降低。导热油适用于规模较小但装置要求紧凑的场合，其冷却性能和系统复杂度介于前两者之间。

磷酸燃料电池不仅在效率、环保特性等方面具有优势，而且在持久性、稳定性方面也非常可靠。然而，为了实现商业化普及的目标，需要在两个重要方向上取得进展：首先，需要批量生产以降低成本，并提高系统的稳定性和可靠性；其次，应充分利用燃料电池的余热，如用来提供热量和驱动发动机，以进一步推动其市场化进程。

参考文献

程健，许世森，舒凯. 2010. 熔融碳酸盐燃料电池发电试验研究. 热力发电, 39(6): 11-13.

李瑛，王林山. 2000. 燃料电池. 北京：冶金工业出版社.

隋升，顾军，李光强，等. 2000. 磷酸燃料电池(PAFC)进展. 电源技术, 24(1): 49.

孙静. 2014. 氢氧燃料电池新型电极催化材料理论研究. 上海：复旦大学.

魏旭芳. 2012. 甲醇氧化电催化剂的制备及性能研究. 沈阳：沈阳理工大学.

衣宝廉. 2018. 燃料电池和燃料电池车发展历程及技术现状. 北京：科学出版社.

Abdelkareem M A, Elsaid K, Wilberforce T, et al. 2021. Environmental aspects of fuel cells: a review. Science of the Total Environment, 752: 141803.

Bagotsky V S. 2012. Fuel Cells: Problems and Solutions. Hoboken: John Wiley & Sons.

Balakrishnan P, Shabbir M S, Siddiqi A F, et al. 2020. Current status and future prospects of renewable energy: a case study. Energy Sources, Part A: Recovery, Utilization, and Environmental Effects, 42(21): 2698-2703.

Cifrain M, Kordesch K V. 2004. Advances, aging mechanism and lifetime in AFCs with circulating electrolytes.

Journal of Power Sources, 127(1-2): 234-242.

Gamburzev S, Appleby A J. 2002. Recent progress in performance improvement of the proton exchange membrane fuel cell (PEMFC). Journal of Power Sources, 107(1): 5-12.

Giorgi L, Leccese F. 2013. Fuel cells: technologies and applications. The Open Fuel Cells Journal, 6: 1-20.

Gür T M. 2018. Review of electrical energy storage technologies, materials and systems: challenges and prospects for large-scale grid storage . Energy & Environmental Science, 11(10): 2696-2767.

Li X. 2005. Principles of Fuel Cells. Boca Raton: CRC Press.

Santarelli M G, Torchio M F. 2007. Experimental analysis of the effects of the operating variables on the performance of a single PEMFC. Energy Conversion and Management, 48(1): 40-51.

Srinivasan S. 2006. Fuel Cells: from Fundamentals to Applications. Heidelberg: Springer Science & Business Media.

第5章 锂/钠离子电池材料与器件

5.1 电化学原理基础

5.1.1 化学电池基本性能

1. 电动势和电压

电池电动势是描述电池化学反应的驱动力，是由电池内部化学反应产生的电势差。根据电化学热力学可知，电池中正极（P）和负极（N）的电极电位分别为

$$\varphi_+ = \varphi_+^{\ominus} + \frac{RT}{nF}\ln\frac{a_{P_1}}{a_{P_2}} \tag{5.1}$$

$$\varphi_- = \varphi_-^{\ominus} + \frac{RT}{nF}\ln\frac{a_{N_1}}{a_{N_2}} \tag{5.2}$$

式中，$\varphi_+^{\ominus}$ 和 $\varphi_-^{\ominus}$ 分别为正、负极的标准电极电位；a_{P_1}、a_{P_2}、a_{N_1}、a_{N_2} 分别为 P_1、P_2、N_1、N_2 物质的活度。因此，电池的电动势可表示为

$$E = \varphi_+ - \varphi_- = \varphi_+^{\ominus} - \varphi_-^{\ominus} + \frac{RT}{nF}\ln\frac{a_{P_1}a_{N_1}}{a_{P_2}a_{N_2}} \tag{5.3}$$

在等温等压条件下，体系的吉布斯自由能变化与外部所做的最大非膨胀功相等。若非膨胀功仅为电功，则

$$\Delta G_{T,p} = -nFE \tag{5.4}$$

因此

$$E = \frac{-\Delta G}{nF} = E^{\ominus} + \frac{RT}{nF}\ln\frac{a_{P_1}a_{N_1}}{a_{P_2}a_{N_2}} \tag{5.5}$$

式中，n 为电池反应转移电子数；F 为法拉第常量；$E^{\ominus}$ 为标准电池电动势。如果化学能转换为电能的过程不可逆，则电位差 E'必然小于可逆电动势 E，即

$$\Delta G_{T,p} < -nFE' \tag{5.6}$$

因此，可以认为式（5.4）所得是该反应化学能转换为电能的理论上限。电池电动势可以认为是在理想条件下（即没有电阻、极化等损耗）测量的电池电压，通常以伏特（V）为单位。电池的实际电压则因电池内部的损耗而通常略低于电池电动势。开路电压（U_{oc}）为外部电路中无电流流经时电极间的电势差。工作电压（U_{cc}）也称为放电电压或负荷电压，

指的是当电路中有电流流过时电池电极间的电位差。由于电池工作中必须克服不同程度的极化和内阻，因此其开路电压始终高于工作电压。电池的工作电压可表示为

$$U_{cc} = E - IR_{int} = E - I(R_\Omega + R_f) \tag{5.7}$$

或

$$U_{cc} = E - \eta_+ - \eta_- - IR_\Omega = \varphi_+ - \varphi_- - IR_\Omega \tag{5.8}$$

式中，η_+ 为正极极化过电位；η_- 为负极极化过电位；φ_+ 为正极电位；φ_- 为负极电位；I 为工作电流；R_{int} 为电池内阻（R_f 为极化内阻，R_Ω 为欧姆内阻）。

电池放电时降至的最低工作电压称为终止电压。在低温、大电流等特殊条件下，电池的终止电压通常更低。因为在这些条件下电极的极化较大，其活性材料难以被充分利用，导致电池电压迅速降低。在适合温度和小电流放电下，电极的极化小，能充分利用活性物质，从而具有更高的终止电压。

电池的放电有多种方式，包括恒压、恒流、恒阻、脉冲、深度放电等。其中，使用最多的为恒流放电，即将电池连接到一个恒定的电流负载，电池以恒定的电流大小进行放电，输出电压会随着放电过程中电池的化学反应而变化。这种放电方式通常用于各类电子器件、电动汽车和工业设备。放电电流的大小通常可以用放电倍率表示。“倍率”指的是在一定时间内电池输出的电流数值为额定容量的倍数。例如，放电倍率为 x，电池额定容量为 y，则电池的输出电流数值为 xy。因此，倍率可以表示电池的放电速度，影响电池的放电时间。

2. 内阻

电池内阻（R_{int}）是影响性能的关键因素。电池的内阻由欧姆内阻（R_Ω）和极化内阻（R_f）组成。欧姆内阻包括各个部分的接触电阻以及电池构件的电阻，其中由隔膜中的有效微孔内的电解液引起的电阻称为隔膜电阻。极化内阻 R_f 为电化学极化或浓差极化等在电化学反应中产生的电阻。在电化学反应过程中，电极材料、电极表面状态、物质传输速率和溶液对流等情况均会影响电池反应动力学，造成电化学反应阻力，导致电压损失和能量效率降低，影响电池的反应速率和可逆性。电池的表观电阻通常基于欧姆定律进行评估，即

$$V = IR \tag{5.9}$$

电池内阻可以通过测量电池的开路电压（U_{oc}）和工作电压（U_{cc}）计算。根据欧姆定律，电池内阻可表达为

$$R_{int} = \frac{U_{cc} - U_{oc}}{I} \tag{5.10}$$

电池体系中包含的不同内阻类型及其阻抗大小可进一步通过交流阻抗（EIS）测试并建立相应的等效电路进行拟合评估。

3. 容量

容量是指在一定的放电条件下可以从电池中获得的电量，按定义可分为理论容量、实际容量和额定容量。理论容量（C_0）是指电池在完全充电和放电的情况下，根据正负极材料的充分反应所产生的全部电量。理论容量是由电池的化学组成决定的，通常以安时（Ah）为单位表示。单位电池反应所提供的容量可表示为

$$C_0 = nF \tag{5.11}$$

式中，n 为单位反应转移电子数；F 为法拉第常量。对于某电池材料，其理论容量通常用理论比容量（C_i^0）表示，即单位质量的活性物质所能提供的电量，通常以 $mAh \cdot g^{-1}$ 为单位。

$$C_i^0 = \frac{nF}{m} = \frac{n \times 96500 \times 1000}{m \times 3600} = 26800 \times \frac{m}{M} = \frac{26800}{q}(mAh \cdot g^{-1}) \tag{5.12}$$

式中，m 为活性物质的质量；M 为活性物质的摩尔质量；n 为单位反应转移电子数；q 为活性物质电化学当量，即提供单位摩尔电子所需的活性材料质量。由式（5.12）可以得知，电化学当量越小的物质，其理论比容量越大。

例如，钴酸锂（$LiCoO_2$）和石墨分别为典型的锂离子电池正极和负极活性材料，其反应式及理论比容量分别为

负极 $$6C + Li^+ + e^- \longrightarrow LiC_6$$

$$C^0_{(C_6)} = 26800 \times \frac{n}{N} = 26800 \times \frac{1}{72} = 372\,(mAh \cdot g^{-1}) \tag{5.13}$$

正极 $$LiCoO_2 \longrightarrow CoO_2 + Li^+ + e^-$$

$$C^0_{(LiCoO_2)} = 26800 \times \frac{n}{M} = 26800 \times \frac{1}{98} = 273\,(mAh \cdot g^{-1}) \tag{5.14}$$

当以整个电池为研究对象时，电池的理论比容量（C_0'）指单位质量的总活性材料在理论上能够提供的电量，可通过下式表示：

$$C_0' = \frac{26800}{q_+ + q_-} = \frac{26800}{\sum q_i} \tag{5.15}$$

式中，C_0' 为电池理论比容量（$mAh \cdot g^{-1}$）；q_+ 和 q_- 分别为正极和负极活性物质的电化学当量；$\sum q_i$ 为正负极以及参与电池反应的电解质的电化学当量之和。

实际容量（C）是指在一定的放电条件下，电池实际放出的电量。恒电流放电条件下的实际容量可以表示为

$$C = I \cdot t \tag{5.16}$$

式中，I 为实际放电电流；t 为放电时间。由于受到电池内阻等一系列因素影响，在实际过程中活性物质难以完全反应，因此电池的实际容量通常小于其理论容量。电池的实际比容量是指单位质量或单位体积电池所给出的实际容量，称为质量比容量或体积比容量，即

$$C_m = \frac{C}{m}(mAh \cdot g^{-1}) \text{ 或 } C_V = \frac{C}{V}(mAh \cdot L^{-1}) \tag{5.17}$$

式中，C_m 和 C_V 分别为质量比容量和体积比容量；m 和 V 分别为电池质量和体积；C 为电池实际容量。

额定容量是指制造商在设计和制造电池时给定的一个标称值，表示电池的额定电量。它是根据电池的设计规格和制造工艺确定的，通常以 Ah 为单位。额定容量是在特定的测试条件下获得的，如特定的放电速率和温度。在理想情况下，实际容量接近额定容量。然而在实际应用中，由于电池工作条件的不同，实际容量可能会有所偏差。实际容量可能会受到电

池的循环次数、环境温度、放电速率等因素的影响，导致实际容量略低于或高于额定容量。但是额定容量和实际容量总是低于理论容量，可以通过活性材料的利用率 η 表示：

$$\eta = \frac{m_1}{m} \times 100\% \text{或} \eta = \frac{C}{C_0} \times 100\% \quad (5.18)$$

式中，m 为活性物质的实际质量；m_1 为给出实际容量时应消耗的活性物质的质量。

4. 能量

电池能量是描述电池性能的另一重要指标。电池能量与电池容量之间的关系取决于电池的工作电压。通常情况下，电池能量等于容量与工作电压的乘积，也表示电池在一定条件下对外做功所能输出的电能，单位通常用 Wh 表示。

假设电池的放电过程处于平衡状态，放电电压保持电动势（E）数值，且活性物质利用率为 100%，此时电池的输出能量即为理论能量（W_0），对应电池在恒温恒压条件下和可逆过程所做的最大非膨胀功。而在实际过程中，电池在放电时实际输出的能量称为实际能量（W），可通过以下公式表示：

$$W = C \cdot U_{av} \quad (5.19)$$

式中，C 为电池容量；U_{av} 为电池平均工作电压。在实际过程中，活性物质的利用率难以达到 100%，电池的工作电压总小于电动势，因此电池的实际容量总小于理论容量。

单位质量或单位体积的电池所提供的能量称为质量比能量或体积比能量，也称为能量密度。比能量也分为理论比能量 W_0' 和实际比能量 W'。理论质量比能量根据正、负两极活性物质的理论质量比容量和电池的电动势计算：

$$W_0' = \frac{26800}{q_+ + q_-} \times E = \frac{26800}{\sum q_i} (\text{Wh} \cdot \text{kg}^{-1}) \quad (5.20)$$

式中，q_+ 和 q_- 分别为正极和负极活性物质的电化学当量；$\sum q_i$ 为正负极和参与电池成流反应的电解质的电化学当量之和。

电池的实际比能量是电池实际输出的能量与电池质量（或体积）之比，即

$$W' = \frac{C \cdot U_{av}}{m} (\text{Wh} \cdot \text{kg}^{-1}) \text{或} W' = \frac{C \cdot U_{av}}{V} (\text{Wh} \cdot \text{L}^{-1}) \quad (5.21)$$

式中，m 为电池质量（kg）；V 为电池体积（L）。

电池在一定条件下单位时间内输出的能量称为电池的功率，通常以 W 或 kW 为单位。单位质量或单位体积的电池输出的功率为比功率，通常以 $\text{W} \cdot \text{kg}^{-1}$ 或 $\text{W} \cdot \text{L}^{-1}$ 为单位，反映电池能承受工作电流的大小。电池理论功率 P_0 为

$$P_0 = \frac{W_0}{t} = \frac{C_0 E}{t} = \frac{ItE}{t} = IE \quad (5.22)$$

电池的实际功率 P 为

$$P = I \cdot U = I(E - IR_i) = IE - I^2 R_i \quad (5.23)$$

对 I 微分，并令 $\mathrm{d}P/\mathrm{d}I=0$，则

$$\frac{\mathrm{d}P}{\mathrm{d}I}=E-2IR_i=0 \tag{5.24}$$

由于

$$E=I(R_i+R_e) \tag{5.25}$$

因此

$$IR_i+IR_e-2IR_i=IR_e-IR_i=0 \tag{5.26}$$

即 $R_i=R_e$，其中 R_e 为外电阻。又因为 $\mathrm{d}^2P/\mathrm{d}I^2<0$，因此当 $R_i=R_e$ 时，电池输出的功率最大。

5.1.2 电极过程

电极过程是指发生在电极与溶液界面上的电极反应和电极附近液层中的传质作用等一系列变化的总和。电池体系中的电化学反应过程至少包含阳极反应、阴极反应和反应物在溶液中的传递（液相传质过程）三个部分。由于液相传质过程不涉及化学变化，因此对溶液本体传质过程的研究并不多，主要研究电极上的反应过程。

1. 电极反应的一般过程

电极反应是由一系列单元步骤串联组成的复杂过程：

（1）液相传质过程，即反应粒子向电极表面附近溶液传递。

（2）前置表面转化步骤。反应粒子在电极表面附近进行电化学反应前的转化，如反应粒子在电极表面的吸附、离子配位数的变化等。该过程没有电子得失，其反应速率与电极电势无关。

（3）电子转移或电化学反应步骤。反应物在电极上得失电子，发生氧化还原反应。

（4）表面转化步骤。产物在电极表面进行后续的电化学反应或转化过程，如产物在电极表面脱附，反应产物的复合、分解、歧化或其他化学变化。

（5）反应后的液相传质步骤。产物生成气体、固相沉积层等新相，或可溶性产物离子从电极表面向溶液内部或液态电极内部迁移。

图 5.1 为电极反应一般机理示意图。在电极过程的一系列步骤中，最重要的有：①扩散，反应物向电极表面转移；②电极反应，在电极表面发生氧化还原反应和电子转移；③扩散，产物向溶液本体扩散。若扩散速率较慢，则产生浓差极化；若电极反应速率慢，则产生电化学极化。

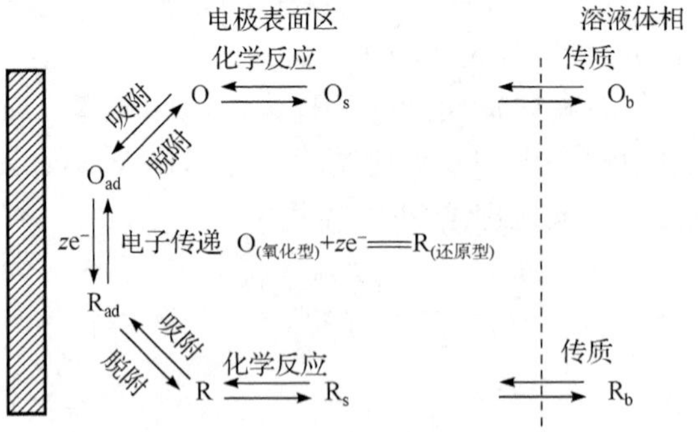

图 5.1 电极反应的一般机理

2. 电极过程中的液相传质过程

液相传质是指溶液中的物质（电活性的或非电活性的）从一个位置移动到另一个位置的过程。在电极过程中液相传质非常重要。反应物必须通过液相传质扩散到电极表面，反应产物也需要通过液相传质离开电极表面，只有这样，电极反应才能持续进行。引起液相传质的主要原因是两个位置上存在电势或化学势的差别，或溶液体积单元的运动。液相物质传递过程有三种形式，即扩散、电迁移、对流。

（1）扩散是指当溶液中某一组分的浓度存在不同时，该组分将自发地从高浓度区域向低浓度区域移动的过程。扩散过程可以分为非稳态扩散和稳态扩散两个阶段。当电极反应开始的瞬间，反应物扩散到电极表面的量小于电极反应消耗的量，此时电极附近溶液区域各位置上的浓度与距电极表面的距离和反应进行的时间有关，这种扩散称为非稳态扩散。随着反应的继续进行，在某一特定条件下，电极附近液层的某个位置上浓度不再随时间改变，仅是距离的函数，这种扩散称为稳态扩散。通常采用菲克（Fick）第一定律描述稳态扩散过程中时间 t、位置 x 处物质的流量和浓度的关系：

$$J(x,t) = -D\left[\frac{\partial c(x,t)}{\partial x}\right] \tag{5.27}$$

式中，D 为物质的扩散系数。而对于非稳态扩散，物质扩散到电极表面，反应物质的量可以由菲克第二定律推导得出，即

$$\frac{\partial c(x,t)}{\partial t} = D\nabla^2 c(x,t) \tag{5.28}$$

式中，∇^2 为拉普拉斯算符，等价于 $\frac{\partial^2}{\partial x^2}$。

（2）电迁移是指电解质溶液中的带电粒子在电场作用下定向运动。当电化学体系中有电流通过时，阴极和阳极之间形成电场。在电场作用下，溶液中的阴离子定向地向阳极移动，阳离子定向地向阴极移动。在远离电极表面的溶液中，由于浓度梯度较小，反应的总电流由带电物质的电迁移实现。因此，电荷通过电迁移实现电流传输是一种重要的液相传质方式。一个载流离子 j 在横截面积为 A 的线性物质传递体系中所贡献的电流为

$$i_j = \frac{z_j^2 F^2 A D_j c_j}{RT}\frac{\partial \varphi}{\partial x} \tag{5.29}$$

式中，D_j 为 j 物质的扩散系数；$\frac{\partial \varphi}{\partial x}$ 为电势梯度，对于线性电场，$\frac{\partial \varphi}{\partial x} = \frac{\Delta E}{l}$。式（5.29）表明电迁移对电流的贡献与离子所带电荷、扩散系数、温度及电势梯度有关。

（3）对流是指溶液中不同部分之间的相对流动。流体借助自身的流动携带物质转移。对流分为自然对流和强制对流两种类型。自然对流是由于溶液中存在密度差或温度差；强制对流是由外力搅拌溶液引起的。在电极反应过程中，对流作用会导致电极表面附近的流层溶液浓度发生变化，其变化量用对流流量表示，离子 i 的对流流量如下：

$$J_i = v_x c_i \tag{5.30}$$

式中，J_i 为离子 i 的对流流量（$\mathrm{mol \cdot cm^{-2} \cdot s^{-1}}$）；$c_i$ 为离子 i 的浓度（$\mathrm{mol \cdot cm^{-3}}$）；$v_x$ 为与

电极表面垂直方向上的液体流速（$cm \cdot s^{-1}$）。

物质向电极表面的传递可以通过以上三种方式实现，其流量大小由普朗克-能斯特方程决定。对于沿着 x 轴的一维物质传递，其流量大小可以表示为

$$J_i(x) = -D\frac{\partial c_i(x)}{\partial x} - \frac{z_i F}{RT} D_i c_i \frac{\partial \varphi(x)}{\partial(x)} + c_i v(x) \tag{5.31}$$

式中，$J_i(x)$ 为在距电极表面距离为 x 处的物质 i 的流量（$mol \cdot cm^{-2} \cdot s^{-1}$）；$z_i$ 和 $c_i(x)$ 分别为物质 i 所带的电荷和距电极 x 处物质 i 的浓度。方程式右边三项分别为扩散、电迁移和对流流量。

在一般的电化学体系中，三种传质方式同时存在，并且相互联系、相互影响。在实际讨论过程中，需要依照特定条件，具体分析其中哪一种或几种传质方式起主导作用。例如，当溶液中存在大量支持电解质时，电迁移流量的影响可以忽略不计；如果溶液保持静止状态，对流的影响可以忽略，扩散起主要作用；当剧烈搅拌溶液时，扩散和对流同时起作用。

3. 电极极化

当电极体系处于热力学平衡时，氧化反应和还原反应速率相等，电荷交换和物质交换都处于动态平衡，此时电极上无电流通过。发生可逆电极反应时所具有的电势称为可逆电势（reversible potential，φ_r）。在实际电化学过程中，由于各种因素的影响，电化学反应总是以一定的速率进行，使电极电势偏离平衡电势，这种现象称为极化（polarization）。描述电流密度与电极电势之间关系的曲线称为极化曲线。极化的大小用过电势（overpotential）或超电势表示。

电极体系通常是由电子和离子两类导体串联组成。在断路状态时，两类导体中没有载流子流动，仅在电极-电解质溶液界面发生氧化还原反应的动态平衡，建立相间电势（平衡电势）。当有电流通过时，外电路和金属电极中的自由电子定向运动，溶液中的正、负离子也发生定向移动，在界面上发生净电极反应。若界面反应速率足够快，电子能够快速传递到界面并转移给离子导体，便能避免电荷在电极表面累积，减少相间电势差的变化，从而在有电流通过时依然保持平衡状态。电子的流动使得电极表面电荷累积，产生偏离平衡状态的极化作用；而电极反应吸收电子运动所传递过来的电荷，进而使电极电势恢复到平衡状态。通常电子的运动速率大于电极反应速率，因此极化占主导作用。当有电流通过时，阴极上，电子流入电极的速率较大，造成负电荷累积；阳极上，电子流出电极的速率较大，造成正电荷累积。因此，在实际电解反应中，正离子在阴极发生还原反应的外加电势比可逆电极的电势更负；负离子在阳极发生氧化反应的外加电势比可逆电极的电势更正，结果是都偏离了原来的平衡状态。产生极化现象的内在原因是电极反应速率与电子运动速率不匹配而造成电荷在界面的累积。

η 为某一电流下极化电势 φ_I 与可逆电势 φ_r 的差值：

$$\eta = \varphi_I - \varphi_r \tag{5.32}$$

习惯上取过电势为正值。规定：

$$\eta_{阳} = \varphi_I - \varphi_r \tag{5.33}$$

$$\eta_{阴} = \varphi_r - \varphi_I \tag{5.34}$$

根据极化产生的原因，可分为电化学极化、浓差极化和欧姆极化。与之相对应的过电势称为电化学过电势、浓差过电势和欧姆过电势。

1）电化学极化

电极反应通常分若干步进行，反应过程中可能某一步反应速率比较缓慢，需要较高的活化能，阻碍了电极反应的进行。这种由电化学反应迟缓引起的极化称为电化学极化。

2）浓差极化

产生浓差极化的原因是电极反应过程中电极附近（电极与溶液之间的界面区域，厚度通常不大于 10^{-3} cm）溶液的浓度和本体溶液（离开电极较远、浓度均匀的溶液）的浓度不一致。例如，将两根银电极插入含有硝酸银的溶液中进行电解反应。在阳极附近，发生氧化反应：$Ag \longrightarrow Ag^+ + e^-$，使阳极周围的 Ag^+浓度不断增加。如果阳极附近的 Ag^+扩散到溶液本体的速率不及 Ag^+生成的速率，则在阳极附近 Ag^+的浓度 c_s 高于溶液本体 Ag^+的浓度 c_0。

当无电流通过时，电极的可逆电势由溶液的浓度 c_0 决定：

$$\varphi_r = \varphi^{\ominus}_{(Ag^+/Ag)} - \frac{RT}{F}\ln\frac{1}{c_0} \tag{5.35}$$

当电流密度为 j 的电流经过时，阳极附近 Ag^+的浓度为 c_s：

$$\varphi_I = \varphi^{\ominus}_{(Ag^+/Ag)} - \frac{RT}{F}\ln\frac{1}{c_s} \tag{5.36}$$

$$\eta_{阳} = \varphi_I - \varphi_r = \frac{RT}{F}\ln\frac{c_0}{c_s} \tag{5.37}$$

由此可以看出，浓差过电势的大小取决于扩散层两侧的浓度大小。

浓差极化是由扩散缓慢引起的。在外加电势较小的情况下，采取加快扩散速率的方法，如加快搅拌速度、加热等，可以降低浓差极化，但仍无法完全消除浓差极化，扩散层的极限厚度约为 1 μm。

3）欧姆极化

欧姆极化又称电阻极化，是指电流通过时，在电极表面或电极/电解液界面遇到电阻时导致的电势损失。若以 R 表示电极表面层的电阻，I 表示通过的电流，则在该处产生的电势降在数值上等于 IR。阴极极化时，$\eta_{电阻} < 0$；阳极极化时，$\eta_{电阻} > 0$。

4. 电极反应动力学简介

电极反应是伴有电极/电解质溶液界面上电荷传递步骤的多相化学反应过程。电极反应的速率除了与温度、压力、溶液介质、固体表面状态、传质条件等有关外，还与施加于电极/电解质溶液界面的电势密切相关。通过改变施加到电极上的外部电势，可以改变反应的活化能，从而改变电极反应的速率。此外，电极反应的速率还依赖于电极/电解质溶液界面的双电层结构。电极附近的离子分布和电势分布与双电层结构有关，因此电极反应速率也可以通过修饰电极表面来调节。电极反应动力学的研究主要包括确定电极过程的各步骤，阐明反应机理和速率方程，进而更深入地掌握电化学反应规律。

电化学反应的核心步骤是电子在电极/电解质界面上的异相传递，电化学过程的准确动力学描述可以用极限平衡下的热力学方程式表示。对于一个可逆的电极反应，平衡态可以

用能斯特方程式（5.38）表达

$$\varphi=\varphi^{\ominus}-\frac{RT}{zF}\ln\frac{c_{\mathrm{R}}^{*}}{c_{\mathrm{Ox}}^{*}} \tag{5.38}$$

式中，c_{R}^{*} 和 c_{Ox}^{*} 分别为还原态和氧化态物质的溶液浓度；$\varphi^{\ominus}$ 为该电极反应的标准电极电势。

1）电化学反应速率

对于以下电极反应：

$$\mathrm{Ox}+z\mathrm{e}^{-}\underset{k_{\mathrm{b}}}{\overset{k_{\mathrm{f}}}{\rightleftharpoons}}\mathrm{Red} \tag{5.39}$$

式中，k_{f} 和 k_{b} 分别为正向和逆向进行时的速率常数。电极反应是一个异相过程，发生在电极/电解质溶液界面上，因此反应物向界面的扩散和产物由界面向溶液的扩散是必不可少的，这决定了电极表面物质的浓度不同于溶液相。电极表面附近氧化态物质和还原态物质的浓度分别为 $c_{\mathrm{Ox}}^{\mathrm{s}}$ 和 $c_{\mathrm{R}}^{\mathrm{s}}$，则电极反应正、逆反应速率为

正向速率
$$v_{\mathrm{f}}=k_{\mathrm{f}}c_{\mathrm{Ox}}^{\mathrm{s}} \tag{5.40}$$

逆向速率
$$v_{\mathrm{b}}=k_{\mathrm{b}}c_{\mathrm{R}}^{\mathrm{s}} \tag{5.41}$$

净速率
$$v_{净}=v_{\mathrm{f}}-v_{\mathrm{b}}=k_{\mathrm{f}}c_{\mathrm{Ox}}^{\mathrm{s}}-k_{\mathrm{b}}c_{\mathrm{R}}^{\mathrm{s}} \tag{5.42}$$

电极反应速率可用单位表面积、单位时间内参与反应的电子数表示，即电极反应速率可直接用电流 i 或电流密度 j 表示：

$$v\left(\frac{\mathrm{mol}}{\mathrm{cm}^{2}\cdot\mathrm{s}}\right)=-\frac{1}{A}\frac{\mathrm{d}n}{\mathrm{d}t} \tag{5.43}$$

$$i(A)=-\frac{\mathrm{d}Q}{\mathrm{d}t}=-\frac{zF\mathrm{d}n}{\mathrm{d}t} \tag{5.44}$$

由式（5.43）和式（5.44）可得 $v=\dfrac{i}{zFA}$，其中，A 为电极面积，F 为法拉第常量。

$$i_{\mathrm{f}}=zFAv_{\mathrm{f}}=zFAk_{\mathrm{f}}c_{\mathrm{Ox}}^{\mathrm{s}} \tag{5.45}$$

$$i_{\mathrm{b}}=zFAv_{\mathrm{b}}=zFAk_{\mathrm{b}}c_{\mathrm{R}}^{\mathrm{s}} \tag{5.46}$$

$$i_{净}=i_{\mathrm{f}}-i_{\mathrm{b}}=zFA(k_{\mathrm{f}}c_{\mathrm{Ox}}^{\mathrm{s}}-k_{\mathrm{b}}c_{\mathrm{R}}^{\mathrm{s}}) \tag{5.47}$$

对于电极反应，可以通过电极电势控制电极反应速率的大小和 k_{f}、k_{b}。将电极电势与电化学反应速率关联，其关系式可表示为

$$k_{\mathrm{f}}=k_{\mathrm{f}}^{\ominus}\exp\left[-\left(\frac{\alpha zF}{RT}\right)\varphi\right] \tag{5.48}$$

$$k_{\mathrm{b}}=k_{\mathrm{b}}^{\ominus}\exp\left[-\left(\frac{\beta zF}{RT}\right)\varphi\right] \tag{5.49}$$

式中，φ 为工作电极相对于参比电极的电极电势，故 $k_{\mathrm{f}}^{\ominus}$、$k_{\mathrm{b}}^{\ominus}$ 应分别为电极电势等于该参比电极电势（$\varphi=0$）时正、逆向反应的速率常数；α、β（$\beta=1-\alpha$）为电子传递系数（$\alpha<0$，

$\beta<1$），是描述电极电势对反应活化能（或反应速率）影响程度的物理量，其物理意义说明电场强度并不能全部用于改变反应的活化能。实验表明，电极电势对速率常数的影响呈指数关系，即对于正向还原反应，φ 值为负，速率常数 k_f 呈指数增加；对于逆向氧化反应，φ 值为正，速率常数 k_b 呈指数增加。φ 值对速率常数 k 的影响不是电能 zEF 的 100%，而只是它的一部分，即 αzEF 或（$1-\alpha$）zEF。例如，$\alpha=0.5$，说明在所施加的电势中，只有 50% 是对阴极电荷传递产生影响的有效部分，剩余的 50%用于影响阳极反应速率。

将式（5.48）和式（5.49）代入式（5.47）可得电极反应的净速率，即外电路上流过的电流大小和电极电势关系的速率方程，称为巴特勒-福尔默（Butler-Volmer）方程：

$$i=zFA\left\{k_{\mathrm{f}}^{\ominus}c_{\mathrm{Ox}}^{\mathrm{s}}\exp\left[-\left(\frac{\alpha zF}{RT}\right)\varphi\right]-k_{\mathrm{b}}^{\ominus}c_{\mathrm{R}}^{\mathrm{s}}\exp\left[-\left(\frac{\beta zF}{RT}\right)\varphi\right]\right\}\tag{5.50}$$

当溶液中 $c_{\mathrm{Ox}}^{*}=c_{\mathrm{R}}^{*}$，且电极界面与溶液处于平衡态时，$c_{\mathrm{Ox}}^{\mathrm{s}}=c_{\mathrm{R}}^{\mathrm{s}}$，可推出 $k_{\mathrm{f}}^{\ominus}=k_{\mathrm{b}}^{\ominus}=k$，$k^{\ominus}$ 为标准速率常数，则

$$i=zFAk^{\ominus}\left\{c_{\mathrm{Ox}}^{\mathrm{s}}\exp\left[-\left(\frac{\alpha zF}{RT}\right)\varphi\right]-c_{\mathrm{R}}^{\mathrm{s}}\exp\left[\left(\frac{\beta zF}{RT}\right)\varphi\right]\right\}\tag{5.51}$$

式（5.50）和式（5.51）表明，电极电势为 φ 时，用电流表示反应净速率的大小，$k^{\ominus}$ 是反映氧化/还原对动力学难易程度的物理量，体系的 $k^{\ominus}$ 较大，说明它达到平衡较快。速率常数的大小反映了电极反应速率的快慢。

2）平衡电势下的电极反应速率——交换电流

当施加电势等于平衡电势时，电极反应处于平衡态，通过的净电流为零，有 $i=i_{\mathrm{f}}-i_{\mathrm{b}}=0$，故 $i_0=i_{\mathrm{f}}=i_{\mathrm{b}}$，$i_0$ 称为交换电流（exchange current），是描述平衡电势下电极反应能力大小的物理量。同时，当电极反应处于平衡态时，$\varphi=\varphi_{\mathrm{r}}$ 时，$c_{\mathrm{Ox}}^{\mathrm{s}}=c_{\mathrm{Ox}}^{*}$，$c_{\mathrm{R}}^{\mathrm{s}}=c_{\mathrm{R}}^{*}$。由式（5.50）可得

$$i_0=zFAk_{\mathrm{f}}^{\ominus}c_{\mathrm{Ox}}^{\mathrm{s}}\exp\left[-\left(\frac{\alpha zF}{RT}\right)\varphi_{\mathrm{r}}\right]\tag{5.52}$$

$$i_0=zFAk_{\mathrm{b}}^{\ominus}c_{\mathrm{R}}^{\mathrm{s}}\exp\left[\left(\frac{\beta zF}{RT}\right)\varphi_{\mathrm{r}}\right]\tag{5.53}$$

联立式（5.52）和式（5.53）得

$$\frac{k_{\mathrm{f}}^{\ominus}c_{\mathrm{Ox}}^{\mathrm{s}}}{k_{\mathrm{b}}^{\ominus}c_{\mathrm{R}}^{\mathrm{s}}}=\exp\left[\left(\frac{\beta zF}{RT}+\frac{\alpha zF}{RT}\right)\varphi_{\mathrm{r}}\right]=\exp\left[\left(\frac{zF}{RT}\right)\varphi_{\mathrm{r}}\right]\tag{5.54}$$

即

$$\varphi_{\mathrm{r}}=\frac{RT}{zF}\ln\frac{k_{\mathrm{f}}^{\ominus}}{k_{\mathrm{b}}^{\ominus}}+\frac{RT}{zF}\ln\frac{c_{\mathrm{Ox}}^{\mathrm{s}}}{c_{\mathrm{R}}^{\mathrm{s}}}=\varphi^{\ominus}+\frac{RT}{zF}\ln\frac{c_{\mathrm{Ox}}^{*}}{c_{\mathrm{R}}^{*}}\tag{5.55}$$

式中，φ_{r} 为标准电极电势，是与相应电极反应速率常数相关的物理量。式（5.55）是巴特勒-福尔默方程在平衡态时推导出的能斯特方程。

虽然平衡时净电流为零，但不表示电极反应的正、逆向速率为零。在平衡条件下，交换电流 $i_0=i_{\mathrm{f}}=i_{\mathrm{b}}$，将式（5.55）代入式（5.53）可得

$$i_0 = zFA\left[k_{\mathrm{b}}^{\ominus}\exp\left(\beta\ln\frac{k_{\mathrm{f}}^{\ominus}}{k_{\mathrm{b}}^{\ominus}}\right)\right]c_{\mathrm{R}}^{\mathrm{s}}\left(\frac{c_{\mathrm{Ox}}^{\mathrm{s}}}{c_{\mathrm{R}}^{\mathrm{s}}}\right)^{\beta} = zFAk^{\ominus}c_{\mathrm{Ox}}^{\mathrm{s}\beta}c_{\mathrm{R}}^{\mathrm{s}(1-\beta)} = zFAk^{\ominus}c_{\mathrm{Ox}}^{*(1-\alpha)}c_{\mathrm{R}}^{*\alpha} \quad (5.56)$$

因此，平衡时，交换电流与标准速率常数 $k^{\ominus}$ 成正比，动力学方程中 $k^{\ominus}$ 通常可以用交换电流代替。交换电流有时也用交换电流密度表示，$j_0 = \frac{i_0}{A}$。由于 $k^{\ominus}$ 的大小反映了电极反应速率的大小，因此电极反应速率的大小也可以用交换电流或交换电流密度的大小表示。

对于同一电化学反应，若在不同电极材料上进行，则可通过动力学方法测定 $k^{\ominus}$ 和 i_0 的值，由此可以判断电极材料对该反应催化活性的大小。$k^{\ominus}$ 和 i_0 越大，表示电极材料对反应的催化活性越高。

3）电流与过电势之间的关系

已知电极电势与过电势的关系式为 $\eta = \varphi_1 - \varphi_{\mathrm{r}}$，代入式（5.50），并利用式（5.48）和式（5.49）导出：

$$i = i_0\left\{\exp\left[-\left(\frac{\alpha zF}{RT}\right)\eta\right] - \exp\left[\left(\frac{\beta zF}{RT}\right)\eta\right]\right\} \quad (5.57)$$

式（5.57）表明了电流 i 与过电势 η 的关系，即过电势对电化学反应速率的影响，该方程同样可以称为巴特勒-福尔默方程。受电化学极化控制的电极反应的电流与过电势之间的关系如图 5.2 所示。

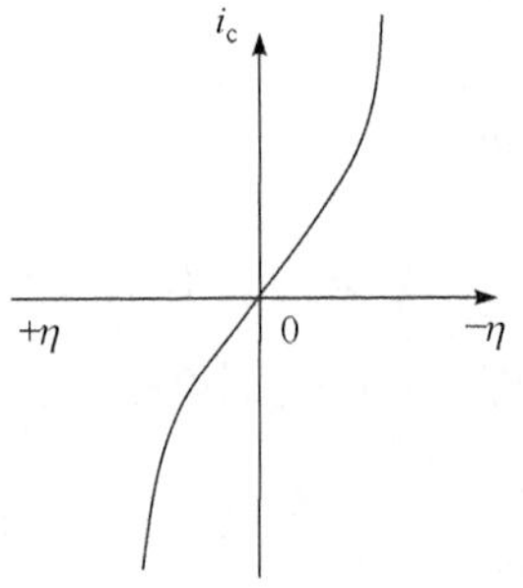

图 5.2 受电化学极化控制电极反应的电流与过电势的关系

显然，对于电化学步骤控制的电极反应，电流随着过电势的变化而变化。当过电势增加到一个足够大的数值时，电流将陡直上升，并不出现极限电流。

5.1.3 锂离子电池概述

锂离子电池是一种以锂离子在正负极之间的可逆循环移动来储存和释放电能的电池。充放电过程中，锂离子在两个电极间反复迁移并在电极上不断嵌入和脱出，故也被称为“摇椅电池”。锂离子电池具有电压高、能量密度高、体积小、质量轻、寿命长、无记忆效应、环境友好等一系列优点，是目前使用最广泛的电池技术之一。

1. 锂离子电池发展简史

锂离子电池的研究始于 20 世纪 80 年代，美国物理学家 John Goodenough 提出用钴酸锂作为电池正极材料；随后，日本化学工程师 Akira Yoshino 提出了碳基负极和钴酸锂正极的组合方式，发明了锂离子电池的原型，奠定了其实用化基础；90 年代日本 Nagoura 等提出了将钴酸锂和石油焦分别作为锂离子二次电池的正负极，构建了 $LiC_6||LiClO_4$-PC+EC$||LiCoO_2$ 的电池体系。1991 年日本索尼公司上市了锂离子电池，标志着该项技术的正式商业化。该电池以 Akira Yoshino 发现的石油焦为负极，钴酸锂为正极，电解质为含有 $LiPF_6$ 的碳酸亚丙酯。之后，美国 Bell Core 公司于 1993 年首次报道了采用聚偏氟乙烯（PVDF）技术制备聚合物锂离子电池；90 年代我国的聚合物锂离子电池制造商也陆续出现。聚合物锂离子电池的能量密度略高于液体锂离子电池，并且具有柔性、易制造、可塑性强、无漏液

等优点，成为电子设备如笔记本电脑、电话、相机等的理想电源。此外，用于电动汽车、航天和储能等领域的大容量锂离子电池也被积极开发。早在1995年索尼公司试制的大型锂离子电池（100 Ah）就经Nissan公司试用于电动汽车上，循环寿命达1200次；1998年法国Saft公司在第九届国际锂电池会议上宣布电动车用锂离子电池（50 Ah）已达到中试水平。进入21世纪以来，随着技术的发展和成熟，锂离子电池已经广泛用于电动汽车，其能量密度和成本也在不断优化，以应对愈演愈烈的市场竞争。

2. 锂离子电池结构及原理

锂离子电池的能量存储和释放基于锂离子在正极和负极材料中的脱嵌反应。如图5.3所示，充电时正极材料中的锂离子通过电解液进入负极，使正极和负极分别达到“贫锂”和“富锂”状态，并通过外电路向负极提供电子的补偿性电荷。相应地，在放电过程中，负极材料中的Li^+脱出，通过电解液并嵌入到正极中，从而使正极呈“富锂”态。在常规充放电条件下，层状结构的碳材料和氧化物的锂嵌脱行为通常仅改变材料的层间距，而不会引起晶格结构和化学结构的明显畸变，因此具有优异的电化学反应可逆性，赋予锂离子电池良好的循环寿命。电池的工作电压和能量取决于其内部嵌锂化合物的种类及含量。常见的锂离子电池正极材料为过渡金属的锂氧化物如$LiCoO_2$等，负极材料为嵌锂碳基材料如石油焦、石墨等。相应的电化学体系可表达为

$$(-)C_6 \| LiPF_6 / (EC+DEC) \| LiCoO_2(+) \tag{5.58}$$

其中石墨（C_6）为负极，$LiCoO_2$为正极，电解液为浓度1 mol · L^{-1}的$LiPF_6$锂盐溶于碳酸乙烯酯（EC）和碳酸二乙酯（DEC）的溶液。对应的充放电反应为

$$LiCoO_2+6C \longrightarrow Li_{1-x}CoO_2+Li_xC_6 \tag{5.59}$$

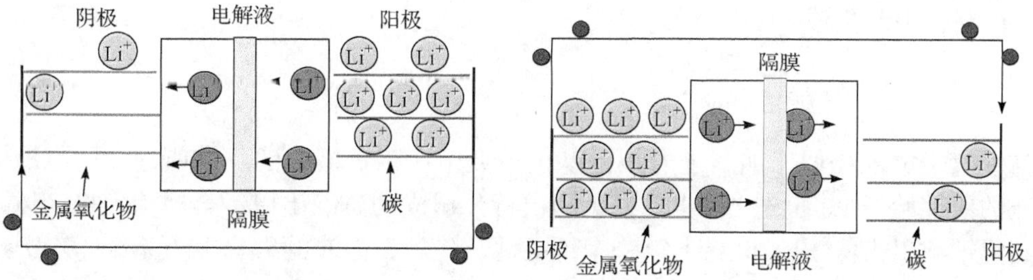

图5.3 锂离子电池原理示意图

3. 锂离子电池的优缺点

与其他传统电池相比，锂离子具有更高的能量密度。例如，常用的18650系列柱状电池的体积能量密度已达620 Wh · L^{-1}，质量能量密度超过250 Wh · kg^{-1}，为传统镍氢和镍铬电池的2～5倍，其他形态的锂离子电池能量密度也可达镍氢和镍铬电池的2～3倍。同时，锂离子电池的平均输出电压为3.6 V左右，是镍氢和镍铬电池的3倍，具有更高的输出功率。此外，锂离子电池还具有循环稳定性好、充电速度快、工作温度范围宽（−25～+45℃）、环境友好、无记忆效应等优点。表5.1列出了镍镉电池、镍氢电池和锂离子电池的性能对比。

表 5.1 三种电池的性能比较

技术参数	镍镉（Ni-Cd）电池	镍氢（Ni-MH）电池	锂离子电池（LIB）
工作电压/V	1.2	1.2	3.6
质量能量密度/（$Wh\cdot kg^{-1}$）	40～50	80	150～450
体积能量密度/（$Wh\cdot L^{-1}$）	150	200	250～800
能量效率/%	75	70	>95
循环寿命/次	500	500	1000
自放电率/（$\%\cdot$月$^{-1}$）	25～30	15～20	6～8
充电速率/ C	1	1	1
记忆效应	有	少许	无
相对价格*	1（Ni-Cd）	1.2	2
毒性	Cd	无	无

*以 Ni-Cd 电池为基准，其价格定义为 1。

然而，锂离子电池也面临一些严峻的问题。例如，锂离子电池的生产需要使用稀有的金属资源，如锂和钴，导致这些资源日益匮乏，电池的价格居高不下。此外，由于较高的能量密度，锂离子电池面临较大的安全隐患，特别是在极端情况下，如过充、过放、外部损伤或高温环境下可能会引发热失控、爆炸或火灾。再者，随着锂离子电池技术的不断成熟，其能量密度已逐渐趋于理论极限，在应对更高能量需求的应用场景时仍面临严峻的挑战。

5.1.4 钠离子电池概述

1. 钠离子电池发展史

与锂离子电池相似，钠离子电池是基于钠离子在正负极上的反应所建立的电池体系。钠电池的研究始于 20 世纪 60 年代，美国福特公司成功研制出以钠金属为负极、以硫为正极的高温钠-硫电池，成为世界上第一个钠电池。随后，南非的斑马电力系统（Zebra Power Systems）公司的 Coetyer 博士发明了钠-氯化镍电池，其结构与钠-硫电池相似，以熔融过渡金属氯化物（$NiCl_2$、$FeCl_2$ 等）为正极，具有较高的能量密度、功率密度以及无自放电等优势。20 世纪 80 年代，美国、日本的几家企业研发了钠离子电池，比较典型的是以钠铅合金为负极和以 P2 型 Na_xCoO_2 为正极的钠离子电池。然而，钠离子电池的放电电压通常低于 3.0 V，明显低于局域钴酸锂正极和石墨负极的锂离子电池（3.7 V）；同时，软碳、石墨等碳基材料的嵌锂性能明显优于嵌钠性能，使得锂电池从技术成熟度上更快进入产业化阶段，钠离子电池的发展一度陷入沉寂。图 5.4 简要对比了钠离子电池和锂离子电池的发展历程。近年来，随着锂离子电池的发展以及相关安全问题的爆发，电池技术的研究焦点不仅仅局限于能量，开始更多地关注经济性、安全性。2010 年至今，钠离子电池技术更加成熟，成本进一步下降，能量密度明显提升；与此同时，锂离子电池核心原材料价格飞涨，其 80%

的进口依赖度和高昂的成本，使得钠离子电池夺回关注焦点。钠的地壳丰度（2.6%）远高于锂（0.0065%），具有更广泛的来源，价格低廉，且受需求波动影响较小，可满足大规模应用需求。因此，钠离子电池已逐步成为锂离子电池的优质替补和潜在竞争者。

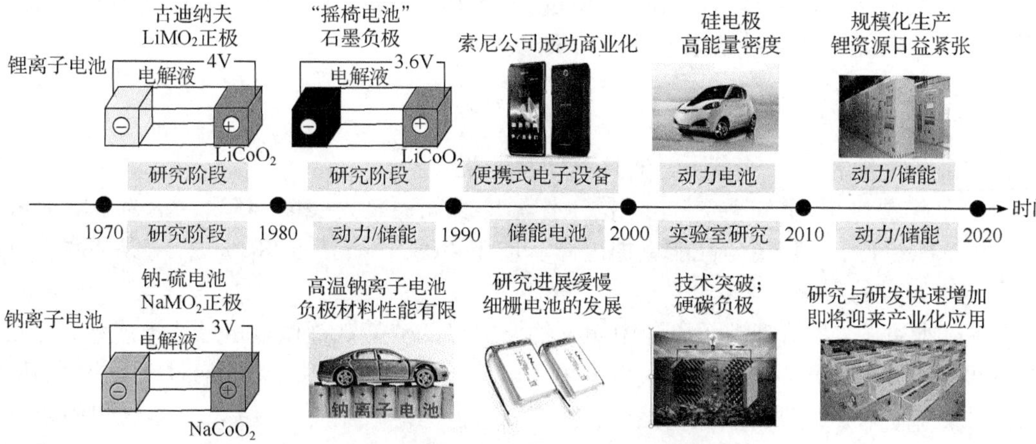

图 5.4　钠离子和锂离子电池的发展历程

2. 钠离子电池组成及原理

与锂离子电池相似，钠离子电池也由正极、负极、隔膜、电解液和集流体等部件构成。正负极材料的结构与性质直接影响到电池的储钠容量；正极与负极由隔膜分隔，以避免短路；电解质浸润正极与负极，集流体充当离子收集和传输的媒介。钠离子的充放电基本机制与锂离子电池也相似，在充电过程中，外部电源向电池输入电流，正极材料释放钠离子，并氧化成高价态，同时负极材料中吸附并储存钠离子；与之相反，放电时电池向外电路做功，负极释放钠离子，并通过电解质传输到正极，正极材料获得钠离子并还原成低价态（图 5.5）。

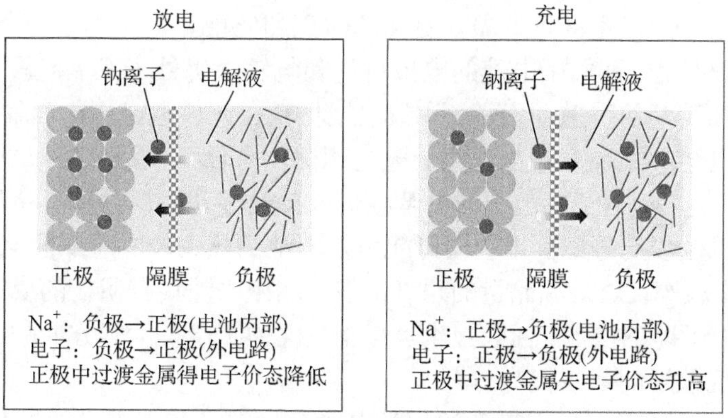

图 5.5　钠离子电池充放电示意图

目前常见的钠离子电池以硬碳为负极材料，过渡金属氧化物 Na_xTMO_2 为正极材料，相应的反应方程式为

正极反应
$$Na_xTMO_2 \longrightarrow Na_{x-n}TMO_2+nNa^++ne^- \tag{5.60}$$

负极反应 $$yC+nNa^{+}+ne^{-}\longrightarrow Na_{n}C_{y} \tag{5.61}$$

总反应 $$Na_{x}TMO_{2}+C\longrightarrow Na_{x-n}TMO_{2}+Na_{n}C \tag{5.62}$$

理想情况下该充放电反应为完全可逆过程，但实际过程中钠离子的脱嵌对晶格结构造成不同程度的破坏，从而导致电池性能的衰退。

3. 钠离子电池的优缺点

与锂离子电池相比，钠离子电池具有以下优点。

（1）工作温域更宽。锂离子电池的工作温度区间通常为–20～45℃，钠离子电池可在–40～80℃稳定工作，其高温性能更加优秀，且在–20℃也有接近90%的容量保持率，可适应更多应用场景的需求。

（2）成本更低。尽管锂离子电池中颇具价格优势的磷酸铁锂产业链已逐渐成熟，行业平均成本可压缩至0.5元 · Wh^{-1}左右，但钠离子电池的原料可得性更强，绝对成本更低，供应链安全性更高，表现出明显优势。然而，目前钠离子电池产业尚不成熟，成本优势尚未完全体现，预计推广期成本为0.5～0.7元 · Wh^{-1}，发展期为0.3～0.5元 · Wh^{-1}，爆发期可压缩至0.3元 · Wh^{-1}以下。

（3）安全性更高。钠的电极电势相比锂较高，放电电位区间更高，在一定程度上减少了电解液分解，提升了电池的稳定性和安全性；钠离子电池通常采用磷酸盐或碳酸盐等更加稳定的电解液，具有更高的热稳定性，使其在高温或其他极端条件下更不容易发生热失控；同时，钠离子相比锂离子具有更强的热扩散能力，能有效分散和吸收电池中产生的热量，抑制热点的形成和电池的快速升温。因此，钠离子电池通常具有优于锂离子电池的热稳定性，在过充过放、针刺和挤压测试中表现出良好的安全性。

不过，钠离子电池的商业化仍面临许多问题和挑战。

（1）能量密度较低。相较于锂离子，钠离子具有更大的质量和半径，限制了电极材料选择、电解液选择以及相应的扩散和反应动力学，导致钠离子电池的理论和实际容量均较锂离子电池更低，在相同使用场景下需要更高的体积和质量。

（2）循环寿命不足。钠离子电池的电极材料和电解液仍处于发展阶段，成熟度不足。钠离子较大的半径和较差的扩散动力学，导致电极材料在充放电过程中面临更大的结构畸变，使得目前钠离子电池的循环寿命与锂离子电池相比仍有较大差距。

（3）安全性问题。钠离子电池中的电解液仍以挥发性和可燃性的有机溶液为主。在过度充放电、高温和机械损伤等情况下，仍可能引发电池的热失控、泄漏甚至爆炸等安全问题。

（4）实际成本较高。从资源储量的角度出发，钠相比锂具有明显的成本优势。但是在实际产业过程中，由于提钠技术、回收技术、产业规模和制造技术等方面的不成熟，钠离子电池目前仍未能实现预期的成本优势。

钠离子电池是一种极具发展潜力的化学电源，特别是在大规模能量存储和安全性要求较高的应用领域具有一定的潜力。由于技术和成本等方面的限制，目前钠离子电池的大规模生产和广泛应用仍面临一些挑战。随着技术的不断进步和对新型电池的需求增加，钠离子电池有望成为未来电池技术发展的重要一环。

5.2　锂离子电池正极材料

5.2.1　层状正极材料

1. 钴酸锂

1）钴酸锂结构和充放电机理

钴酸锂（$LiCoO_2$）是经典的锂离子电池层状正极材料，由美国科学家 John Goodenough 于 1980 年率先提出，并用于日本索尼公司于 1991 年商业化的锂离子电池中。$LiCoO_2$ 的晶体结构是六方晶系二维层状 α-$NaFeO_2$ 型（图 5.6），理论比容量为 274 mAh · g^{-1}，实际比容量可达 200 mAh · g^{-1} 以上。

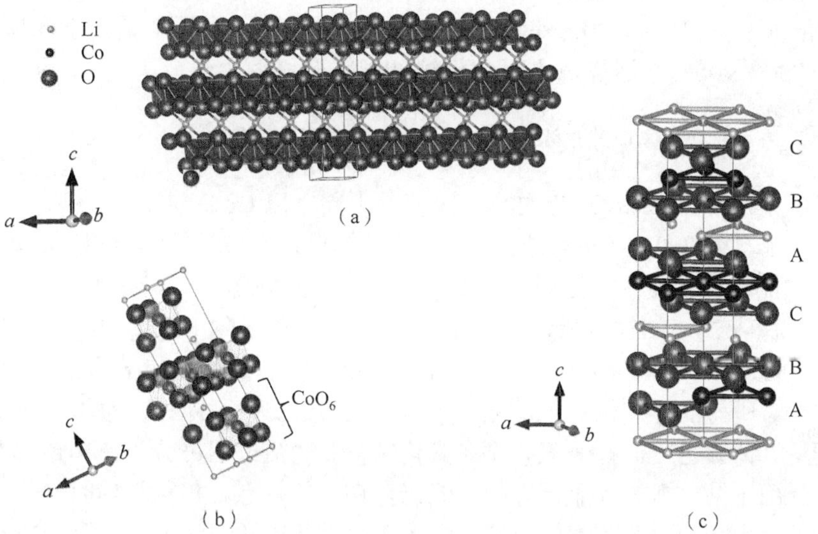

图 5.6　$LiCoO_2$ 晶体结构示意图

在充电过程中，Li^+从钴酸锂中脱出到达负极并嵌入石墨；在放电过程中，Li^+又从负极石墨中脱出而嵌入钴酸锂，使锂富集在正极。Li^+在正负极层间的可逆嵌入与脱出是充放电过程中的主要反应。正极、负极和电极总反应如下所示：

正极反应
$$LiCoO_2 - xe^- \longrightarrow Li_{1-x}CoO_2 + xLi^+ \tag{5.63}$$

负极反应
$$nC + xLi^+ + xe^- \longrightarrow Li_xC_n \tag{5.64}$$

总反应
$$LiCoO_2 + nC \longrightarrow Li_{1-x}CoO_2 + Li_xC_n \tag{5.65}$$

在充电过程中，$LiCoO_2$ 经历一系列晶体结构变化，如图 5.7 所示。在充电初期，$Li_{1-x}CoO_2$ 中 x 较小，材料为高度锂化的六方相（H1）；随着充电进行，x 逐渐增大，锂含量逐渐降低，但仍可保持部分锂化的六方相（H2）结构；当 $x>0.5$ 时，$Li_{1-x}CoO_2$ 开始由六方向单斜（M1）结构转变，此时为六方（H2）和单斜（M1）相的共存；随着进一步去锂化，$Li_{1-x}CoO_2$ 逐渐形成高度去锂化的单斜（M2）结构。同时可以发现，当 x 超过 0.5 时 $Li_{1-x}CoO_2$ 的晶格常数开始发生剧烈变化，表明此时材料已难以维持其结构稳定性，反应可逆性也随之骤降。

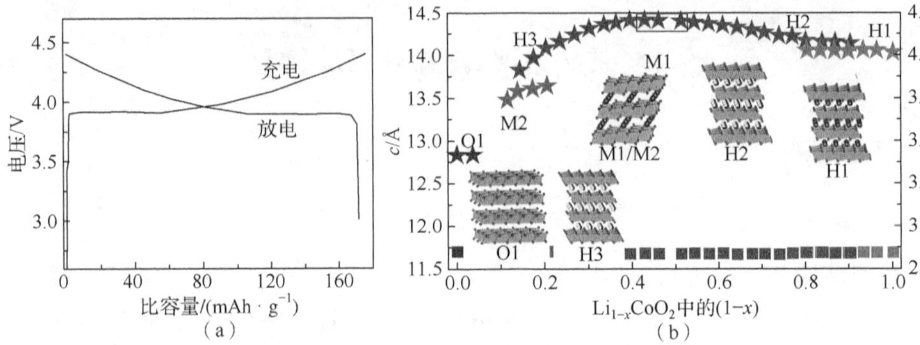

图 5.7 $LiCoO_2$的充放电曲线（a）及充电过程中的晶体结构变化（b）

2）$LiCoO_2$的制备方法

$LiCoO_2$的制备方法通常包括高温固相法、溶胶-凝胶法、水热法、喷雾干燥法等。

（1）高温固相法。高温固相法是将碳酸锂和氧化钴按 1∶1 的锂钴化学计量比均匀混合，在空气中于 700～900℃下煅烧数小时获得钴酸锂。合成的主要反应为

$$2Co_3O_4 + 3Li_2CO_3 + \frac{1}{2}O_2 \longrightarrow 6LiCoO_2 + 3CO_2 \quad (5.66)$$

不同温度条件所得 $LiCoO_2$ 产物的结构有所不同。以 $CoCO_3$ 和 Li_2CO_3 为原料，对比低温（400℃）和高温（900℃）下合成的 $LiCoO_2$ 结构可以发现，低温所得 $LiCoO_2$ 的 Co 和 Li 排列不规则，晶格位置发生一定置换，如$(Li_{0.94}Co_{0.66})(Co_{0.96}Li_{0.06})O_2$；酸处理后可得近似尖晶石结构的 $Li_{0.5}CoO_2$，结构分析表明其中有 1%的 Co 替换到 Li 层，20%的 Li 在 3a（八面体位置），而 80%的 Li 在 6c（正四面体位置）。相比之下，高温制备的 $LiCoO_2$ 具有更加规则的层状结构，所得晶体结构更加清晰、完整，杂质也更少。此外，固相合成中锂源还可选择氢氧化锂等，钴源还可选择氢氧化钴、氧化钴等；烧结过程可分为一步或多步进行。高温固相法已广泛用于钴酸锂的工业化生产，但仍存在一些缺点，包括合成时间长、温度高、合成的粉体颗粒较大和均匀性较难控制等，导致高温固相法的时间成本和财力成本较高。

（2）溶胶-凝胶法。溶胶-凝胶法是基于胶体化学粉体制备的一种实验方法。通常以 Li/Co 化学计量比为 1∶1 的乙酸钴和乙酸锂作为原材料，再加上适量柠檬酸，将三种药品与乙二醇溶液混合，连续搅拌得到凝胶，在 170～190℃下真空干燥得到有机前驱体，随后在 500～700℃空气中烧结，得到钴酸锂粉末。溶胶-凝胶法相比于直接高温固相法的优势主要包括合成所需实验设备简单、反应条件易于控制、产品化学均匀性更好等。但其长周期导致的时间成本高等问题也困扰着其工业化发展。

（3）水热法。水热法是一种将原料与水混合，在一定的压力和温度下制备目标化合物的合成方法。水热法具有工艺简单、所得钴酸锂产物粒径小、相均匀等优点。但是水热法的制备体量较小，产率较低，在规模化放大时受到许多条件制约，尤其是大型高温高压反应器的搭建难度较大，成本较高。

（4）喷雾干燥法。喷雾干燥法是将反应物溶解混合后，通过喷雾干燥装置获得具备纳米-微米多级结构的前驱体颗粒，随后将其进行高温煅烧获得钴酸锂产物。喷雾干燥法具有产物粒径分布均匀、纯度高、快速干燥、可控性强等优点，所得钴酸锂表现出较好的电化学性能。然而，喷雾干燥设备成本较高、能耗较高、操作相对复杂、维护成本也较高，限制了其工业化应用。

3）$LiCoO_2$ 的改性优化

$LiCoO_2$ 在高压充放电过程中表现出较高的放电比容量，但其结构与形貌也受到较大破坏，并伴随电解质的氧化分解在其表面生成钝化层，严重降低了材料的电化学反应效率和可逆性。针对该问题，高电压条件下 $LiCoO_2$ 的性能优化主要采取表面包覆和掺杂等策略。

（1）表面包覆。HF 是电解液锂盐 $LiPF_6$ 的分解产物之一，可与 $LiCoO_2$ 反应生成 LiF 和 H_2O，并伴随 Co^{3+}溶入电解液中；同时，HF 会侵蚀铝集流体，造成 $LiCoO_2$ 脱落，降低电池容量。因此，对 $LiCoO_2$ 的表面包覆可抑制其与电解液的副反应，改善结构和电化学稳定性。包覆材料通常包括氧化锂等金属氧化物、氟化锂等氟化物、聚乙烯亚胺等聚合物及碳材料等，通过减少其与电解液的接触、提高界面稳定性、改善电导率和热稳定性提升电极性能。

（2）掺杂。掺杂是改善 $LiCoO_2$ 结构稳定性的另一重要手段，不同掺杂元素对 $LiCoO_2$ 的电化学性能的影响和作用机制不同。常见的掺杂元素有阳离子如镁、钛等，阴离子如氟、硫等。例如，镁离子是一种较为常见的掺杂元素，其掺杂几乎不影响锂离子的可逆脱嵌行为，而 Mg^{2+}掺杂后形成了固溶体结构，可以有效抑制 $LiCoO_2$ 在高压下的相变，从而提升其反应可逆性和循环寿命。

2. 三元材料（$LiNi_xCo_yMn_zO_2$）

三元材料可以认为是以上三种层状氧化物电极通过相互掺杂衍生而来的，目前主流的组成有 $LiNi_{1/3}Co_{1/3}Mn_{1/3}O_2$（简称 NCM）、$LiNi_{0.4}Co_{0.4}Mn_{0.2}O_2$、$LiNi_{0.5}Co_{0.2}Mn_{0.3}O_2$ 和 $LiNi_{0.8}Co_{0.1}Mn_{0.1}O_2$。后几类均是在 $LiNi_{1/3}Co_{1/3}Mn_{1/3}O_2$ 的基础上发展而来的，因此以下主要对 $LiNi_{1/3}Co_{1/3}Mn_{1/3}O_2$ 展开介绍。

1）NCM 的结构和充放电机理

NCM 是α-$NaFeO_2$ 型层状岩盐结构，空间点群为 $R3m$，晶体结构如图 5.8 所示，晶胞参数 a=4.904 Å，c=13.884 Å。占据该岩盐结构的 3a、3b、6c 位的分别是锂离子、过渡金属离子和氧离子，其中镍、钴、锰的化合价分别为+2、+3、+4 价。NCM 中钴的电子结构与钴酸锂中一致，但是镍和锰的电子结构却与镍酸锂和锰酸锂中的不同，这说明 NCM 是以 $LiCoO_2$ 为基本骨架结构的衍生物。

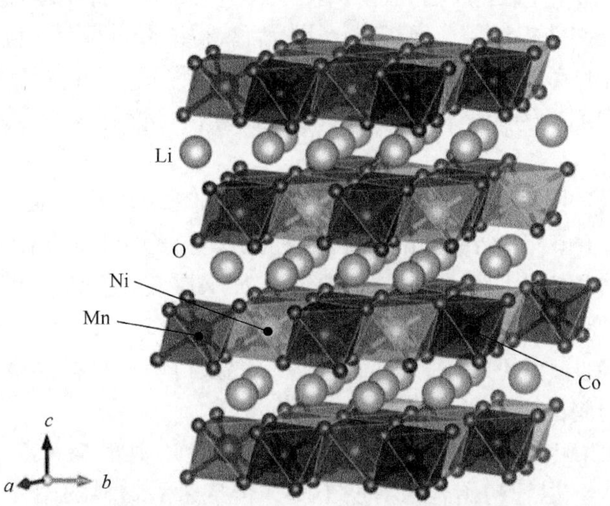

图 5.8　$LiNi_{1/3}Co_{1/3}Mn_{1/3}O_2$ 的晶体结构

NCM 的充放电反应如下：

$$LiNi_{1/3}Co_{1/3}Mn_{1/3}O_2 \longrightarrow Li_{1-x}Ni_{1/3}Co_{1/3}Mn_{1/3}O_2 + xLi^+ + xe^- \quad (5.67)$$

在 NCM 中不同金属发挥各自不同的作用。其中 Ni 主要提供高容量，提高材料的能量密度；Co 提供结构稳定性和导电性，改善材料循环性能；Mn 主要提高材料的热稳定性和安全性，降低成本。结合三种金属各自的优势和作用，NCM 作为锂离子电池正极材料表现出优异的电化学性能和良好的应用前景。充放电过程中，当 $0 \leqslant x \leqslant 1/3$ 时对应的主要是 Ni^{2+}/Ni^{3+}的转变，当 $1/3 \leqslant x \leqslant 2/3$ 时主要对应 Ni^{3+}/Ni^{4+}的反应，当 $2/3 \leqslant x \leqslant 1$ 时主要对应 Co^{3+}/Co^{4+}的反应，Mn^{4+}在整个过程中不参与反应，没有姜-泰勒(Jahn-Teller)效应，避免了层状结构向尖晶石结构的转变。因此，NCM 既保留了层状材料的高容量，也解决了其稳定性差的问题。

2）NCM 的制备方法

NCM 的制备方法主要包括固相法、共沉淀法、喷雾干燥法和溶胶-凝胶法等。

（1）固相法。固相法是在较高的温度下对锂盐和镍、钴、锰的氧化物或盐按一定比例混合并在高温下烧结得到 NCM。由于镍、钴、锰等元素在固相条件下的混溶难度较高，通常需 1000℃以上的热处理才能获得结构明确和性能优异的 NCM 材料。

（2）共沉淀法。共沉淀法制备 NCM 通常以 NaOH 和 $NH_3 \cdot H_2O$ 作为沉淀剂，摩尔比为 1∶1∶1 的镍、钴和锰的硫酸盐或硝酸盐为原料获得$(Ni_{1/3}Co_{1/3}Mn_{1/3})(OH)_2$ 前驱体。将干燥的前驱体和硝酸锂、碳酸锂等锂源混合，在空气或氧气氛围中，于 500℃左右预烧结数小时，随后在 900℃左右高温烧结数小时，获得 NCM。该法制备的 NCM 通常为球形，且粒径可通过前驱体制备过程中的 pH 和转速进行调控，所得粒径分布均匀，具有较高的振实密度，可利于获得较高的能量密度。

（3）喷雾干燥法。喷雾干燥法是将锂盐和镍、钴、锰盐溶解在一起，经由喷雾干燥获得均匀的前驱体粉体，随后在高温下烧结获得 NCM。经该法获得的 NCM 具有微纳多级结构，尺寸较为均一，与直接高温固相法制备的材料相比，具有更高的比容量和循环稳定性，在大电流下表现也更佳。

（4）溶胶-凝胶法。溶胶-凝胶法是将摩尔比 1∶1∶1 的三种硝酸盐溶解混合，加入柠檬酸或谷氨酸作为螯合剂获得溶胶，经挥发、干燥后获得凝胶前驱体，随后通过 500℃左右的预烧结和 900℃左右的高温烧结获得 NCM。该法制备的 NCM 具有良好的层状结构和较高的纯度，几乎没有阳离子的无序化，表现出容量高和循环性好等特点。

3）NCM 的改性

NCM 可通过掺杂改性进一步提升其电化学性能。常见的掺杂元素有 Li、F、Al、Si 和 Fe 等。Li 掺杂后，$Li_{1+x}[Ni_{1/3}Co_{1/3}Mn_{1/3}]_{1-x}O_2$ 在充放电过程中其晶胞参数 a、c 随着 Li 含量的增加而减少，但体积变化明显减小，通常仅为 1.5%左右，有效抑制了晶格变化引发的应变，提高了可逆容量和循环性能。Li/M（金属离子）比在 1～1.15 的范围内，循环性能随 Li 含量增加而提高，最佳比例约为 1.10。此外，Li 掺杂可填补材料晶格中的空位，提升离子电导率，从而改善材料的动力学性质。

对于 F 掺杂的 $Li[Ni_{1/3}Co_{1/3}Mn_{1/3}]O_{2-z}F_z$（$x$=0～0.15），其晶胞参数 a、c 和晶胞体积均随掺杂量的增加而增大。尽管初始容量有所下降，但掺杂后材料的循环性能和安全性能得到明显改善，即使充电电压提高到 4.6 V 也能稳定、安全地进行可逆充放电。在此基础上进一步掺杂 Mg，可获得层状 $Li[Ni_{1/3}Co_{1/3}Mn_{(1/3-x)}Mg_x]O_{2-y}F_y$ 化合物。Mg 掺杂可抑制晶格中的离子混排，提升晶格结构的完整性和稳定性，同时减少与电解液的副反应。在 Mg 和 F 的共同作用下，材料的结晶性、形貌和振实密度都有很大的改善，材料容量、循环性能和热稳定性能也均有提高。

Al 也是 $LiNi_{1/3}Co_{1/3}Mn_{1/3}$ 改性中常用的掺杂元素之一。Al 掺杂可有效增强晶格结构的稳定性，减少充放电过程中的晶体相变，同时增强 Li^+ 在晶格中的迁移能力。此外，Al 掺杂的三元材料热分解温度更高，且高温下的氧释放受到抑制，显著提升了其安全性能。

此外，NCM 中三种金属间的掺杂或比例调控也是其改性的重要方向。常见的比例包括 $LiNi_{0.5}Co_{0.2}Mn_{0.3}O_2$、$LiNi_{0.6}Co_{0.2}Mn_{0.2}O_2$、$LiNi_{0.7}Co_{0.1}Mn_{0.2}O_2$、$LiNi_{0.8}Co_{0.1}Mn_{0.1}O_2$ 等。如上所述，不同金属在材料中扮演的角色不同，高 Ni 含量的三元材料具有更高的容量，但循环过程中的结构畸变更加严重，循环性能随 Ni 含量的增加而降低；Co 可以对晶格结构起很好的稳定作用，高 Co 含量的三元材料循环稳定性更佳，但容量偏低；Mn 能有效降低材料成本，提高安全性能，但不贡献容量。因此，不同金属比例的三元材料表现出不同的性能特征，也被不同程度地应用在不同场景下。

5.2.2 尖晶石正极材料

尖晶石是另一种经典的锂离子电池正极材料结构，其中最具代表性的是尖晶石型锰酸锂，包括 $LiMn_2O_4$、$Li_2Mn_5O_9$、$Li_4Mn_5O_9$ 和 $Li_4Mn_5O_{12}$。其中，$LiMn_2O_4$ 具有可逆的锂脱嵌行为，同时可通过掺杂等手段合理调控其电压、容量和循环性能等，受到广泛关注。

1. $LiMn_2O_4$ 的结构和充放电机理

$LiMn_2O_4$ 的理论容量为 148 mAh · g^{-1}，具有四方对称性（$Fd\bar{3}m$），晶体结构如图 5.9 所示。晶胞中含有 56 个原子，包括 8 个锂原子、16 个锰原子（其中 Mn^{3+} 和 Mn^{4+} 各占 50%）以及 32 个氧原子。立方密堆的氧分布中，四面体 8a 位置和八面体 16d 位置分别由 Li^+ 和 $Mn^{3+/4+}$ 占据。在尖晶石$[Mn_2]O_4$ 框架立方密堆氧平面间的交替层中，Mn^{3+} 阳离子层与不含 Mn^{3+} 阳离子层的分布比例为 3∶1。每一层中都有足够数量的 Mn^{3+}，可稳定锂脱嵌过程中的立方密堆氧分布。在充电的过程中，锂离子的脱出导致部分 Mn^{3+} 转变为 Mn^{4+}，完全脱出时 Mn^{4+} 的比例从 50%上升到 75%。$LiMn_2O_4$ 的充放电反应如下：

$$Li_{1-x}Mn_2O_4 + xLi^+ + xe^- \longrightarrow LiMn_2O_4 \tag{5.68}$$

图 5.9（b）为 $LiMn_2O_4$ 典型的充放电曲线。其充电过程通常在 3.9 V 和 4.1 V 左右处存在两个电压平台。前者对应于锂离子从四面体位置（8a 位）向八面体位置（16c 位）的脱出，形成 $Li_{0.5}Mn_2O_4$，该过程电压相对稳定，晶体结构变化相对缓慢而平稳。后者对应于锂离子的继续脱出，并在后期趋近于形成完全脱离的 Mn_2O_4。放电则为充电的逆过程。$LiMn_2O_4$ 在充放电过程中伴随着较为显著的姜-泰勒效应。在 $LiMn_2O_4$ 中，Mn^{3+} 的 d 电子排布为 $t_{2g}^3e_g^1$，其中 e_g 轨道的电子不对称分布导致 MnO_6 八面体发生畸变，两个 Mn—O 键沿 c 轴被拉长，四个 ab 方向的 Mn—O 键被压缩，c/a 比值变化可达 16%，晶胞单元体积增大约 6.5%，造成材料失活甚至颗粒破碎。该效应在充电的高电压平台以及放电的低电压平台更为明显，导致电池容量衰退，同时也增加了热失控风险。

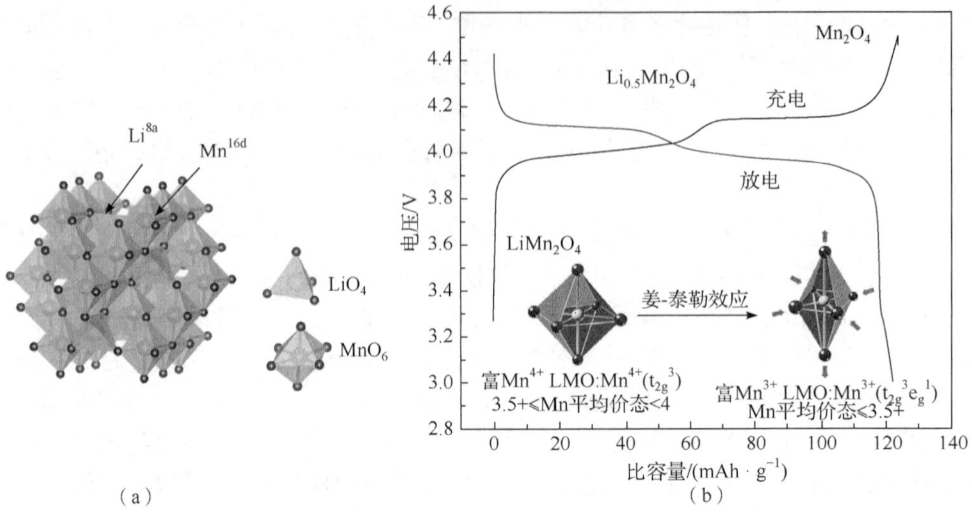

图 5.9 $LiMn_2O_4$ 晶体结构示意图（a）和充放电曲线及姜-泰勒效应示意图（b）

除了姜-泰勒效应，Mn 的溶解是 $LiMn_2O_4$ 容量衰退的另一重要原因。在充电过程中，$LiMn_2O_4$ 中的 Mn^{3+} 不仅会被氧化成 Mn^{4+}，也会发生自歧化生成 Mn^{4+} 和 Mn^{2+}，如下所示：

$$Mn^{3+} \longrightarrow Mn^{4+} + e^- \tag{5.69}$$

$$2Mn^{3+} \longrightarrow Mn^{4+} + Mn^{2+} \tag{5.70}$$

生成的 Mn^{2+} 易溶于电解液，而 Mn^{4+} 的高氧化性会诱发电解液分解产生氢氟酸，进一步与材料发生副反应加剧 Mn 的歧化溶解，如下所示：

$$2LiMn_2O_4 + 4HF \longrightarrow MnF_2 + 3MnO_2 + 2LiF + 2H_2O \tag{5.71}$$

Mn 的溶解不仅导致活性材料的流失，直接引起电池容量的衰减，而且破坏正极材料的晶体结构，加速材料的失活和性能下降。此外，Mn^{2+} 溶解于电解液中并扩散至负极，可能在负极表面发生沉淀，形成钝化层，进而影响电池的整体性能。

2. $LiMn_2O_4$ 的制备方法

尖晶石型 $LiMn_2O_4$ 通常采用高温固相法制备。将锂源（氢氧化物、碳酸盐或硝酸盐等）和锰源（氧化物、氢氧化物或碳酸盐等）混合均匀，于高温 700～900℃下煅烧数小时，即可得到尖晶石型 $LiMn_2O_4$。以碳酸锂和锰氧化物为例，其合成反应式如下：

$$Li_2CO_3 + 2Mn_2O_3 + 0.5O_2 \longrightarrow 2LiMn_2O_4 + CO_2 \tag{5.72}$$

$$Li_2CO_3 + 4MnO_2 \longrightarrow 2LiMn_2O_4 + CO_2 + 0.5O_2 \tag{5.73}$$

固相法制备 $LiMn_2O_4$ 虽然具有方法简单、条件易控制等优势，但存在其产物均匀性较差、无规则形状、晶界粒径大、粒径分布广、焙烧时间长等问题。同时，由于固相反应时锂、锰间的不完全接触，所得材料的局域结构不均一，电化学性能较差。对此，通过在烧结制备阶段对原材料进行充分研磨，并在降温过程中对其淬火速度进行严格控制，可在一定程度上缓解上述问题。在固相法基础上，采用较低熔点的锂盐（如 LiOH、LiF）作前驱体，与锰氧化物混合后加热至锂盐熔点；再次升温至 600～750℃烧结一段时间，获得 $LiMn_2O_4$ 材料，该法可称为熔融浸渍法。熔化的锂盐可渗透到材料的微孔内，增大了材料之间的接触面积，可有效改善混料不均的问题，促进固相反应的进行。在固相法制备过程中需注意，在较高温度下长时间烧结可能导致尖晶石型 $LiMn_2O_4$ 发生如下副反应，导致容量随循环的进行而衰减。

$$LiMn_2O_4 \longrightarrow LiMn_2O_{4-y} + 0.5yO_2\ (820\sim920^\circ C) \tag{5.74}$$

$$3LiMn_2O_{4-y} \longrightarrow LiMnO_2 + Mn_3O_4 + Li_2Mn_2O_4 + (1-1.5y)O_2\ (>920^\circ C) \tag{5.75}$$

3. 尖晶石型 $LiMn_2O_4$ 的改性

尖晶石型 $LiMn_2O_4$ 因其在充放电过程中的结构畸变导致容量衰减迅速，其电导率低的问题也需改善。对此，降低比表面积，引入添加剂、掺杂离子和表面处理等是提升其电化学性能的常用手段。

1）降低比表面积

尖晶石型 $LiMn_2O_4$ 通过与电解液在高电位下发生的副反应是导致其性能衰退的重要原因。因此，其比表面积显著影响电解液、催化分解以及锰的溶解速度。通过选择适当的原材料及制备工艺，降低产物比表面积，可减少副反应，提升循环稳定性。制备方法和条件是影响材料比表面积的重要因素。例如，与溶胶-凝胶法相比，高温固相法制备的尖晶石材料具有更小的比表面积；与 Li_2CO_3 相比，由 $LiNO_3$ 为锂源制得的材料具有更大的比表面积；通过二次热处理也可降低尖晶石的比表面积，减少容量损失。需注意的是，通过增加材料平均粒径降低其比表面积的策略局限性较大，粒径增加会导致锂离子扩散路径变长，不利于电荷输运和电化学反应。

2）电解液添加剂

研究表明，LiCl 预处理的沸石作为电解液添加剂，可有效减少 H^+含量，从而抑制 HF 的产生及其对 $LiMn_2O_4$ 的腐蚀。电解液中添加$(CH_3)_3SiNHSi(CH_3)_3$可显著减少 Mn 的溶解，缓解 $LiMn_2O_4$ 的容量衰减。$(CH_3)_3SiNHSi(CH_3)_3$ 可与电解液中微量的水发生反应：

$$(CH_3)_3SiNHSi(CH_3)_3 + H_2O \longrightarrow (CH_3)_3SiOSi(CH_3)_3 + NH_3 \tag{5.76}$$

该反应消耗电解液中的水并生成 NH_3，中和电解液产生的酸，从而抑制对材料的腐蚀和溶解。以 3-(五氟苯基)硼烷和 LiF 取代 $LiPF_6$ 后，$LiMn_2O_4$ 的稳定性获得显著提高，且 HF 的生成受到了明显抑制。

3）其他

其他 $LiMn_2O_4$ 的优化改性方法有阳离子掺杂，如锂、硼、镁、铝、钴、铜、锌等阳离子；阴离子掺杂，如氧、氟、碘、硫、硒等阴离子；对 $LiMn_2O_4$ 进行表面包覆改性，也可抑制锰的溶解以及电解液分解，改善材料的结构稳定性和循环稳定性。

5.2.3　聚阴离子型正极材料

1. $LiFePO_4$ 的结构和充放电机理

$LiFePO_4$ 是目前最受关注的聚阴离子型征集材料之一，具有低成本、低污染、良好可逆性等优点，具有橄榄石型结构，空间群为 *Pbnm*，晶胞参数为 $a = 0.6008$ nm，$b = 1.0334$ nm，$c = 0.4693$ nm，晶胞体积为 0.2914 nm^3（图 5.10）。$LiFePO_4$ 完全脱锂后形成结构相似的 $FePO_4$，晶体参数为 $a = 0.5792$ nm，$b = 0.9821$ nm，$c = 0.4788$ nm，晶胞体积为 0.2724 nm^3。Li^+脱出

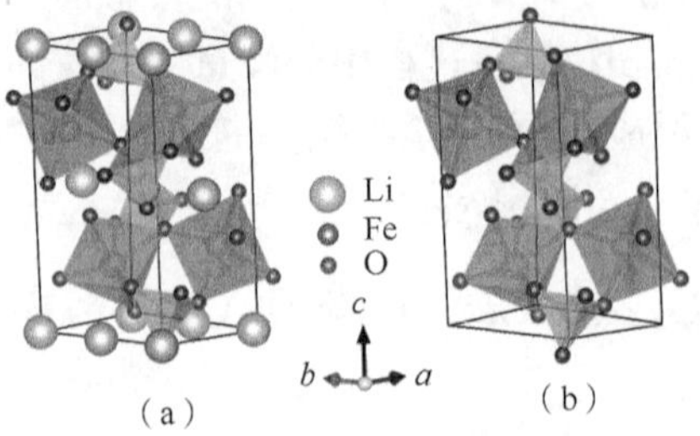

图 5.10 $LiFePO_4$（a）和 $FePO_4$（b）的晶体结构示意图

后，其密度提高 2.59%，体积减小 6.81%。

$LiFePO_4$ 的理论容量为 170 mAh · g^{-1}，放电平台电压为 3.5 V *vs.* Li^+/Li 左右，其充放电过程如下所示：

$$\text{充电}\quad LiFePO_4 - xLi^+ - xe^- \longrightarrow Li_{1-x}FePO_4 \tag{5.77}$$

$$\text{放电}\quad FePO_4 + xLi^+ + xe^- \longrightarrow Li_xFePO_4 \tag{5.78}$$

$LiFePO_4$ 具有优异的循环稳定性，这是由于 $LiFePO_4$ 与 $FePO_4$ 结构类似，空间群相同，仅体积、晶格常数略有不同，在反复的充放电过程中保持了较好的结构稳定性。橄榄石结构中 PO_4^{3-} 四面体提供了稳定的骨架，Fe—O 键和 P—O 键的键合力较强，有助于在循环过程中维持较高的结构完整性，防止了电极材料的崩解；$LiFePO_4$ 的溶解性较低，可有效避免活性材料的损失，从而保障了良好的循环性能。然而在橄榄石结构中，锂离子运动的自由体积较小，沿一维通道迁移，扩散系数较低，且通道之间互穿的能量壁垒很高，限制了电荷输运和反应动力学，导致其电流性能显著下降。此外，$LiFePO_4$ 和 $FePO_4$ 之间形成的固溶体的溶解度十分有限，导致充放电过程中两者在一定锂浓度范围内共存，存在明显的两相共存区域。$FePO_4$ 的电子、离子电导率都较低，两相共存阻碍了电荷输运，部分活性物质无法得到充分利用，这是 $LiFePO_4$ 和 $FePO_4$ 在大电流下反应效率较低的另一重要原因。此外，差热分析表明高电位下基于 $FePO_4$ 的电池体系放热峰在 250～360℃，放热量为 147 J · g^{-1}，明显低于充电状态的 $LiNiO_2$、$LiCoO_2$ 和 $LiMn_2O_4$，表现出良好的热稳定性。

2. $LiFePO_4$ 的制备方法

$LiFePO_4$ 的制备方法主要有固相法、溶胶-凝胶法、碳热还原法、模板法等。

1）固相法

固相法是最早用于制备 $LiFePO_4$ 的方法，也是目前最常用、最成熟的方法。固相法所用铁源一般为 $Fe(C_2O_4) \cdot 2H_2O$ 或 $Fe(OOCCH_3)_2$，锂源为 Li_2CO_3、LiOH 或 CH_3COOLi，磷源为 $(NH)_2HPO_4$ 或 $NH_4H_2PO_4$。将原料按一定比例均匀混合，在惰性气体保护下于 300～400℃预烧 5～12 h，随后在 600～800℃下烧结 8～12 h，获得 $LiFePO_4$ 产物。另外，针对上述二价铁源成本较高的问题，可采用较低成本的三价铁源，并配合添加适量碳，利用其在高温下的还原性制备碳包覆的 $LiFePO_4$ 复合材料，既避免了制备过程中易氧化的问题，又提高了产物的电导率。固相法具有设备和工艺简单、反应条件可控、适于工业生产的优势，但其产物均一性不易控制，粒径偏大，粒径分布范围较大。

2）溶胶-凝胶法

溶胶-凝胶法通常先将锂源（LiOH、$LiNO_3$、LiAc 等）、铁源[$Fe(NO_3)_2$、$FeCl_3$ 等]和磷源（H_3PO_4、$NH_4H_2PO_4$ 等）按照化学计量比溶解混合，加入适量配位剂（如柠檬酸）形成稳定溶胶，并利用氨水或其他碱液调节 pH 以提高溶胶稳定性。将溶胶在 60～80℃下继续搅拌使其转变为凝胶，在 100～120℃下干燥得到前驱体。将前驱体在 300～400℃下预烧结数小时，随后在 600～800℃高温下烧结 8～12 h，获得 $LiFePO_4$ 产物。溶胶-凝胶法可实现原料在分子水平上的均匀混合，其 $LiFePO_4$ 产物具有良好的均一性和一致性，颗粒尺寸可控性较高，产物纯度较高。通过 pH、溶剂种类、配位剂种类等反应条件可有效调控产物的形貌和结构，帮助提升其电化学性能。然而，与固相法相比，溶胶-凝胶法工艺步骤更多，各步骤条件需精准控制，增加了工艺复杂性、生产难度和生产周期，导致其成本较高。

3）其他

除上述方法外，制备 $LiFePO_4$ 的方法还包括如液相共沉淀法、微波加热法、溶剂热法、乳化干燥法、机械化学法、液相氧化还原法、脉冲激光沉积法等。这些方法通过制备条件的优化调控对材料的形貌、纯度、均一性、结晶度等方面施加不同影响，从而改善其电化学性能。此外，不同方法的有机结合可进一步获得性能优异的 $LiFePO_4$ 材料，也成为研究的热点方向之一。然而这些方法均相对复杂，对设备和工艺的要求较高，在大规模工业化上均面临不小的挑战。

3. $LiFePO_4$ 的改性

$LiFePO_4$ 具有结构稳定、安全、无污染、成本低等诸多优势，但也存在诸多不足，包括振实密度较低、锂离子扩散能力差、电子电导率低（10^{-8} S · cm^{-1}）等，导致其循环稳定性和高倍率性能较差。对此，通常利用碳包覆、掺杂、纳米化等手段对其进行优化改性。

碳包覆是 $LiFePO_4$ 最常见也是最重要的改性方式之一。碳包覆通过在反应原料中加入碳的前驱体，在合成过程中于颗粒表面形成碳的包覆层。其作用主要体现在：①有机物在高温惰性气体中被分解转化为碳材料，可有效提高 $LiFePO_4$ 产物表面以及颗粒之间的导电性，降低充放电极化，为 $LiFePO_4$ 提供电子和离子隧道，弥补锂离子脱嵌过程中的电荷平衡；②碳包覆层的阻隔作用可有效抑制颗粒的过度生长，使得制备的 $LiFePO_4$ 具有更小、更均匀的粒径，可到纳米级，晶粒的细化可进一步增大导电面积，利于锂离子的扩散；③碳材料可在反应中充当还原剂的作用，防止高价铁离子的形成，提高产物的纯度。目前，常见的碳源主要有炭黑、碳凝胶、葡萄糖、蔗糖、甲醛、间苯二酚、聚丙烯酰胺、聚丙烯等。不同碳源所得的碳包覆形貌、厚度、孔结构、导电性等有所不同。

从图 5.11（a）可以看出，碳包覆显著提升了 $LiFePO_4$ 的电导率，不过结合成本和能量密度的考虑，碳包覆含量一般控制在 2%～5%左右。此外，碳包覆后的充放电平台更加平稳，容量更高，极化更小，说明反应动力学得到了显著提升；同时循环稳定性也得到明显提升[图 5.11（b）、（c）]。

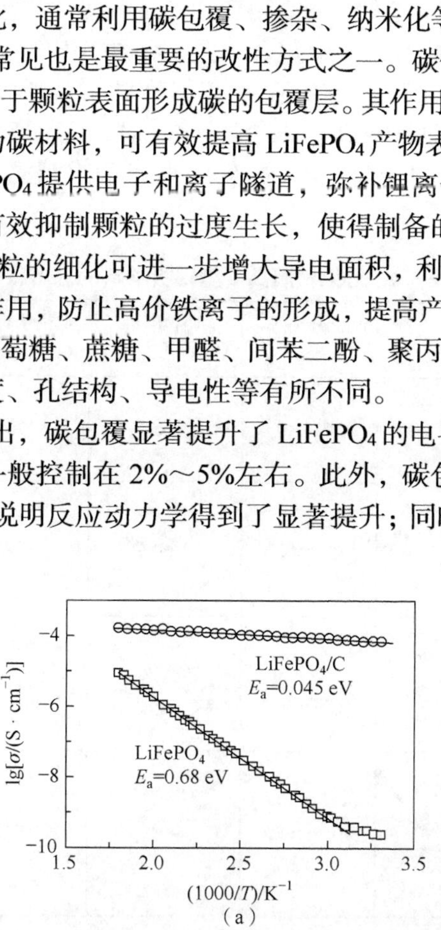

（a）

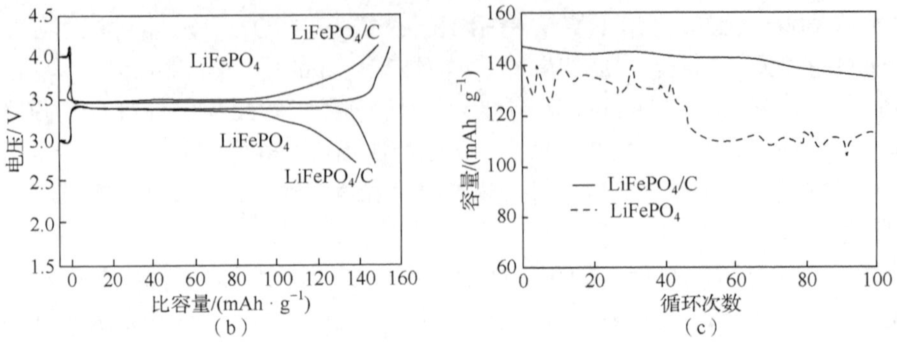

图 5.11 $LiFePO_4$和$LiFePO_4/C$的电导率（a）、充放电曲线（b）和循环性能（c）对比

掺杂也是 $LiFePO_4$ 的重要改性手段，包括金属粒子在复合结构中的掺杂以及金属离子在晶体结构中的掺杂。例如，通过在 $LiFePO_4$ 晶格中引入 Al^{3+}、Ti^{4+}、Mn^{2+}、V^{3+}等阳离子以及 F^-、S^{2-}等阴离子掺杂，可以改变晶粒大小，造成晶格缺陷，从而提高材料电导率和离子扩散系数，改善其倍率和循环性能。掺杂效果受到掺杂离子种类、掺杂量和掺杂方法等条件的影响，需综合考虑以获得更好的电化学性能。$LiFePO_4$ 的纳米化也是提升其性能的关键途径。通过纳米化降低材料粒径，缩短载流子扩散距离，缓解材料本征电导率低的问题，也可有效提升反应效率和循环稳定性。

以磷酸铁锂为代表的聚阴离子型化合物具有结构稳定性高、氧化还原电位可调等特点，是极具潜力的低成本、长寿命的环保型正极材料，一般结构通式为 $AM_x[(XO)_y]_z$，其中 A 为碱金属元素或碱土金属元素（Li、Na、K、Mg、Ca 等），M 为过渡金属元素（Fe、V、Ti、Mn 等），X 为非金属元素（P、S 等）。常见的聚阴离子型正极材料的基本特性如表 5.2 所示。

表 5.2 常见聚阴离子型正极材料的基本特性

聚阴离子材料	晶体结构	电子电导率/（$S \cdot cm^{-1}$）	工作电压/V（*vs.* Li^+/Li）	理论比容量/（$mAh \cdot g^{-1}$）	优点	缺点
磷酸铁锂	橄榄石结构，空间群 *Pnma*，晶胞参数 a=10.32 Å，b=6.01Å，c=4.69Å	10^{-9}～10^{-10}	3.5	170	循环性能好、安全性好、成本低	电子和离子电导率低
磷酸钒锂	单斜结构，空间群 $P2_1/n$ 和菱方结构，空间群 $R\bar{3}c$	10^{-7}～10^{-8}	3～4.6	197	容量高、倍率性能好、热稳定性好	成本较高、合成难度较大、钒金属污染
磷酸锰锂	橄榄石结构，空间群 *Pnma*，晶胞参数 a=10.445 Å，b=6.102 Å，c=4.731 Å	3×10^{-9}（300℃）	4	171	成本低、环境友好	电子和离子电导率低、副反应严重、循环稳定性差
磷酸钴锂	橄榄石结构，正交晶系，空间群 *Pnmb*，晶胞参数 a=5.922 Å，b=10.202 Å，c=4.699 Å	10^{-7}～10^{-9}	4.8	167	结构稳定性好、热稳定性好、能量密度高、安全性高	电子和离子扩散率低、实际容量低、倍率性能差

续表

聚阴离子材料	晶体结构	电子电导率/(S·cm^{-1})	工作电压/V (vs. Li^+/Li)	理论比容量/(mAh·g^{-1})	优点	缺点
磷酸钛锂	NASICON 结构、六方晶系，空间群 $R\bar{3}C$	$<10^{-9}$	2.5	138	结构稳定、离子导电性高、安全性好	工作电压低、能量密度较低、导电性差
硅酸铁锂	正交晶系，空间群 $Pmn2_1$	10^{-12}	2.8	331	理论容量高、结构稳定、污染小	工作电压低、导电性低、脆性大
氟化硫酸铁锂	单斜晶系，空间群 $P1$	4×10^{-6}	3.6	140	电极电位较高、导电性好、结构稳定	理论比容量较低

5.3 锂离子电池负极材料

负极是锂离子电池的重要组成部分，通过与正极匹配获得电池的电压及容量。理想的负极材料应具备容量高、锂离子脱嵌电位低且稳定、可逆性好、结构稳定性高、电解质界面(SEI)膜致密稳定、制备简单、成本低等特点。常见的锂离子电池负极材料主要包括碳基材料、硅基材料、金属氧化物以及其他新型负极材料。

5.3.1 碳基负极材料

碳基负极材料的储锂机制主要依赖锂离子在材料内部的嵌入和脱嵌，并伴随锂碳化合物的产生，充放电反应如下所示：

$$yC + xLi^+ + xe^- \longrightarrow Li_xC_y \tag{5.79}$$

研究发现，锂在碳材料中的脱嵌不总是遵循 LiC_6 的化学计量比，某些情况下可使碳基材料的比容量从 LiC_6 理论值 372 mAh · g^{-1} 提高到 500～1000 mAh · g^{-1}。目前，碳基负极材料主要包括石墨、石油焦、碳纤维、热解炭、中间相沥青基碳微球、炭黑、玻璃炭等，其中石墨和石油焦最有应用价值。

层状结构的石墨负极材料主要通过锂离子在层间的嵌入和脱出进行储锂，具有较低的嵌锂电势和较高的稳定性，主要的嵌锂比容量处于 0～0.2 V (vs. Li^+/Li) 的电压范围，其理论比容量为 372 mAh · g^{-1}。不过，石墨中容易出现电解液溶剂分子的共嵌现象，导致嵌锂性能下降。与之相比，石油焦类碳材料中包含许多无序结构，富含大量的微米孔和纳米孔，具有较高的比表面积，其储锂机制包含锂离子的吸附和双电层效应以及锂离子在无序结构和孔结构中嵌入和脱出。基于该机制，石油焦表现出较高的起始嵌锂电位以及较为陡斜的电位曲线，没有明显的电位平台。石油焦的嵌锂容量与结构有序度及表面状态有关，其首次循环的库仑效率通常较低，这是由于部分锂离子不可逆地嵌入到其结构中以及被消耗形成 SEI 膜。常见的锂离子电池碳基负极材料及其基本结构和物理特性如表 5.3 和图 5.12 所示。

表 5.3 常见碳基负极材料的物理特性

特性	硬碳	软碳	石墨
原料	沥青、高分子、植物	沥青、高分子	沥青、天然石墨
炭化温度/℃	1000～1500	1000～2000	2500～3000
层间距 d（002）/nm	0.37～0.38	0.34～0.35	0.24～0.335
微晶尺寸/nm	1.1～1.2	2～20	80 以上
材料密度/（$g\cdot cm^{-3}$）	1.50～1.60	约 2.0	约 2.2
电极密度/（$g\cdot cm^{-3}$）	0.9～1.0	约 1.2	1.5～1.8
电极压实的难易度	困难	困难	容易
比能量	低～中	中	高
电极膨胀率	小	中	大
循环耐久性	高	较高	中
能否使用 PC	可	可	不可
能量再生性能	高	高	低

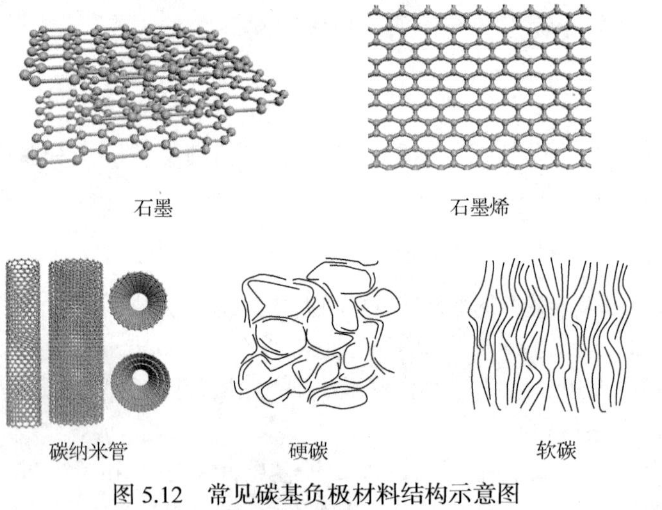

图 5.12 常见碳基负极材料结构示意图

1. 石墨

石墨具有高电导率、高结晶性和良好层状结构等特点，具有稳定的脱嵌锂行为，实际比容量可在 300 $mAh\cdot g^{-1}$ 以上。锂离子在石墨层间的脱嵌反应主要发生在 0～0.25 V（*vs.* Li^+/Li），具有稳定的电位平台，且平台的容量贡献高。因此，石墨负极可较好地与提供锂源的正极材料如 $LiCoO_2$、$LiNiO_2$、$LiMn_2O_4$ 等匹配，所得电池具有较高的输出电压，是目前应用最为广泛的负极材料。石墨主要可分为人工石墨和天然石墨以及其他类石墨。

1）人工石墨

人工石墨是将易石墨化炭（如沥青、焦炭等）在惰性气体中高温处理制得，常见人工石墨有中间相碳微球（mcmb）和石墨化碳纤维等。mcmb具有高度有序的层面堆积结构，可由煤焦油（沥青）或石油渣油制得，更高的制备温度可获得更高的石墨化程度以及更高的可逆比容量。气相沉积法所得石墨纤维具有管状中空结构，具有比容量高（320 $mAh \cdot g^{-1}$）、首次充放电效率高（＞90%）、大电流充放电性能好等优势，但制造过程复杂，价格昂贵。

2）天然石墨

天然石墨主要分为无定形石墨和鳞片石墨。无定形石墨通常颗粒较小、纯度较低，含有较多的无序碳，导致其可逆比容量较低。相比之下，鳞片石墨通常呈薄片或鳞片状，纯度较高，粒径较大，片径可达几微米甚至几毫米。其晶格具有高度有序的层状结构，表现出良好的导电性、导热性以及结构稳定性。含碳量高于99%的鳞片石墨其可逆比容量可达300～350 $mAh \cdot g^{-1}$，是优异的锂离子二次电池负极材料。

3）改性石墨

在嵌锂过程中，石墨的层间距被拉大，所得锂-石墨层间化合物的晶面层间距可达0.37 nm以上，容易造成石墨层的剥落和粉化。此外，锂和有机溶剂在石墨层间的共同嵌入也会导致石墨及有机溶剂分解，影响电池的循环性能。通过对石墨进行表面氧化、包覆热解碳等方法，获得核壳结构的改性石墨负极材料，是提高其充电性能和比容量的有效手段。

4）石墨化碳纤维

气相生长碳纤维（vapor-grow carbon fiber，VGCF）是以碳氢化合物为原料用气相法于2000～3000℃制备得到的石墨化碳纤维负极材料，具有容量高和结构稳定等特点。中间相沥青碳纤维（mesophase-pith-based carbon fiber，MCF）通常选用含有高芳香烃的石油或沥青为原料，在2000～3000℃左右高温处理获得，为高度有序的层状组织的辐射状石墨微晶结构，具有高强度、高模量、高导电和导热性等特点，同时表现出较高的容量、循环稳定性和库仑效率。

石墨化碳纤维的嵌锂性能与热处理温度关系密切。低温（＜1000℃）处理得到的MCF石墨微晶结构较小，具有较多的无定形和缺陷结构，通常表现出较高的初始容量，但容量衰退较为迅速。中温条件（1000～2000℃）获得的MCF具有相对较高的石墨化程度，较好地兼顾了比容量和循环稳定性。而高温（2000～3000℃）下处理的MCF中微晶尺寸继续增大，石墨化程度进一步提高，缺陷结构减少，导致容量有所降低，但其循环稳定性和倍率性能显著提高。此外，碳纤维的嵌锂性能也与其结构密切相关，其中具有径向结构的碳纤维具有更佳的充放电性能，同轴结构的碳纤维更容易与溶剂分子发生共嵌。

2. 非石墨负极材料

非石墨负极材料主要分为软碳（soft corbon）和硬碳（hard carbon）。

1）软碳

软碳即易石墨化碳，是指在2500℃以上的高温下能石墨化的无定形碳。软碳的结晶度低，晶粒尺寸小，晶面间距（d_{002}）较大，可匹配的电解液范围广，但首次充放电的不可逆容量较高，输出电压较低，无明显的充放电平台电位。常见的软碳有石油焦、针状焦、碳纤维、碳微球等。软碳中存在无定形结构、湍层无序结构（turbostratic disorder structure）和石墨结构。其中，无定形结构具有较大的储锂容量，石墨化结构是每六个碳原子对应容纳一个锂原子，湍层无序结构的锂嵌入量较低。通过控制软碳的制备温度和结构形貌，可以实现对软碳材料锂嵌入性能的调控。低温条件下（<1000℃）制备的软碳中含有较多的无定形结构，储锂容量较高但可逆性较差；而高温条件下（>2500℃）形成的石墨结构具有更高的嵌锂量和结构稳定性；在中等温度下制备的软碳中，湍层无序结构的含量较高，因此嵌锂容量较少。

2）硬碳

硬碳为难石墨化碳，通常为高分子聚合物的热解碳，即使在 2500℃以上也较难石墨化。常见的硬碳包括树脂碳（如酚醛树脂、环氧树脂、聚糠醇 PFA-C 等）、有机聚合物热解碳（PVA、PVC、PVDF、PAN 等）、炭黑（乙炔黑）等。硬碳材料的电压-时间曲线通常呈现出两段性，第一段在 0～0.8 V，第二段在 0.8～1.2 V 且对应的嵌锂容量与热处理温度密切相关，表明存在两种不同的插入机理。其中，第一段对应的是晶体层间插入机制，第二段对应锂在晶体结构中的微孔中嵌入。不同类型碳材料典型的充放电曲线如图 5.13 所示。

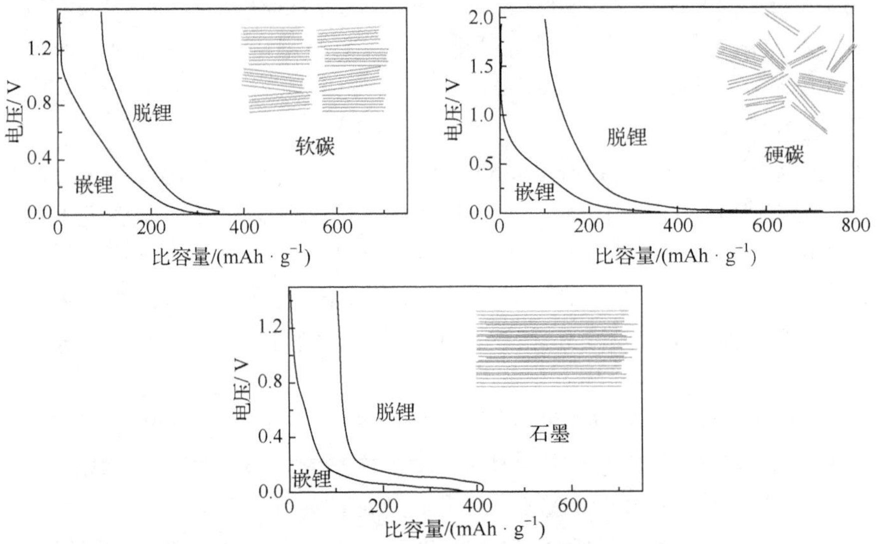

图 5.13 软碳、硬碳和石墨典型的充放电曲线

研究表明，晶体层间插入锂的容量随着晶体的石墨化程度增加而增大，微孔中的嵌入容量与微孔数量成正比。1000℃以下热解碳化时，石墨化程度的变化对容量影响不大，但微孔数量随着热处理温度的升高显著减少，导致容量随着热处理温度的增加而下降；1000～1500℃时，结构变化不明显，容量保持相对稳定；2000℃左右进行碳化处理时，石墨化程度增加，容量也随之增加，并且呈现出与石墨类似的锂插入特性。

目前，对于超高嵌锂量的来源（>372 mAh · g^{-1}）主要有以下几种解释：①锂占据最邻近的晶格点；②锂嵌入碳材料的纳米微孔中；③硬碳和软碳中碳原子层无序地彼此紧密连接，存在大量散落的卡片，锂被吸附在碳原子层的两面；④无序碳微晶的外层石墨层可能形成多层锂原子层；⑤锂嵌入在碳原子层的 ZigZag（锯齿形边界）和 Armchair（扶手椅边界）位置上；⑥低温热解炭中残留的氢可能在充放电过程中引发副反应，从而贡献额外容量。

尽管具有较高的比容量，硬碳材料存在电极电位过高、电位滞后以及首次循环不可逆、容量大等问题，仍有待解决和优化。

5.3.2 硅基负极材料

硅基负极材料是目前最常见、研究最多并得到部分商业化应用的合金类负极材料。硅是目前已知理论比容量最高的负极材料（4200 mAh · g^{-1}），远高于目前主流的石墨负极（372 mAh · g^{-1}），在开发高能量密度锂离子电池上具有显著优势。不同于石墨的锂离子嵌入/脱嵌机制，Si 主要通过与 Li 形成合金 Li_xSi（$0 < x \leqslant 4.4$）进行储锂，涉及 $Li_{12}Si_7$、$Li_{13}Si_4$、Li_7Si_3、$Li_{15}Si_4$、$Li_{22}Si_5$ 等形态。其合金化/脱合金化反应如下所示：

$$Si + xLi^+ + xe^- \longrightarrow Li_xSi \tag{5.80}$$

在 Li-Si 相图中存在多个合金相（图 5.14），而实际充放电过程中，往往只在 0.1 V 附近观测到一个嵌锂平台。这是因为在 Si 首圈嵌锂过程初期，随着 Li 的嵌入 Si 的晶体结构遭到破坏，向非晶态的 Li_xSi 合金转化，而在该结构中 Li 的扩散受到限制，抑制了有序 Li_xSi 的形成。因此，Si 在常温下的实际嵌锂过程主要是在非晶态下进行的，无法区分明确的相间转化以及相应的电压平台。一般认为在常温下，硅和锂的合金化富锂产物主要为 $Li_{15}Si_4$，对应的比容量为 3572 mAh · g^{-1}，仍远高于石墨负极。同时，硅还具有较低的嵌锂电位（<0.5 V *vs.* Li^+/Li），可与正极材料构建较大的电位差，赋予了电池更高的功率密度。此外，硅的储量丰富，在地壳中的含量为 27.6%，具有极高的成本优势和商业化潜力。

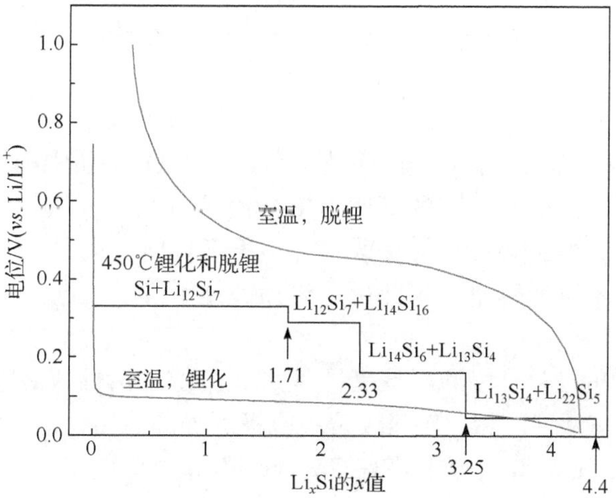

图 5.14 Li-Si 的电化学合金化曲线

然而，硅作为负极材料仍面临巨大挑战。如图 5.15 所示，硅负极在充放电过程中伴随着高达 320%的体积变化，随着充放电的持续进行，电极材料粒子间及其与集流体间的接触遭到破坏，导致电子、离子通路受到阻碍。同时，硅作为半导体材料，其电子导电性和离子导电性均较差，不利于其容量发挥。再者，硅负极与电解液的界面不够稳定，电解质中 $LiFP_6$ 的分解及其与痕量水反应生成的 HF 会刻蚀 Si 表面的氧化层，进而影响 SEI 膜的稳定性。该刻蚀过程会不断暴露新鲜的硅表面，并导致电解液的分解反应以及 SEI 膜的不断生成，活性锂被不断消耗，造成严重的动力学阻碍及容量损失。

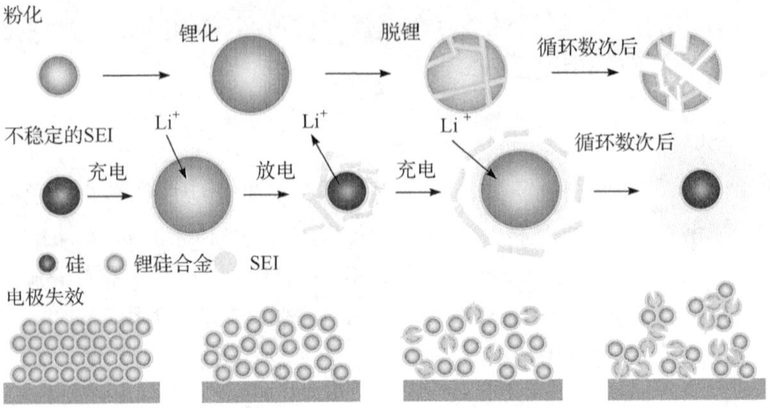

图 5.15 硅负极中的问题与挑战

为解决这些问题，从材料角度设计硅纳米结构、氧化亚硅、无定形硅合金以及纳米硅/碳复合材料是目前较为有效且相对成熟的方案，此外对硅进行预锂化也是改善硅负极反应可逆性的重要手段。

1）硅纳米结构

通过优化硅的纳米结构与形貌，构筑包括纳米线、纳米管和纳米球等结构，可以有效提升硅负极性能。纳米结构具有更多的自由体积，可以缓解锂插入时带来的体积膨胀问题，展示出较高的可逆容量以及良好的循环稳定性。研究人员通过气-液-固方法在金属集流体上直接生长获得了硅纳米线。得益于硅与集流体之间良好的电子接触、高效的电荷传输机制以及硅纳米线的小尺寸，所得硅负极能更好地容纳体积变化，维持材料的结构完整性，表现出出色的电化学性能。

2）氧化亚硅

非晶态 SiO_x 是由 5 nm 以下的硅团簇均匀分布于 SiO_2 基质中组成的，表现出优异的循环稳定性和 1200～1900 $mAh \cdot g^{-1}$ 的高比容量。较强的 Si—O 键以及循环过程中形成的硅酸锂盐、Li_2O 等能有效缓冲体积膨胀，改善电极循环性能。然而，硅酸锂盐和 Li_2O 的形成也增加了电极的首圈不可逆容量，对此可通过预锂化手段予以进一步改善。

3）无定形硅合金

无定形硅合金中的 Si 是以原子或者团簇形式分散在活性或者非活性的金属合金介质中，形成稳定的非晶态活性区域，从而改善了电极的循环稳定性。其中，活性组分通常包括 Si、Sn、Ge 和 Sb 等，非活性组分主要有 Co、Fe、Mn、Ni 和 Mo 等。通过调整活性和非活性组分的比例，可平衡材料的容量、倍率性能、体积变化和成本等特性，获得目标的合金负极材料。然而，由于非活性组分的引入，无定形硅合金的比容量势必有所折扣，且材料成本和制造成本明显增加，距离产业化仍有较大距离。

4）纳米硅/碳复合材料

纳米化可有效缓解体积变化，缩短电子、离子扩散路径，改善反应效率，然而较高的比表面积和孔隙结构会造成电解液的大量分解和不稳定的 SEI 膜，导致材料的首圈充放电库仑效率较低以及压实密度较低等问题。将纳米硅颗粒均匀分散于碳基质中形成硅/碳复合结构，借助碳材料形成三维网络增大 Si 和导电剂以及集流体的点接触，可有效提高材料整体的导电性，释放纳米 Si 体积变化产生的应力，并构建相对稳定的 SEI 膜，从而提高硅电极的首圈库仑效率和循环稳定性。

5）预锂化

预锂化是指在材料中提前引入活性锂，旨在缓解电池中锂源被副反应、SEI 及不可逆嵌锂等过程的消耗，从而大幅提高电池的循环性能。目前常见的预锂化方式主要包括化学预锂化、电化学预锂化和机械预锂化等。硅负极预锂化的主要作用体现在：①减少首圈充放电过程中与电解液反应形成 SEI 膜，减少不可逆容量损失，提升首圈库仑效率；②在硅负极表面形成相对稳定且均匀的 SEI 膜，缓解实际充放电过程中 SEI 膜的反复破裂和重建；③预先部分释放硅负极在充放电过程中产生的应力，减少材料的粉化和电极结构的破坏，从而提升反应效率和循环稳定性。目前，预锂化技术已经广泛应用于硅负极材料的研究中，但是预锂化条件，包括温度、时间、锂源浓度等对材料性能的影响仍需进一步探明，新型的高效且低成本的预理化方法也有待探索和开发，以推动预锂化技术的产业化发展。

5.3.3　金属氧化物基负极材料

1. 钛基氧化物负极材料

钛基氧化物具有体积效应小、工作电压高、安全性高、循环寿命长、无毒无污染等优点，作为锂离子电池负极材料受到了广泛关注。常见的钛基氧化物负极材料包括 TiO_2、$Li_4Ti_5O_{12}$、$Li_2Ti_3O_7$ 和 $H_2Ti_3O_7$ 等。钛基负极材料的电子电导率通常较低，在大电流充放电下，高密度 Li^+的插入和较慢的 Li^+传输速率导致材料中 Li^+浓度极化增大，严重降低电化学反应效率。对此，研究人员主要通过离子掺杂、表面包覆和形貌调控等方法改善其电子离子输运能力，提升充放电性能。

1）TiO_2 负极材料

TiO_2 具有相对开放的晶体结构和灵活的 Ti^{4+}电子结构，有利于接受外来离子如 Li^+、H^+和 Na^+等的嵌入。研究表明，TiO_2 的晶型结构对锂离子的嵌入/脱出行为和性能具有较强的影响。其中，板钛矿和金红石相 TiO_2 的嵌锂量极小，锐钛矿 TiO_2 和 TiO_2（B）的嵌锂量较大。TiO_2 的嵌脱锂反应如下：

$$TiO_2 + xLi^+ + xe^- \longrightarrow Li_xTiO_2 \tag{5.81}$$

TiO_2 充放电平台电位约为 1.75 V（*vs.* Li^+/Li）。较高的嵌锂电位可避免 Li 在负极表面的沉积以及锂枝晶的形成，提高了电池的安全性。TiO_2 在有机电解液中的溶解度很小，与电解液具有良好的兼容性，同时其脱嵌锂对应的体积膨胀/收缩效应小（＜3%），有助于材料在充放电过程中保持结构完整性，从而实现较高的循环稳定性。这些优点使得 TiO_2 成为极具潜力的、有望代替碳材料的锂离子负极材料。常见的 TiO_2 晶型有金红石、锐钛矿、板钛矿和 TiO_2（B）四种，如图 5.16 所示，其结构稳定性顺序为：金红石＞锐钛矿＞板钛矿＞TiO_2（B）。

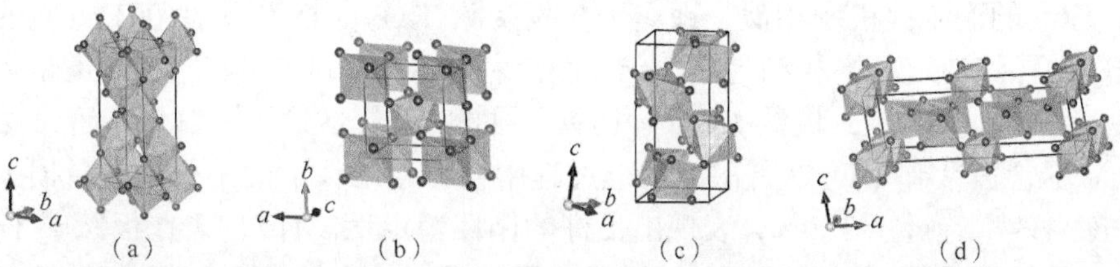

图 5.16　不同晶型的 TiO_2 结构示意图：（a）锐钛矿；（b）金红石；（c）板钛矿；（d）TiO_2（B）

（1）锐钛矿 TiO_2。锐钛矿 TiO_2 属于四方晶系，具有 $I4_1/amd$ 空间群，晶胞参数 a = 0.379 nm，b = 0.951 nm，密度为 3.79 g · cm^{-3}。在锐钛矿 TiO_2 中，以 TiO_6 八面体为基础通过共用四条边和共顶点连接形成晶格结构[图 5.16（a）]。这种结构使得锐钛矿 TiO_2 具有与 a 轴和 b 轴相平行的 Li^+ 双向扩散通道，从而在室温下表现出优异的电化学嵌脱锂性能，成为目前研究和应用最多的 TiO_2 负极材料。锐钛矿 TiO_2 的理论比容量为 335 mAh · g^{-1}，而实际可达到的放电比容量通常仅为理论值的一半。当锐钛矿 TiO_2 中的嵌锂系数大于 0.5 时，会出现强烈的 Li-Li 相互作用，导致 Li^+ 在进一步的嵌入反应中受到阻碍。锐钛矿 TiO_2 的嵌锂过程总体可分为三个阶段：①在开路电压至 1.75 V 的电压区间，少量 Li^+（嵌锂系数约为 0.01）嵌入锐钛矿 TiO_2 晶格中。首次充放电过程中的不可逆容量损失被认为是由晶格中的 Li^+ 无法完全脱出以及电极表面生成 SEI 膜共同导致的。②在 1.75 V 附近的电压平台区域，Li^+ 嵌入锐钛矿 TiO_2 晶格的八面体空隙中，对应贫锂相 Li_xTiO_2（$x<0.5$）和富锂相 $Li_{0.5}TiO_2$ 间的两相反应过程。③从 1.75 V 至截止电压区间，主要对应于纳米级 TiO_2 材料表面的赝电容嵌锂反应。该反应使得 Li^+ 进一步嵌入材料表面，形成 $Li_{0.5+x}TiO_2$（$0<x\leqslant 0.5$）。

材料的粒径对电极性能有密切影响。尺寸过小会减少晶格中的嵌锂空位，导致放电平台缩短；尺寸过大会影响锂离子的扩散速度，导致放电容量降低和动力学恶化。纳米化和特殊形貌的材料设计可缩短锂离子的扩散路径，提高 TiO_2 的导锂能力，改善其嵌脱锂容量和快速充放电性能。采用碳纳米管等碳材料包覆 TiO_2 可以显著地改善其电子导电性能，提高循环性能。

（2）金红石 TiO_2。金红石 TiO_2 属于四方晶系，具有 $P4_2/mnm$ 空间群，晶胞参数 a = 0.459 nm，c = 0.296 nm，密度为 4.13 g · cm^{-3}。在金红石结构中，O 呈近似六方最紧密堆积，Ti 位于 O 原子构成的八面体正中心，占据其中一半的八面体空隙，构成 TiO_6 八面体配位，Li^+ 可进入剩余的八面体空隙。TiO_6 八面体沿 c 轴排列成链状，相邻两个 TiO_6 八面体各共用一条棱，链间由八面体共顶点相连[图 5.16（b）]。室温下，Li^+ 在金红石 TiO_2 中沿 c 轴扩散迁移。然而，通过共棱连接形成的 TiO_6 八面体沿 c 轴的孔隙通道半径仅为 4 nm，不利于 Li^+ 的大量扩散与可逆嵌脱。此外，TiO_2 的电导率较低，当 Li^+ 嵌入晶格内部后难以形成有效的电场，Li^+ 无法完全可逆地脱出，导致晶格内存在一部分死锂。随后，当 Li^+ 嵌入 TiO_2 表层晶格时，其晶格内部的 Li^+ 更加难以有效地脱出，从而逐渐降低了嵌脱锂的反应活性。因此，金红石 TiO_2 在低温或室温条件下的循环性能较差。而在高温下，Li^+ 在金红石 TiO_2 中有良好的嵌脱反应可逆性，且脱嵌过程不会破坏材料的主体结构。在首次放电过程中，每个 TiO_2 单元可嵌入 0.5～1 个 Li^+，在后续的充放电循环中，嵌脱锂性能基本趋于稳定。

（3）板钛矿 TiO_2。板钛矿 TiO_2 属于斜方晶系，具有 $Pbca$ 空间群，晶胞参数 a = 0.917 nm，b = 0.546 nm，c = 0.514 nm，密度为 3.9 g · cm^{-3}。尽管 TiO_2 的晶体结构均是由 TiO_6 八面体共棱、共顶点构成，但其配位体的棱和角的排列方式因晶型的不同而有所差异[图 5.16（c）]。与金红石 TiO_2 的嵌脱锂机制相似，锂离子在板钛矿 TiO_2 晶格沿 c 轴[001]方向的扩散阻力较小，相应的孔隙通道的半径约为 5.8 nm；而沿着 a[100]、b[010]方向的通道半径较小，锂离子扩散阻力较大。因此，板钛矿 TiO_2 具有一维的 Li^+ 扩散通道，其嵌锂容量相比锐钛矿 TiO_2 更低。尽管板钛矿 TiO_2 在首次充放电过程中存在相对较大的不可逆容量损失，但在后续循环中库仑效率趋近于 100%，表现出良好的循环稳定性。针对 Li^+ 在板钛矿 TiO_2 晶格内部的扩散通道较窄的限制，通过材料的纳米化设计可以极大地缩短 Li^+ 的扩散路径，从而提

高板钛矿 TiO_2 的循环性能和可逆容量。

（4）TiO_2（B）。TiO_2（B）是另一种 TiO_2 晶型，属单斜晶系和 $C2/m$ 空间群，晶胞参数 $a = 1.217$ nm，$b = 0.374$ nm，$c = 0.651$ nm，密度为 3.64 g · cm^{-3}，其中 B 代表类似钛青铜（titanium bronze）结构。TiO_2（B）的晶体结构以 TiO_6 八面体为骨架，通过共用边和共顶点的方式连接形成[图 5.16（d）]。TiO_2（B）晶体具有更开放的三维锂离子扩散通道，有利于大量锂离子的可逆嵌入脱出。与其他晶型相比较而言，TiO_2（B）具有大比表面积、短 Li^+扩散路径、低密度和更开放的三维离子扩散通道等优势，表现出较高的嵌脱锂容量和更出色的快速充放电能力。然而，TiO_2（B）的结构稳定性相对较差，在循环稳定性方面较为劣势。

2）钛酸锂（$Li_4Ti_5O_{12}$）负极材料

$Li_4Ti_5O_{12}$ 具有立方相尖晶石结构，属于 $Fd3m$ 空间群，晶胞参数 $a = 0.836$ nm，在空气中具有较高的稳定性。$Li_4Ti_5O_{12}$ 的晶体结构如图 5.17 所示，其中 O^{2-}占据所有的 32e 位置，Li^+除了占据四面体的 8a 位置外，还与 Ti^{4+}按 1 : 5 的化学计量比随机占据八面体的 16d 位置。因此，其化学式也可写成 $Li[Li_{1/3}Ti_{5/3}]O_4$。钛酸锂可以实现 3 个 Li^+的可逆嵌入，生成岩盐结构的 $Li_7Ti_5O_{12}$，相应的理论比容量为 175 mAh · g^{-1}，充放电平台电压在 1.5 V（*vs.* Li^+/Li）左右，且极化非常小。

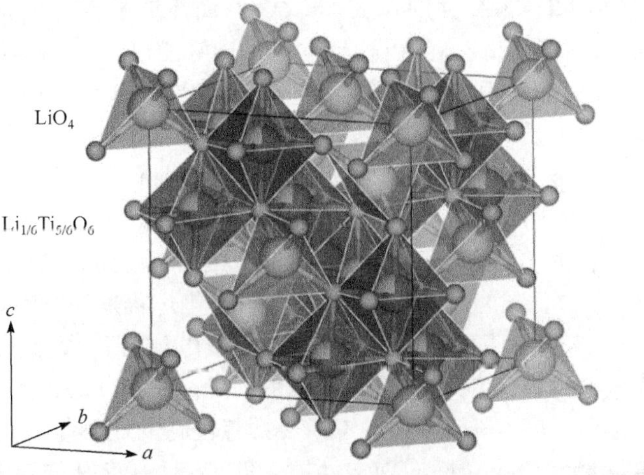

图 5.17　$Li_4Ti_5O_{12}$ 晶体结构示意图

$Li_4Ti_5O_{12}$ 最大的特点是零应变，在锂离子嵌入或脱出时，其晶胞参数和体积变化均很小（<1%）。这种零应变特点使得材料在充放电过程中免于过度膨胀和收缩而导致结构破坏，从而提高了电极的循环稳定性，并赋予其良好的耐过充和过放电特性。此外，钛酸锂还具有较高的热稳定性，其相对较高的工作电压可有效避免锂枝晶的生成、电解液的分解以及 SEI 膜的生成，在大电流密度下的安全性远超石墨电极。但是，钛酸锂的电子电导率（$<10^{-13}$ S · cm^{-1}）和离子扩散系数（10^{-13}～10^{-12} cm^2 · s^{-1}）均较低，限制了其倍率性能。因此，相应的改性优化工作主要集中在提升其电子和离子输运性质上，包括离子掺杂、表面修饰和纳米化等。

2. 其他金属氧化物基负极材料

除了钛基氧化物中的嵌入式储锂外，转化机制是负极材料另一重要的储锂机制。相应材料主要涉及过渡金属氧化物（如 Fe_xO_y、Co_xO_y、NiO、Mn_xO_y 和 MoO_2 等）、金属硫化物、

金属磷化物和金属氮化物等。这类材料的充放电过程涉及一种或多种原子在晶格中的化学变化，形成新的化合物，一般反应式可表达为

$$AB_x + 2xLi^+ + 2xe^- \longrightarrow xLi_2B + A \tag{5.82}$$

$$A + yLi^+ + ye^- \longrightarrow Li_yA \tag{5.83}$$

式中，B 为 O、S、N、P 等阴离子，当 A 为 Fe、Co、Ni、Mn、Cu 等非活性金属时，只发生式（5.82）的反应；当 A 为 Sn、Sb、Bi 等具有嵌锂活性的合金元素时，先发生式（5.82）的反应，随后发生式（5.83）的反应。基于这样的多电子、多步骤反应机理，该类转化型负极材料具有非常高的理论容量。然而，正是涉及多组分的反应以及组分之间的转化，该类负极材料在首圈循环中具有较大的不可逆容量，Li^+的脱嵌会带来剧烈的体积变化，造成电极材料结构的破坏以及电极的粉化和脱落，导致其循环性能不佳。对此，纳米结构设计和碳包覆是改善这类材料电化学性能的常用手段。

以 Co_xO_y 为例，Co_xO_y 作为锂离子电池负极材料主要包括 Co_3O_4 和 CoO 两种形式，理论比容量分别为 890 $mAh \cdot g^{-1}$ 和 715 $mAh \cdot g^{-1}$。不同形貌的 Co_xO_y 表现出不同的电化学性能，相关制备方法涉及湿法、固态、水热及微波反应等，通过调节制备条件可获得不同形貌的 Co_xO_y。例如，若以 NH_3 为腐蚀剂合成了 CoO 八面体纳米笼，具有大小均一、结构规则和边缘长度大等特点，表现出较高的可逆比容量、良好的循环性能和倍率性能。此外，将超细 CoO 纳米颗粒（约 5 nm）固定在石墨烯上，可进一步提升材料在长期循环过程中的结构稳定性。类似地，研究人员利用静电纺丝法技术制备了由纳米空心球组成的多孔 NiO 纳米纤维。所得材料在 1 $A \cdot g^{-1}$ 电流密度下循环 250 圈仍然拥有 707 $mAh \cdot g^{-1}$ 的比容量。与钴、镍氧化物相比，铁的氧化物在成本、环保、容量及安全性能方面具有更加突出的优势。研究发现，Fe_2O_3、Fe_3O_4 和 FeO 均可以作为锂离子电池的负极材料。FeO 的充放电通过转换反应进行，理论比容量为 745 $mAh \cdot g^{-1}$。首次放电的锂化过程发生在 0.6～0.7 V，后续的氧化平台电压约为 1.6 V，还原电压平台在 1 V 附近。FeO 的比容量较低，且其化学稳定性较差，在空气中易被氧化成 Fe_2O_3 或 Fe_3O_4。与 FeO 相比，Fe_2O_3 和 Fe_3O_4 具有更高的理论比容量，分别为 1007 $mAh \cdot g^{-1}$ 和 924 $mAh \cdot g^{-1}$。Fe_2O_3 具有较高的比容量，但其体积膨胀和收缩较大，可能导致电极材料的粉化和循环稳定性差。Fe_3O_4 具有良好的导电性和较高的比容量，但同样面临充放电过程中体积变化大导致的电极结构破坏和容量衰减问题。对此，通常也通过纳米化储锂以及复合材料设计改善其电化学性能。

5.4 锂离子电池电解质

电解质是锂离子电池的重要组成部分。在电池中，电解质填充了正极、负极和隔膜间的空间，构建了电池内部的离子通路，起到输送离子、传导电流的作用。电解液的选择在很大程度上决定了电池的工作机制，也显著影响了电池性能。目前，锂离子电池电解质按照溶剂可分为有机电解质和水系电解质，按照相态可分为液态电解质、凝胶电解质和固态电解质。

5.4.1 有机电解质

有机液态盐溶液是目前使用最多的锂离子电池电解质，也称电解液。它是将锂盐溶于

有机溶剂中获得的。合格的有机电解液需要满足以下要求：①离子电导率高，一般应达到 10^{-3}～2×10^{-3} S · cm^{-1}；②电化学稳定窗口宽，通常要求在 0～5 V（*vs.* Li^+/Li）内保持稳定；③热稳定性好，使用温度范围宽；④化学性能稳定，与其他电池组分不发生化学反应；⑤安全低毒。

有机电解液的发展经历了长期的探索，电解液的改良是提升电池性能的关键且有效的途径。目前，改善电解液的主要措施包括：①开发具有高介电常数的有机溶剂，改善电解液的溶解性及电导率；②开发新型的电解质盐，特别是具有较高非局域化电荷阴离子的盐类；③探索新型电解液添加剂，提升电解液的电导率、阳离子迁移数。

1. *有机溶剂*

1）有机溶剂的性质与分类

有机溶剂是电解液的重要组成部分。从路易斯酸碱性上看，有机溶剂可分为质子性溶剂和非质子性溶剂。质子性溶剂指分子中含有可以供给质子的溶剂，通常含有氢键给体如OH、NH 等基团，能够与其他分子形成氢键以及参与质子转移反应。非质子性溶剂是指分子中不含有可以供给质子的溶剂，通常没有能够形成氢键的氢原子。非质子性溶剂按其分子极性分为非质子极性溶剂和非质子非极性溶剂。极性溶剂是指含有极性基团的极性分子溶剂，其分子内正负电荷重心不重合而导致分子产生极性。通常用偶极矩或介电常数表征分子极性大小，介电常数大表示其极性大。非极性溶剂是由非极性分子溶液组成的溶剂，非极性分子多由共价键构成，偶极矩小，介电常数低，又称惰性溶剂，通常难以与溶质发生溶剂化作用。

在锂离子电池中，电解液通常使用与锂不反应的非质子溶剂，同时需要有较大的极性来保证锂盐的溶解和离子传导。锂盐的电导率用下式表示

$$\gamma = neu \tag{5.84}$$

式中，γ 为电导率；n 为电解液中承担电荷传输的离子数；u 为离子迁移速率；e 为电子电量。因此，为获得高离子电导率，通常希望锂盐在有机溶剂中有足够大的溶解度。一般情况下，非质子性溶剂中阴离子的溶剂化较为困难，相对地，锂离子的溶剂化显得更重要。离子的溶剂化自由能变化（ΔG_s）可以表示为

$$\Delta G_s = -\{N(Z_i e)^2 / 8\pi\varepsilon_0 r_i)\}(1-1/\varepsilon_r) \tag{5.85}$$

式中，N 为阿伏伽德罗常量；$Z_i e$ 为离子的电荷；ε_0、ε_r 分别为真空介电常数和溶剂的比介电常数；r_i 为离子半径。由上式可知，ε_r 是影响锂盐解离的重要因素，ε_r 越大，锂盐越易离解。通常认为 ε_r＜20 时，溶剂极化能力较弱，锂盐的解离程度低，锂盐容易形成离子对或离子簇，自由离子的数量较少，离子的迁移率较低。

针对溶剂对离子溶剂化的影响，Gutmann 定义了给体数（donicity number or donor number，DN）和受体数（acceptor number，AN）。DN 是溶剂作为电子对给体的能力的量度，AN 是溶剂作为电子对受体的能力的量度。高 DN 溶剂具有较强的电子给体能力，能与路易斯酸性物质（如金属阳离子）形成强配合物，有助于溶解锂盐提高离子解离度，从而提高离子电导率；高 AN 溶剂有较强的电子受体能力，能与路易斯碱性物质（如阴离子）形成强配合物，能有效稳定阴离子，提高电解液稳定性。高 DN 和高 AN 分别与阳离子和阴离子形成

强的溶剂化壳层，虽然促进了锂盐的接力，但也可能增加离子运动的阻力，降低离子迁移率，因此在电解液的开发中需结合两者使用，在强溶剂化和自由迁移率之间找到平衡。

电解液黏度也是影响离子输运性能的重要因素。假设离子在稀溶液中是刚性球，离子的迁移率（$u_{0,i}$）与溶剂黏度之间的关系如 Stokes 方程所示：

$$u_{0,i}=\frac{\lambda_{0,i}}{|Z_i|Ne}=\frac{|Z_i|e}{6\pi\eta_0 r_i} \tag{5.86}$$

式中，$\lambda_{0,i}$ 为离子的极限摩尔电导率；r_i 为 i 离子半径；η_0 为黏度。此外，溶剂的熔点、沸点与电池的工作温度密切相关，要实现电池的宽温区运行，需要溶剂具有较低的熔点、较高的沸点以及较低的蒸气压。因此，电解液溶剂的选择需要综合考虑比介电常数、DN 与 AN、黏度、熔沸点等一系列性质参数。常见溶剂的分子结构及相关参数如图 5.18 和表 5.4 所示。

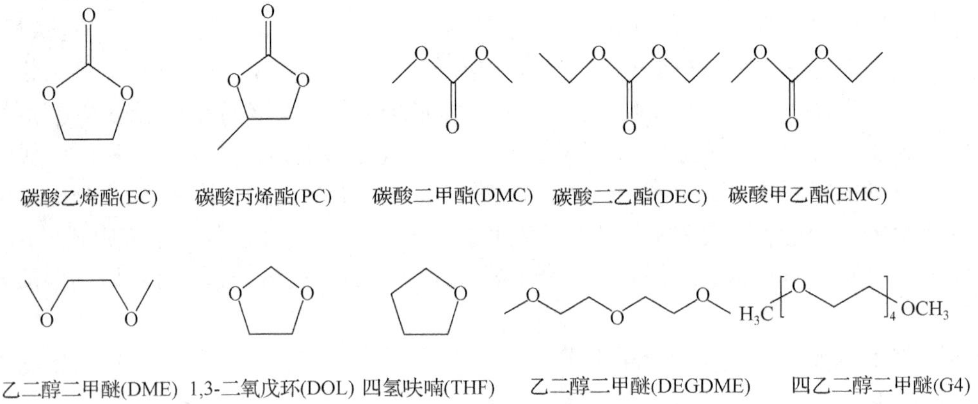

图 5.18　常见电解液溶剂的分子结构

表 5.4　常见电解液溶剂的关键参数

名称	黏度/cP	DN	熔点/℃	沸点/℃
EC	1.9（40℃）	16.4	37	238
PC	2.53	15.1	–49	242
DMC	0.59	8.7	3	90
DEC	0.75	8.0	–43	127
EMC	0.65	—	–55	108
DME	0.46	20.0	–58	84
DOL	0.59	—	–95	78
THF	0.46	20.0	–109	66
DEGDME	1.06	20	–60	162
G4	4.1	—	–30	275～276

2）常用电解液有机溶剂

（1）环状碳酸酯与链状碳酸酯。为保障电解液较高的离子电导率，要求有机溶剂具备较高的介电常数和较小的黏度。PC、EC 等环状碳酸酯类溶剂具有较高的极性和介电常数，使得锂盐在其中具有较高的解离度。同时，这类碳酸酯类溶剂沸点较高，具有良好的热稳定性，有利于提升电池的安全性能。PC 和 EC 可与锂发生反应，产生碳酸锂对锂表面起保护作用，防止副反应的进一步发生。然而，这类溶剂的凝固点较高，无法单独使用。

相比之下，链状的碳酸酯如 DMC、DEC 等黏度较低，介电常数较小，锂盐在其中的解离难度更大，导致电导率不佳。但其化学稳定性相对较高，黏度较低，沸点较低，有利于改善电解液的流动性和低温性能。因此，通常将环状和链状的碳酸酯进行复配，以平衡各方面特性，通常复配比例为 1∶1（体积比，下同），以平衡电导率和稳定性。常用的环状碳酸酯包括 PC、EC、碳酸丁烯酯（BC）等，链状碳酸酯有 DMC、DEC、EMC 等。

（2）环状醚与链状醚。醚类溶剂具有低黏度、低沸点和较高的化学稳定性等特点，也是锂离子电池电解液溶剂的重要选择。常见的醚类溶剂有 THF、DOL、DME、二甘醇二甲醚（DG）等。其中，THF 和 DOL 等具有环状结构，通常被称为环状醚，而 DME 和 DG 等为展开的链状结构，为链状醚。通常，链状醚具有更低的黏度、更高的离子电导率以及更好的低温性能，但其沸点通常较低，易挥发，会带来存储和安全性问题。相比之下，环状醚具有更高的介电常数和极性，对锂盐有更好的解离和溶剂化能力，可提升电解液的离子电导率，同时具有相对较低的挥发性，然而其较高的黏度影响了电解液的流动性和低温性能，并且其化学稳定性相对较差，容易发生开环聚合反应。因此，与酯类电解液相似，醚类电解液通常也基于链状醚和环状醚的复配，常见复配比例为 1∶1，从而兼顾电解液的电导率、稳定性和低温性能等。

此外，醚类溶剂也可以与酯类溶剂复配，利用其较低的黏度构建高电导的电解液体系。然而需要注意的是，醚类溶剂的抗氧化能力不足，因此在高电位下会存在副反应；同时，环状醚类可能发生开环聚合反应，特别是当存在痕量水以及路易斯酸等催化剂时。

2. 电解质盐

电解质盐，即锂盐，在有机溶剂中溶解、解离，为电池反应提供锂离子，形成电池内部电流。电解质盐有很多种，通常采用阴离子半径较大的锂盐，以提升其在有机溶液中的解离以及锂离子的输运性能。目前，一价的无机电解质盐中 $LiBF_4$、$LiPF_6$、$LiAsF_6$ 等具有较好的稳定性，但它们存在化学稳定性差、对水敏感、不易纯化等缺点。对于有机阴离子锂盐，目前常用的有 $LiCF_3SO_3$、$Li(CF_3SO_2)_2N$、$Li(C_2F_5SO_2)N$、$Li(CD_3SO_2)_3C$ 等，它们具有较高的溶解度和解离度，展现出不错的应用前景。常见锂盐的分子结构和基本性质如图 5.19 和表 5.5 所示。

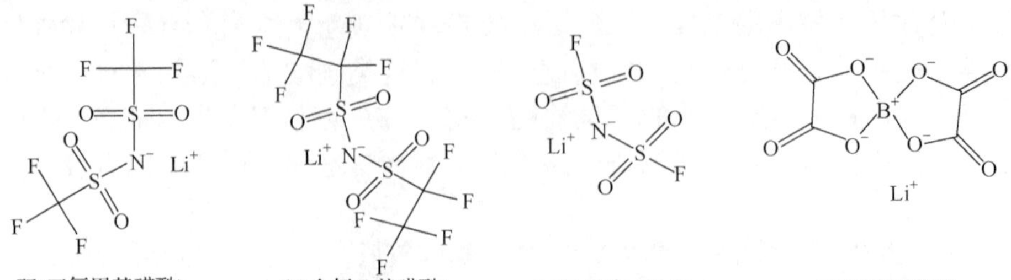

双(三氟甲基磺酰)亚胺锂(LiTFSI)　双(全氟乙基磺酰)亚胺锂(LiBETI)　双氟磺酰亚胺锂(LiFSI)　双草酸硼酸锂(LiBOB)

图 5.19 常见锂盐的分子结构

表 5.5 常见锂盐的基本性质

锂盐	摩尔质量/(g · mol⁻¹)	是否对铝箔腐蚀	是否对水敏感	电导率（1 mol · L⁻¹盐溶于EC/DMC，20℃）/(mS · cm⁻¹)
$LiPF_6$	151.91	否	是	10.0
$LiBF_4$	93.74	否	是	4.5
$LiClO_4$	106.40	否	否	9.0
$LiAsF_6$	195.85	否	是	11.1（25℃）
$LiCF_3SO_3$	156.01	是	是	1.7（25℃）
LiTFSI	287.08	是	是	6.2
LiBETI	387.11	是	是	5.5
LiFSI	187.07	是	是	10.4
LiBOB	193.79	否	是	7.5（25℃）

1）无机阴离子锂盐

锂离子电池电解液中，常用的无机阴离子锂盐的电导率、热稳定性和耐氧化性顺序如下：

电导率：$LiAsF_6 \geqslant LiPF_6 > LiClO_4 > LiBF_4$；

热稳定性：$LiAsF_6 > LiBF_4 > LiClO_4 > LiPF_6$；

耐氧化性：$LiAsF_6 \geqslant LiPF_6 \geqslant LiBF_4 > LiClO_4$。

$LiPF_6$是目前商业化最常用的锂盐，室温下 1 mol · L^{-1} $LiPF_6$/EC+DEC（1∶1）溶液中的电导率可达 10^{-2} S · cm^{-1}。同时，$LiPF_6$具有较高的电化学稳定性，稳定电压窗口可达 5.0 V 以上。然而，它的热稳定性较差，在 180℃左右开始大量分解；同时对水十分敏感，即使与痕量水接触也会导致其水解生成 HF，对电极材料、集流体等造成腐蚀，甚至导致电池产气。$LiAsF_6$具有更高的电导率和化学、电化学稳定性，但砷的毒性严重限制了它的应用。$LiClO_4$是研究历史最长、应用最早的锂盐。1 mol · L^{-1} $LiClO_4$/EC+DMC（1∶1）在室温下的电导率可达 9×10^{-3} S · cm^{-1}，且在 200℃下也几乎不发生分解，同时具有价格较低、易于制备和纯化等优势。然而，$LiClO_4$中的 Cl 处于高价态，具有较高的氧化能力，在高温、大电流等条件下容易与有机溶剂发生副反应，存在安全隐患。此外，其他无机阴离子盐如 $LiAlCl_4$、$Li_2B_{10}Cl_{10}$、LiSCN、$LiTaF_6$、$LiGeF_6$等也在被积极开发和研究，如 $Li_2B_{10}Cl_{10}$、$LiB_{12}Cl_{12}$在二氧环戊烷中的电导率可达 7×10^{-3} S · cm^{-1}，但目前这些锂盐通常面临制备困难、价格昂贵、化学稳定性有限等问题，距离规模化应用仍有不小的距离。

2）有机阴离子锂盐

有机锂盐一般含有较大半径的阴离子，使得电荷分布相对分散，电子离域化作用较强，从而削弱正、负离子间的相互作用，提高溶解度和解离度。三氟甲基磺酸锂（$LiCF_3SO_3$，LiTf）是最早商业化的有机锂盐之一，具有合适的电导率、较高的化学稳定性和热稳定性。但其离子电导率较低，室温下 1 mol · L^{-1} LiTf/PC 的电导率仅为 1.7×10^{-3} S · cm^{-1}，远低于相同条件下的 $LiPF_6$/PC 电解液。这是因为 LiTf 在有机溶剂中容易形成缔合离子对，限制了电荷传输。此外，研究发现 $CF_3SO_3^-$ 对铝箔集流体有一定的腐蚀作用，使得铝箔在 2.7 V 左右开始溶解，因此 LiTf 基电解液无法用于基于铝箔集流体的电池体系。双氟磺酰亚胺锂 [$Li(SO_2F)_2N$，LiFSI]具有优异的离子电导率，室温下 1 mol · L^{-1} LiFSI/EC+DMC（1∶1）的电导率可达 1.0×10^{-2} S · cm^{-1}；即使在–30℃，其离子电导率依然可在 10^{-3} S · cm^{-1} 以上。然而，LiFSI 对铝箔有腐蚀性，阻碍了其在锂离子电池中的应用。双（三氟甲基磺酰）亚胺锂[$Li(CF_3SO_2)_2N$，LiTFSI]是近年来发展迅猛的有机锂盐。$(CF_3SO_2)_2N^-$中电负中心的 N 原子和两个 S 原子与强吸电子能力的—CF_3 官能团或 O 原子相连，使得阴离子的电子离域性较强，因此 LiTFSI 和 LiTf 的性质较为类似，而 $TFSI^-$具有更大的离子半径，因此其在有机溶剂中具有更高的溶解度和解离度，电导率也更高。同时，LiTFSI 具有良好的热稳定性，360℃左右才开始分解，电化学稳定窗口可达 5 V，具有很好的应用前景。但目前其制备成本仍然较高，对水分较为敏感，还未能投入大规模工业应用。此外，硼系有机锂盐也是一类极具代表性的锂盐，包括双草酸硼酸锂[$Li(C_2O_4)_2B$，LiBOB]、氰基三氟硼酸锂（$LiBF_3CN$）、四（三氟甲基磺酰）硼酸锂[$LiB(CF_3SO_3)_4$，LiBTFSI]等。其中，对 LiBOB 的研究较多，它具有较高的溶解性和离子电导率，以及良好的电化学稳定性和热稳定性，并能与特定的溶剂反应形成稳定的 SEI 膜。

3. 电解液添加剂

电解液添加剂是指在电解液中添加的少量化学物质，用以改善电解液的整体性能，包括但不限于电导率、电化学稳定性、热稳定性、安全性、循环寿命等。用少量添加剂获得显著的效果是一种经济实用的改善电解液和电池性能的方法，是锂离子电池研究的重要内容。理想的电解液添加剂应该具备以下几个特点：①在有机溶剂中溶解度较高；②少量添加就能使一种或几种性能得到较大改善；③不与电池其他组分发生有害副反应，影响电池性能；④成本低廉，无毒或低毒。

根据功能不同可将添加剂分为成膜添加剂、阻燃添加剂、过充保护添加剂、导电添加剂等。

（1）成膜添加剂。成膜添加剂的主要作用是在充放电过程中帮助在电极表面形成稳定的 SEI 膜，允许 Li^+自由迁移而阻挡溶剂分子的穿透，从而阻止溶剂持续参与界面副反应导致对电极的破坏，对电池的库仑效率、循环寿命、倍率性能等均有重要的影响。理想的 SEI 膜应具有良好的导电性，致密并且在有机溶剂中不溶解。成膜添加剂按其作用机制可分为电化学还原型、化学反应型及 SEI 膜改性三种。常见的成膜添加剂有氟代碳酸乙烯酯（FEC）、碳酸亚乙烯酯（VC）、亚硫酸乙烯酯（ES）、硝酸锂（$LiNO_3$）、三乙基磷酸酯、丁二腈等。FEC 是当下电解液添加剂的研究热点之一，它能够于电池充放电初期在负极表面形成均匀、稳定且富含 F 的 SEI 膜，具有较高的离子电导率和结构稳定性，可有效防止电解液的进一步分解，提高电池的循环稳定性。

（2）阻燃添加剂。阻燃添加剂的作用主要是提高电解液的热稳定性，使电解液变得难燃或不可燃，从而避免电池在过热条件下的燃烧或爆炸，提高电池的安全性能，扩宽其工作温度范围。阻燃添加剂的作用机制通常有两类，一是在气相中与凝聚相之间形成隔绝层，防止其发生燃烧；二是在燃烧过程中捕获自由基，结束链式燃烧，抑制气相间的燃烧。常见的阻燃剂可分为三大类，包括磷系阻燃剂、卤系阻燃剂和复合阻燃剂。其中磷系阻燃剂主要包括烷基磷酸酯、氟化磷酸酯和磷腈类化合物。

（3）过充保护添加剂。过充保护添加剂的作用是在电池中建立电化学自我保护机制，在过充情况下阻断电池电流，以减少副反应和过度产热，提高电池安全性。根据其工作机制可分为氧化还原添加剂和电聚合添加剂。通过在电解液中加入适当的氧化还原对，使其在高电压过充时在正极发生氧化，随后扩散至负极进行还原，并在正、负极之间不断扩散和反应直至过充完成，以此消耗过充电荷，减少副反应和产热。氧化还原添加剂应具有高的氧化还原电位和良好的溶解性，以苯甲醚系列为代表。电聚合添加剂是在过充时会在电极表面发生电聚合反应生成聚合物保护膜，提高电阻，减小电流，从而实现安全保护。常见的电聚合添加剂主要为二甲苯、苯基环己烷等高分子单体。

（4）导电添加剂。导电添加剂是提升电解液电导率的重要手段。它主要通过添加剂分子与电解质离子发生配位反应，促进锂盐的溶解和解离，减小 Li^+的溶剂化半径。根据添加剂在电解液中与阴、阳离子的配位情况，可将导电添加剂分为阳离子配体（胺类、冠醚类等）、阴离子配体（氟化烷基硼化物等）和中性配体（氮掺杂醚类、烷基硼类等）。

5.4.2 水系电解质

有机电解液已经得到广泛的应用，但仍存在一些关键问题，如对水非常敏感、对常见锂盐的溶解能力差、易燃、易渗漏、成本较高等。在这些方面，以水作为溶剂的水系电解液展现出突出优势。

（1）廉价易得。与有机溶剂相比，水作为溶剂其成本更低；同时，水对许多廉价的锂盐如 LiCl、$LiNO_3$、LiOH 等具有很高的溶解度，可以有效替代相对昂贵的 $LiPF_6$ 等，大幅度降低电池成本。

（2）电导率高。水的介电常数很高（约 $80\ F \cdot m^{-1}$），能更有效地溶解和解离电解质盐，电解液的电导率可达 $10^2\ mS \cdot cm^{-1}$，比有机液体电解质高 1～2 个数量级，有利于提高电池反应动力学和大电流充放电性能。

（3）安全性高。水系电解液不易燃，减少了过充、短路或机械损伤等情况下造成电池燃烧或爆炸的安全隐患；同时水系电解液无毒性，对人体和环境友好。

（4）对电池生产、组装和密封过程的环境要求低，无需无水无氧环境，可以大大降低电池的生产和技术成本，有利于规模化生产和应用。

（5）对电极和隔膜材料的兼容性高，可以适用于各类电池体系，且在超级电容器、电镀、燃料电池等领域也有广泛的应用前景。

这些特点使得水系电解液在锂离子电池的研究和开发上受到了学术界和工业界的广泛关注。水系锂离子电池的充放电机理与基于有机电解液的锂离子电池类似，即锂离子在正、负极之间往返穿梭，并在其框架结构中嵌入/脱出。事实上，只要 Li^{+}能被紧紧束缚在基质材料中，负极的嵌锂电位不低于水的析氢电位，正极脱锂电位不高于水的析氧电位，锂离子就可能以水为介质在正负极间穿梭移动，构成水系电解质的锂离子电池（图 5.20）。

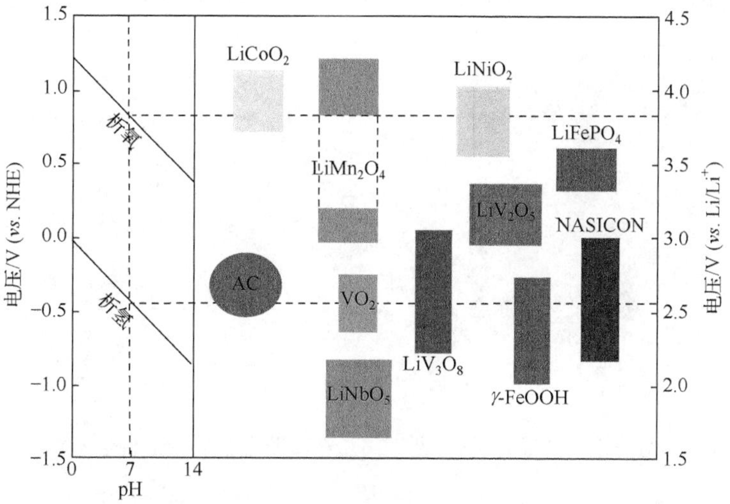

图 5.20　水系锂离子电池的电压窗口及常见电极材料的氧化还原电位

目前，水系电解液中使用锂盐主要有 Li_2SO_4、LiTFSI、LiAc、$LiNO_3$、Li_3PO_4 等，浓度通常为 1 mol · L^{-1}，同时可通过不同锂盐间的复配以平衡电导率和稳定性。此外，添加剂的使用，如 LiF、苯并三氮唑（BTA）等可进一步提高电解液的稳定性，减少对电极的腐蚀，提升电池的性能和寿命。不过，水系电解液也面临着许多挑战，主要包括：①电化学窗口窄，水的理论分解电压仅为 1.229 V，即使考虑到氢和氧析出的过电位，其稳定的工作电压也很难超过 2 V，这仅为有机电解质锂离子电池的工作电压的 1/2，严重限制了电池的能量密度；②水系电解液中的质子活性大，可能先于锂离子发生脱嵌反应，成为电极材料的主要副反应；③电极材料表面在水溶液中难以形成有效的钝化膜，电极结构无法得到有效的保护，导致电极材料在水系电解液中的循环寿命不佳。因此，水系锂离子电池的关键在于选择合适的电极材料，使电池保持在适当的工作电压以避免水在电极上的分解副反应，同时输出足够高的能量。

5.4.3　凝胶电解质

凝胶电解质是一类介于液态和固态之间的电解质体系，具有类似于固体的形态，但内部含有液体。它兼具了液态电解质的高离子电导率和固态电解质的机械稳定性与安全性，在锂离子电池和其他电化学器件中得到了广泛的应用。凝胶电解质通常由凝胶基质、溶剂和电解质盐构成。其中，凝胶基质可分为聚合物基质[聚氧化乙烯（PEO）、聚乙烯醇（PVA）、聚丙烯腈（PAN）、聚甲基丙烯酸甲酯（PMMA）、聚偏氟乙烯-六氟丙烯（PVDF-HFP）等]、无机基质（SiO_2 等）以及复合基质（PVDF-HFP+SiO_2 等），目前使用最多的为聚合物基质。

凝胶电解质中的离子传导主要发生在液相增塑剂及液相/聚合物界面中（图 5.21）。虽然聚合物基质与锂离子间存在相互作用，但作用强度较低，聚合物以提供较好的机械性能为主要功能，对离子传导的贡献较小。根据聚合物材料的类型，凝胶电解质可分为不同体系，按结构可分为交联型和非交联型。一般情况下，非交联型凝胶电解质的机械稳定性较差，难以直接用于锂离子电池。交联型凝胶电解质按照交联方式可分为物理交联与化学交联两种形式。此外，根据聚合物基体种类，凝胶电解质可分为聚醚系、聚丙烯腈系、聚甲基丙烯酸酯系、聚偏氟乙烯系等。几种经典的凝胶电解质基质聚合物结构式如图 5.22 所示。

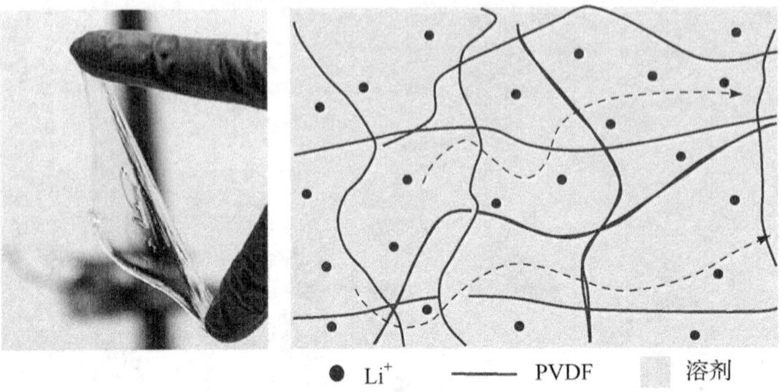

(a)　　　　　　(b)

图 5.21　凝胶电解质照片（a）及锂离子在凝胶电解质中的传输示意图（b）

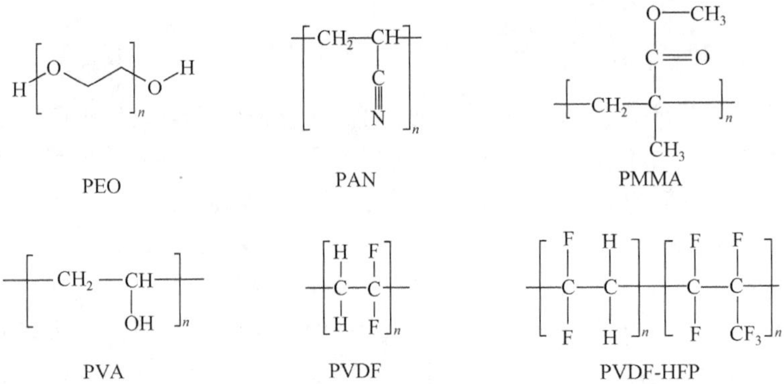

图 5.22　常见凝胶电解质聚合物基质的分子结构

5.4.4　固态电解质

1. 固态聚合物电解质

固态聚合物电解质（sold polymer electrolyte，SPE）是一种由聚合物和盐类组成的离子导体材料，具有质量轻、易成膜、黏弹性好等优点，有利于电池造型优化设计，充分利用器件空间，提升电池的耐高压、抗冲击、易加工性能。应用于锂离子电池的 SPE 需要满足以下条件。

（1）离子电导率高。电解质应该是良好的离子导体、电子绝缘体，以保障锂离子的传导，同时抑制自放电。离子电导率直接关系到电池反应效率和充放电速率。通常，液体电解质的室温离子电导率可达 $10^{-2}S\cdot cm^{-1}$，而 SPE 的室温离子电导率应至少达到 $10^{-4}S\cdot cm^{-1}$。

（2）可观的锂离子迁移数。锂离子迁移数越大，充放电过程中的浓差极化越小，越有利于电池的快速响应和大倍率充放电。理想状态下，锂离子迁移数为 1 最优。降低电解质中阴离子的迁移率是提升锂离子迁移数的有效手段。目前常见的办法主要包括将阴离子通过共价键固定在聚合物骨架上制备单离子导体聚合物电解质，或在电解质中可以添加阴离子受体以抑制阴离子的迁移。

（3）良好的机械强度。SPE 应具有良好的强度和柔韧性，在生产和使用过程中可有效抵抗冲击、弯折、穿刺而保证电池的结构完整以及有效工作。通常可以通过添加无机填料、交联、物理支持等手段提升 SPE 的结构稳定性。

（4）宽的电化学窗口。电化学稳定性是 SPE 的重要指标。SPE 需对正负极保持惰性，即其氧化电位应高于锂离子在正极中的脱嵌电位，还原电位应低于负极的脱嵌锂电位，从而避免电池在工作时发生电解液分解等副反应而失效。通常，SPE 的电化学窗口需要达到 4.5 V（*vs.* Li^+/Li）以上。

（5）优异的化学稳定性和热稳定性。聚合物电解质应该对电池的所有组分保持稳定，包括电极、隔膜、集流体、添加剂和电池的包装材料。优秀的热稳定性可以保证电池的安全使用，尤其是在短路、过充或过热等情况下。

与凝胶电解质相比，SPE 中不含有液相组分，锂离子的传导主要通过聚合物柔性链段的运动及其与聚合物链上的极性基团如醚基、羰基、氰基等的相互作用来进行，如图 5.23 所示。

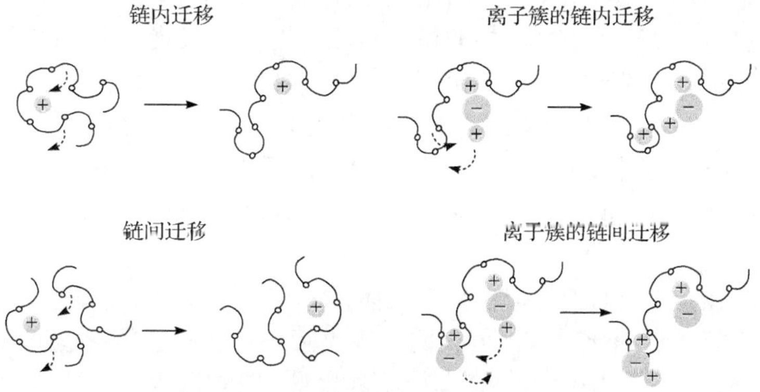

图 5.23　锂离子在 SPE 中的传输机制

聚合物基体的结构、分子量、玻璃化转变温度、结晶度等性质对 SPE 的离子电导率、电化学稳定性和机械性能都具有重要影响。SPE 中的离子传输主要发生在玻璃化转变温度（T_g）以上的无定形区域，通过聚合物链的局部运动，产生自由体积，从而实现锂离子在链内和链间的传导。通常 T_g 较低、结晶度较低的 SPE 具有较高的离子电导率，而提高聚合物分子量和 T_g，或者聚合共混可提高 SPE 的机械性能。在选择聚合物基体时需满足以下要求：①具有较强给电子能力的原子或基团，从而与阳离子进行配位作用；②具有较高的介电常数以促进锂盐的解离；③链段应具有较低的键旋转能垒以及较高的柔性和运动能力，以促进锂离子在链间和链内的传输；④参与配位的杂原子或官能团间应有适当的距离，以减小空间位阻，促进与阳离子的配位作用。常用的 SPE 聚合物基质主要有 PEO、PMMA、PAN、PVC 等。

目前 SPE 面临的主要问题仍然是离子传输性能不佳。对此，科研工作者展开了大量的改性工作，包括共混、共聚、交联、加入增塑剂、开发单离子导体 SPE、高盐型 SPE 和有机-无机复合 SPE 等，SPE 的综合性能得到了显著提升。然而，要实现 SPE 的商业化仍需克服许多难题，且难以通过某单一手段实现，需要结合多种方法。加深对 SPE 改性的理解，针对不同的应用场景选择合适的聚合物体系以及适当的改性方案，是今后 SPE 发展的主要方向。

2. 固态无机电解质

固态无机电解质（solid inorganic electrolyte，SIE）是指由无机化合物组成的具有离子传导能力的电解质材料。与固态聚合物电解质相比，固态无机电解质在室温下通常具有更高的电导率，可达 10^{-2} S · cm^{-1} 量级；同时 SIE 具有更高的化学、电化学和热稳定性，能够在高电压和多种化学环境中保持稳定。不过，SIE 通常更硬、更脆，而聚合物电解质更柔韧，更易于加工。固态无机电解质的种类较多，根据晶态可将其分为玻璃态（非晶态）电解质和晶态电解质。

1）玻璃态电解质

目前研究较多的玻璃态固态电解质可分为氧化物和硫化物两大类。

（1）氧化物玻璃态电解质。Li_2O-B_2O_3 氧化物玻璃体是一种由 SiO_2、B_2O_3、P_2O_5 等与 Li_2O 形成的氧化物网络，其中氧离子被固定，仅有锂离子能移动。Li_2O 作为网络修饰剂，其引入打破了部分 B—O 键，使得网络结构更加开放，形成了空隙和缺陷，为锂离子的迁移提供了通道；但 Li_2O 过高的浓度会使非桥合氧原子增多，限制锂离子的移动，从而降低了材料的电导率。B_2O_3 及其他氧化物的比例调整影响玻璃网络的结构和稳定性，从而影响锂离子的迁移。通常，氧化物玻璃体的离子电导率在 10^{-6} S · cm^{-1} 量级。尽管 Li_2O-B_2O_3 体系研究较早，但总体上离子电导率偏低，通常需要向体系中添加卤化锂、硫酸锂、磷酸锂等构建 B_2O_3-Li_2O-Li_nX（n=1，X=F、Cl、Br、I；n=2，X=SO_4、MO_4、WO_3；n=3，X=PO_4）以提升其电导率。

目前研究较多的为 Li_2O-P_2O_5-B_2O_3 三元体系。在一定比例下，该体系中可能还会形成 BPO_4 相，从而提高了玻璃化转变温度，同时提供额外的锂离子传导通道，但过量的 BPO_4 也会对其他通道形成阻碍，因此需要合理控制其含量，通常认为最佳组分为 40Li_2O-40B_2O_3-20SiO_2。此外，通常在该体系中加入具有较大阴离子半径的 LiCl，Cl 的引入扩展了晶格的大小，拓宽了离子迁移通道。LiCl 的添加量以 15%左右为宜，过多的添加会产生瓶颈效应，反而抑制锂离子的迁移。其他氧化物玻璃态固态电解质还包括γ-Li_3PO_4 固溶体、Li_2SO_4-Li_2O-B_2O_3、Li_2O-TiO_2-V_2O_5 等，优化电导率可达 10^{-5} S · cm^{-1}。此外，还可通过与聚合物电解质进行复合，如引入 PEO，所得的复合电解质的室温电导率可达 4.0×10^{-3} S · cm^{-1}。

（2）硫化物玻璃态电解质。硫化物玻璃体的离子电导率通常较氧化物更高，这是由于硫的电负性小，对离子的束缚作用弱，同时其更大的半径和离子通道也有利于离子的传输。然而，硫化物的化学、电化学和热稳定性较差，易吸潮，电化学窗口较窄，易与锂盐发生副反应，导致界面电阻增大。在这类玻璃体中，Li_2S-SiS_2 体系的热稳定性最高，玻璃化转变温度超过 300℃，并且 SiS_2 的蒸气压低，具有较好的可加工性。而在 Li_2S-SiS_2 体系中，硅与部分硫桥合，锂离子和非桥合的硫以离子键的方式结合。当非桥合硫原子数较多时，可以获得高电导率；当 Li_2S 含量较高时，难以获得均一的玻璃态，Li_2S 的晶化将导致电导率降低。因此，高导电的 Li_2S-SiS_2 体系同时需要足够的桥合与非桥合结构，通常该体系中 Li_2S 的最大组成约为 0.61Li_2S · 0.39SiS_2，电导率约为 6.2×10^{-4} S · cm^{-1}，超过该组分将引起 Li_2S 析出晶体，离子电导率降低。

在 Li_2S-SiS_2 中掺入少量氧化物掺杂剂 LiMO（M=Si、P、Ge、B、Al、Ga、In 等）可提高其热稳定性和离子电导率。其中，Li_3PO_4 是目前研究较多且效果最好的掺杂剂之一。在 Li_3PO_4-Li_2S-SiS_2 体系中，硅原子既能结合硫原子，又能结合氧原子，磷原子也能同时与氧原子及硫原子成键。氧原子有选择性地占据了玻璃体网络中的桥合位置，有利于提升网络结构的稳定性；同时更多的硫原子处于非桥合位置，有利于提高电导率。另外，在 Li_2-SiS_2 体系中加入少量的 Li_3MO_3（M=B、Al）可以有效抑制硫化物的结晶，提高离子电导率，室温下可达 10^{-3} S · cm^{-1}，电化学窗口宽度可达 10 V。此外，针对玻璃态电解质硬度大、脆性大等问题，还可以通过与聚合物如 PEO 进行复合以提升其机械加工性能，复合电解质的电导率也可达 10^{-4} S · cm^{-1} 以上。

2）晶态无机固态电解质

在无机固态电解质中，Li^+在基态稳定位点和/或由阴离子骨架中的亚稳定位点之间跳跃，从而实现其在固体中的扩散，这些位点及其能量主要取决于它们的局部键合环境。无机晶体固态电解质中的三种 Li^+传导机制如图 5.24 所示，主要包括：①Li^+在相邻空位间传导；②Li^+在未完全占据的空位间隙传导；③协同相关空位间隙传导。对于非晶的固态无机电解质，因其缺乏规则的配位位点和对称的长距离传输路径，目前还未能建立相对统一的传导机制。不过，基本的离子跳跃理论仍然适用，但仍需进一步系统化的统计处理等。

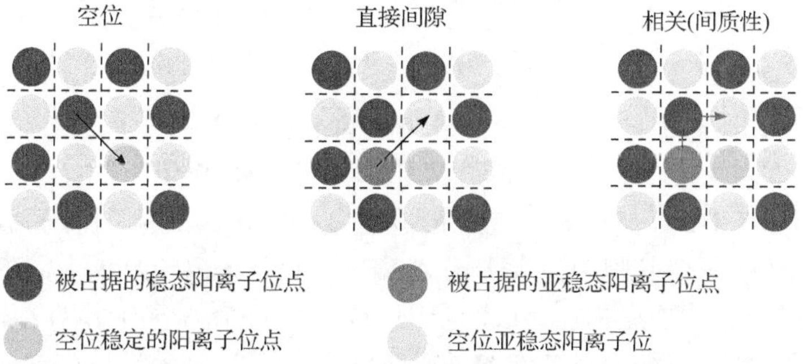

图 5.24　无机晶体固态电解质中的锂离子扩散机制

晶态电解质中，根据晶体结构类型可分为石榴石型、钙钛矿型、LISICON 型硫银锗矿、NASICON 型等。

（1）石榴石型。石榴石氧化物的化学通式为 $A_3B_2O_{12}$，其中 A 为碱金属或碱土金属离子，B 为过渡金属离子。这类氧化物固态电解质具有离子电导率高、电子电导率低、化学稳定性高、与电极材料兼容性好、电压窗口宽和工作温度范围宽等优点。较常见的石榴石型固态电解质有 $Li_5La_3M_2O_{12}$（M=Ta、Nb），室温电导率约为 10^{-6} S · cm^{-1}。为提高其离子电导率，通常对其 La 位和 M 位进行元素掺杂或取代。其中，Zr 取代 M 得到的 $Li_7La_3Zr_2O_{12}$（LLZO）是目前最佳的石榴石结构锂离子导体，电导率可达 10^{-4}～10^{-3} S · cm^{-1}，其晶体结构如图 5.25（a）所示。可以看出，LLZO 中[ZrO_6]八面体与[LaO_8]十二面体相连形成框架结构，其中由 Li 和 Li 空位形成的四面体和扭曲八面体网络是互通的。根据占位不同，Li 可分为两类，即位于四面体 24d 位置的 Li1 和位于八面体 96h 位置的 Li2。如图 5.25（b）所示，在 LLZO 骨架中，锂离子间的距离和迁移路径所形成的网络是无序的，目前认为 Li^+在立方体结构中的传输路径为 24d→96h→24d→96h→24d，其中 24d 是 Li^+路径的结点位置，而 Li^+在该位置上的迁移被认为是材料离子传导的决速步骤。

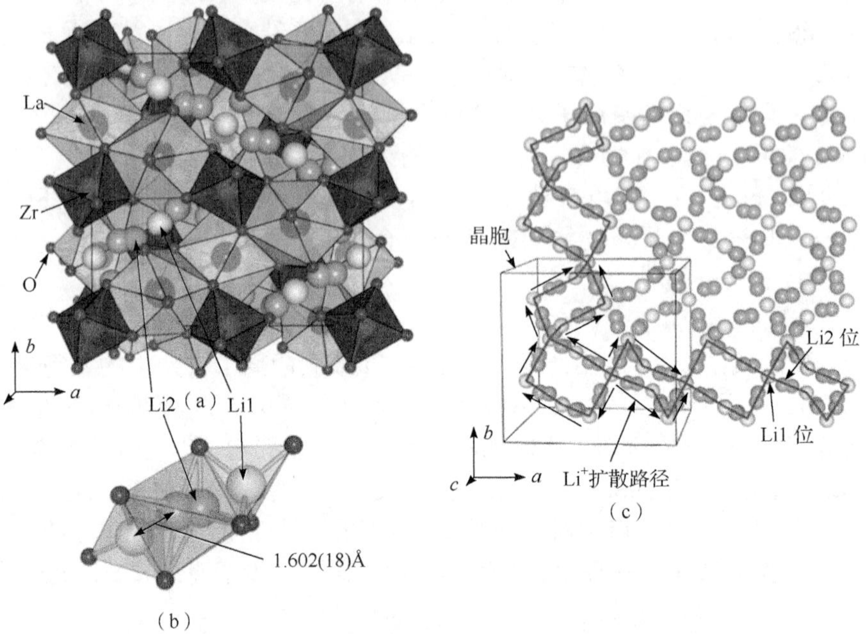

（a）（b）（c）

图 5.25 $Li_7La_3Zr_2O_{12}$ 的晶体结构（a、b）及锂离子传输网络示意图（c）

（2）钙钛矿型。钙钛矿是近年来研究最为火热的材料之一，在光伏、光电、热电等诸多领域受到了广泛关注。钙钛矿是一类陶瓷氧化物，分子通式为 ABO_3，其中 A=La、Sr、Ca 等，B=Al、Ti 等。其中，A 离子和氧离子形成立方密堆积，B 离子占据氧八面体间隙位置，结构如图 5.26 所示。每个晶胞中包含 1 个 A 离子、1 个 B 离子及 3 个氧离子。A 离子处于 8 个氧离子八面体通过共顶点相连而成的空隙位置上，每个 A 离子和 B 离子分别具有 12 个和 6 个氧离子配位数。这种晶体结构的形成条件为：①A 离子半径较大，以便与氧离子形成密堆积；②B 离子半径适合八面体配位；③A 离子和 B 离子总电荷数为氧离子的 3 倍。常见的钙钛矿型固态电解质材料有钛酸锶（$SrTiO_3$）、锆酸钡（$BaZrO_3$）和镧锂钛氧（$La_{2/3-x}Li_{3x}TiO_3$，LLTO）。以 LLTO 为例，其结构中 Li^+占据部分 A 位，剩余 A 位空位形成了锂离子迁移的空位通道；同时$[BO_6]$八面体也形成了理论空位通道，且在三维方向上相互

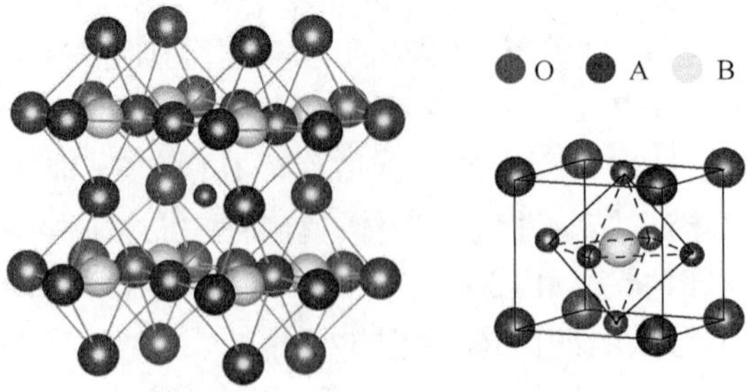

图 5.26 钙钛矿结构示意图

连接，形成了锂离子迁移的快速通道。因此，LLTO 表现出良好的离子输运能力，其离子电导率可达 10^{-3} S · cm^{-1}。然而，LLTO 中含有较易变价的 Ti^{4+}，当与金属锂接触时容易发生氧化还原反应，也容易与空气中的 CO_2 和 H_2O 反应，因此在锂离子电池的应用中受到一定限制。

（3）LISICON 和 Thio-LISICON 型。LISICON 即锂超离子导体，具有与 γ-Li_3PO_4 相似的晶体结构，所有阳离子都是四面体配位，锂离子在网络间隙中迁移，电导率可达 10^{-4}～10^{-3} S · cm^{-1}。同时，LISICON 材料具有良好的热稳定性，可以在较宽的温度范围内保持稳定的离子电导率。目前研究较多的 LISICON 材料有层状 Li_3N、骨架结构的 $Li_{14}ZnGeO_4$ 和 $LiTi_2(PO_4)_3$ 基固溶体等。然而，LISICON 与金属锂接触不稳定，也容易与空气中的 CO_2 和 H_2O 反应生成 Li_2CO_3 和 $LiGeO_3$ 等，降低了其电导率和实用性，通常需对其进行掺杂改性以提升相关性能。

Thio-LISICON 是 LISICON 的一种变体，以更大离子半径和更容易极化的硫原子替代 LISICON 中的氧原子，可以有效提升网络中的离子输运性能。其中，最具代表性的为 Li_2S-GeS_2-P_2S_5 体系中的 $Li_{10}GeP_2S_{12}$（LGPS）材料，其结构如图 5.27 所示。LGPS 的晶体结构属于四方晶系，空间群为 *P4/nmm*。其中 Li^+主要分布在 PS_4 四面体周围的 Li1 位置，形成一维链状通道，以及位于 GeS_4 四面体之间的 Li2 位置并相互连通形成二维的平面通道。得益于该独特的三维通道结构，LGPS 表现出优异的离子传输性能，其室温锂离子电导率可达 10^{-2} S · cm^{-1}，甚至接近液态电解质的电导率。不过，与其他硫基固态电解质类似，Thio-LISICON 对空气和湿气敏感，容易发生分解生成硫化氢气体。其次，与氧化物固态电解质相比，Thio-LISICON 的机械强度普遍偏低，可能在电池循环过程中产生裂纹或界面分离。另外，高质量的 Thio-LISICON 的制备对环境条件较为敏感，工艺较为复杂，成本较高，还难以大规模生产和应用。

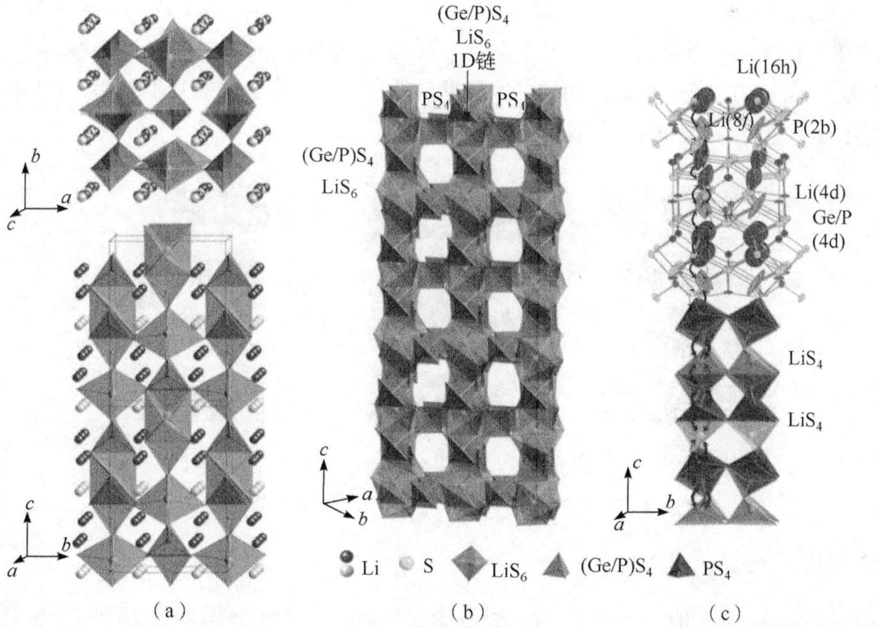

图 5.27　LGPS 晶体结构示意图

5.5 钠离子电池正极材料

钠离子电池在 20 世纪 80 年代几乎与锂离子电池并行起步，但受限于较差的电化学性能，其发展很快落后于锂离子电池，主要原因是难以获得具有竞争力的工作电压和容量的储钠材料。首先，Na^+半径（0.98 Å）大于 Li^+半径（0.69 Å），导致 Na^+插入/脱出和传输穿过主体材料框架的动力学缓慢，比容量和倍率性能大幅下降；其次，Na^+插入引起的较大体积膨胀引起主体材料的相和晶格的巨大变化，导致其结构容易坍塌，限制了循环性能；此外，钠的电位较低和原子量较大，相应的电池能量密度也低于锂离子电池。因此，构建高能量密度且价格合理的电极材料是钠离子电池面临的关键挑战。

5.5.1 层状氧化物正极材料

层状过渡金属氧化物是常见的钠离子电池正极材料，化学通式可表述为 Na_xMeO_2（Me：Mn、Co、Ni、Fe、Cu、V 及其组合）。其晶体结构由共边的 MeO_6 八面体组成，随 c 轴的取向不同产生多种多样的堆叠形式。该类材料中发展较早的为 Na_xCoO_2。在其晶体中，氧原子以 ABA 型堆积的方式紧密排列，过渡金属 Co 分布在 O 的八面体空隙中构成稳固的 CoO_2 层，Na^+则在 CoO_2 层平行的单独层进行嵌入脱出。根据 x 值及钠离子存储的位置不同，可将 Na_xCoO_2 划分为四种稳定的晶体学结构，即 O3、O′3、P3 和 P2 相。字母表示钠所在的环境（O 为八面体，P 为棱柱形），数字表示被不同氧化物层包围的独特中间层的数量（2 代表 ABBA 堆叠方式，3 代表 ABCABC 堆叠方式），“′”表示扭曲相。在 O3 相中（$0.7 \leqslant x \leqslant 1$），氧化物层堆叠遵循 ABCABC 模式，所有钠共用一个边和一个面[图 5.28（a）]。在 P2 相中（在 $x \approx 0.7$ 时），氧化物层堆叠遵循 ABBA 模式，所有 Na 共享整个边或整个面[图 5.28（b）]。在 P3 相中（$x \approx 0.5$ 时），氧化物层堆积遵循 ABBCCA 模式，所有 Na 与一个 TMO_6 八面体共用一个面，与三个 TMO_6 八面体共用三个边[图 5.28（c）]。其中，P2 和 O3 为钠离子电池中最常见的结构。

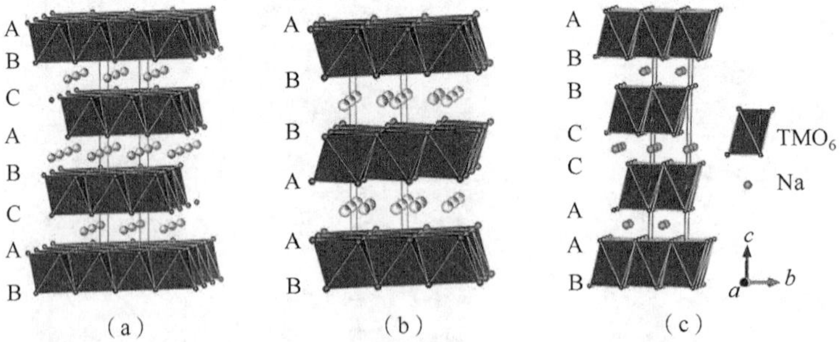

图 5.28 O3（a）、P2（b）、P3（c）相结构

1. P2 型过渡金属氧化物

P2 型 Na_xMO_2 的 x 值为 0.7 左右，结构相对稳定，过渡金属的平均价态高于+3.3。相邻的 A-A 两层中的氧会发生显著的静电排斥现象，因此晶面间距较大，使得离子半径较大的 Na^+可以稳定存在于两个 MO_6 八面体间的三棱柱中。进一步将 Na^+的位点分为两个 MO_6 八

面体面对面之间和边对边之间的两种类型（分别为 Naf 和 Nae）。由于 Na^+尺寸较大，这两个位点的实际距离非常近，Na^+在这两个位点的嵌入/脱出几乎同时进行。当 Na_xMO_2 中 $x<0.46$ 时，继续脱出 Na^+，MO_6 会滑移变形使晶体结构收缩、晶面间距减小变为 O2 型材料。

P2 型过渡金属氧化物整个钠层可视为由三棱柱组成的 Na^+快速传输通道，因此 P2 型材料表现出较低的 Na^+扩散势垒。在具有相似化学式的两种材料中，P2 型层状材料往往会表现出高于 O3 型层状材料的离子电导率。在脱/嵌钠的过程中，需由占据金属位点的活性过渡金属离子参与氧化还原反应以保持体系的电中性。过渡金属位点可以由一种或多种金属离子同时占据，阳离子氧化还原对也呈现出多样性。主要的过渡金属氧化还原对包括 $V^{3+/4+}$、$Mn^{3+/4+}$、$Ru^{4+/5+}$、$Ir^{4+/5+}$、$Co^{3+/4+}$、$Cr^{3+/4+}$、$Fe^{3+/4+}$、$Ni^{3+/4+}$和 $Cu^{2+/3+}$等，反应电位如图 5.29 所示。其中，$V^{3+/4+}$、$Mn^{3+/4+}$、$Ru^{4+/5+}$、$Ir^{4+/5+}$的氧化还原电位在 3 V 以下，主要在低电压区贡献容量，其他阳离子氧化还原对在高电压区贡献容量。并且，离子的氧化还原电位还与材料的组成配比有关，过渡金属位点上不同离子的相互作用会对反应电位产生影响。例如，P2-$Na_{2/3}Ni_{1/3}Mn_{2/3}O_2$ 中 Ni 的氧化还原电位在 4 V 以下，而在 P2-$Na_{0.67}Ni_{0.21}Mn_{0.67}Cu_{0.05}Zn_{0.07}O_2$ 中 Ni 的氧化还原电位可提高到 4 V 以上。

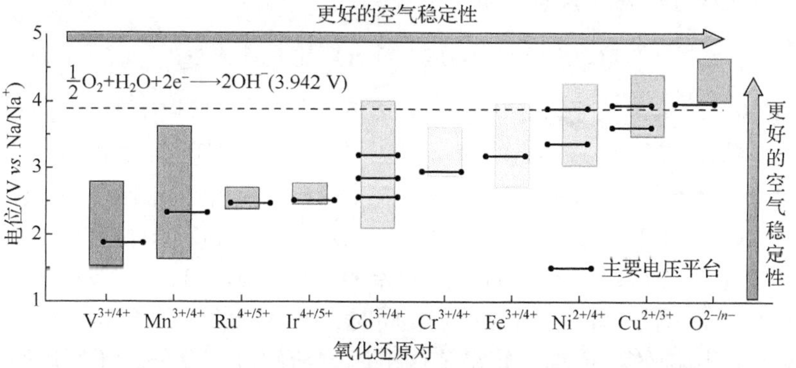

图 5.29　P2-Na_xTMO_2 中阳离子氧化还原对

P3 型 Na_xMnO_2 升温至 700℃以上会转化为 P2 结构，这涉及 CoO_6 八面体自旋和 Co—O 键断裂。在储钠过程中，2.7～3.5 V（*vs.* Na^+/Na）范围内，P2 型材料的电压平台与另外两类材料相似，但小于 2.7 V 时，P2 型材料的反应变得十分复杂，这是因为更多 Na^+储存于三棱柱结构中造成材料结构的持续相变。而 Na_xMnO_2 在室温充放电过程中，容易随着 Nae 和 Naf 位点上的 Na^+快速同时存储和强的晶面排斥效应而导致结构发生不可逆塌陷，向无定形材料转变。由于 Fe^{4+}自身在氧化物中的不稳定性，P2 型 $Na_{0.7}FeO_2$ 是难以稳定存在的。通过用 Mn 取代部分 Fe，可使 $Fe^{3+/4+}$在 3.8～4.2 V 范围内具有电化学活性，而小于 3.8 V 的范围内材料的氧化活性由 $Mn^{3+/4+}$提供。在 Mn 提供活性的电压范围内，材料维持 P2 结构；而当 $Fe^{3+/4+}$的氧化过程开始后，材料的结构由 P2 型向 OP4 型转变；当完全充电至 4.2 V 时电极材料的化学组成为 $Na_{0.13}[Fe_{0.5}Mn_{0.5}]O$。

针对 P2 型材料在充放电过程中的相变、电压窗口及空气稳定性问题，研究人员通过一系列改性手段对其进行优化。主要改性方法包括碱金属/碱土金属掺杂、过渡金属掺杂、双（碱金属/碱土金属和过渡金属）掺杂、涂层和高熵氧化物等。过渡金属掺杂可通过少量的附加离子或基团结构取代原始材料结构中的部分等效位置，从而产生空位、大空隙或修改晶格参数来改善性能和结构。双掺杂可结合碱金属/碱土金属和过渡金属的作用，合理设计目标材料。此外，多数层状正极材料的空气稳定性较差，这是由于水和二氧化碳与钠离子在电极表面形成钝化层，而材料表面的人工涂层设计可保护正极材料免受潮湿空气影响，保障材料结构稳定性及导电性。在高熵氧化物中，五种或更多元素可以稳定固溶状态并共享等原子位置，这类材料通常表现出优异的强度、高低温性能和储能能力等特点，在钠离子电池层状正极材料的设计和改性中也具有良好的发展潜力。

2. O3 型过渡金属氧化物

O3 型层状氧化物由三个不同的 MeO_2 层组成，分别为 AB、CA 和 BC 层，此时的钠含量为 0.8～1 之间，空间群为 $R\overline{3}m$ 。因此 O3 相的理论比容量一般较 P2 相更高，但其中的钠离子扩散速率更慢，这是因为 O3 相中的 Na^+位于八面体位置，Na^+嵌入脱出时，需要先经过四面体中心位置，导致扩散能垒较高。通常情况下 O3 相材料的空气稳定性较差，在空气中放置时具有较强的吸湿性，容易与空气中的 H_2O 和 CO_2 反应。

α-$NaFeO_2$ 是经典的 O3 型层状材料，平均放电电压约为 3.3 V（*vs.* Na^+/Na），电化学活性来自 $Fe^{3+/4+}$氧化还原电对，反应式如下：

$$NaFeO_2 \longrightarrow Na_{1-x}FeO_2 + xNa^+ + xe^- \tag{5.87}$$

α-$NaFeO_2$ 的反应可逆性受截止电压的影响较大，在 3.5 V 以上循环可逆容量明显降低。这是由于在高电位下 Fe^{4+}增多，部分 Fe^{4+}会发生自发还原并迁移到相邻的储钠层，对 Na^+的迁移造成阻碍，从而影响放电容量。与之相比，$NaMnO_2$ 的电压范围更宽，但循环稳定性依然较差。O3 型 $NaMnO_2$ 作为钠离子电池正极时材料在放电过程中具有多个电压平台，材料放电过程的相变十分严重，这是其循环性能差的主要原因。Ti～Ni 等具有 3d 轨道的过渡金属元素也可作为储钠基体的高活性位点。同时，少量的氧空位有助于相变时减小氧化层之间的阻力，提高结构的稳定性，使得工作电压有所提高。此外，还可以引入多元素构建二元/三元金属氧化物提升其储钠性能。例如，三元 O3 型 $NaNi_{1/3}Mn_{1/3}Co_{1/3}O_2$ 在 2～3.75 V 下具有约 120 $mAh \cdot g^{-1}$ 的比容量，钠离子嵌入/脱出的过程中经历 O3—O1—P3—P1 的可逆相变。

5.5.2 聚阴离子型正极材料

钠基聚阴离子类化合物是指聚阴离子（PO_4^{3-} 、$P_2O_7^{4-}$ 、SO_4^{2-} 、BO_3^{3-} 等）和过渡金属离子通过强键连接形成的具有三维网络结构的化合物，化学通式为 $Na_xTM_y(X_aO_b)_zZ_c$，其中 TM 为过渡金属 Ti、V、Cr、Mn、Fe、Co 等其中的一种或多种；X 为 Si、S、B、P 等；Z 为 F、OH 等。图 5.30 展示了几种典型的聚阴离子材料的晶体结构。由于阴离子多面体单元之间具有很强的共价键合，聚阴离子型材料晶体结构非常稳固，化学稳定性、热稳定性及电化学稳定性很高，具有良好的循环寿命和安全性。过渡金属离子的价电子局域化程度高，这种电子结构容易利用强电负性元素的诱导效应来提升材料的工作电压；但也由于其宽带隙特性，本征电子电导率很低，限制了其倍率性能。常见的聚阴离子类正极材料主要包括磷酸盐、焦磷酸盐、硅酸盐、硼酸盐、硫酸盐和混合聚阴离子等。

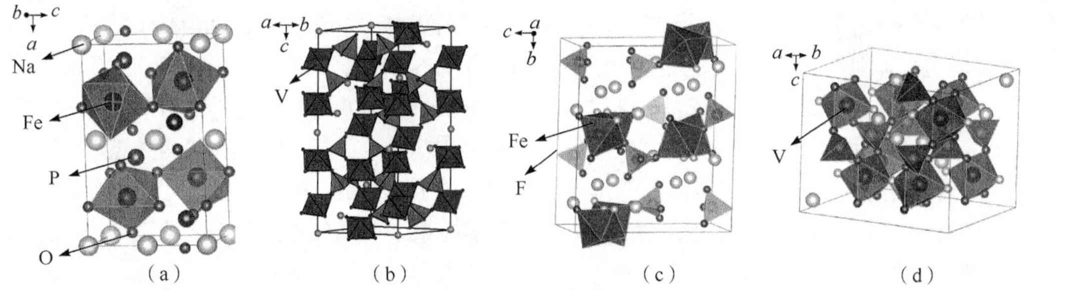

图 5.30 聚阴离子化合物结构：（a）橄榄石型 $NaFePO_4$；（b）NASICON $Na_3V_2(PO_4)_3$；（c）正交 Na_2FePO_4F；（d）四方 $Na_3V_2(PO_4)F_3$

目前，最典型的聚阴离子材料为磷酸盐，以橄榄石型的 $NaFePO_4$ 和 NASICON 型的 $Na_3V_2(PO_4)_3$ 为代表。$NaFePO_4$ 的结构与磷酸铁锂相同，但合成必须依赖复杂的离子交换，成本较高。$Na_3V_2(PO_4)_3$ 具有极好的倍率性能和循环寿命，且经改性后可以克服比容量低的缺陷，但需要使用成本较高且有毒性的 V 元素。$NaFePO_4$ 的理论比容量最高，可达到 154 mAh · g^{-1}。图 5.31 展示了两种晶型的 $NaFePO_4$。可以看出，橄榄石型 $NaFePO_4$ 属于正交晶系，空间群为 *Pmnb*，在 *b* 轴方向具有一维钠离子通道，周围聚阴离子四面体（PO_4）和过渡金属八面体（FeO_6）共同构建了基体结构，确保了结构稳定性；而磷铁钠矿型 $NaFePO_4$ 结构上不存在钠离子通道，不过研究发现磷铁钠矿型 $NaFePO_4$ 非晶化后可以具备电化学活性。

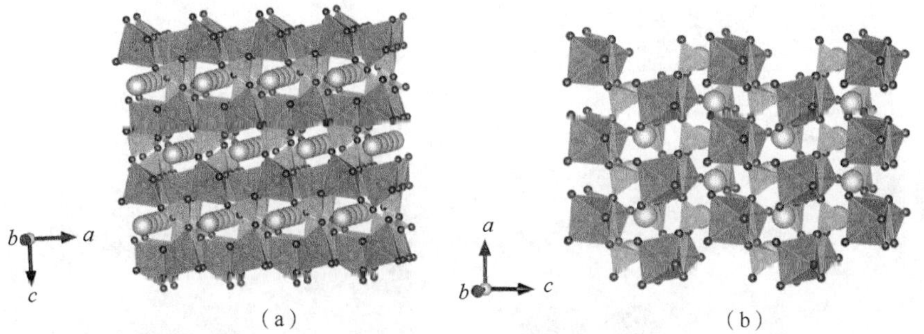

图 5.31 橄榄石型（a）和磷铁钠矿型（b）$NaFePO_4$ 晶体结构示意图

钠快离子导体（NASICON）型 $Na_xM_2(PO_4)_3$（M=V、Fe、Mn；x=1、2、3）是一类具有稳定三维框架的高离子传输速率的钠离子电池电极材料。如图 5.32（a）所示，$Na_3V_2(PO_4)_3$

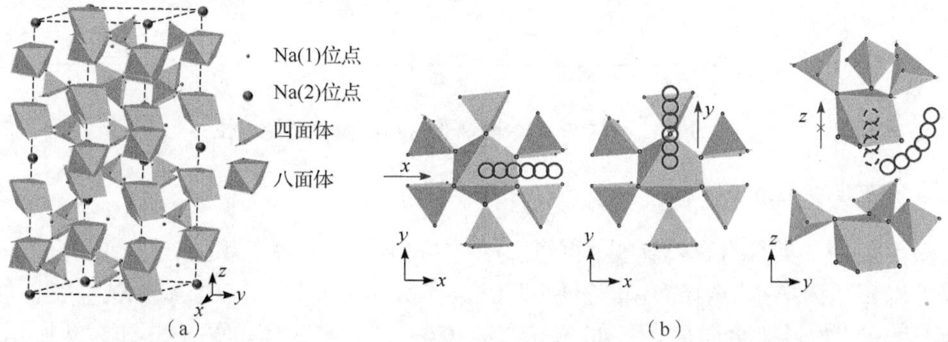

图 5.32 $Na_3V_2(PO_4)_3$ 结构示意图（a）及 Na^+ 在其中的迁移路径（b）

晶体结构与橄榄石型 $NaFePO_4$ 类似，由聚阴离子四面体、过渡金属八面体和钠离子组成。在 NASICON 结构中具有三维的传输通道，钠离子在其中可以快速迁移。

$Na_3V_2(PO_4)_3$ 作为钠离子电池正极材料在 3.4 V（*vs.* Na^+/Na）处有一个平坦的放电平台，对应于 $Na_3V_2(PO_4)_3$ 和 $NaV_2(PO_4)_3$ 间的两相转换反应。$Na_3V_2(PO_4)_3$ 存在两条明显的 Na^+ 迁移路径，分别沿着三维晶体结构的 *x* 方向和 *y* 方向分布；同时还有一条基于 3D 结构的弯曲路径，如图 5.32（b）所示。这些路径为 Na^+ 的迁移提供了丰富的通道，赋予其 117 $mAh \cdot g^{-1}$ 的较高理论比容量。

NASICON 型 $Na_3V_2(PO_4)_3$ 的最显著特点是结构稳定性高、电压平台高以及离子传输速率快。然而，其缺点也很明显，如电子电导率低、钒具有毒性且成本较高以及比容量较低等。针对电导率较低的问题，最常用的改性方法是碳包覆，少量的碳包覆就能明显提升材料的导电性。同时，可通过其他元素取代以缓解钒离子毒性的问题。

除了磷酸盐和聚磷酸盐，聚阴离子型钠离子正极材料还包括硫酸盐型如 $Na_2Fe_2(SO_4)_3$ 以及混合阴离子型如 Na_2FePO_4F 和 $Na_3V_2(PO_4)_3F_3$ 等。不同聚阴离子的组合可以通过调控诱导效应强度以调节正极的氧化还原电位。诱导效应理论表明，聚阴离子基团电负性越强，材料电压越高。聚阴离子基团电负性顺序为 $SiO_4^{4-} < CO_3^{2-} < PO_4^{3-} < F^- < P_2O_7^{4-} < SO_4^{2-}$，其对应的正极材料电压呈上升趋势，如图 5.33 所示。各种聚阴离子组合可以得到许多结构多样、电负性各异的新型混合聚阴离子单元，从而赋予材料更好的电化学性能。

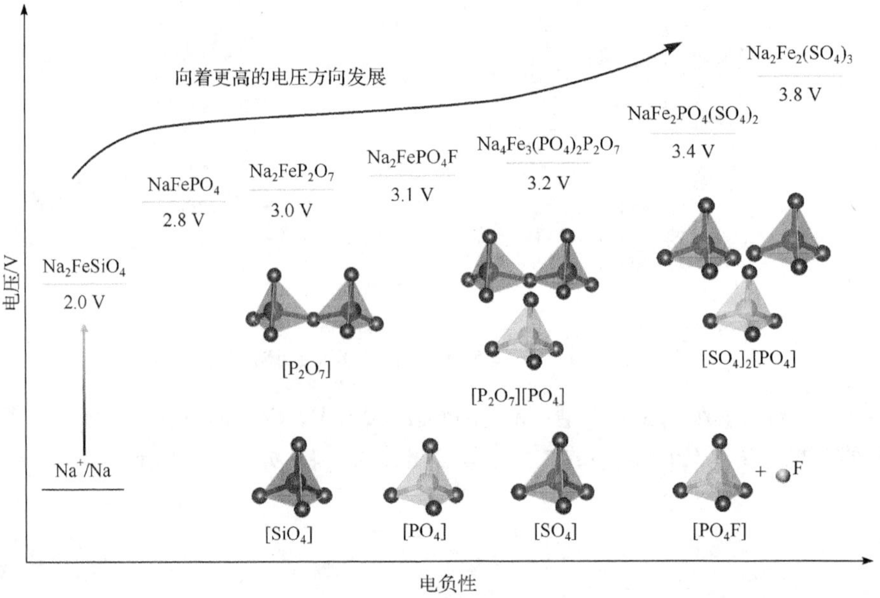

图 5.33　不同 Fe 基聚阴离子材料的氧化还原电位

5.5.3 普鲁士蓝类正极材料

普鲁士蓝是一类具有钙钛矿型面心立方结构的金属六氰基铁酸盐，空间群为 *Fm3m*，化学组成可以表示为 $A_xM[Fe(CN)_6]_y \cdot zH_2O$，$0<x<2$，$0<y<1$，其中 A 为碱金属，如 Li^+、Na^+、K^+ 等；M 为过渡金属离子，如 Fe、Mn、Co、Ni、Mn、Cu 等。如图 5.34 所示，在立方晶格中，M^{2+} 与 CN 配体的氮原子进行六配位，Fe^{2+} 与 CN 配体的碳原子以八面体形式相

邻，形成包含开放离子通道和宽敞间隙的 3D 刚性框架。其结构特征和可调节的化学组成为 Na^+在普鲁士蓝中的嵌入/脱出带来了许多优势。普鲁士蓝晶格具有较大的间隙“A”位（直径≈4.6 Å）和宽敞的通道[（100）方向通道直径为 3.2 Å]，扩散系数高达 10^{-9}～10^{-8} $cm^2 \cdot s^{-1}$，因此普鲁士蓝中的离子电导率远高于传统氧化物和磷酸盐等正极材料。

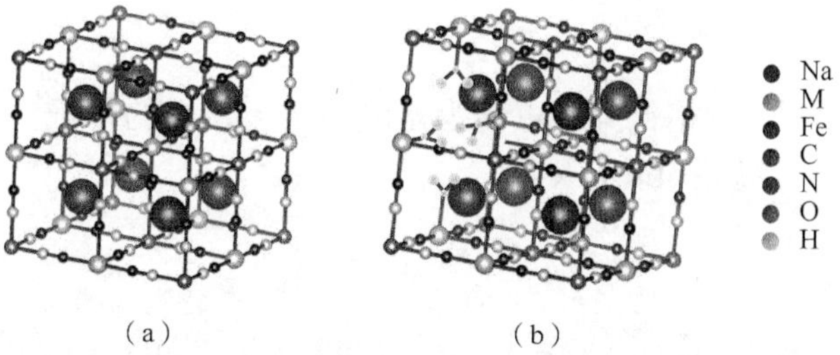

图 5.34　普鲁士蓝晶体结构示意图：（a）完整无结构缺陷；（b）有缺陷的结构

普鲁士蓝化合物含有两个不同的氧化还原活性中心，即 M^{2+}/M^{3+}和 Fe^{2+}/Fe^{3+}对（M=Fe、Co、Mn 等），通过可逆的 $2Na^+$嵌入/脱出贡献双电子转移容量，反应式如下：

$$Na_2M^{II}Fe^{II}(CN)_6 \longrightarrow Na^+ + NaM^{III}Fe^{II}(CN)_6 + e^- \tag{5.88}$$

$$Na_2M^{III}Fe^{II}(CN)_6 \longrightarrow Na^+ + M^{III}Fe^{III}(CN)_6 + e^- \tag{5.89}$$

以 $Na_2FeFe(CN)_6$ 为例，其理论容量约为 170 $mAh \cdot g^{-1}$，对应每个普鲁士蓝单元中有两个 Na^+插入，高于大多数过渡金属氧化物（100～150 $mAh \cdot g^{-1}$）和磷酸盐（约 120 $mAh \cdot g^{-1}$）。其另一优势为当 Fe 被具有氧化还原活性的过渡金属（如 Co、Ni 和 Mn）取代时不会破坏其晶体结构，从而可以实现对电化学响应电位的调节。例如，Na_2FeFe-普鲁士蓝的充电/放电平台在 3.2 V（*vs.* Na^+/Na）左右，而 Na_2MnFe-普鲁士蓝和 Na_2CoFe-普鲁士蓝的平台电位分别为 3.6 V 和 3.8 V。氧化还原电位的升高归因于普鲁士蓝骨架中与碳原子配位的 Fe^{2+}/Fe^{3+}对和与氮原子连接的 M^{2+}/M^{3+}对的氧化还原跃迁。Na_2CoFe-普鲁士蓝和 Na_2NiFe-普鲁士蓝以及 Na_2CuFe-普鲁士蓝晶格中的 Fe^{2+}/Fe^{3+}对表现出相当正的氧化还原电位，分别为+0.90 V（*vs.* AgCl/Ag）、+0.45 V（*vs.* AgCl/Ag）和+0.58 V（*vs.* AgCl/Ag），这得益于普鲁士蓝晶格中强电荷-自旋-晶格耦合，有利于提升普鲁士蓝正极的能量密度。此外，为缓冲普鲁士蓝晶格的体积变化，可引入电化学惰性的金属元素以减轻机械应力并保持框架的结构稳定性。例如，利用电化学反应惰性的 Ni^{2+}替代等摩尔的 Fe^{2+}可实现零应变 NaNiFe-普鲁士蓝（$Na_{0.84}Ni[Fe(CN)_6]_{0.71}$），其晶格参数在 Na^+插入/脱出过程中几乎没有变化（<1%），可获得优异的循环稳定性。

不过，普鲁士蓝作为钠离子电池正极材料仍面临电子导电性差、电化学过程中的结构稳定性差以及比容量较低等问题。此外，合成过程中难以避免的间隙水也是影响其电化学性能的重要因素。间隙水占据普鲁士蓝框架中的储钠活性位点，导致普鲁士蓝的比容量降低，并在一定程度上限制了钠离子的嵌入脱出能力；在含空位缺陷的普鲁士蓝晶体结构中，间隙水占据了部分氰根官能团的位置，增大了空间位阻，阻碍了电子和离子在框架内传导，从而降低了材料的电化学性能；此外，在电化学循环过程中，间隙水可能会溶于有机电解液中，破坏普鲁士蓝的晶体结构，恶化其循环稳定性，并且导致安全隐患。

5.6 钠离子电池负极材料

目前，钠离子电池负极材料主要包括碳基、合金类和金属化合物等。

5.6.1 碳基负极材料

碳基材料结构多样、价格低廉，被认为是电池负极材料的首选。对钠离子电池而言，碳基负极材料主要包括石墨类和非石墨类。

1. 石墨类负极材料

钠离子的尺寸远大于锂离子的尺寸（0.102 nm *vs*. 0.069 nm），因此钠离子插入石墨层间面临更高的能垒（0.12 eV *vs*. 0.0257 eV）。当石墨层间距由 0.335 nm 增加到 0.37 nm 时，钠离子插入能垒可下降到 0.053 eV，说明膨胀石墨可成为 Na^+的良好载体。如图 5.35 所示，通过可控氧化还原处理可获得具有较大层间距的膨胀石墨，Na^+的嵌入/脱出伴随层间距的可逆膨胀/收缩，处理后的膨胀石墨可获得 284 mAh · g^{-1} 的高可逆比容量。

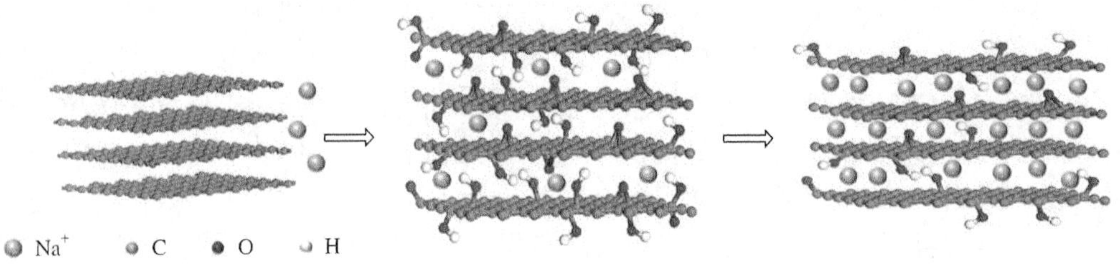

图 5.35 石墨的氧化还原膨胀及储钠示意图

还原氧化石墨烯也可作为钠离子电池的负极材料，在 25 mA · g^{-1} 的电流密度下表现出更高的比容量（约 450 mAh · g^{-1}）。原位透射电子显微镜观察到在充放电过程中还原氧化石墨烯表面形成不可逆的 Na_2O，这是其初始库仑效率较低（约 18.5%）的原因。尽管钠离子插层石墨在热力学上是不利的，但石墨烯表面对钠离子的吸附是另一种存钠机制，可通过杂原子（N、P、B 等）掺杂等方式进一步提升石墨烯的储钠容量。此外，通过优化电解质形成的共插层是提高石墨储钠性能的另一种方法，醚基电解质体系在此反应中起主要作用。这是由于醚基化合物等长链溶剂对碱金属离子的屏蔽作用降低了插入能垒。钠离子首先与醚溶剂结合形成复合物，该复合物可插入石墨晶格中，并且表现出较高的能量效率和优异的循环性能。

2. 非石墨类负极材料

非石墨类材料分为软碳和硬碳，属于无定形碳，具有更大的层间距和无序的微晶结构，更有利于钠离子的嵌入/脱出。

软碳内部的碳片层呈现出短程有序-长程无序的堆积特点，晶片层具有较大的厚度和宽度[图 5.36（a）]，主要为石油系或煤系的焦炭以及富含稠环芳烃化合物炭化后的产物。其内部微晶可通过电化学插层进行储钠；局部结构缺陷有助于提高钠化电位和可逆比容量；杂原子（如 N、S、P 和 B）掺杂可以扩大比表面积，产生更多缺陷结构，从而有效提高电导率以及钠离子的吸附能力。此外，多级结构的多孔炭/石墨烯复合材料也可有效缩短钠离子的扩散距离，从而获得更好的循环表现。

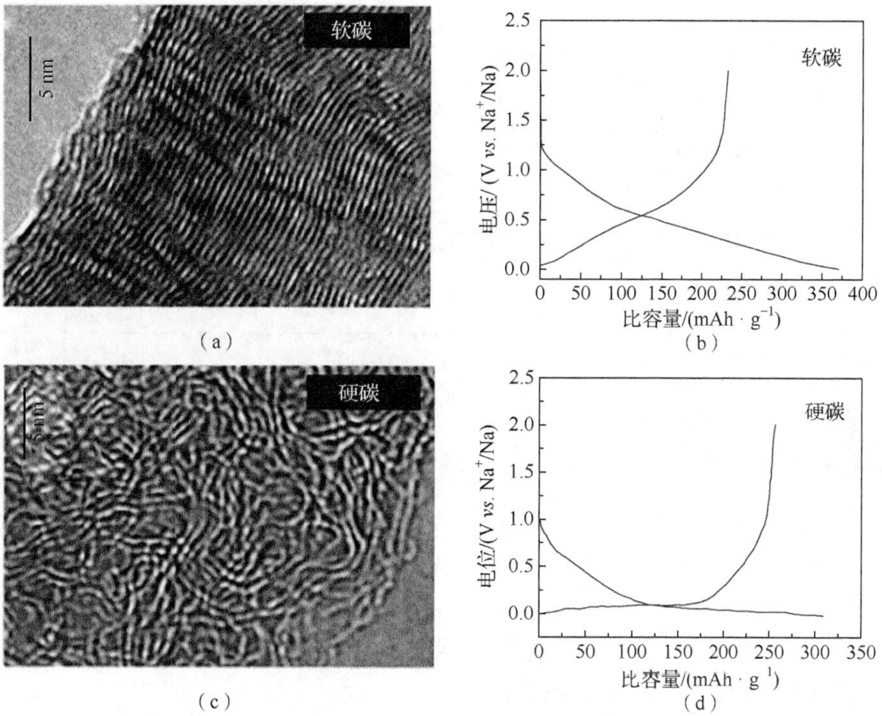

图 5.36　软碳 TEM 图像（a）及充放电曲线（b）；硬碳 TEM 图像（c）及充放电曲线（d）

与软碳相比，硬碳负极的工作电位更低，钠的脱嵌容量主要来自低于 0.2 V（*vs.* Na^+/Na）的低电位平台[图 5.36（b）、（d）]，这加剧了钠枝晶的生长并造成安全隐患。硬碳材料的无定形区域往往嵌入类石墨结构中形成强交联网络，使得结构在高温下更加坚硬，同时石墨层和交联的微孔为钠在硬碳中的插入提供更多空间[图 5.36（c）]。硬碳的充放电曲线表现出一个倾斜的电位区和一个低电位平台，对于该嵌钠行为目前主要有两种观点：①倾斜的轮廓来源于 Na 离子插入石墨烯片层并吸附在表面的缺陷位点上，低电位平台对应于插入交联微孔；②倾斜区域中 Na 存储机制是由于缺陷位点，低电位平台区域是由于插入石墨层并吸附在孔表面。

5.6.2　合金类负极材料

合金类负极材料指能与金属钠形成合金或二元类合金化合物的金属、准金属及非金属，其典型的反应式如下：

$$M + xNa^{+} + xe^{-} \longrightarrow Na_{x}M \qquad (5.90)$$

常见的合金类钠离子电池负极材料主要包括ⅢA 族的 In，ⅣA 族的 Si、Sn、Pb 以及ⅤA 族的 P、As、Sb、Bi，其合金化产物、理论比容量和体积膨胀率如表 5.6 所示。

表 5.6 常见合金类负极材料的钠合金化产物、理论比容量及钠化体积膨胀率

族属	合金元素	合金化产物	理论比容量/（$mAh \cdot g^{-1}$）	体积膨胀率/%
ⅢA	In	Na_2In	467	—
ⅣA	Si	NaSi	957	114
	Ge	NaGe	369	126
	Sn	$Na_{15}Sn_4$	847	410
	Pb	$Na_{15}Pb_4$	485	487
ⅤA	P	Na_3P	2594	440（红磷） 499（黑鳞）
	As	Na_3As	1073	—
	Sb	Na_3Sb	660	293
	Bi	Na_3Bi	385	250

1. 磷基负极材料

磷是非金属元素，主要有白磷、红磷、黑磷三种同素异形体。钠和磷发生合金化反应，最终产物为三钠化磷，理论比容量为 2596 $mAh \cdot g^{-1}$，工作电压约 0.45 V（*vs.* Na^+/Na）。其储钠后体积膨胀 4.33 倍，容易导致电极严重粉化，继而引发材料失活和界面副反应。鉴于此，通常采用一系列手段以提高其电化学性能，如碳包覆以提高导电性，合成三维框架限制体积膨胀，利用纳米化缩短离子传输距离等。

对于不同异形体，红磷的导电性较差，电导率约为 10^{-14} $S \cdot cm^{-1}$，黑磷的导电性较好，电导率约为 10^2 $S \cdot cm^{-1}$。此外，黑磷具有类石墨的层状结构，层间距更大，通道尺寸能达到 3.08 Å，Na^+可以储存并在层间快速传输（图 5.37）；同时正交晶系的黑磷层状结构在热力学上最稳定。在首次放电过程中，黑磷形成亚稳态多晶型，并在后续的充放电过程中保持无定形，可有效缓冲体积变化。在纳米黑磷和石墨烯的复合物中，石墨烯片层之间夹有少量磷片层，石墨烯片层提供了弹性缓冲以适应嵌钠过程中各向异性的体积膨胀，同时为材料提供更高的导电性，从而有效提升比容量和循环稳定性。

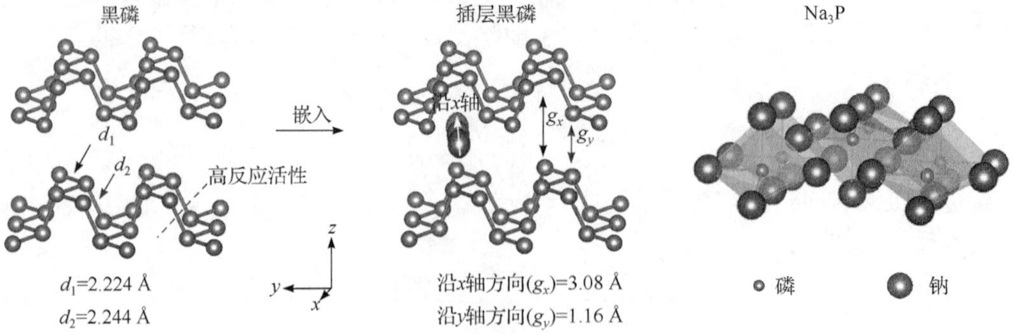

图 5.37 黑磷储钠机理

2. 锡基负极材料

锡基负极材料因其理论容量高、安全性高和资源丰富等优点被认为是高性能钠离子电池负极材料。锡可与钠形成 $Na_{15}Sn_4$ 化合物，具有 847 mAh · g^{-1} 的理论比容量。锡基材料在充放电过程中会发生较大的体积变化，导致其循环稳定性较差，一定程度上限制了其实际应用(图 5.38)。Sn 的钠化过程主要分为两步，首先转变形成非晶态 $NaSn_2$，随后形成 Na_9Sn_4 和 Na_3Sn，体积分别膨胀约 60%和 420%。

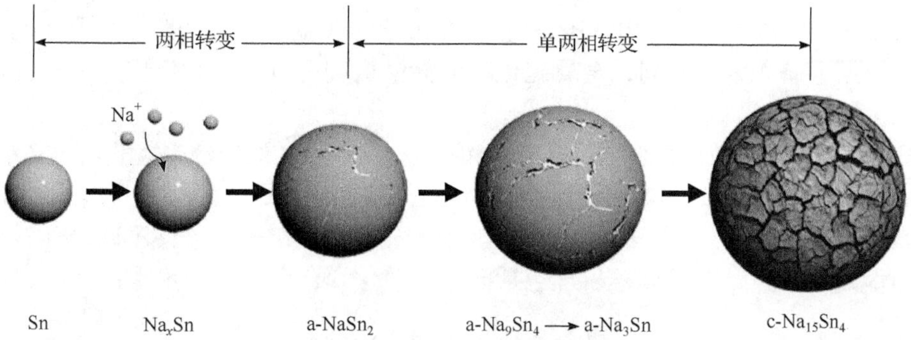

图 5.38 Sn 钠化过程示意图

大部分研究工作集中在处理合金化-去合金化反应过程中的体积变化。例如，通过蛋黄壳结构的锡/碳复合设计及其与碳纳米片的二次组装可有效抑制循环过程中材料的粉化。此外，通过超小纳米颗粒与多孔炭网络的复合也可改善电极在充放电过程中的完整结构和良好的导电接触。

5.6.3 金属化合物基负极材料

1. 金属氧化物基负极材料

金属氧化物（MO_x）具有多电子反应性和较高的理论比容量（>600 mAh · g^{-1}）。与锂离子电池相似，MO_x 的储钠机理可分为两类：若 M 为非电化学活性元素，如 Fe、Co、Ni，该过程可表示为

$$MO_x + 2xNa^+ + 2xe^- \longrightarrow xNa_2O + M \quad (5.91)$$

若 M 为电化学活性元素，如 Sn 和 Sb，则该过程可表示为

$$MO_x + 2xNa^+ + 2xe^- \longrightarrow xNa_2O + M \quad (5.92)$$

$$xNa_2O + M + yNa^+ + ye^- \longrightarrow xNa_2O + Na_yM \quad (5.93)$$

尽管拥有较高的理论比容量，但金属氧化物负极材料由于其固有的导电性差和体积膨胀大等问题，其实际容量相对较低，初始库仑效率通常低于 70%，主要归因于电解质的分解和 SEI 膜的形成。

锡基氧化物由于其理论比容量高、成本低、来源丰富、合成简单、安全性高等优势而受到广泛关注。SnO_2 的主要问题是在从锡合金化为 $Na_{15}Sn_4$ 的过程中体积变化极大(约 520%)以及循环过程中锡颗粒的聚集。通过对 SnO_2 进行改性，包括构建纳米形貌和引入碳基材料

等可有效提高其电化学性能。同时，较小的非晶态 SnO_2 颗粒可以进一步释放体积变化带来的应力，提升电极稳定性。Sb_2O_3 和 Sb_2O_4 是最常见的锑基氧化物钠离子电池负极材料，理论比容量分别为 1103 mAh · g^{-1} 和 1227 mAh · g^{-1}。理论上，Sb 的合金化反应比 Sn 更小，因此锑基氧化物比锡基氧化物表现出更好的循环稳定性。尽管如此，体积变化和反应动力学的问题仍然存在，需构建纳米结构和多孔结构以缩短电子/离子的传输路径并缓冲体积变化。

2. 金属硫化物基负极材料

金属硫化物中的 M—S 键比氧化物中的 M—O 键更弱，在动力学上有利于与 Na^+ 的转化反应。根据金属元素的不同，金属硫化物的储钠机理可以是转化反应及其与嵌入反应或合金化反应的结合。

常见的锡基硫化物负极材料主要有 SnS 和 SnS_2，其中 SnS 的理论比容量为 1136 mAh · g^{-1}，SnS_2 的理论比容量为 1022 mAh · g^{-1}。SnS_2 为典型的层状金属二硫化物，具有较大的范德华间隙（0.590 nm），有利于 Na^+ 的插入/脱出。根据相邻层的结构对称性不同，SnS_2 可分为三方晶系和六方晶系。SnS_2 的储钠机理包括插层、转化和合金化三个步骤：

$$SnS_2 + xNa \longrightarrow Na_xSnS_2 \tag{5.94}$$

$$Na_xSnS_2 + (4-x)Na \longrightarrow Sn + 2Na_2S \tag{5.95}$$

$$Sn + 3.75Na \longrightarrow Na_{3.75}Sn \tag{5.96}$$

与氧化物相比，SnS_2 的优势在于其钠化产物 Na_2S 的电导率优于 Na_2O，且 Sn—S 键相对较弱，使得反应动力学更佳，可逆性更好。尽管如此，SnS_2 仍然面临电子/离子传输较差和充放电体积变化大等问题，需要通过碳材料包覆或复合，以及构建纳米结构形貌等手段对其进行改性优化，以提升电化学反应的可逆性和动力学。同时，扩大 SnS_2 的层间距离以及选择性暴露 Na^+ 扩散能垒更低的镜面均是提升其储钠性能的有效途径。SnS 同样为层状结构，理论比容量为 1022 mAh · g^{-1}。SnS 的层间距小于 SnS_2（0.433 nm *vs.* 0.590 nm），但其转化反应生成的立方相 Sn 更容易合金化，且体积膨胀较小（242% *vs.* 324%），从而具有更好的倍率性能和循环寿命。

MoS_2 是另一种典型的层状结构钠离子电池负极材料。根据层堆叠顺序的不同，MoS_2 可分为两层堆叠的六方多晶型 2H-MoS_2、单层堆叠的三角 1T-MoS_2 和三层堆叠的斜六面体 3R-MoS_2。在钠化过程中，MoS_2 经历两步反应：Na^+ 插层和转化反应。在插层过程中，当每个 MoS_2 中插入超过 1.5 个 Na^+ 后，$NaMoS_2$ 的结构即难以保留并开始转化反应。Na 嵌入 MoS_2 的过程是从六边晶相到四方晶相的相变过程，使得该材料具有 146 mAh · g^{-1} 的理论比容量以及 0.75～1.25 V 的低电压平台。MoS_2 的电化学反应如下：

$$MoS_2 + xNa \longrightarrow Na_xMoS_2 (>0.4\ V) \tag{5.97}$$

$$Na_xMoS_2 + (4-x)Na \longrightarrow 2Na_2S + Mo (<0.4\ V) \tag{5.98}$$

钠离子在 MoS_2 中的嵌入能垒低，迁移速率快，且其嵌入/脱出反应对材料晶体结构影响小，Na 与 MoS_2 之间形成了中等强度作用力。不过，反应生成的多硫化物可能存在不可逆副反应和穿梭效应，导致 MoS_2 电极存在严重的循环不稳定性和较大的电压极化。目前的解决方案主要包括通过碳修饰提高材料的导电性，以及通过纳米结构设计改善材料在循环过程中的结构稳定性。

5.7　钠离子电池电解质

与锂离子电池类似，钠离子电池的电解质主要包括有机液态电解质、水系电解质、聚合物电解质和无机固态电解质等。

5.7.1　有机液态电解质

钠离子电池有机液态电解质需满足以下基本条件：①盐在溶剂中具有足够的溶解和解离能力，从而保障较高的离子电导率；②在较宽温度范围内具有相对较低的黏度和良好的物理化学稳定性；③较高的电化学稳定性和与电极良好的相容性，以确保电池具有较高的电压和稳定的反应环境。有机液态电解质是目前相对成熟的钠离子电池电解质体系。

1. *有机溶剂*

与锂离子电池中类似，钠离子电池电解液中有机溶剂主要涉及酯类和醚类两种，且通常选择环状和链状酯类溶剂的组合以平衡介电常数、黏度和稳定性等特性，从而兼顾离子电导率和电化学稳定性。

碳酸乙烯酯是钠离子电池中使用最早的溶剂之一，具有高介电常数和较宽的液体温度范围，同时也是硬碳负极表面 SEI 保护层的有效成分，对提升钠离子电池循环寿命起关键作用。相应的 SEI 膜形成过程可表示为

$$EC + 2e^- + 2Na^+ \longrightarrow Na_2CO_3 + CH_2{=}CH_2\uparrow \tag{5.99}$$

$$EC + e^- + Na^+ \longrightarrow (-CH_2-CH_2-OCO_2Na)_x \tag{5.100}$$

SEI 膜的主要无机成分为 Na_2CO_3，形成电位为 0.75～0.8 V，在更低电位下形成烷基碳酸钠。环状酯类溶剂中钠离子的配位数通常较少，有利于钠离子的快速迁移和去溶剂化过程。然而，环状酯类溶剂的熔点通常较高，黏度较大，不利于提供快速的离子传导。与环状碳酸酯相比，线形碳酸酯的黏度和熔点更低，常用作环状碳酸酯的共溶剂，以获得性能更佳的电解质。目前常用的二元体系酯类电解液主要包括 EC + DMC、PC + DMC、PC + FEC 等，三元体系通常包括 EC + DEC + PC、EC + DMC + FEC、EC + PC + DMC 等。

在早期研究中，石墨被认为不适合用作钠离子电池负极，因为金属 Na 难以像 Li 一样形成合适的二元插层化合物。而当采用石墨负极和醚类电解液时，所得钠离子电池在室温下表现出不错的循环性能。这主要归功于醚类电解质中溶剂化的钠离子共插层到石墨中。钠离子电池醚类电解液溶剂主要为链状结构，包括二甘醇二甲醚、1,2-二甲氧乙烷、二乙二醇二甲醚、四乙二醇二甲醚等。相比于酯类电解质，醚类电解质具有更高的局部钠离子浓度，有助于提高电解液的稳定性。与锂离子电池相比，醚类电解质在钠离子电池中的应用更为广泛。这是因为醚类电解质具有较强的抗还原性，有助于减小负极表面 SEI 的厚度，从而提高循环初期的库仑效率。

2. 电解质盐

电解质钠盐主要由钠离子和阴离子基团组成，是液体钠离子电解质的主要成分之一。钠盐的选择需要考虑其溶解度、氧化还原电位、阴离子和阳离子的化学惰性、热稳定性及成本等因素。Na^+的离子半径比 Li^+的更大，因此在低介电常数溶剂中满足溶解度要求的钠盐相对较多。一般来说，钠盐中的阴离子含有稳定的中心原子和由弱配位键连接的电负性外围配体。阴离子的性质对电解质具有明显影响，钠盐的发展主要集中在优化阴离子基团的结构上。常见钠盐的基本性质如表 5.7 所示。$NaClO_4$ 由于具有离子迁移速度快、兼容性好、成本低等特点，被广泛用于正极和负极的性能测试，但其高水含量、易爆性和高毒性等缺陷限制了其实际应用。$NaPF_6$ 是较常使用的钠盐，在碳酸丙烯酯类电解质中具有较高的电导率，但也面临价格较高、轻微毒性和较低的分解温度等问题。钠盐中常见的阴离子还有 BF_4^-、$TFSI^-$、FSI^-和三氟甲磺酸离子（Tf^-）等。这些阴离子尺寸较大，表现出较高的离子电导率、化学稳定性和无毒性。然而，NaFSI 和 NaTFSI 在碳酸酯类电解质中会导致严重的铝箔腐蚀，同时成本更高。

表 5.7　常见钠盐基本性质

钠盐	分子量	分解温度/℃	电导率*/（$mS \cdot cm^{-1}$）	毒性
$NaClO_4$	122.4	480	6.4	高
$NaPF_6$	167.9	300	7.98	低
$NaBF_6$	109.8	384	—	高
$NaBF_4$	203.3	118	—	无
NaFSI	303.1	257	6.2	无
NaTf	172.1	248	—	无
NaDFOB	159.8	—	7	无
NaTDI	208	—	4.47	无
NaPDI	258	—	4.65	无
NaBOB	209.8	345	0.256	无
NaBSB	263	353	0.239	无
NaBDSB	247	304	0.071	无

*盐浓度为 $1\ mol \cdot L^{-1}$，溶剂为 PC。

3. 添加剂

在电解质中添加少量功能性组分（通常小于 10%），可有效改善电解质特性并提高钠离子电池性能，而无需改变电解质的主要组成。通常情况下，这些添加剂会在使用过程中被消耗，尤其是在初始活化周期中，可以促进电极与电解质之间形成界面相。根据其功能，电解液添加剂通常可以分为成膜添加剂、过充保护添加剂和其他类型的添加剂。理想的成膜添加剂的费米能级应位于盐和溶剂的最高占据分子轨道和最低未占分子轨道之间，使得它们可以优先被还原或氧化，从而有效地调节中间相的生成过程。

在钠离子电池中，目前最常用的成膜添加剂为氟代碳酸乙烯酯（FEC）。FEC 可以通过其自身的分解帮助在负极表面形成稳定的 SEI 膜，减少电解质分解和电极材料的损耗，从而改善电池的循环寿命和安全性。不过，FEC 添加剂会降低 SEI 膜的电导率，导致电池的容量和倍率容量降低。除了成膜添加剂外，电解液中还可添加其他类型的添加剂，如阻燃添加剂、防凝固添加剂和高压添加剂等，以满足不同的应用需求。由于 Na^+和 Li^+的本征性质以及各自电解液体系的不同，锂离子电池中常用的添加剂在钠离子电池中往往并不适用或效果不佳。但随着对成膜机理研究的不断深入以及对电解液配方的不断优化，新型的具有更高针对性的钠离子电池电解液添加剂将不断被开发出来，推动钠离子电池技术的进步与应用。

5.7.2　水系电解质

水系钠离子电池因其低成本、高安全性等优点，被认为是未来储能应用的潜在方案。常见的水系电解液以硫酸钠或硝酸钠为钠盐，以去离子水为溶剂。水的热力学电化学窗口为 1.23 V。为了防止氢析出、氧析出等副反应的干扰，水系钠离子电池中正极反应的电势应低于水的析氧电势，而负极反应电势应高于水的析氢电势。因此，电极材料的选择在水系钠离子中的应用受到很大限制。图 5.39 展示了目前常见水系钠离子电池电极材料的工作电位。不过，电解液的 pH 影响正极的氧析出和负极的氢析出电位，可通过调节电解液的 pH，将电极材料的 Na 嵌入/脱嵌电位控制在水的稳定窗口内。此外，由于动力学限制，水系电解质的实际稳定窗口大于其热力学极限，有望发展更多材料用于该体系中。

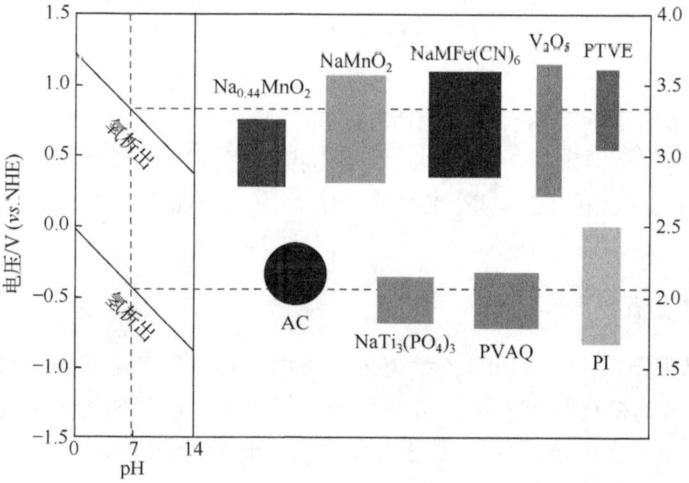

图 5.39　水系钠离子电池电极材料的工作电位

由于水的高介电常数，大多数常见钠盐在水中具有较高的溶解度和较高的离子电导率。越来越多的研究表明，高摩尔浓度的电解质盐可以为水系电解质体系带来新的机遇，如降低氧在电解质中的溶解度，进而提高电解质的稳定性和安全性。然而，高浓度电解质也可能带来一些问题，如成本以及对电极材料或集流体的腐蚀等。“盐包水”（water-in-salt）的概念即是构建高浓度的水系电解液，由于盐浓度极高，自由水被大量的盐离子包围，减少了水分子的活性，降低了它们与电极材料发生副反应的可能性。例如，当使用高浓度的 $NaCF_3SO_3$

水溶液作为钠离子电池电解质时，可以在电极表面形成稳定的富含无机相的固体电解质界面，从而提供可达 2.5 V 的电化学稳定窗口，有效抑制水分解副反应。同时，高浓度的 $NaCF_3SO_3$ 水溶液可以有效抑制钝化层中 NaF 在水系电解质中的溶解，进而保障保护层良好的稳定性。此外，通过在水系电解质中加入适量的添加剂如乙烯碳酸酯等，可以改善水系钠离子电池的化学稳定性和电化学稳定性。

5.7.3 聚合物电解质

聚合物电解质因其较高的物理化学稳定性和良好的加工性能而备受关注。然而，聚合物通常是电解质盐的不良溶剂，具有非常高的黏度和低介电常数，导致其离子电导率很低。因此，要求聚合物上应具有强溶剂化基团，如醚氧基、羰基或腈基等，并以适当的方式间隔开以适应阳离子的优选溶剂化壳结构及其在链段上的传输。

PEO 作为聚合物电解质基质于 1978 年推出并应用于锂离子电池，至今仍是固体聚合物电解质研究和开发的重点。与液体电解质相比，基于 PEO 的固体聚合物电解质的化学反应性要低得多，可以用于钠金属电池。与锂离子电池相比，使用固体聚合物电解质的钠离子电池研究仍然很少。限制原因之一是钠金属的熔点为 98℃，非常接近固体聚合物电解质提供所需电导率时的工作温度，容易引发副反应和安全隐患。不过，固体聚合物电解质对钠离子电池有其本征优势。钠离子配位数较大，与聚合物链上的配位点（如 PEO 中的醚键）的相互作用较弱，理论上可以实现更快的链段运动来推动阳离子输运。此外，聚合物通常被认为是强度较低的溶剂，Na^+之间较弱的相互作用有望使钠电荷载体的产生和传输更加高效。

除低电导率外，固体聚合物电解质与电极的接触性不佳，加剧了电子和离子在界面处的传输阻力；同时聚合物在高电压下的电化学稳定性较为有限。对此，以聚合物为衬底制备凝胶聚合物电解质可有效改善这些问题。在凝胶聚合物电解质中，聚合物起到提供机械支撑的作用，并被液态电解液溶胀，离子的传输主要依赖液态区域。凝胶聚合物电解质具有高离子电导率，室温下可达 $10^{-3}\ S\cdot cm^{-1}$，以及与电极良好的界面接触，可有效提升电池的动力学性质。然而，由于液相的加入，凝胶聚合物电解质的机械强度以及电化学稳定性均低于固体聚合物电解质。

5.7.4 无机固态电解质

与聚合物电解质相比，玻璃和陶瓷类无机固态电解质具有更高的 Na^+离子电导率、更宽的电化学窗口、更高的机械强度，有利于提升钠离子电池的能量密度和安全性能。目前，常见的钠离子电池无机固态电解质主要可分为氧化物和硫化物两大类。

1. 氧化物固态电解质

Na-β/β''-Al_2O_3 是钠离子电池中较为常见的氧化物固态电解质材料，具有高离子电导率和优异的电子绝缘性。Na-β/β''-Al_2O_3 的出现极大地促进了高温钠-硫电池的商业化应用，也成为最早商业化的固态电解质电池体系。该类电解质材料有两种晶体结构：β-Al_2O_3（六面体；空间群 $P63/mmc$；$a=b=5.58$ Å，$c=22.45$ Å）和β''-Al_2O_3（菱形；空间群 $R\bar{3}m$；$a=b=5.61$ Å，$c=33.85$ Å）。β''-Al_2O_3 在传导面上有更多的钠离子，因此其离子电导率更高。300℃时，单晶的β''-Al_2O_3 离子电导率高达 $1\ S\cdot cm^{-1}$；而多晶的β''-Al_2O_3 由于晶界电阻的存在其离子电导率在室温和 300℃下分别为 $2.0×10^{-3}$ S · cm^{-1} 和 0.2～0.4 S · cm^{-1}。不过，纯相$β''$-Al_2O_3极易与水反应，热稳定性较差，力学强度较低，不易制备。通过在反应中加入如 Li^+、Mg^{2+}、Ni^{2+}、Ti^{4+}等掺杂稳定剂可以帮助获得高纯度$β''$-Al_2O_3。

2. 硫化物固态电解质

与氧化物相比，硫化物固态电解质表现出更强的钠离子迁移能力，这是因为硫原子的离子半径较大，极化率较高，从而削弱了与钠离子的静电相互作用。此外，硫化物固态电解质的合成温度通常低于氧化物，这意味着更低的生产成本。同时，在电池组装过程中，氧化物基固态电解质通常需要热压以改善与电极的接触，而硫化物固态电解质因其较低的脆性和硬度，在冷压条件下就能实现良好的接触。

Na_3PS_4 是钠离子电池中最常见的硫化物固态电解质材料，它具有立方相和四方相两种晶体结构。通常 Na_3PS_4 以四方相存在，在约 530 K 下转变为电导率更高以及结构更稳定的立方相。提高 Na_3PS_4 离子电导率的一种常用方法是在晶格中引入缺陷，如钠离子间隙或空位。M^{4+}（M=Si、Sn、Ge）与 P^{5+}位的同价阳离子掺杂也可以产生钠离子间隙，Si 掺杂的硫化物固态电解质 $Na_3PS_4 \cdot 6Na_4SiS_4$ 表现出较高的离子电导率（$7.4×10^{-4}$ S · cm^{-1}）。立方相 Na_3PS_4 作为钠离子电池电解质于 2012 年首次被报道。经 270℃热处理所得立方 Na_3PS_4 玻璃陶瓷的室温电导率为 $2×10^{-4}$ S · cm^{-1}，活化能为 27 kJ · mol^{-1}，具有 5 V 的宽电压窗口，对钠金属表现出较好的稳定性。

NASICON 也是一种较为常见的陶瓷类固态电解质材料，其化学通式可写为 $Na_xM_2(PO_4)_3$，其中 M 为二价、三价或四价阳离子，P 可以被 Si 或 As 取代或掺杂。钠离子电池中，NASICON 电解质的离子电导率受其钠浓度和晶体结构的强烈影响，而晶体结构受 M 阳离子的大小影响。当 $Na_{1+x}Zr_2Si_xP_{3-x}O_{12}$ 在 $x = 2$ 时，显示出最高的室温离子电导率，可达 0.67 mS · cm^{-1}。Sc 具有与 Zr 相近的原子半径，使用三价 Sc 替代 Zr 可以使每个晶体单元中含有更多的 Na，在 $x = 0.4$ 时表现出较好的钠离子电导率（$6.9×10^{-4}$ S · cm^{-1}）。尽管 NASICON 材料具有高的离子电导率，但它们通常需要通过高温固相烧结（＞1100℃）来降低晶界电阻。因此，较高的煅烧温度以及材料内部空隙的存在是阻碍 NASICON 在固态钠离子电池中应用的重要原因。

5.8 锂/钠离子电池隔膜材料

5.8.1 隔膜的基本功能和要求

隔膜是电池的重要组成部分，起到防止正负极直接接触而短路，并允许离子通过形成内部电流的作用，其理化性质对电池的性能有显著的影响。电池中隔膜的选择需综合考虑多种因素，通常要求其具有电子绝缘性、优异的电解液浸润性和较高的持液率、良好的力学性能和结构稳定性、对电解液以及正负极材料具有优异的化学稳定性等。

5.8.2 锂离子电池隔膜

根据材料类型，隔膜可分为无机隔膜和高分子隔膜等；依据加工方式又可分为编织隔膜、干法隔膜、湿法隔膜等。目前，锂离子电池中主要使用聚烯烃类的微孔膜，包括单层的聚乙烯（PE）膜、聚丙烯（PP）膜、陶瓷涂覆 PP 膜、陶瓷涂覆 PE 膜、双层 PP/PE 复合膜、双层 PP/PP 复合膜、三层 PP/PE/PP 复合膜等。PE 和 PP 的分子结构及隔膜形貌如图 5.40 所示。

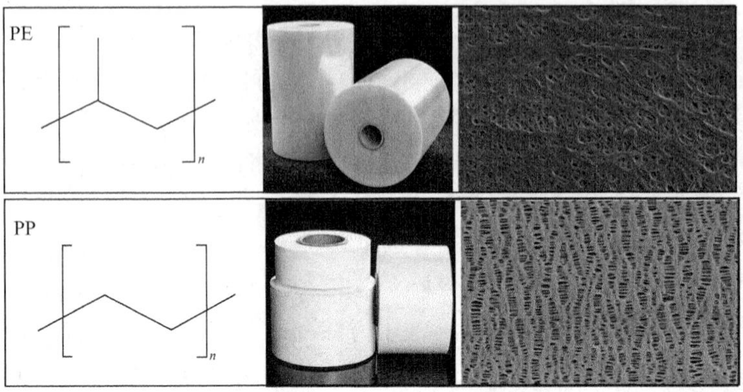

图 5.40 PE 和 PP 隔膜的分子式、光学照片和 SEM 照片

PE 是一种通过聚合乙烯制得的热塑性树脂，无臭无毒，具有良好的耐低温性能（使用温度范围为–70～100℃），化学稳定性强，能够抵抗大多数酸碱的侵蚀（不耐氧化性酸），常温下不易溶于一般溶剂，吸水性低，具有优良的电绝缘性能。然而，PE 对环境应力（包括化学和机械作用）非常敏感，耐热老化性较差。PP 材料因其较低的热扭曲温度（100℃）、低透明度、低光泽度和低刚性而受到限制，但其抗冲击强度却相对较高。PP 具有比 PE 更高的熔点（160℃ *vs.* 130℃），这得益于其较高的结晶度，也使得该材料具有良好的表面刚性、抗划痕性能以及抵抗环境应力的能力。聚烯烃隔膜的制造关键在于薄膜技术中的多孔化处理。常见的多孔化技术包括发泡法、抽出法和延伸法等。目前，聚烯烃隔膜的制造主要采用相分离法和延伸法。

1）相分离法

相分离法（湿法）首先通过加热将高分子溶解在溶剂中形成均一溶液，随后冷却固化并结晶成膜，最后去除溶剂。在工业生产中，可通过吹气法或 T 型模具法将高分子化合物与溶剂混合液制成膜，然后利用挥发性溶剂抽提出混合溶液，从而得到所需的多孔材料。若需获得三维结构的孔，则可在自结晶成膜步骤中进行一维或二维延伸。通常情况下，与高密度聚乙烯混合的溶剂可选择乙醇、烷烃、石蜡、酞酸酯等。这些溶剂可以单独使用或与不挥发性溶剂混合，在高温下溶解聚乙烯。此外，还可添加无机粉末以促进孔的形成、控制孔径或作为晶种。

2）延伸法

延伸法（干法）是将高分子熔融、挤出、成膜，经过结晶化处理和退火，最终在定向延展作用下促使晶面之间发生剥离，形成多孔结构。在工业上，薄膜化处理通常是通过将高分子黏稠溶液从模具中挤出，并快速移动衬底以拉伸得到薄膜，然后通过热处理重结晶获得有序结构。随后，通过低温延伸和高温延伸使晶体晶面发生剥离，形成微孔结构。高分子聚合物的结晶性直接影响多孔材料的结构，通常在延伸方向由于受力形成长圆孔，在厚度方向则是相互连通的结构。延伸法避免了去溶剂过程，工艺较简单、无污染，但所得孔结构比较单调，孔径和孔隙率难以控制，拉伸比较小，低温拉伸时容易隔膜穿孔，产品难以做得很薄。

5.8.3 钠离子电池隔膜

目前，PE 和 PP 等聚烯烃类隔膜已广泛用于锂离子电池，但它们的热稳定性差，且对钠离子电池电解液的润湿性能较差，并不是理想的钠离子电池隔膜材料。因此，寻找与钠离子电池体系匹配的隔膜材料显得尤为重要。目前，钠离子电池隔膜材料的研发主要集中于以下几类。

（1）微孔隔膜：聚烯烃类隔膜因其优良的力学性能、化学稳定性、孔隙率及经济性等，被广泛应用于锂离子电池。然而，商用聚烯烃隔膜在钠离子电池中的表现不佳，这主要是由于钠离子电解液的极性和表面张力与锂离子电池电解液不同，使得聚烯烃类隔膜对钠离子电解液的浸润性不佳，离子输运受到阻碍。此外，聚烯烃微孔膜的热稳定性和抗枝晶性较差，不仅影响电池性能，且在高温下可能导致安全问题。

（2）玻璃纤维膜：玻璃纤维（GF）隔膜由大量无机纤维（SiO_2 或 Al_2O_3 等）通过熔融拉丝法制成，具有丰富的多孔网络、高孔隙率和良好的热稳定性，在实验室中被广泛用作钠离子电池隔膜。GF 隔膜对环状碳酸酯如 EC 和 PC 具有优异的润湿性，但是力学性能较差，拉伸强度低于 1 MPa。同时 GF 隔膜的孔洞较大（几十微米），厚度偏大，显著降低了电池的体积能量密度和质量能量密度，限制了其在钠离子电池中的实际应用。

（3）聚合物电解质膜：基于 PVDF、PVDF-HFP、PAN 和 PMMA 等聚合物制备的聚合物电解质薄膜具有相对良好的安全性、电化学稳定性。然而，这些聚合物的固态电解质膜或凝胶电解质膜均面临力学强度差和液体电解质吸收低等问题，限制了其发展和应用。

（4）纤维素隔膜：纤维素是地球上最为丰富的生物质高分子材料之一，因其环境友好、可再生且易于获取等特性而备受关注。纤维素不仅具有天然绝缘性，其出色的电解质兼容性、结构稳定性、热稳定性和安全性，在固态离子电池中展现出不错的应用潜力。

5.8.4 隔膜的特性与评价

隔膜的特性对电池的电化学性能、安全性能及成本均具有重要影响。如何正确、合理评价隔膜特性是开发高性能隔膜的前提。

（1）安全性：电池隔膜的核心职责是阻断正负极之间的直接连接，确保电池内部不会短路。隔膜必须具有足够高的电子绝缘性、机械强度以及物理、化学、电化学稳定性，同时在电池运行过程中能保持其结构和性状稳定，从而尽可能减少枝晶刺穿和热失控等风险。因此，在电池隔膜的发展中需将安全性放在首位。

（2）孔隙率及孔径：孔径是指在隔膜上的通孔，孔隙率是指隔膜上的通孔体积占整个隔膜体积的百分数，两者均对隔膜上的离子传输具有重要影响。较大的孔隙率是电解液充分浸润以形成离子通路的前提；一定的孔径大小是电解液中的离子可顺利穿过隔膜形成电荷回路的重要保障。但是，过小的孔径会阻碍离子的传输，孔径过大则容易导致电极间接触，产生短路或微短路。孔径的均一性同样重要，孔径差异太大会造成电流密度不均一，从而加剧枝晶的生长。

（3）润湿特性：润湿特性是指电解液和隔膜之间的亲和力，电解液能够在隔膜上铺展的能力。隔膜的润湿性主要取决于隔膜材料与电解液本征的化学亲和性以及隔膜的孔结构。良好的润湿特性是离子自由传输的前提，特别是在大电流密度下工作时，更需要离子的快速传输，对隔膜的润湿特性要求更高。

（4）热稳定性：隔膜的热稳定性是指在受到热源影响时保持其结构和形貌的能力，与电池的安全特性联系非常密切。当电池内部或外部发生极端情况，电池温度可能会急剧升高，若隔膜耐热性差，则会导致其发生热收缩，引发正负极短路，发生危险。目前，商业化锂离子电池中聚烯烃类隔膜的熔点仅为150℃左右，远低于电池热失控所产生的温度（>300℃），存在明显的安全隐患。

（5）成本：聚烯烃类隔膜已在锂离子电池中获得了大规模商业化应用，具有不错的成本控制，但目前仍难以满足钠离子电池的需要。实验室中仍普遍采用玻璃纤维隔膜进行钠离子电池的研究，但这类隔膜较差的机械强度和较高的价格无法满足大规模应用要求。开发性能良好且成本低廉的隔膜仍是钠离子电池未来发展的重要方向之一。

5.9 锂/钠离子电池器件

锂/钠离子电池是个复杂体系，包含正负极极片、隔膜、电解液、集流体等部件，涉及正负极的电化学反应、离子传导、电子传导及热量传导等。钠离子电池制造仍然处于发展早期，其电池设计和制造基本原理与锂离子电池类似。因此，本节主要以锂离子电池为例，介绍其器件结构和制造工艺。当前的锂离子电池制造过程主要可分为三段，分别为前段的电极制造工艺、中段的电芯装配工艺以及后段的激活检测工艺。

5.9.1 电极制造工艺

前段工序的生产目标是完成正负极极片生产，其工艺路线包括浆料制备、涂布、辊压、分切、模切等。

1）浆料制备

锂离子电池的电极材料主要由活性物质、导电剂和黏结剂组成，其中活性物质占总重的绝大部分，一般为90%～98%，导电剂和黏结剂含量相对较少，为1%～5%。这几种主要成分的物理性质和尺寸存在显著差异。例如，活性物质的颗粒通常在1～20 μm之间；导电剂绝大部分是纳米碳材料，如常用的炭黑的粒子直径只有几十纳米；黏结剂是高分子材料，溶于浆料的分散溶剂或形成微乳液。为确保电极良好的电子和离子传输能力，要求电极各组分的分布状态满足一定要求，如图5.41所示，即活性物质和导电剂均充分分散并相互充分接触，构建良好的电子导电网络，同时黏结剂均匀分布在电极中并将活性物质和导电剂紧密黏结，形成一个完整的电极整体。

制浆是将活性物质粉体、黏结剂、导电剂和分散溶剂混合均匀制成稳定悬浮液的过程。浆料的配方、分散的均匀度、黏度、附着力、稳定性、一致性对电池的性能有重大影响。制浆的目的包括：①分散导电剂和活性物质团聚体；②减小导电剂和活性物质二次颗粒的尺寸；③形成导电剂、活性物质和黏结剂之间最合适的排列方式；④维持浆料最优结构和成分稳定性，防止沉降和团聚等成分偏析。

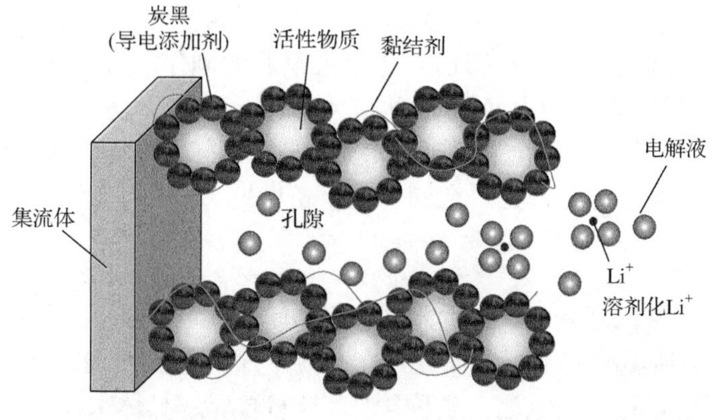

图 5.41　锂离子电池电极中各种材料的理想分布状态

2）涂布

浆料涂布工序的主要目的是将稳定性好、黏度适宜、流动性好的浆料均匀地涂覆在正负极集流体上，进行干燥成膜。目前主要的涂布方法有浸涂、辊涂、刮刀涂、挤压涂布、狭缝涂布等。选择合适的涂布方法需要从涂布层数、涂层厚度、浆料黏度、涂布精度、片幅情况、涂布速度等方面进行综合考虑。

3）辊压

涂布干燥后的极片需要通过辊压使活性物质与集流体紧密接触，减小电子的移动距离，降低极片的厚度，提高装填量，同时降低电池内阻，提高电池体积利用率。辊压前，集流体上的浆料涂层由不连接的或弱连接的一些单独颗粒或团粒组成，具有一定的分散性和流动性。辊压过程中，浆料颗粒在集流体上靠摩擦力不断被咬入辊缝中，并被辊压成具有一定致密度的电池极片，如图 5.42 所示。

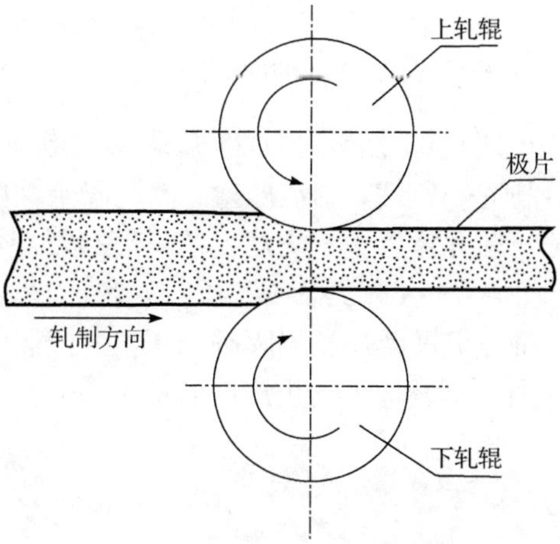

图 5.42　极片辊压工艺过程

辊压的作用主要有：①使极片的表面保持光滑和平整，防止极片表面毛刺刺穿隔膜而引起电池短路；②对电极材料进行压实，减小极片体积，提高电池的能量密度；③促使黏结剂将电极材料牢固地粘贴在集流体上，减少电极材料在循环过程中脱落而造成能量损失，提高电池的循环寿命和安全性能。

4）分切和模切

辊压后的极片需要经过分切和模切才能进入电芯的制作。根据工艺和来料尺寸，使用分切机将膜卷切成设计的宽度，从而达到电芯尺寸要求，这个过程称为分切。而将正负极膜片通过成型刀模或激光剪切形成特定形状和规格的过程称为模切。在实际制造过程中，分切和模切工艺的先后顺序不定，也可在同一个设备中同时进行。

5.9.2 电芯装配工艺

中段工艺的生产目标是完成电芯的制造，将前段工序制成的正、负极片，与隔膜、电解质进行有序装配。电池类型的不同会导致其在中段工序的技术路线、产线设备存在差异。目前常见的电池类型主要有软包电池、方形电池和圆柱电池。具体来说，方形、圆柱形电池的中段工序主要流程有辊压分条、卷绕、注液、封装；软包电池的中段工序主要流程有叠片、注液、封装。

卷绕是电芯制作最常用的方法。首先将极耳用超声焊焊接到集流体上，正极采用铝极耳，负极采用镍极耳，随后按照正极—隔膜—负极—隔膜的顺序进行排列，再通过卷绕组装成电芯，主要用于方形、圆柱形锂离子电池生产，如图 5.43 所示。卷绕工序需要监控的项目有极片或隔膜破损、物料表面的金属异物、极片双面涂层错位值、来料坏品、极耳打折与翻折等。卷绕过程需要纠偏机构、张力控制组件、极片计长组件等控制，以保证卷绕出的电芯各参数符合规格要求。

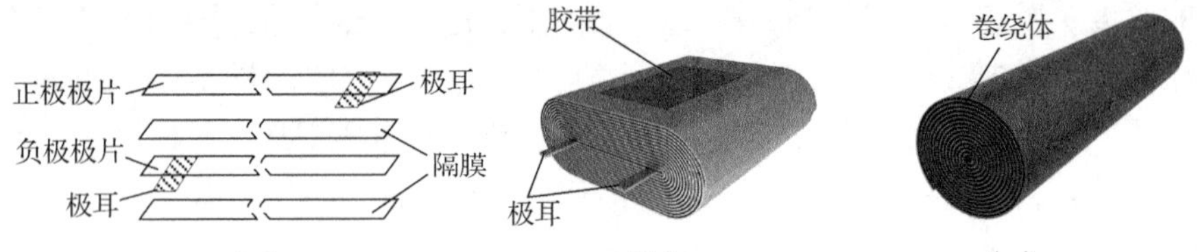

图 5.43　卷绕电芯示意图：（a）极片和隔膜排放顺序；（b）方形；（c）圆柱形

卷绕制造工艺是数码锂电时代的主流，但在车规级动力电池对大容量、大规模、标准化要求越来越高的趋势下，对制造一致性、制造质量、制造安全性的要求也越来越高，卷绕工艺存在的问题逐步显现出来。在此背景下，叠片工艺具有接触界面均匀、内阻低、能量密度高、倍率性能好、极片形变均匀等优点，逐渐成为电芯制造工艺发展的重要方向。叠片一般是以集流体作为极耳引出，将正负极极片和隔膜按照正极—隔膜—负极顺序，逐层叠合在一起形成叠片电芯，如图 5.44 所示。叠片工艺生产电芯的特点是尺寸灵活，不受卷绕卷针结构

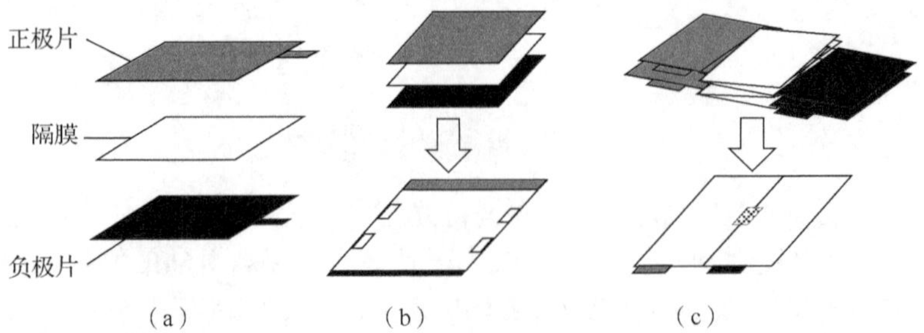

图 5.44　叠片电芯示意图：（a）极片和隔膜叠放顺序；（b）积层式；（c）折叠式

的限制，层叠方式生产，极片的界面平整度高。叠片技术较传统的卷绕技术具有更大的空间利用效率，能量密度可提高 5%以上；电池循环周期内具有更低的变形和膨胀，循环寿命提升 10%以上；边缘结构更简单，结构适应性更好，电池安全性更高。

卷绕与叠片工艺各有优势。卷绕具有自动化程度高、生产效率高、质量稳定等优点；然而卷绕电芯的极片采用单个极耳，内阻较大，不利于大电流充放电；另外卷绕电芯存在转角，使得在方形电池中的空间利用率低（图 5.45）。因此，卷绕电芯通常用于小型常规的方形电池和圆柱形电池。相比之下，叠片电芯的每个极片都有极耳，内阻相对较小，有利于大电流充放电，同时叠片电芯的空间利用率高；但是叠片工艺相对复杂，且存在多层极耳，易出现虚焊。因此叠片电芯通常适用于大型的方形电池，也可用于超薄电池和异形电池。

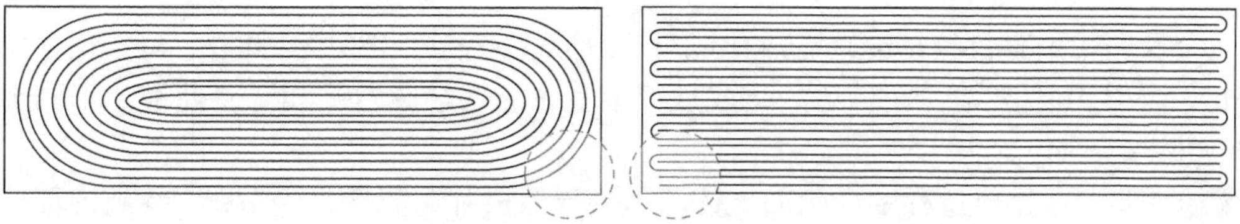

（a）　　　　（b）

图 5.45　卷绕工艺电芯（a）和叠片工艺电芯（b）效果示意图

5.9.3　激活检测工艺

截至中段工序，电池的电芯功能结构已经形成，后段工序的意义在于将其激活，经过检测、分选、组装，形成使用安全、性能稳定的锂电池成品。后段工序主要包括化成、分容和检测。

1. 化成

化成是指电池在第一次充电时，在阳极表面形成一层保护膜，称为固体电解质中间相层，从而实现锂电池的“初始化”，并通过抽真空的方式排出电芯内的气体，是提升电池安全性、提高容量和寿命的重要步骤。电池经过几次充放电循环以后陈化 2～3 周，剔去微短路电池，再进行容量分选包装后即成为商品。化成后电解液损失严重的电芯可进行二次注液以补充电解液。化成工艺一般分为预化成、化成和封口。

（1）预化成。电池在预化成时，所产生的气体首先以微小气泡形式附着在负极颗粒表面；随着化成的进行，产生的气体量逐渐增多，微小气泡不断长大，开始互相接触、合并长大；随着气体量的进一步增大，气泡持续变大，内部压强 p_1 持续增大，较大的气泡依靠内部压强冲开隔膜与极片的间隙，逐渐在二者间隙处聚集，并向压强较低的极片边缘扩展；当压强 p_1 超过大气压强 p_0 和极片内部孔隙形成的气体流动阻力时，气泡扩展至边缘与大气连通，形成稳定的气体逸出通道，气体沿着这些通道逸出至壳体外。气路形成过程如图 5.46 所示。

预化成工艺对 SEI 膜具有重要影响。电流密度较大时，形核速率快，导致 SEI 膜结构疏松，与颗粒表面附着不牢。因此，预化成通常采用小电流密度以帮助形成致密稳定的 SEI 膜。

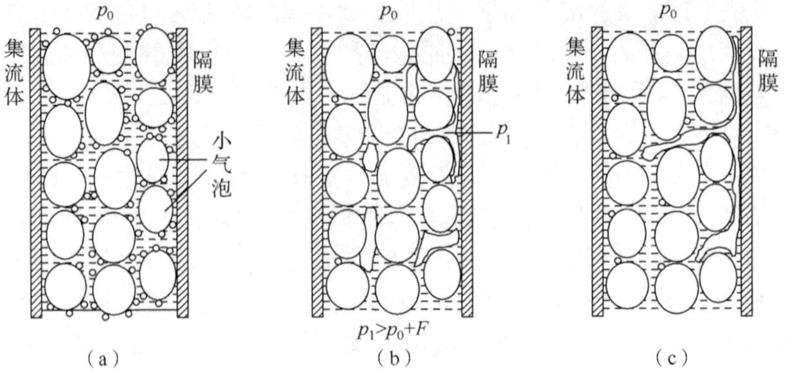

图 5.46　化成过程中气路形成示意图：(a) 微小气泡；(b) 大气泡；(c) 形成气路

(2) 化成。主要目的是继续完成化成反应，形成完整的 SEI 膜。此外，对于预化成反应不足的气路或气泡区域，在随后的化成过程中电解液会继续对其润湿，使极片不同部位的化成程度趋于均匀。

(3) 封口。在化成过程中产生的气体通路会导致极片与隔膜发生分离，导致内部厚度增加，而电池厚度的增加幅度与电池壳体的强度有关。通常，钢壳电池可以直接封口；铝壳电池需要通过压扁使壳体恢复至设计尺寸后再进行封口；软包电池在化成中需要使用夹具夹紧，防止气路过大导致极片与隔膜分离以及化成不均匀，进入气囊的气体采用抽真空将其排出，然后再进行封口。

2. 分容和检测

分容是对电池进行充电放电，通过检测电池充满时的放电量来确定电池的容量，只有测试容量满足或大于设计容量的电池才是合格的。这个通过容量测试筛选出合格电池的过程称为分容。分容过程包含全检和抽检项目。全检项目主要包括开路电压、自放电、电池容量、电池尺寸、电池内阻和外观等；抽检主要包括循环性能、倍率充放电性能、高低温等电性能，以及短路、过充过放、热冲击、振动、刺穿等安全性能。电池的全检项目指标与合格率密切相关，项目指标越严格，电池的合格率越低，制造成本越高。部分对电池指标的影响因素如下。

(1) 自放电：自放电主要与电池内部的副反应和微短路有关。形成内短路的原因主要有极片表面残留的杂质、极片或极耳边缘的金属毛刺等。测定自放电之前，电池应有足够的老化时间。

(2) 厚度：影响电池厚度的因素包括电池极片、隔膜的膨胀及电池的气胀等。形成气胀的主要原因通常有水分过量、副反应剧烈及化成工艺不当等。

(3) 内阻：影响电池内阻的因素主要有极片成分、厚度、压实密度、极耳的尺寸和位置、焊接情况、电解液注液量等。电池内阻越小，功率性能通常越好。

(4) 循环：影响电池循环性能的因素主要有正负极材料活性物质种类、极片压实密度、电解液种类和注液量、水分等。其中，材料是影响循环性能的决定性因素。

5.9.4　电池封装工艺

电池封装是指将电芯及其相关组件（如电极、电解液）进行物理保护和电气隔离的过程。良好的电池封装不仅能提高电池的安全性和可靠性，还能延长电池的使用寿命。锂离子电池依据电芯外形或封装形式可分为扣式电池、软包电池、圆柱形电池、方形电池等，如图 5.47 所示。

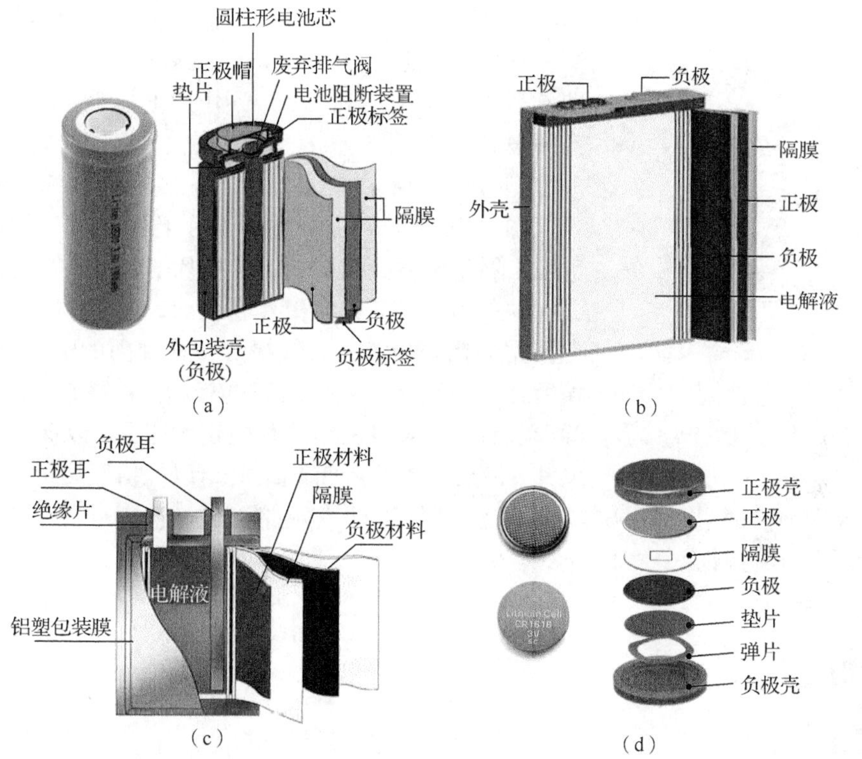

图 5.47 不同外形结构锂电池示意图：(a) 圆柱形电池；(b) 方形电池；(c) 软包电池；(d) 扣式电池

1. 扣式电池

扣式电池，也称纽扣电池，主要应用于电子手表等小型电子产品。锂离子扣式电池主要由正极壳、负极壳、极片、隔膜、垫片、弹片和电解液等部分组成，如图 5.47（d）所示。市面上常见的有 CR2032 型号扣式电池，其中“C”表示以锂-二氧化锰（MnO_2）为活性物质；R 指 round，表示为圆形电池；前两位数字代表直径（单位为 mm），后两位数字代表厚度（单位为 0.1 mm）。CR2032 指扣式电池的尺寸为直径 20 mm，厚度 3.2 mm。

扣式电池壳包括正极壳和负极壳，一般为不锈钢材质，负极壳上带有密封圈，封装后为电池提供密封环境。电极片决定了扣式电池可提供的能量。在锂离子电池中，正极和负极的集流体通常分别采用铝箔和铜箔，将活性物质分别涂覆其上。在电极制备过程中，活性材料通常采用粉末形式并且具有适中的颗粒尺寸，以便于均匀涂布。电极中常用的导电剂主要有乙炔黑（AB）、导电炭黑（Super-P、350 G）等，黏结剂有 PVDF、聚四氟乙烯（PTFE）及丁苯橡胶（SBR）乳液等，油系溶剂常选用 *N*-甲基吡咯烷酮（NMP）。隔膜通常采用聚烯烃类多孔膜，被冲压成直径稍大于极片的圆片，保证隔绝两极避免短路。垫片和弹片均为不锈钢材质，用于支撑电池，为电池施加一定的内部压力，保证电池内各组件的紧密可靠接触。组装电池时需注意根据电池型号和厚度选择合适厚度的垫片和弹片，以发挥其支撑作用。

2. 圆柱形电池

圆柱形锂电池通常用五位数表示型号。前两位数表示直径，第三位、第四位数表示高度，最后一位 0 表示圆柱形。例如，10440 电池为直径 10 mm、高度 44 mm 的圆柱形电池，也就是我们熟知的 7 号电池；14500 电池为直径 14 mm、高度 50 mm 的圆柱形电池，即 5 号电池（图 5.48），主要用于电子产品如手电筒、迷你音频设备、扬声器、无线音频设备、电动玩具、数码相机等。常见型号还包括 18650、21700、26650、32560 等。

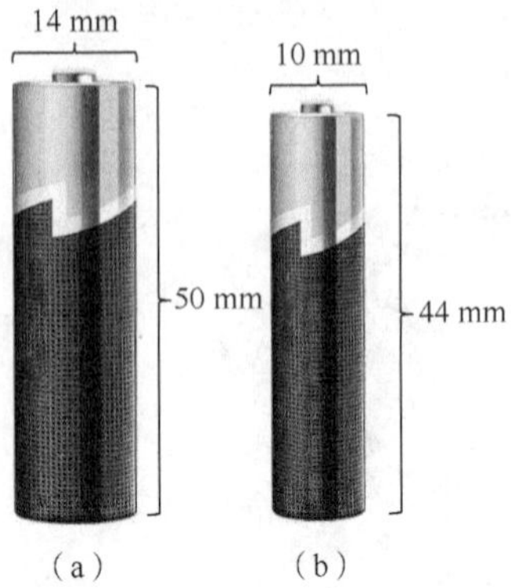

图 5.48　5 号电池（a）和 7 号电池（b）的尺寸对比

图 5.49 为圆柱形电池组装示意图。将剪切后的正极、负极、隔膜放置到卷绕机上，极片的长度、宽度和厚度应符合电池的设计要求。在极片卷绕前，铝极耳通过超声焊焊接在裸露的铝正极箔片，镍极焊接在裸露的铜负极集流体上。随后在卷绕机上卷绕成紧密的极组。卷绕时，圆柱形电池用圆形卷针，同时对极组施加恒定的张力，以保证最终的极组尺寸，最后用终止胶带黏结极组以保持紧密的卷绕。卷绕后的极组在入壳前需通过“Hi-pot”或阻抗测试仪进行内短路测试。卷绕过程中需时刻监测，保证活性材料不能剥落，隔膜不发生变形。

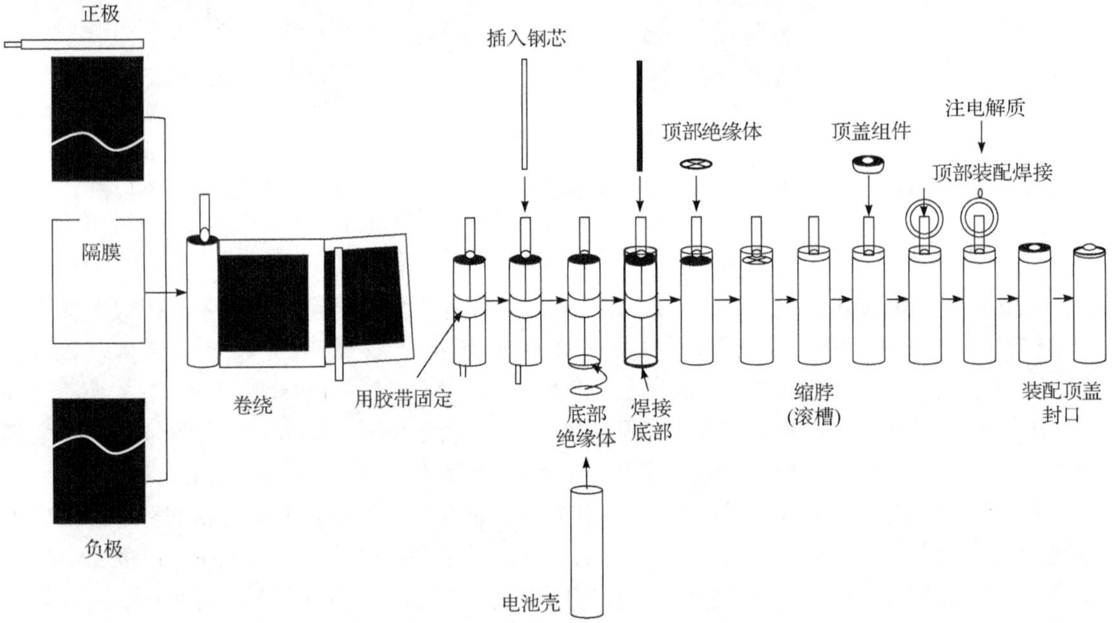

图 5.49　圆柱形电池组装示意图

极组入壳后，将带锯齿结构的弹性钢芯插入卷绕后的极组中。该弹性钢芯的主要功能是提高极组结构的稳定性及电池的安全性。当电池内压升高，气体自由地通过弹性钢芯的中空部分由防爆阀释放出去。当电池受挤压时，弹性钢芯会使两极形成短路，瞬时放电。焊针插入弹性钢芯的孔中，并将负极极耳焊接到电池壳上。随后，采用真空注液装置将电解质注入电池，确保电解质渗入并完全填满隔膜和电极的微孔。注液后，扣盖用聚合物密封圈封装电池。电池盖有热敏电阻（PTC）和安全防爆阀（CID）。PTC 的作用是当电流或电池温度超过设定值时切断电流；CID 的作用是当电池内部的压力未达防爆阀破裂压力，但超过设定值时切断电流。完成电池的封装后需用 X 射线检测电池顶盖的封装位置、卷绕对齐度和极耳弯折情况等，以避免引起内短路或电池缺陷。最后，通过老化工序筛选出微短路的电池，并将电池按容量分档以用于后续的电池组装配。

3. 方形电池

方形电池的型号用六位数字表示，前两位表示电池的厚度，中间两位表示电池的宽度，最后两位表示电池的长度。例如，083448 型号方形电池的厚度为 8 mm，宽度为 34 mm，长度为 48 mm。方形电池的结构相对简单，附件质量较轻，理论上能量密度高于圆柱形电池。其结构强度高，能够承受较大的机械载荷，电池内阻小，寿命长，空间利用率高。

方形电池的装配如图 5.50 所示，通常在干燥间进行，其涂覆、卷绕直至扣盖与圆柱形电池的制作过程基本一致，之后的工序有所不同，这是由方形与圆柱形电池的几何形状不同决定的。为了减小质量和厚度，方形电池通常使用铝壳。在壳底部放置绝缘材料，并且将极组入壳。对于圆柱形电池，是将负极耳与壳底进行焊接；对于方形电池，通常是将顶盖和正极耳与电池壳焊接在一起。随后，采用激光焊机密封注液孔，即可完成方形电池的组装。

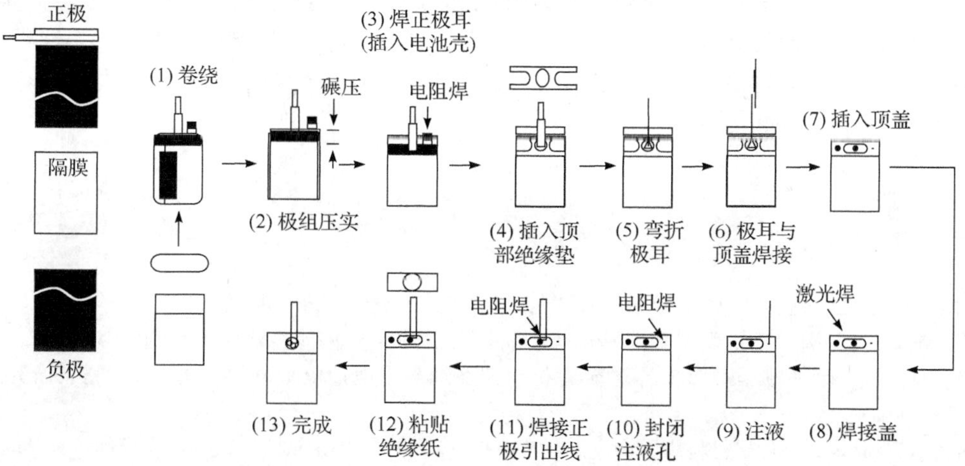

图 5.50　方形电池的装配示意图

4. 软包电池

软包电池采用铝塑膜作为电芯的包装材料，其优势主要在于安全性较高，当发生安全问题时，电池通常会膨胀并裂开，一定程度上缓解了钢壳或铝壳电芯可能发生的爆炸；质量轻，在同等容量下，软包装电池可比钢壳电池轻 40%，比铝壳电池轻 20%；内阻小、自耗电低、循环稳定性高；设计灵活，能够根据客户需求定制成任意形状和厚度，利于适配不同的应用场景。软包电池使用铝塑作为外壳，决定了其独特的热封装工艺，主要由冲坑、顶侧封、预封、夹具整形、二封及后续工序组成。

（1）冲坑。软包电芯可以根据需求设计成不同的尺寸，用加热的成型模具在铝塑膜上冲出能够装入卷芯的坑，即为冲坑。铝塑膜冲好并裁剪成型后，称为袋（pocket）。在电芯较薄时可选择冲单坑，在电芯较厚时可选择冲双坑，若单边的变形量太大容易突破铝塑膜的变形极限而导致破裂。

（2）顶侧封。顶侧封包含顶封与侧封。将卷芯放到冲好的坑里，按顺序沿着虚线将顶面和侧面封装起来（图 5.51），形成袋装结构。

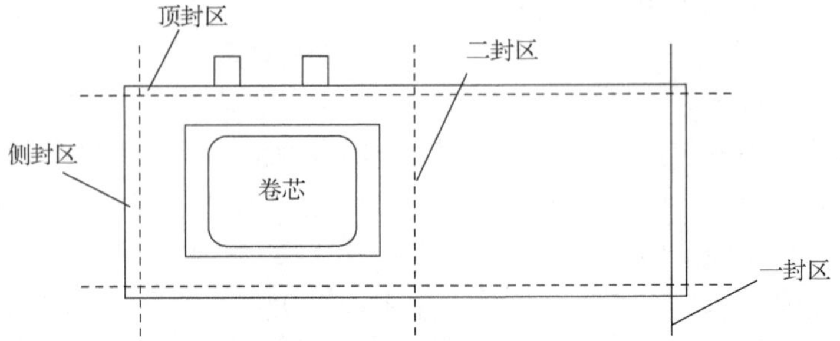

图 5.51 封装位置示意图

（3）预封。在完成顶侧封后，剩下气袋边缘的一个开口，通过这个开口注入电解液，并在注液完成后，马上进行气袋边的预封，也称为一封。一封完成后，电芯内部与外部环境实现隔绝。

（4）二封。注液与一封完成后，需先将电芯进行静置和化成。化成过程中会产生气体，因此要对电芯进行抽气并再次封装，即二封。首先由铡刀将气袋刺破并抽真空，使得气袋中的气体与一小部分电解液被抽出，随后马上在二封区进行封装，保证电芯的气密性，最后剪去气袋后软包电芯就此成型。

参考文献

陈军, 陶占良. 2022. 化学电源——原理、技术与应用. 北京: 化学工业出版社.

陈晓霞, 刘凯, 王保国. 2020. 高安全性锂电池电解液研究与应用. 储能科学与技术, 9(2): 583-592.

陈跃颖, 盘盈滢, 杜文卿, 等. 2022. 金属-有机框架在锂离子电池电极材料中的应用. 材料研究与应用, 16(1): 68-80.

韩玉振. 2017. 金属有机骨架材料用于锂离子电池电极材料的探索应用研究. 北京: 北京理工大学.

胡觉, 姚耀春, 张呈旭. 2022. 新能源材料与器件概论. 北京: 冶金工业出版社.

胡梦菲, 黄丽萍, 李贺, 等. 2024. 锂/钠离子电池硬碳负极材料的研究进展. 无机材料学报, 39(1): 32-44.

黄浩. 2024. 超高镍三元正极材料的改性与电化学性能研究. 北京: 北京化工大学.

霍丽萍, 栾伟玲, 庄子贤. 2022. 锂离子电池储能安全技术的发展态势——从全球专利数据分析我国的发展现状. 储能科学与技术, 11(8): 2671-2680.

江玉. 2018. 高性能 NASICON 类型钠离子电池电极材料的制备与研究. 北京: 中国科学技术大学.

卡尔 · H. 哈曼, 安德鲁 · 哈姆内特. 2010. 电化学. 陈燕霞, 等译. 北京: 化学工业出版社.

李荻. 2008. 电化学原理. 3 版. 北京: 北京航空航天大学出版社.

李现红, 吕浩然, 祝青凯, 等. 2023. 层状氧化物正极材料在钠离子电池中的应用研究. 电池工业, 27(4): 186-190.

刘聪聪, 许世锬, 夏先明, 等. 2023. 钠离子电池钒氧化物电极材料研究进展. 材料研究与应用, 17(5): 912-922.

刘天伟. 2022. 铁基化合物的制备及其作为锂离子电池电极材料的性能研究. 长沙: 湖南大学.
刘子璇, 邓怡佳, 史晓雨, 等. 2021. 磷基锂离子电池电极材料进展. 化学研究, 32(3): 249-254.
荣强, 周露. 2023. 钠离子电池电极材料研究进展. 电源技术, 47(9): 1130-1134.
塞勒姆(Salem L). 1987. 化学反应中的电子: 基本原理. 张敬畅, 曹维良, 译. 北京: 科学出版社.
徐佳军, 潘捷苗, 陈亮, 等. 2020. 先进隔膜材料在锂离子电池中的研究进展. 高分子通报, (12): 63-73.
严丹林. 2016. 锂离子电池电极材料的制备及电化学性能研究. 广州: 华南理工大学.
俞卓尔. 2021. 低成本钠离子电池电极材料研究. 上海: 上海大学.
原浩成. 2021. 锡、铋基锂/钠离子电池负极材料微纳结构设计及电极/电解液界面研究. 北京: 北京化工大学.
Amine K. 2019. Next-Generation Batteries: Research & Development. London: Royal Society of Chemistry.
Bresser D, Passerini S, Scrosati B. 2019. Lithium Batteries: Advanced Technologies and Applications. 2nd ed. Hoboken: Wiley.
Goodenough J B, Kim Y. 2010. Challenges for rechargeable Li batteries. Chemistry of Materials, 22(3): 587-603.
Li B, Pan Z, Lu H. 2020. Sodium-Ion Batteries: Advanced Materials and Technology. Cambridge: Cambridge University Press.
Li R, Deng R, Wang Z, et al. 2023. The challenges and perspectives of developing solid-state electrolytes for rechargeable multivalent battery. Journal of Solid State Electrochemistry, 27(6): 1291-1327.
Weiss M, Ruess R, Kasnatscheew J, et al. 2021. Fast charging of lithium-ion batteries: a review of materials aspects. Advanced Energy Materials, 11(33): 2101126.
Wu X, Luo Y, Sun M, et al. 2015. Low-defect Prussian blue nanocubes as high capacity and long life cathodes for aqueous Na-ion batteries. Nano Energy, 13: 117-123.
Xu J, Cai X, Cai S, et al. 2023. High-energy lithium-ion batteries: recent progress and a promising future in applications. Energy & Environmental Materials, 6(5): e12450.
Yang C, Xin S, Mai L, et al. 2021. Materials design for high-safety sodium-ion battery. Advanced Energy Materials, 11(2): 2000974.
Zhang S S. 2020. Lithium-Ion Batteries: Fundamentals and Applications. Boca Raton: CRC Press.
Zhao L, Zhang T, Li W, et al. 2023. Engineering of sodium-ion batteries: opportunities and challenges. Engineering, 24: 172-183.
Zhao Y, Kang Y, Wozny J, et al. 2023. Recycling of sodium-ion batteries. Nature Reviews Materials, 8(9): 623-634.
Zhi C, Li H. 2023. Electrolyte Materials for Lithium-Ion and Sodium-Ion Batteries. Cham: Springer.

第6章 其他新型二次电池材料与器件

二次电池作为当前国际竞相研发的热点，已成为新一代信息通信、电动汽车、储能电站与航空航天等重大应用的关键。锂离子二次电池作为目前最成熟的新型能源体系被广泛应用，经过30余年的发展，锂离子电池已趋近其理论能量密度上限。针对日益多样化的能源需求，迫切需要在锂离子电池的基础上发展“下一代”新型二次电池，以满足对二次电池在能量密度、倍率性能、循环寿命、安全性和成本等方面的要求。各类新型二次电池的能量密度如图6.1所示。

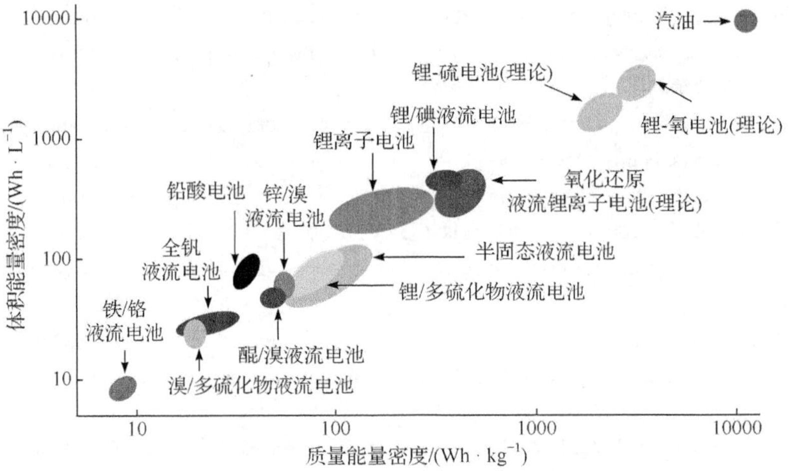

图6.1　不同电池的质量能量密度与体积能量密度

6.1 液流电池

20世纪70年代，航天事业的发展催生了对长时高效的新型电力储存技术的迫切需求。在此背景下，具有现代意义的液流电池技术应运而生，迅速引起了人们的广泛关注。其发展历程可概括为三个阶段：技术萌芽期（1971～1986年）、研发示范期（1986～2001年）以及商业化初期（2001年至今）。值得注意的是，尽管现代液流电池的诞生略早于锂离子电池，但锂离子电池产业目前正处于快速成长的黄金时期，而液流电池正迈向大规模商业应用的关键门槛。

6.1.1 液流电池的结构与原理

与锂离子电池相比，液流电池展现出诸多优势，包括启动响应速度快、成本低、电化学极化小、使用寿命长、对地域和环境的适应性强、安全性高、易回收再利用、环境友好等。

然而，液流电池也存在一些关键的问题与挑战，如其电池设计与制造过程相对复杂，需精密的系统来管理电解液的流动与离子交换，同时其系统较为庞大，对空间要求较高，限制了其在轻便与紧凑设备中的应用；与锂离子电池相比，液流电池的能量密度相对较低，难以满足某些高能耗设备的需求。目前，液流电池主要用于可再生能源的离网、并网发电，以解决风能、太阳能等可再生能源发电系统的不连续性和不稳定性问题，调节用户端负载平衡，提高发电设备的能量效率；或用于重要部门如政府、医院、机场、军事指挥系统以及高能耗企业的备用电站，可以实现谷电峰用，缓解用电高峰期的电力供应不足问题。

液流电池的核心组件包括电池框架、正负极电极、离子交换膜（隔膜）、正负极电解液存储罐和驱动泵，如图6.2所示。框架的作用是集流和分流，通过不同的沟槽将流入腔室的电解液均匀分布在电极表面，确保充分高效的电化学反应；同时也将流过电极反应后的电解液重新收集，并循环到下一个电池腔体，从而保障电池的持续和稳定运行。

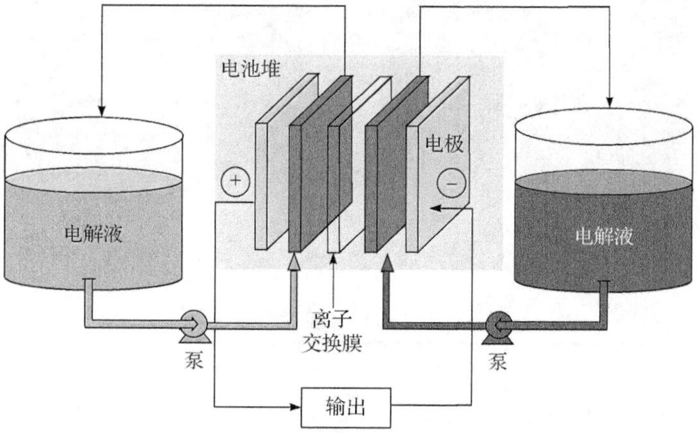

图6.2　液流电池结构示意图

液流电池中的反应物均为液体形态，这赋予液流电池更高的物理设计灵活性。它们的功率输出和储能容量是独立的，功率主要受电池内部液体流速和配置的影响，储能容量取决于所储存的液体量。液流电池的工作原理与传统的电池类似，都是通过活性物质的氧化还原反应来储存和释放化学能。与传统锂离子电池不同的是，液流电池中的活性材料并不是永久性地密封在电池内部，而是被单独储存并通过泵控制其在电池中的流动。典型的氧化还原液流电池包含两种分别存储在两个独立容器中的液体电解质。电池工作时，这些液体电解质会被泵吸入电池内部以产生能量，在电池内部发生氧化还原反应，产生电子并通过外电路进行传输。离子交换膜分隔两极，在保障离子通路的同时防止两极的活性物质的混合交叉污染及化学内短路。

6.1.2　液流电池的分类

与其他电池体系如锂离子电池、锌-锰电池等不同，液流电池的电极仅作为充放电反应的场所，电极材料本身不直接参与反应过程，反应活性物质则溶解/储存在电解液中。电解液流经电极，在电极表面完成氧化还原反应，反应物和产物均为溶液状态；载流子在电极表面完成离子与电子形式的转变，从而使电池形成完整的回路，实现能量存储和释放的过程。

根据电解液流经电极的方式不同，液流电池的电极可分为流通型和流经型两类，如图 6.3 所示。流通型电极通常包括石墨毡和碳毡等，通常被视作三维电极，具有较大的孔隙率，允许电解液顺畅流过电极而不产生显著的压降。相比之下，流经型电极的孔隙率较小，可能导致较大的流体压降（如碳布、碳纸等）或者不能流通（如石墨板、金属板等）。流通型电极通常具有较大的比表面积，可提供更多的电化学反应场所，有助于增强电极催化活性，降低电池极化，但其电池结构相对复杂。流经型电极结构相对简单，但由于其较小的比表面积和较高的流体压降，一定程度上限制了电化学反应的效率。液流电池体系有多种类型，具有不同的正负极反应，也对电极材料提出了不同的要求，表 6.1 列出了几种常见的液流电池体系。

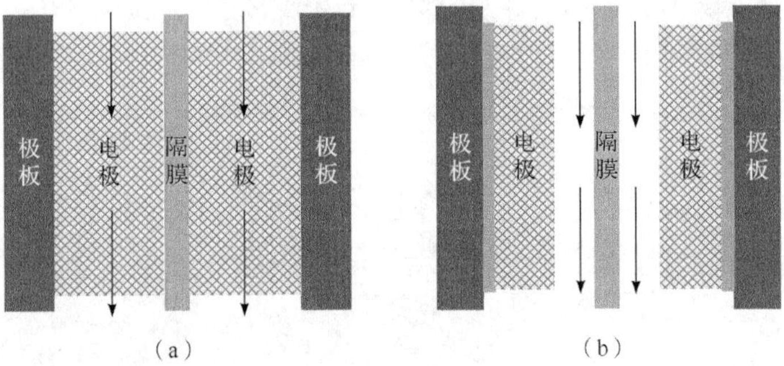

图 6.3　流通型（a）和流经型（b）电极

表 6.1　常见液流电池体系

体系	电极反应	电极材料
铁/铬	正极：$Fe^{2+} \longrightarrow Fe^{3+} + e^-$ 负极：$Cr^{3+} + e^- \longrightarrow Cr^{2+}$	正极：碳毡、石墨毡 负极：负载 Pb/Au 或 Pb/Bi 的碳毡或石墨毡
多硫化钠/溴	正极：$2NaBr - 2e^- \longrightarrow Br_2 + 2Na^+$ 负极：$2Na^+ + (x-1)Na_2S_x + 2e^- \longrightarrow xNaS_{x-1}$	正极：碳毡、活性炭、碳布 负极：金属硫化物、活性炭
全钒	正极：$VO^{2+} + H_2O - e^- \longrightarrow VO_2^+ + 2H^+$ 负极：$V^{3+} + e^- \longrightarrow V^{2+}$	正极：碳毡、石墨毡、碳纸 负极：碳毡、石墨毡、碳纸
锌/溴	正极：$2Br^- \longrightarrow Br_2 + 2e^-$ 负极：$Zn^{2+} + 2e^- \longrightarrow Zn$	正极：碳毡、活性炭 负极：钛板、多孔炭材料
锌/镍	正极：$2NiOOH + 2H_2O + 2e^- \longrightarrow 2Ni(OH)_2 + 2OH^-$ 负极：$Zn + 4OH^- \longrightarrow [Zn(OH)_4]^{2-} + 2e^-$	正极：镍电极 负极：镀镍钢带、多孔炭
铅酸	正极：$Pb^{2+} + 2H_2O \longrightarrow PbO_2 + 4H^+ + 2e^-$ 负极：$Pb^{2+} + 2e^- \longrightarrow Pb$	正极：玻璃碳 负极：网状玻璃碳、泡沫镍

1. 全钒液流电池

全钒液流电池是目前技术上最成熟的液流电池系统之一，已在商业化应用中展现出独特优势，特别是在风能发电的调幅、调频以及平滑输出并网领域。全钒液流电池的工作原理基于电解质溶液中不同价态的钒离子在电极表面发生的氧化还原反应。电池正极通常采用 VO^{2+}/VO_2^+ 电对，负极采用 V^{3+}/V^{2+} 电对，硫酸水溶液作为电解质，电极反应如下：

正极反应 $$VO^{2+} + H_2O - e^- \longrightarrow VO_2^+ + 2H^+ \quad (6.1)$$

负极反应 $$V^{3+} + e^- \longrightarrow V^{2+} \quad (6.2)$$

电池总反应 $$VO^{2+} + V^{3+} + H_2O = VO_2^+ + V^{2+} + 2H^+ \quad (6.3)$$

其中，正极反应标准电位为 1.004 V，负极反应的标准电位为–0.255 V，所得全钒液流电池的标准开路电压约为 1.259 V。在实际使用过程中，电解液浓度以及电池的充放电状态会导致钒离子存在形式发生变化，全钒液流电池的实际开路电压通常为 1.5～1.6 V。全钒液流电池中正负极电解质溶液均采用钒离子，但价态不同，这种设计有效避免了正负极活性物质在长期运行过程中的相互污染，不仅延长了电池的使用寿命，还使得电解质溶液能够轻松实现再生和持续利用，大幅降低全钒液流电池在整个生命周期内的成本，为其在大规模储能领域的应用提供有力支持。

目前，全钒液流电池的电极材料主要涉及金属金、铅、钛、钛基铂和钛基氧化铱。其中，金、铂基电极的成本较高，铅、钛基电极充放电过程中容易发生表面钝化，限制了其电化学性能。因此，碳素类电极材料，如玻璃碳、石墨、碳毡、石墨毡、碳布和碳纤维等，以出色的稳定性和相对较低的成本，成为全钒液流电池电极材料的重要选择。其中，碳毡与石墨毡均由碳纤维纺织而成，具有优异的导电性、较高的比表面积、良好的化学稳定性，其表面的电化学反应展现出较高的可逆性，因此成为全钒液流电池电极的研究热点。

相较于其他储能电池，全钒液流电池的独特优势主要在于：①其输出功率和储能容量具备高度可控性，输出功率可通过调整电堆的大小和数量实现，储能容量依赖于电解液的容量和浓度；②安全性能出色，基于水溶液的电解质大大降低了电池的爆炸或着火风险；③电池的响应速度极快，一旦电堆充满电解液，可以在 2 min 内迅速启动，且在运行过程中充放电状态的切换仅需 0.02 s；④倍率性能优异，在充放电过程中仅发生溶液中钒离子的价态变化，不涉及相变化，从而确保了快速反应动力学和充放电速度；⑤使用寿命长，易于再生和循环使用，全生命周期成本低。

2. *锌/溴液流电池*

锌/溴液流电池以其低成本的活性物质和高电化学效率呈现出优越的能量密度和经济性，目前也已进入应用示范阶段。锌/溴液流电池的正极采用 Br^-/Br_2 电对，负极采用 Zn^{2+}/Zn 电对。充电过程中，正极的 Br^- 经过氧化反应生成 Br_2，随后被配合剂捕获并富集在密度大于水相电解液的油状配合物中，并沉降在电解质溶液储罐的底部。与此同时，负极的 Zn^{2+} 发生还原反应，生成的金属锌沉积在负极表面。放电时，通过启动油状配合物循环泵，使油水两相混合后进入电池，Br_2 发生还原反应生成 Br^-；负极表面的锌发生氧化反应生成 Zn^{2+}。电极反应如下：

正极反应 $$2Br^- \longrightarrow Br_2 + 2e^- \qquad \varphi = 1.076\ V \quad (6.4)$$

负极反应 $$Zn^{2+} + 2e^- \longrightarrow Zn \qquad \varphi = -0.76\ V \quad (6.5)$$

电池总反应 $$Zn^{2+} + 2Br^- \longrightarrow Zn + Br_2 \qquad E = 1.836\ V \quad (6.6)$$

锌/溴液流电池的正极和负极反应分别具有+1.076 V 和–0.76 V 的标准电势，标准开路电压达到 1.836 V，理论能量密度为 419 Wh · kg^{-1}。在充放电过程中，锌负极为主要极化部分，研究人员发现负极衬底材质和结构对其沉积行为具有重要影响。锌在镉基体上的电化学沉积动力学表现更好，析氢过电位较高，而镀镍冲孔钢带作为电极可利用其独特的孔状结构改变$[Zn(OH)_4]^{2-}$的扩散模式，降低浓差极化，表现出较高的沉积效率及析氢过电位。

锌/溴液流电池的优势在于高能量密度和较低的成本，其模块化设计也使得输出功率和储能容量能够独立且灵活地调控，以满足不同应用场景的需求。此外，锌/溴液流电池具有出色的温度适应能力，能够在–30～50℃的宽温度范围内稳定运行。然而，其正极电解质活性物质 Br_2 具有较强的腐蚀性、氧化性、高挥发性和穿透性，使得电解液的实际储存、运输以及运行的安全性和可靠性面临严峻的挑战；负极的锌沉积容易形成枝晶和脱落，限制了反应效率、可逆性和使用寿命；当正极电解质活性物质 Br_2 渗透过隔膜到达负极时，会与负极活性物质发生化学反应，导致电池自放电而降低能量效率。

6.2 金属-空气电池

金属-空气电池是一种新型的电池体系，通常采用电极电势较低的金属作为负极，包括碱金属（锂、钾、钠等）、碱土金属（钙、镁等）、类金属（硅、铝等）或过渡金属（铁、锌等）。电解质根据电极材料的不同而有所区分，可采用碱性水系电解液或有机电解液。正极为空气，主要利用空气中 O_2 的氧化还原反应提供电位和能量，正负极由隔膜分开。

6.2.1 锌-空气电池

锌-空气电池因其较高的理论能量密度（1086 Wh · kg^{-1}）、较低的材料成本以及环境友好等特点在众多金属-空气电池体系中脱颖而出。锌-空气电池已在医疗、电信等行业的小功率器件中得到一定程度的商业化应用，是一种相对较成熟的体系。然而，锌-空气电池仍面临一些亟须突破的技术瓶颈，包括阴极反应速率慢、循环性能差、连续工作中会发热严重等。

锌-空气电池主要由空气正极、碱性电解液和金属锌负极组成，结构如图 6.4（a）所示。放电过程中，金属锌负极氧化形成$[Zn(OH)_4]^{2-}$和 ZnO 并同时向外电路释放电子；在正极侧，氧气由集流体向电极内扩散，在催化剂的辅助下捕获外部电路电子并反应生成 OH^-。充电为逆过程，反应式如下：

负极反应
$$Zn + 4OH^- \longrightarrow [Zn(OH)_4]^{2-} + 2e^- \tag{6.7}$$

$$[Zn(OH)_4]^{2-} \longrightarrow ZnO + H_2O + 2OH^- \tag{6.8}$$

正极反应
$$O_2 + 4e^- + 2H_2O \longrightarrow 4OH^- \tag{6.9}$$

电池总反应
$$2Zn + O_2 \longrightarrow 2ZnO \tag{6.10}$$

锌-空气电池的性能与阴极氧析出反应（OER）和氧还原反应（ORR）活性密切相关，两种反应都涉及一系列复杂的电子转移过程。ORR 过程中通常遵循氧气的 4 电子或 2 电子还原反应路径，酸性和碱性溶液中 4 电子反应过程方程式分别如式（6.11）和式（6.12）所示，氧在酸性条件下被还原成水，碱性条件下生成氢氧根离子。对于 2 电子过程，氧气先被还原为强腐蚀性的中间产物过氧化氢，再进一步被还原为水或氢氧根离子，其中的中间产物会毒化催化剂活性位点，破坏电极结构，降低电池的能量转换效率。因此，一般认为 4 电子反应过程更适合锌-空气电池，2 电子过程被视为副反应，应尽量予以避免。

酸性溶液中 4 电子反应过程：

$$O_2 + 4H^+ + 4e^- \longrightarrow 2H_2O \tag{6.11}$$

碱性溶液中 4 电子反应过程：

$$O_2 + 2H_2O + 4e^- \longrightarrow 4OH^- \tag{6.12}$$

酸性溶液中 2 电子反应过程：

$$O_2 + 2H^+ + 2e^- \longrightarrow H_2O_2 \tag{6.13}$$

$$H_2O_2 + 2H^+ + 2e^- \longrightarrow 2H_2O \tag{6.14}$$

碱性溶液中 2 电子反应过程：

$$O_2 + H_2O + 2e^- \longrightarrow HO_2^- + OH^- \tag{6.15}$$

$$HO_2^- + H_2O + 2e^- \longrightarrow 3OH^- \tag{6.16}$$

锌-空气电池中的空气电极结构对正极反应活性和效率起关键作用。空气电极通常由防水透气层、催化层、导电集流网组成。经由亲水物质和疏水物质复合配制的多孔结构材料，在其表面和内部会产生局部的电解液润湿和不润湿，并由此产生连续或不连续的气孔和液孔。如果两类组分配比合理，所得孔径大小合适，会得到与主体电解质溶液相连的大量薄液膜。利用该法制备的空气电极也成为疏水透气电极，为锌-空气电池通常使用的空气正极。如图 6.4（b）所示，疏水空气电极由两部分构成：首先是防水透气层，它主要是有由 PTFE 组成的多孔结构，能使空气进入电极的同时防止电解液的渗漏；其次是多孔催化层加导电集流网，主要由活性炭、PTFE 和催化剂组成，亲水物质（活性炭和催化剂）与疏水物质（PTFE）结合后，能让催化层的微孔中形成大量的薄液膜层和三相界面。

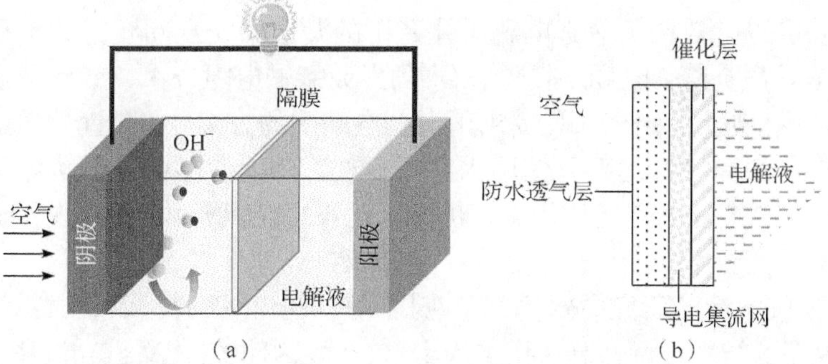

图 6.4　锌-空气电池结构（a）及空气扩散电极的截面（b）示意图

6.2.2　锂-空气电池

锂-空气电池以金属锂为负极，以空气中的氧气为正极活性物质，工作电压为 2.0～2.8 V，理论能量密度可达 5200 Wh · kg^{-1}（考虑氧气质量）或 11400 Wh · kg^{-1}（不考虑氧气质量），同时具有原料成本低和环境友好等优点，是备受瞩目的新型电池系统。电解液的选择对锂-空气电池的电化学行为和性能具有重要影响。目前锂-空气电池的电解液主要有四种体系，包括有机体系电解液、水系电解液、混合电解质以及固态电解质，不同电解液体系对应的电池结构如图 6.5 所示。

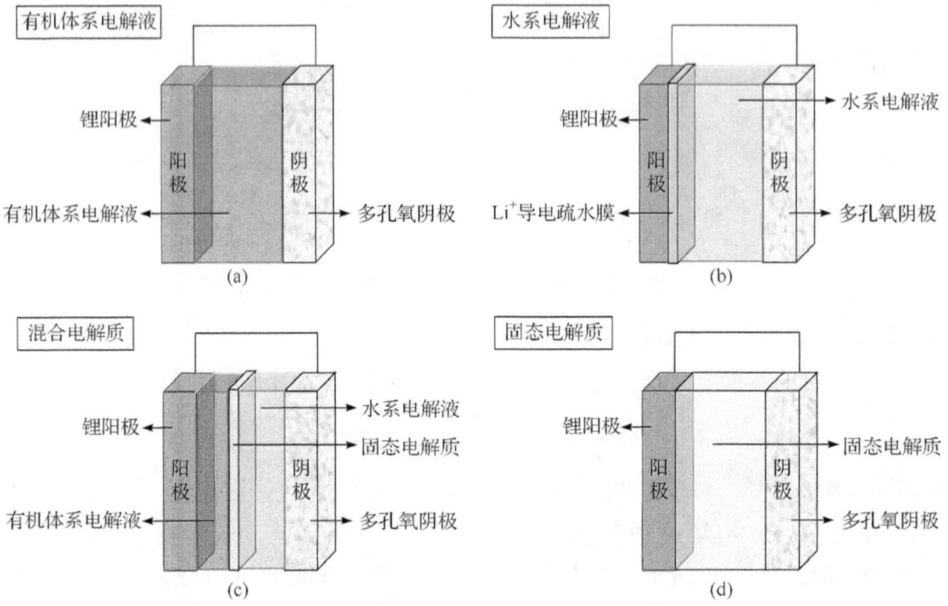

图 6.5　四种常见锂-空气电池结构示意图

有机体系锂-空气电池结构最简单，由锂片、空气正极、隔膜和电解质组成，但其放电产物 Li_2O_2 在有机电解液中溶解性很差，导致惰性放电产物在正极表面累积，阻碍后续反应。在水系电解液中，放电产物 LiOH 可以溶于电解液，有效规避了其沉积钝化，但是金属锂与水系电解液兼容性差，需要锂负极与电解质间覆盖传导 Li^+的保护膜。尽管如此，充电过程产生的锂枝晶仍会逐渐穿过传导膜并与水发生反应，因此仍然存在安全隐患。

固态电解质可以有效避免液态电解质体系中的漏液和安全问题，并可显著抑制锂枝晶的生长，但固态电解质离子电导率较低，固-固界面接触电阻较大，导致固态电池的性能往往不如液态电解质。对此，研究人员提出了混合电解质的方案，如与锂片接触的部分选择有机电解液，与空气正极接触的部分使用水系电解液，中间使用固态电解质膜将两种电解液分隔。该方案结合了多种电解液的优点，获得了显著的性能提升，但电池结构较为复杂，并没有成为主流的研究方案。

目前，锂-空气电池的研究主要仍基于有机电解液。正极通常以碳材料为主体，碳材料导电性高、易制备、结构可调性高、孔结构丰富、可以提供气体通道和沉积位点等。电池放电时，锂与氧气反应生成 Li_2O_2 并沉积在电极表面，相应的标准反应电位为 2.96 V *vs.* Li^+/Li。该反应通常需分为如下几个步骤：

$$Li - e^- \longrightarrow Li^+ \tag{6.17}$$

$$O_2 + e^- + Li^+ \longrightarrow LiO_2 \tag{6.18}$$

$$LiO_2 + e^- + Li^+ \longrightarrow Li_2O_2 \tag{6.19}$$

放电过程中，Li_2O_2有两种生长模式，分别是溶液生长和表面生长。不同的生长模式对Li_2O_2的形貌和结构有显著影响，从而影响电池性能。在溶液生长模式中，正极上首先发生氧气的还原并与一个Li^+结合形成中间产物超氧化锂（LiO_2），随后LiO_2在电解液中再结合一个Li^+形成颗粒状的Li_2O_2。而在表面生长模式中，正极上的中间LiO_2在正极表面接收第二个电子，形成薄膜状的Li_2O_2。在充电过程中，薄膜状Li_2O_2相对更容易分解，有助于降低充电过电位，但形成薄膜状Li_2O_2产物的放电容量通常较低；相比之下，溶液生长模式形成的颗粒状Li_2O_2具有更大的放电容量，但其分解过电位相对较高。不过，在电池的实际充放电过程中，两种Li_2O_2生长模式往往是同时存在的。

6.2.3　金属-空气电池展望

金属-空气电池是一种独特的能量储存系统，其特点与优势主要包括：①电极的活性物质为空气中的氧，电极呈半开放式结构，氧气可在正极表面进行氧化还原反应，氧气分子小而轻的特点使空气电池具有极其诱人的理论能量密度优势；②金属-空气电池电极材料使用非金属或少量金属，空气作为活性物质可直接取材于环境，与传统锂离子电池相比具有巨大的成本优势；③安全性高，特别是使用水系电解质的电池体系，在高负载下无爆炸、易燃等隐患。因此，金属-空气电池作为一种新型绿色化学电源，在新能源领域具有良好的发展前景。然而，该类电池虽然经过长期的发展仍迟迟无法实现商业化，面临许多关键问题和挑战：①金属电极的晶枝和表面钝化导致电池性能急剧下降并带来安全隐患；②空气电极中存在与CO_2的副反应，形成相应的难溶碳酸盐，阻碍空气反应通道，导致电池性能严重下降；③空气电极中复杂的三相反应环境难以维持在长时间的稳定充放电，空气电极的亲水-疏水特性难以平衡，且在不同体系中的优化需求不同，难以获得统一的设计规律；④空气电极往往需要铂、锗、银等贵金属作为催化剂，但这些金属价格昂贵，而炭黑、石墨和二氧化锰等催化剂虽可有效降低成本，但其催化剂活性不佳，导致电池性能下降。因此，高性能实用化的金属-空气电池开发仍任重而道远。

6.3　金属-硫电池

单质硫由于其高理论比容量（1675 $mAh \cdot g^{-1}$）、低成本（<0.25 美元 $\cdot kg^{-1}$）、储量丰富、分布广泛、环境友好等优点，被认为是极具潜力的正极材料。基于单质硫正极以及锂、钠、钾等碱金属负极构建的二次电池体系拥有远高于传统锂离子电池的理论能量密度，表现出良好的实际应用潜力。目前研究较多的硫基电池体系主要为锂-硫电池和钠-硫电池。

6.3.1　锂-硫电池

1. 锂-硫电池的基本原理

锂-硫电池是基于单质硫正极和金属锂负极[图 6.6（a）]，通常采用有机醚类电解质，通过锂和硫的转化反应进行能量的存储和释放。理论能量密度可达 2600 $Wh \cdot kg^{-1}$，受到了学术界和工业界的广泛关注。

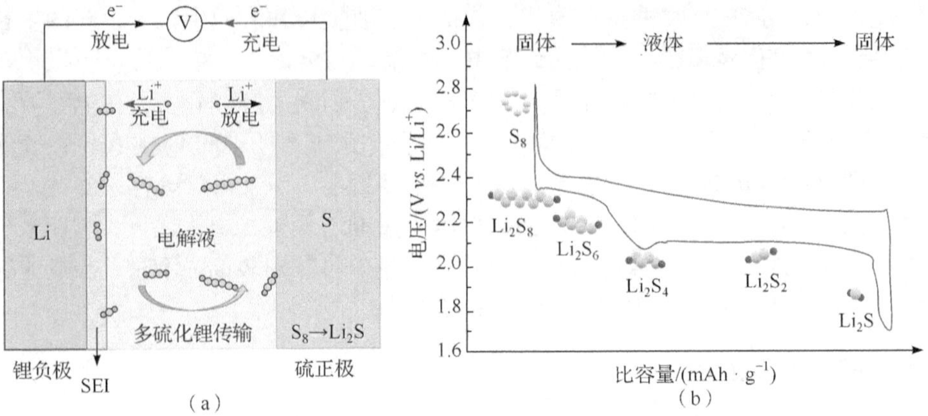

图 6.6 锂-硫电池的结构（a）及充放电原理示意图（b）

锂-硫电池的基本反应式如下：

正极反应 $$S_8 + 16Li^+ + 16e^- \longrightarrow 8Li_2S \quad (6.20)$$

负极反应 $$16Li \longrightarrow 16Li^+ + 16e^- \quad (6.21)$$

电池总反应 $$S_8 + 16Li \longrightarrow 8Li_2S \quad (6.22)$$

放电过程中，锂金属失去电子变成锂离子，电子通过外部电路转移到正极；锂离子通过电解液迁移到正极并与硫反应形成硫化锂。充电过程为逆过程。室温下硫最稳定的状态为正交晶系的斜方硫，通常以环状的 S_8 分子形式存在。在放电过程中，硫经历多电子多步骤转化反应，并涉及多种多硫化物产物，包括可溶的长链多硫化锂（Li_2S_8、Li_2S_6 和 Li_2S_4）和不可溶的短链多硫化锂（Li_2S_2 和 Li_2S），如图 6.6（b）所示。基于该反应机制，锂-硫电池体系面临一些关键问题，阻碍其性能发挥和实际应用，主要包括以下几个方面。

（1）硫和硫化锂电导率低。单质是常见的绝缘性物质，其室温电子电导率约为 5×10^{-30} S · cm^{-1}；其放电产物 Li_2S 的电子电导率也很低，仅为 3.6×10^{-7} S · cm^{-1}，其离子电导率仅为 10^{-13} S · cm^{-1}。较低的载流子输运能力严重限制了硫的氧化还原动力学，导致活性物质利用率偏低。

（2）中间产物多硫化锂的溶解和穿梭效应。循环过程中产生的长链多硫化锂在电解液中具有较高的溶解性和迁移能力，其在正极生成后扩散到负极侧，在锂负极被还原后重新扩散回正极被重新氧化，如此在正、负极之间反复地穿梭并造成电极表面钝化、腐蚀等一系列副反应，形成所谓的“穿梭效应”（图 6.7），导致电池库仑效率低和严重的容量衰减。

（3）充放电过程中活性材料体积膨胀。由于硫（2.07 g · cm^{-3}）和硫化锂（1.66 g · cm^{-3}）的密度差异，硫在反应过程中需经历约 80%的体积膨胀，电极结构破坏、剥离，失去导电接触，从而降低了电池循环性。

（4）锂枝晶的生长。锂金属表面电流密度分布不均匀容易导致锂沉积过程中在突起处成核形成锂枝晶。锂枝晶的生长导致 SEI 层不断被破坏和消耗，从而进一步消耗锂金属和电解质，导致电极反应严重的不可逆性。同时，不断生长的锂枝晶可能会穿透隔膜并导致内部短路，从而引发热失控等安全问题。

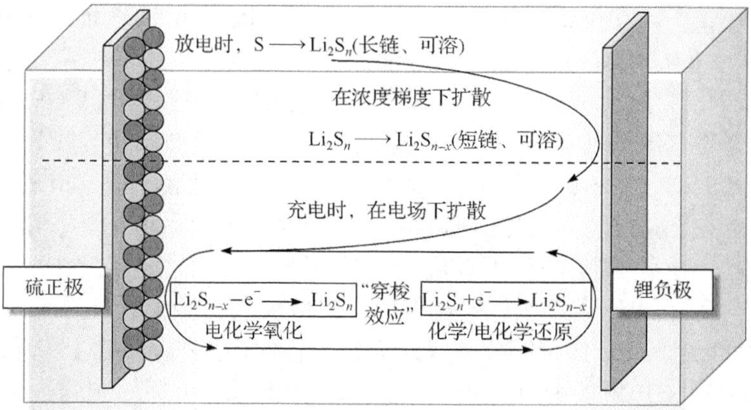

图 6.7 “穿梭效应”示意图

2. 锂-硫电池的优化改进

鉴于上述锂-硫电池中的关键问题，合理的硫正极结构设计被认为是提升锂-硫电池性能的关键手段。碳材料具有大比表面积、高电导率和纳米结构多样性等特点，作为硫电极主体材料被广泛研究。通过将硫熔体扩散注入碳的孔隙中，保证硫的均匀分散以及与碳的紧密接触，可显著提升电极材料的导电性和比容量。以 Li_2S 代替单质硫与碳材料复合作为正极，可在电极中预留体积膨胀空间，有效缓冲体积变化，同时正极中 Li 的引入，使它可以与更安全、温和的非锂负极如石墨或硅基电极等搭配构建电池体系，提升电池的稳定性和安全性能。尽管碳材料在锂-硫电池中的作用不可忽视，但其非极性的表面化学本质，使得碳对极性的多硫化锂中间产物的吸附能力较弱，对穿梭效应的抑制效果有限，电池循环性能欠佳。

金属氧化物中存在极性的金属-氧键合，拥有丰富的极性活性位点可以有效吸附多硫化锂。此外，金属氧化物通常具有较高的振实密度，有利于提升锂-硫电池的体积能量密度。TiO_2 是锂-硫电池中研究较多的极性金属氧化物主体材料之一。极性的 Ti-O 基团和表面羟基可与多硫化锂建立较强的化学相互作用，有效抑制其在电解液中的溶解损失。鉴于 TiO_2 的半导体性质，其通常与碳材料进行复合以提升电极的整体导电性。金属硫化物也是典型的极性无机物，被广泛研究用作锂-硫电池的硫电极主体。与氧化物相比，金属硫化物通常具有更高的电子电导率，同时具有更强的亲硫性质，可以提供更强多硫化锂吸附效应。

有机聚合物材料可以具有良好的弹性和柔韧性，有效缓冲电极循环过程中的体积变化；同时分子骨架中的极性官能团也可对多硫化锂进行化学吸附，从而有效提升电池循环性能。此外，还可以通过聚合物与硫的化学反应，调控硫的反应路径以克服传统硫反应中的穿梭效应问题。例如，通过硫与丙烯腈反应可获得硫化聚丙烯腈作为锂-硫电池正极材料。该材料中硫通过共价键接入聚丙烯腈的共轭骨架中，不仅获得了更高的导电性，并且可通过其中的 S-S 短链的断开/连接进行储锂，有效规避了多硫化物的生成，可在传统的碳酸酯类电解液中稳定循环，受到广泛关注。硫化聚丙烯腈在放电过程中仅在 1.8 V 左右存在一个放电平台，而非呈现出传统锂-硫电池的双平台放电曲线。不过，一方面该类材料的导电性仍不足以媲美碳材料；另一方面，聚丙烯中的硫含量有限，通常难以超过 50%，很大程度上限制了电池整体的能量密度。此外，大多数有机材料的热稳定性不好，在电极制备以及高温作业条件下可能遭到破坏。

除硫正极外，电解液和负极的优化改性也是提升锂-硫电池性能的关键途径。电解液的配方优化自 20 世纪以来一直是锂-硫电池的研究重点。常用的锂离子电解液中，酯类溶剂容易与多硫化锂发生不可逆反应导致电解液分解并生成惰性产物。从兼顾电导率、稳定性、动力学等多方面角度出发，锂-硫电池电解液经过数十年发展，最终 1 $mol \cdot L^{-1}$ LiTFSI/DME+DOL（1∶1）成为当下的主流配方。该电解液虽然对多硫化锂具有较高的溶解性，难以避免穿梭效应，但多硫化锂的溶解以及硫物种在电解液中的化学平衡也可帮助克服固相硫的电化学惰性，提升电池的反应动力学。另外，在上述电解液中，通常加入少量的 $LiNO_3$ 作为添加剂。它可以在首圈放电过程中在锂负极表面形成致密的保护层，从而缓解多硫化锂与金属锂的副反应，抑制穿梭效应并提升库仑效率。在此基础上，研究人员针对穿梭效应等问题，也提出在电解液中加入离子液体，或调整醚类溶剂的介电常数和 DN 值，或提高锂盐浓度等，在保障电导率的前提下减少多硫化锂的溶解。此外，使用固态电解质制备固态锂-硫电池是从根源上避免穿梭效应的有效方案。但由于硫基活性物质的电化学惰性以及目前固态电解质较低的电导率和界面相容性，固态锂-硫电池的实际性能仍难以满足使用需要。

3. 锂-硫电池展望

面对高性能、低成本电化学储能系统需求的日益增长，锂-硫电池因其独特优势展现出巨大的发展潜力和广阔的应用前景。针对体系中面临的关键问题，其未来的发展主要集中在以下几个方面。

（1）合理催化材料设计。高催化活性的硫宿主材料对高性能锂-硫电池的开发具有不可替代的作用。需不断探索新的催化剂材料和结构，拓宽催化剂材料的研究范围，提升本征催化活性和表观催化活性，从而优化硫的反应过程，提升电池性能。同时，高活性伴随的结构稳定性问题也应引起足够的重视，寻找活性与稳定性的平衡，构建合理的适配锂-硫电池体系的催化剂材料。

（2）明晰硫电催化机理。目前催化机理的研究仍主要依赖第一性原理计算。虽然理论计算为机理探索提供了重要依据，但仍与实际的应用结果和电池性能有一定差距。因此，结合多方面手段，协同研究硫电催化转化过程中的物质变化和电荷转移尤为重要。大数据、人工智能和原位表征技术将成为今后机理探索过程中的关键手段，同时催化剂理化结构和电子结构在充放电过程中的动态变化将受到重点关注。

（3）固体电解质开发。由于其高机械阻力和电化学稳定性，固态电解质可以有效解决锂-硫电池中的锂枝晶问题；同时，固态电解质对多硫化锂没有溶剂化效应，能从根本上规避多硫化物的产生及其穿梭效应；此外，固态电解质具有低/非挥发性、宽电化学稳定窗口、高结构强度，即使电池在外力作用下发生刺穿，也不会导致电池短路，大大提高了其安全性能。因此，高性能固态电解质及固态锂-硫电池的开发是今后的研究重点之一。

6.3.2 钠-硫电池

钠-硫电池的发展总体上经历了高温、中温再到室温的三个阶段。

1. 高/中温钠-硫电池

高温钠-硫电池是指需要在较高的温度环境下才能正常运行的钠-硫电池，工作温度通常为 300～350℃。高温钠-硫电池最早是由美国福特公司于 20 世纪 60 年代推出的，随后日本的东京电力公司和日本特殊陶业株式会社联合将这种电池进行了商业化尝试。这款电池整体外形呈管状结构，其内部以熔融态的钠金属、熔融态的单质硫以及 β 氧化铝分别作为负极、正极和电解质，结构如图 6.8（a）所示，工作电压为 1.78～2.08 V。硫通常浸入石墨毡中，使其具有足够的电子传导性以进行电化学反应。电池需在 300℃以上才能正常运转，以保证钠和硫处于熔融状态，才能使钠离子通过固态电解质进行有效传输，依靠钠离子与多硫化钠之间的氧化还原反应实现化学能和电能的相互转换。在放电过程中，电池负极侧的熔融钠变成 Na^+，经过固态电解质（β-Al_2O_3）向正极迁移，并在正极与硫反应形成 Na_2S_x，电子通过外电路形成电流。固态电解质在高温下具有良好的钠离子电导率，同时可有效阻挡硫的穿透，有效避免自放电过程。不同电压区间下的电化学反应过程，如图 6.8（b）所示。在 2.075 V 时可观察到硫和 Na_2S_5 两相区域，两者在工作温度下不互溶。当电池继续放电，剩余的 S 和生成的 Na_2S_5 继续反应生成 Na_2S_4，并在进一步放电至 1.74 V 时生成 Na_2S_3。并且，电池完全放电时的产物为 Na_2S_3 而非 Na_2S，这不仅会导致正极电阻增加，同时也降低了正极和电池的容量。

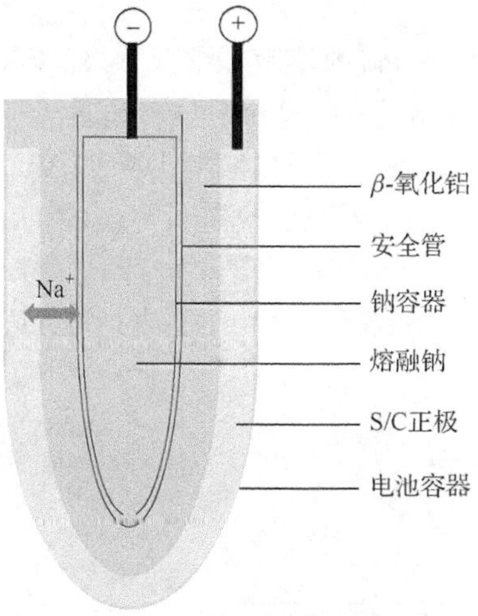

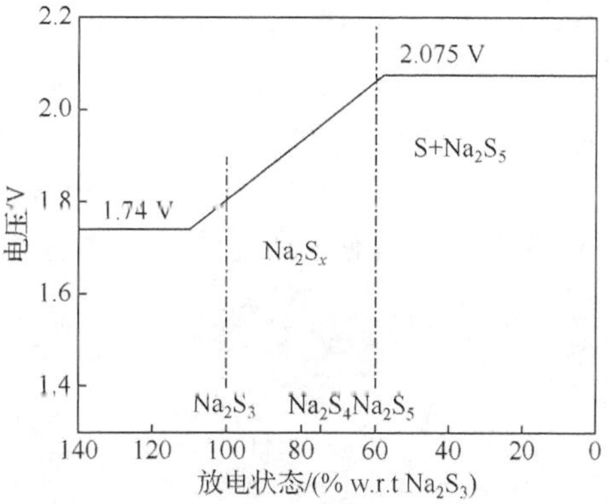

图 6.8　高温钠-硫电池结构（a）及不同放电阶段下的相位电压曲线（b）

w. r. t 的英文全称为 with respect to，表示关于、涉及

高温钠-硫电池的优势主要在于：①电池理论能量密度高，可达 760 Wh · kg^{-1}，尽管实际能量密度通常为 150 Wh · kg^{-1}左右，也远胜于如铅酸电池等一系列传统电池体系；②电池的开路电压，在高温下可达 2.076 V；③无自放电，副反应少，充放电效率高；④良好的快速充放电能力，电池可在很短时间内（20～30 min）完成充电；⑤使用寿命长（>15 年），可连续充放电 2 万次以上；⑥电池为封闭体系，运行过程中不会产生有害物质，对环境友好；⑦结构紧凑，容量大。然而，一方面较高的工作温度需要额外增加加热设备保障电池的正常运行，这会在系统层面带来较大的能量损失，同时也对保温材料提出了较高要求，增加了额外的制造成本；另一方面，高温下熔融态的钠金属、硫和多硫化钠均具有很强的腐蚀性，极易造成对电池装置（包括金属外壳、集流体、电解质等）的破坏，导致熔融钠的渗透造成电池短路和剧烈反应，引起火灾甚至爆炸的风险。因此，较高的运行成本和安全隐患是

阻碍其进一步发展和应用的重要因素。

相较于高温钠-硫电池，中温钠-硫电池大大降低了工作温度，减少了高温伴随的一系列附加成本，同时降低了安全风险。美国太平洋西北国家实验室将电解质换为β''-氧化铝陶瓷片，并在电池中添加 1 mol · L^{-1} 碘化钠的四乙二醇二甲醚溶液，正极为硫和 Na_2S_4 的混合物。该钠-硫电池体系在 150℃的温度下可以获得良好的倍率性能和循环能力。尽管如此，但中温钠-硫电池中熔融态的电极材料仍然会对电池装置造成腐蚀。

2. 室温钠-硫电池

室温钠-硫电池模型于 2006 年被首次提出，采用硫/碳复合物正极、有机电解液和金属钠负极。室温钠-硫电池同样依赖金属钠负极和硫正极的氧化还原反应来实现能量存储和释放，但实际反应过程十分复杂，涉及多电子转移和多相转换以及多个中间步骤和多重中间产物，并且与电解液的选择有强关联性。电解液的合理设计和选择是从高温钠-硫电池发展至室温的关键环节。目前，室温钠-硫电池的电解液主要有两种类型，即碳酸酯类电解液和醚类电解液。基于不同电解液体系的室温钠-硫电池展现出截然不同的氧化还原机制。

在醚类电解液中，室温钠-硫电池的氧化还原反应由硫的溶解-再沉积过程所控制，其放电曲线展现出两个明显的平台和斜坡，分别对应硫到硫化钠（Na_2S）转变的四个阶段。相应地，可以将放电曲线划分为四个反应区间，如图 6.9 所示。从开路电压到 2.2 V，固相的 S_8 转变为可溶性的 Na_2S_8；为 2.2～1.56 V，Na_2S_8 被进一步还原形成链长更短的 Na_2S_4，在该期间内也伴随一系列的副反应，产生各种不同链长的液相多硫化钠；电压处于 1.56 V 时，Na_2S_4 向固相的 Na_2S_3 和 Na_2S_2 转化和沉积，同时也会有部分的 Na_2S 生成；随着逐步放电至 1.2 V，固相的大部分 Na_2S_2 被还原为最终的 Na_2S。

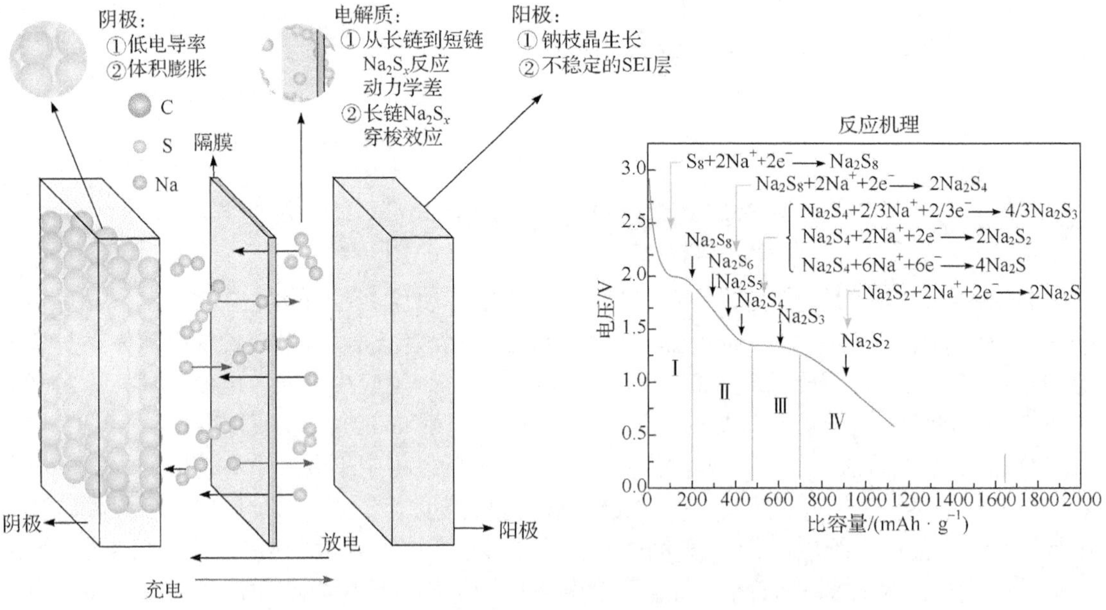

图 6.9 基于醚类电解液的室温钠-硫电池结构及放电曲线

在酯类电解液中，室温钠-硫电池反应由准固态转变过程控制，与醚类电解液中的反应有明显区别。这主要是由多硫化钠在酯类和醚类电解液中具有不同的溶解性和反应活性所导致的。在酯类电解液中，硫在放电初期被还原成多硫化钠，而多硫化钠与酯类溶剂发生亲核反应在电极表面形成致密且钠离子难以导通的正极/电解液界面层。该层对活性物质起一定的保护作用，可以抑制多硫化钠与溶剂的进一步反应，也限制多硫化钠溶解并逃逸至负极形成穿梭效应。不过，该钝化过程会分解电解液而产生额外的容量，导致首圈的电池库仑效率较低；同时消耗活性物质硫，导致后期循环过程中的比容量偏低；再者，钝化膜阻碍了钠离子的输运，对电池反应动力学造成一定阻力。在后续的循环中，得益于正极/电解液界面层与载体材料的协同保护作用，活性物质主要经历准固相反应而被逐步还原为 Na_2S，展现出较为稳定的容量和库仑效率。

与传统锂离子电池相比，室温钠-硫电池具有明显优势，主要包括：①硫电极更高的理论比容量和能量密度，分别为 1675 mAh · g^{-1} 和 1274 Wh · kg^{-1}，有望显著提高电池能量密度；②硫和钠在地壳中的储量丰富，有利于降低生产成本和大规模应用；③对环境的污染程度低，满足“绿色可持续发展”的理念。然而，目前钠-硫电池仍处于实验室研究阶段，其实际性能离商业化应用仍有较大差距。

3. 钠-硫电池展望

钠-硫电池作为一种备受研究和关注的电池技术，其发展前景令人期待，但面临的问题依然严峻。未来的研究中需致力于解决活性材料的溶解和析出问题，改善电极和电解质界面的稳定性，以延长循环寿命。钠-硫电池在高温下可能会出现电解液的蒸发和硫化物的挥发等安全隐患，需开发更稳定的电解液和电极材料，以提高钠-硫电池的安全性能。此外，需努力优化钠-硫电池的结构和材料选择，以提高其能量密度和功率密度；通过改进电极和电解质的设计，实现更高效的离子传输和更加稳定的电化学反应。钠-硫电池具有低成本和高能量密度等天然优势，通过不断的研究和创新，钠-硫电池有望实现更高的能量密度、更长的循环寿命和更好的安全性能，为可再生能源存储、智能电网、电气化交通、海洋和空间探索等领域提供更可靠、更高效的解决方案。

6.4　锂金属电池

锂金属电池是以金属锂为负极的化学电源的总称。与锂离子电池相比，锂金属电池的研究更早。锂金属于 1817 年被发现，由于其密度低（0.334 g · cm^{-3}）、理论比容量大（3860 mAh · g^{-1}）和电势低（–3.04 V *vs.* SHE）等优点，被认为是理想的负极材料。然而，锂金属作为电极材料存在许多不容忽视的问题，尤其是它的化学性质过于活泼，与水能发生剧烈反应，对操作环境要求很高。1971 年，日本松下电器公司发明了锂/氟化碳电池并获得应用，开启了锂金属实用化和商品化的道路，相关研究也火热展开，相继出现了锂-碘电池（1972 年）、锂-铬酸银电池（1973 年）、锂-二氧化硫电池（1974 年）、锂-亚硫酰氯电池（1974 年）、锂-氧化铜电池（1975 年）、锂-二氧化锰电池（1976 年）、锂-二硫化钼蓄电池（1989 年）等。前文部分提及的锂-空气电池、锂-硫电池等，也是近年来发展迅猛的新型锂金属电池体系。

6.4.1 锂金属电池的基本原理

锂金属电池以金属锂为负极，通常采用非水电解质体系。不同于传统锂离子电池中的脱嵌原理，锂金属电极是通过锂在电极上的沉积和溶解完成能量转化。锂金属沉积本质上是一个电场驱动下的离子迁移与还原的过程，主要包括两个步骤，首先锂离子通过电解质传输到电极表面，称为离子传质过程；随后负极表面的锂离子得到电子发生沉积，称为电子交换过程。由于电子交换过程很快，传质过程成为决定锂金属沉积行为的关键步骤。此外，锂离子还原后还需在电场下经历形核与生长的过程，其初始形核行为直接影响锂金属最终的沉积形态。理想情况下，沉积的锂金属应均匀、致密并在溶解过程中完全可逆。然而实际上，局部电场分布不均匀以及界面副反应的影响，锂金属通常以枝晶状形式沉积并在溶解过程中产生大量的非活性锂（“死锂”），导致电池循环性能下降甚至引发电池短路和热失控。

锂金属电池可以适配多种正极材料，包括基于离子插层反应的金属氧化物、硫化物等以及基于转化反应的金属氟化物、空气、硫等。由于锂金属的高容量和低电位，当搭配传统锂离子电池正极材料时，可以显著提升电池的能量密度，是突破锂离子电池能量密度瓶颈，发展高性能新型化学电源极具潜力的方案之一。

6.4.2 枝晶成核生长机理

锂枝晶是限制锂金属电池商业化进程中最关键的挑战之一，枝晶的生长是诸多界面问题引发的宏观表现。锂枝晶的几种常见生长模型如下。

1. 表面成核生长模型

研究发现，与镁金属相比，锂金属在充放电过程中更容易产生大量枝晶。这是由于镁原子之间的 Mg—Mg 键结合能比 Li—Li 键更大，因此在不同维度的自由能差更大，故更倾向于形成三维或者二维的结构，而非不稳定的一维枝晶状结构。研究表明 Mg 在（0001）界面相比 Li 和 Na 在（001）界面具有更快的表面自扩散系数，这也是镁金属表面难以形成枝晶形貌的重要原因之一。可以看出，表面能和扩散系数是影响枝晶生长的两个关键因素。当锂的表面扩散系数低时，锂更倾向于持续聚集沿一维结构生长形成大量锂枝晶。因此，在锂表面构建高表面能组分和提高锂扩散系数是抑制锂枝晶生长的有效手段。

2. 电荷诱导生长模型

锂离子的不均匀沉积容易导致锂金属表面形成突起锂核。由于尖端效应，锂核尖端容易聚集大量的电子从而具有更高的局部电场，更高的电场强度容易吸引更多的 Li^+ 聚集沉积生长成锂枝晶。研究人员基于能斯特方程提出添加阳离子对突起锂核形成静电屏蔽作用，从而抑制锂的尖端生长。在电解液中添加少量的金属阳离子（M^+），其还原电势为

$$E_{red} = E_{\varphi red} - RTzF \ln a_{red} \ln a_{ox} \tag{6.23}$$

式中，$E_{\varphi red}$ 为该阳离子标准还原电势；R 为摩尔气体常量（$8.314\ J \cdot mol^{-1} \cdot K^{-1}$）；$T$ 为温度；z 为电子转移摩尔数；F 为法拉第常量（$96500\ C \cdot mol^{-1}$）；a_{red} 和 a_{ox} 分别为还原剂和氧化剂的活度。通过降低阳离子添加剂浓度，使其还原电势 E_{M/M^+}（如浓度为 $0.05\ mol \cdot L^{-1}$ 时，

$E_{Cs/Cs^+}=-3.103\ V$）低于锂离子还原电势 E_{Li/Li^+}（$-3.04\ V$，浓度为 $1\ mol\cdot L^{-1}$），若此时加电压大于 E_{M/M^+} 并且小于 E_{Li/Li^+}，M^+即会被吸引在突起锂核上从而起到静电屏蔽作用，使 Li^+沉积在其他非突起位置，从而抑制 Li^+的过度聚集和枝晶的过度生长。

3. 异相成核模型

在金属锂沉积的初始阶段，锂离子得到电子并在集流体上析出，这可以看作是一个异质成核过程，初始成核状态很大程度上影响其沉积均匀性。锂的形核行为是热力学和动力学共同作用的结果。复杂的锂异相成核行为过程可分为成核抑制阶段、长潜伏期、短潜伏期、早期生长期和晚期生长期五个阶段。在成核抑制阶段的成核热力学不稳定，更倾向于溶解到电解液中。热力学稳定的晶核会过渡到其他生长期。在生长期中，在电场和离子场共同作用下，锂核持续生长；枝晶生长过程中，随着过电位升高，枝晶生长速度加快。锂晶核一旦形成，其生长是难以阻止和避免的。

异相成核过程中，锂核生长到临界尺寸，会达到热力学和动力学稳定状态。但实际情况中，异相成核过程也存在不稳定情况。当锂沉积成核较快时，锂核在形态上偏于不稳定，容易形成枝晶状锂；而异质界面的存在会产生应力导致锂金属挤压，进一步引发锂枝晶生长。初始成核形态对于后期锂的沉积生长过程中有关键作用。由异相成核理论得到接触角与临界自由能 ΔG^*的关系式为

$$\cos\theta=\frac{\gamma_{SE}-\gamma_{SN}}{\gamma_{NE}} \tag{6.24}$$

$$\Delta G^* - \frac{4\pi r^2}{3}\gamma_{NE}\frac{2-3\cos\theta+\cos^3\theta}{4} \tag{6.25}$$

式中，θ 为晶核与电解液的接触角；γ_{SE}、γ_{SN} 和 γ_{NE} 分别为衬底/电解质、衬底/核和核/电解液的界面自由能。当接触角 $\theta=0°$时成核自由能为 0；当 $\theta=180°$时，所需成核自由能与达到均匀成核的能量相同。

因此，初始成核阶段对抑制枝晶生长是极其重要的。抑制枝晶可以通过降低负极表面粗糙度，提高晶核的均匀性；设计成的核颗粒尺寸低于临界热力学尺寸；将电镀电位限制在临界值以下或者提高集流体亲锂性等手段。同时，温度也会影响锂离子成核位点的分布，适度高温可以提高锂离子扩散使得锂沉积更加均匀，然而过高的温度会激化电极表面副反应，反而加剧了枝晶生长。此外，金属氧化物、磷化物和硒化物等极性化合物也有望通过与金属锂或锂离子的相互作用降低锂成核过电势，从而抑制锂枝晶生长的作用。

4. SEI 扩散控制模型

在电池中，锂金属电极表面普遍存在固体电解质界面膜（SEI）。锂金属沉积过程中，锂离子需要穿过 SEI 膜后才可获得电子而被还原沉积。SEI 膜能够引导锂离子输运，对抑制锂枝晶起关键性作用。当 SEI 膜出现孔洞时，锂离子容易在孔洞附近位置聚集，造成大量锂离子的快速沉积并最终引发枝晶生长。除此物理缺陷外，SEI 膜的本征性质也会影响锂离子沉积。目前主流的 SEI 成膜机制主要有三种，包括 Peled 模型、Mosaic 模型以及库仑相互作用模型。其中，Mosaic 模型的认可度较广。该模型认为，SEI 膜由不同组分的 SEI 块混合

组成，如 Li_2O、LiF、Li_2CO_3、聚烯烃和半碳酸酯等（图 6.10）。不同成分的 SEI 间形成晶界，锂离子倾向于在晶界处传输，形成不均匀的锂离子分布并诱发锂枝晶生长。同时，晶界在电极体积变化时更容易破裂，导致金属锂重新暴露在电解液中，造成电解液和锂金属的消耗。锂枝晶的生长在很大程度上受到 SEI 膜处锂离子输运的影响，SEI 膜下枝晶的生长机制，锂枝晶生长可以分为 4 个阶段。

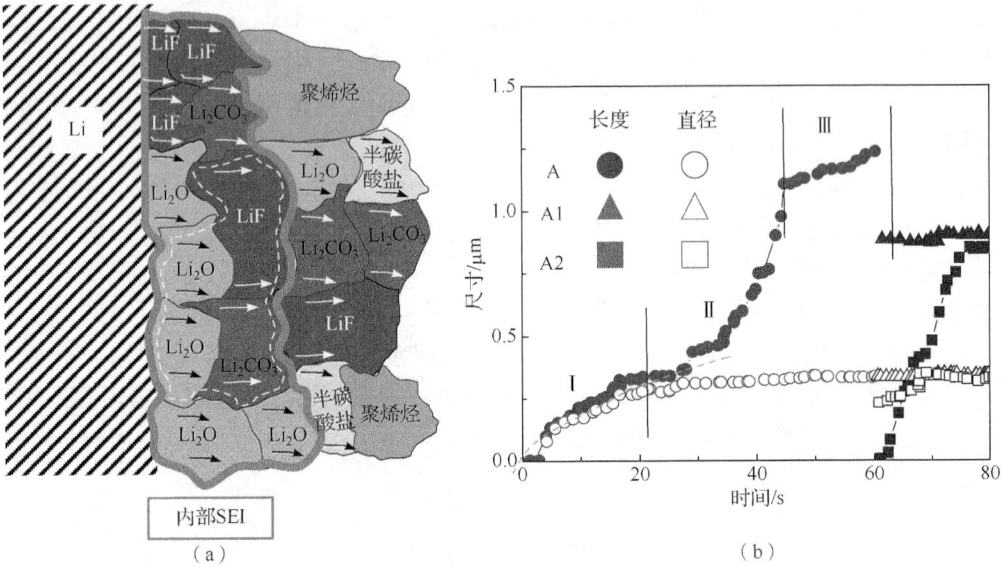

图 6.10 （a）SEI 的马赛克结构；（b）不同阶段金属锂的长度和直径变化（A 为原始枝晶，A1、A2 为新生成枝晶）

（1）锂离子沉积受到锂离子在 SEI 膜中扩散速度的限制，锂离子穿过 SEI 膜后形成球状晶核，随后其长度和直径同步增加。

（2）锂离子倾向于沉积在晶核底部，并将前一阶段形成的锂核推离电极，这一阶段沉积物的长度增加，直径不变。

（3）锂枝晶达到一定长度后会刺穿 SEI 膜，新的锂金属/电解液界面处会形成新的 SEI 膜，这一阶段 SEI 膜变厚，锂离子输运速度变慢，枝晶生长速度下降。

（4）枝晶继续生长，并开始分为两个部分，一部分为原始枝晶，其长度和直径都不再变化，另一部分为新生成的枝晶，保持原来的直径不变，而长度继续增加（图 6.10）。

SEI 膜引发的锂枝晶会降低顶端生长速度。一方面，随着充电的进行，SEI 膜的不断形成与锂离子沉积过程形成竞争；另一方面，SEI 膜中较低离子扩散速度限制了枝晶的生长速度。在低电流密度下，电子传输速度较慢，锂离子在 SEI 膜中的扩散速度相对较快，锂沉积物会沿着横向和纵向同步生长，此时属于表面生长过程，可以形成相对致密的锂沉积层；而当在高电流密度较大时，电子输运速度快，锂离子在 SEI 膜中的扩散速度成为锂沉积的速控步骤。此时锂沉积沿着纵向方向生长，横纵向方向保持不变，进而造成枝晶的大规模生长。

5. Sand’s time 模型

1990 年，Chazalviel 提出了一种可以解释锂沉积行为的空间电荷模型。该模型认为电极表面的锂离子浓度会随着沉积过程不断下降，当锂离子浓度下降为 0 时，电极表面会形成强大的负电场并吸引大量锂离子在短时间内沉积，因此产生枝晶状锂沉积形态。基于双极板模型和菲克第二定律，所得锂表面微区锂离子耗尽的时间称为过渡时间，又称为“Sand's time”，如下式所示：

$$\tau = \pi D\left(\frac{eC_0}{2Jt_{\mathrm{a}}}\right)^2 \tag{6.26}$$

$$t_{\mathrm{a}} = 1 - t_{\mathrm{Li^+}} = \frac{\mu_{\mathrm{a}}}{\mu_{\mathrm{a}} + \mu_{\mathrm{Li^+}}} \tag{6.27}$$

式中，D 为扩散系数；e 为电子电荷；C_0 为初始锂离子浓度；J 为有效电流密度；t_{a} 和 $t_{\mathrm{Li^+}}$ 分别为阴离子和锂离子迁移数；μ_{a} 为阴离子的迁移率；$\mu_{\mathrm{Li^+}}$ 为锂离子的迁移率。

Sand's time 模型虽然提供了一种定量的理解锂枝晶生长规律的方法，并且给出了 τ 和 J 的二次方呈反比关系。但是 Sand's time 模型只有在电流密度较大时[$J > J^*$，式（6.28）中 L 为两极间距]才能有较强的预测性。当电流密度较小时，电子传输速度较慢，锂离子在 SEI 膜中的扩散速度相对较快，局部不均性此时成为更关键的影响因素，枝晶生长行为不符合 Sand's time 规律。

$$J^* = \frac{2eC_0D\left(\mu_{\mathrm{a}} + \mu_{\mathrm{Li^+}}\right)}{\mu_{\mathrm{a}}L} \tag{6.28}$$

因此在该模型下，可通过调控有效电流密度和锂离子迁移数来管控锂枝晶的生长，也发展出了相应的改性方法，如通过构建三维集流体降低局部有效电流密度或采用具有高锂离了迁移数的电解质等，这些方法均有利于提升 τ 的数值从而延缓和抑制锂枝晶的生长。

6. 沉积-溶解模型

沉积-溶解模型主要是从动力学角度来解释“死锂”以及表面颗粒状堆积锂产生的过程，主要包括：①Li^+迁移通过 SEI 膜沉积为锂金属，此时 SEI 膜没有损坏；②在锂沉积位点处锂的沉积速度和消耗速度更快，致使锂离子流不均匀，加之锂表面的晶体缺陷和晶界诱导，引发锂的连续不均匀沉积；③在应力的作用下沉积锂的形貌会发生变形，此时锂的沉积受限于沉积点曲面位置的锂表面张力、SEI 膜缺陷以及锂表面晶体缺陷和晶界；④SEI 膜在锂生长应力作用下破损，锂进一步生长为晶须状；⑤弯折的晶须锂在结点处发生断裂和溶解，致使产生颗粒状锂和“死锂”，在高电流密度或者低温条件下更容易产生大量“死锂”。

锂枝晶的变形应力差是由表面张力引起的，满足以下公式：

$$\Delta P = \gamma\left(\frac{1}{R_1} + \frac{2}{R_2}\right) \tag{6.29}$$

式中，ΔP 为锂枝晶变形应力差；γ 为锂的表面张力；R_1 和 R_2 为对应曲面的曲率半径。Yamaki 通过模拟计算得到，当 $\Delta P / \gamma < 0.2\ \mu\mathrm{m}^{-1}$ 时，可以有效抑制枝晶生长对 SEI 膜的破坏。

6.4.3 锂金属电池的挑战与展望

锂金属电池中存在的主要问题可总结为以下几个方面。

（1）锂金属具有超高的化学和电化学活性，对电极制备和存储有更高的要求，锂金属几乎可以与任何有机溶剂发生界面分解反应形成钝化层。

（2）锂金属由于其完全的溶解/沉积反应，被认为存在“无限”的体积变化，造成 SEI 膜的不断破裂和生成，持续消耗电解液。

（3）锂沉积的不均一性诱导枝晶状结构产生，锂枝晶可能刺穿隔膜，造成电池短路并引发热失控，引起严重的安全隐患。

（4）锂枝晶剥离时的不均匀性导致形成脱落的无活性“死锂”，“死锂”的堆积降低了负极致密性，增加池阻，造成电池容量和库仑效率的快速衰减。

这些问题相互影响、相互叠加，导致锂金属电极/电解质界面显著的不稳定性，引发严重的容量衰退和完全问题，使得锂金属电池迟迟难以进入大规模商业化。对此，构建良好的 SEI 膜是改善锂金属电极性能的关键途径。理想的 SEI 膜应具有较高的化学和电化学稳定性、良好的电子绝缘性和离子电导率以及优异的力学性能。SEI 膜由电解液的分解产生，因此其性质可以通过调整电解液的组分（包括溶剂、锂盐和添加剂）实现在锂金属表面的原位调控。另一种策略是构筑人工 SEI 层，通过 SEI 的合理设计来精准调控电解液和锂金属之间的界面稳定性及传质行为。这两种方法对改善锂负极的电化学性能都表现出良好的潜力。

此外，锂金属电极表面离子流的均匀分布是实现锂金属均匀沉积的另一关键。实际情况下，电极表面往往存在微观或宏观缺陷并伴随着局部离子浓度梯度引发的“空间电荷层”，导致锂离子的局部富集而诱发枝晶生长。同时，锂金属高度的反应活性使其表面通常会覆盖一层由 Li_2O、Li_2CO_3 等组成的天然钝化层并存在一定的局部缺陷。天然钝化层组分的分布不均匀使得锂离子在其内部的传质能力也不均一，而 Li_2O 和 Li_2CO_3 等较低的离子电导率也使得锂离子容易在局部缺陷处富集，因此化学抛光处理也是获得提升锂金属沉积均匀性的可行方案之一。另外，根据 Sand's time 模型，通过提升电极的比表面积从而降低局部电流密度以提升离子的均匀分布，是延长枝晶生长时间的有效手段，开发三维集流体框架有望有效缓解空间电荷效应引发的枝晶问题。

参考文献

陈亚昕, 郑克文. 2006. 氧化还原液流电池的研究进展. 船电技术, (5): 67-71.

董全峰, 郑明森. 2011. 锂硫电池关键材料研究进展与展望. 化学进展, 23: 533-539.

黄祥龙. 2023. 金属氧/碳化物调控室温钠硫电池氧化还原行为的研究. 成都: 电子科技大学.

冷利民. 2016. 锂/空气电池关键材料的制备及其性能研究. 广州: 华南理工大学.

李书萍. 2019. 金属和共熔加速剂的设计及其在高性能锂/钠硫电池中的应用研究. 武汉: 华中科技大学.

乔永莲, 许茜, 张杰, 等. 2008. 钒液流电池复合电极腐蚀的研究. 电源技术, 32(10): 687-689.

王雅婷. 2023. 锂离子电池新型锂盐和添加剂的作用机理. 广州: 广东工业大学.

岳杰. 2018. 全固态锂离子/钠离子电池中电极(钴酸锂/硫化钼/硫化钠)结构设计. 济南: 山东大学.

张华民, 张宇, 刘宗浩, 等. 2009. 液流储能电池技术研究进展. 化学进展, 21(11): 2333-2340.

Abraham K M. 2008. A brief history of non-aqueous metal-air batteries. ECS Transactions, 3(42): 67-71.

Beck F, Ruetschi P. 2000. Rechargeable batteries with aqueous electrolytes. Electrochimica Acta, 45: 2467-2482.

Cao G. 2018. Solvent-salt synergy offers a safe pathway towards next generation high voltage Li-ion batteries. Science China Materials, 61(10): 1360-1372.

Cathro K J, Cedzynska K, Constable D C. 1985. Some properties of zinc/bromine battery electrolytes. Journal of Power Source, 16: 53-63.

Flow Battery Energy Systems for Stationary Application-Part 1: Terminology and general aspects: ICE 62932-1.

Fu J, Cano Z P, Park M G, et al. 2017. Electrically rechargeable zinc-air batteries: progress, challenges, and perspectives. Advanced Materials, 29(7): 1604685.

Futamata M, Higuchi S, Nakamura O, et al. 1988. Performance testing of 10 kW class advanced batteries for electric energy storage system in Japan. Journal of Power Source, 24(2): 137-155.

Giner J, Cahill K. 1980. Advanced screening of electrolyte couple: NASA-CR-159738. NASA.

Goodenough J B, Park K S. 2013. The Li-ion rechargeable battery: a perspective. Journal of the American Chemical Society, 135(4): 1167-1176.

Hagedorn N H. 1984. NASA redox storage system development project final report: NASA TM-83677. NASA.

Hu Z, Xian F, Guo Z, et al. 2020. Nonflammable nitrile deep eutectic electrolyte enables high-voltage lithium metal batteries. Chemistry of Materials, 32(8): 3405-3413.

Ji L, Rao M, Aloni S, et al. 2011. Porous carbon nanofiber-sulfur composite electrodes for lithium/sulfur cells. Energy & Environmental Science, 4: 5053-5059.

Ji X, Nazar L F. 2010. Advanced in Li-S batteries. Journal of Materials Chemistry, 20: 9821-9286.

Kang J H, Lee J, Jung J W, et al. 2020. Lithium-air batteries: air-breathing challenges and perspective. ACS Nano, 14(11): 14549-14578.

Li B, Nie Z, Vijayakumar M, et al. 2015. Ambipolar zinc-polyiodide electrolyte for a high-energy density aqueous redox flow battery. Nature Communications, 6: 6303.

Li Q, Liu G, Cheng H, et al. 2021. Low-temperature electrolyte design for lithium-ion batteries: prospect and challenges. Chemistry: A European Journal, 27(64): 15842-15865.

Liu Y, Pan H, Gao M, et al. 2011. Advanced hydrogen storage alloys for Ni/MH rechargeable batteries. Journal of Materials Chemistry, 21(13): 4743-4755.

Meng F L, Liu K H, Zhang Y, et al. 2018. Recent advances toward the rational design of efficient bifunctional air electrodes for rechargeable Zn-air batteries. Small, 14(32): 1730843.

Mohammadi T, Skyllas-Kazacos M. 1995. Preparation of sulfonated composite membrane for vanadium redox flow battery applications. Journal of Membrane Science, 107(1-2): 35-45.

Oh K, Moazzam M, Gwak G, et al. 2019. Water crossover phenomena in all-vanadium redox flow batteries. Electrochimica Acta, 297: 101-111.

Roznyatovskaya N, Noack J, Mild H, et al. 2019. Vanadium electrolyte for all-vanadium redox-flow batteries: the effect of the counter ion. Batteries, 5(1): 13.

Terborg L, Weber S, Blaske F, et al. 2013. Investigation of thermal aging and hydrolysis mechanisms in commercial lithium ion battery electrolyte. Journal of Power Sources, 242: 832-837.

Thaller L H. 1974. Electrically rechargeable redox flow cells: NASA-TM-X-71540. NASA.

Wang C H, Li X F, Xi X L, et al. 2016. Bimodal highly ordered mesostructured carbon with high activity for Br_2/Br^- redox couple in bromine. Nano Energy, 21: 217-227.

Wang C, Lai Q, Xu P, et al. 2017. Cage-like porous carbon with superhigh activity and Br_2 complex-entrapping capability for bromine-based flow batteries. Advanced Materials, 29(22): 1605815.

Wang Y, Liu B, Li Q, et al. 2015. Lithium and lithium-ion batteries for applications in microelectronic devices: a review. Journal of Power Sources, 286(3): 30-45.

Xue L, Ueno K, Lee S Y, et al. 2014. Enhanced performance of sulfone-based electrolytes at lithium ion battery electrodes, including the $LiNi_{0.5}Mn_{1.5}O_4$ high voltage cathode. Journal of Power Sources, 262: 123-128.

Yao S G, Zhao Y H, Sun X F, et al. 2019. Numerical studies of cell stack for zinc-nickel single flow battery. International Journal of Electrochemical Science, 14: 2160-2174.

第7章

超级电容器材料与器件

7.1 电极界面性质

7.1.1 超级电容器概述

1. 超级电容器的定义

超级电容器，又称电化学电容器、双电层电容、黄金电容、法拉电容，是从20世纪七八十年代发展起来的通过极化电解质来进行能量存储和释放的电化学器件。与传统化学电源不同，超级电容器介于传统电容器和电池之间，兼具电容器的快速充放电和电池的高容量特性。其储能过程是高度可逆的，不涉及内部化学反应，使得超级电容器可以进行数十万次的反复充放电。得益于这些优势，超级电容器在各类电子、电器设备中获得了广泛应用。

2. 超级电容器的分类

根据电荷存储机制可将超级电容器分为两类，即双电层电容和法拉第准电容。

双电层电容是一种通过电极/溶液界面上电子或离子的有序排列形成电荷对峙而产生的电容装置。对电极/溶液体系，当导电子的电极和导离子的电解质溶液接触时就会形成双电层结构。当在两个电极上施加电场后，溶液中的阴、阳离子分别向正、负电极迁移，在电极表面形成双电层；撤销电场后，电极上的正、负电荷与溶液中的电荷离子相吸引而使双电层保持稳定，从而在正、负极产生相对稳定的电位差。

法拉第准电容是指在电极表面和近表面的二维或准二维空间上，电活性物质进行欠电位沉积，从而发生高度可逆的化学吸附/脱附以及氧化还原反应，产生与电极充电电位有关的电容。对于法拉第准电容，其储存电荷的过程不仅涉及双电层上的电荷存储，还包括电解质离子与电极活性物质发生的氧化还原反应。当电解质中的离子（如H^+、OH^-、K^+或Li^+）在外加电场的作用下由溶液中扩散到电极/溶液界面时，它们会通过界面上的氧化还原反应进入电极表面，从而实现大量的电荷存储；在放电过程中，这些离子又会通过逆反应重新回到电解质中，此时存储的电荷通过外电路释放出来。

因此，双电层电容通过电极与电解质界面的离子静电吸附来存储电荷，不涉及化学反应，为非法拉第过程；法拉第准电容通过电极表面发生部分物质交换存储电荷，涉及法拉第过程。

7.1.2 双电层结构与电容

1. 电极/溶液界面基本结构

电极反应是指在电极/溶液界面进行的异相反应。该界面被定义为两个不同相之间的与任一相基体性质不同的过渡区域。界面结构涉及电极/溶液界面过渡区域中剩余电荷和电位的分布以及它们与电极电位的关系。界面性质涉及界面层的物理化学特性，特别是电性质。界面结构和性质对电极反应的动力学规律具有显著影响，这是电极反应与普通化学反应有所不同的根本原因。

当固体与液体接触时，可能出现两种情况：一是固体有选择性地吸附某种离子，二是固体分子本身发生电离而使离子进入溶液，导致固、液两相分别带有不同符号的电荷，在界面上形成了双电层的结构。通常，在电极溶液接触的界面上，带电物质和偶极子的定向排列形成两个电荷相等但符号相反的电荷层，称为电解质双电层（electrical double layer，EDL），简称双电层。双电层的电荷层能产生巨大的场强，直接影响电化学反应，具有重要的研究价值。双电层可分为以下三种（图 7.1）：①离子双电层，由电极表面过剩电荷和溶液中与之电性相反的离子组成，一层在电极表面，另一层在贴近电极的溶液中；②吸附双电层，由吸附于电极表面的离子电荷，以及由这层电荷所吸引的另一层离子电荷组成；③偶极双电层，由在电极表面定向排列的偶极分子组成。

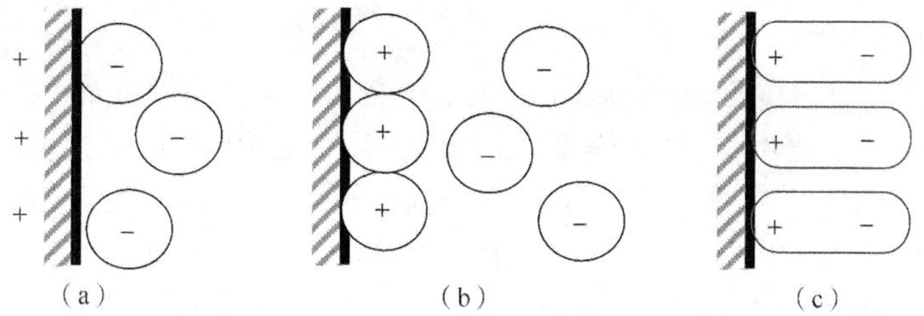

图 7.1 双电层示意图：（a）离子双电层；（b）吸附双电层；（c）偶极双电层

双电层中单位面积的电容通常为 0.2～0.4 F · m^{-2}，而电场强度可达 100 V · m^{-1} 以上。双电层的电位差为这三种双电层的电位差之和，三种双电层可以同时存在，电位差相互叠加，目前还无法严格区分它们分别对电位差的贡献。其中，离子双电层对于电化学反应具有重要的影响，因此成为电化学理论研究的主要内容。

2. 双电层模型的发展历程

1）亥姆霍兹模型

19 世纪亥姆霍兹（Helmholtz）首次提出双电层概念。双电层型超级电容器是以双电层理论为基础，依靠电解质中离子与电极界面的相互作用，形成双电层并以此进行储能。带电电极浸入电解质时，同种电荷被排斥，异种电荷被吸引到电极表面，形成极性相反的两层电荷，构成了电极与电解质界面间的双电层，两层间距约为分子级。然而，亥姆霍兹模型并未考虑溶液中离子的混合/扩散、离子吸附以及溶剂与电极间的相互作用。如图 7.2（a）所示，双电层结构被等效为一个平板电容器，用如下公式描述单侧电荷密度（σ）与两层电荷间电势差（V）的关系，其中 d 为正、负电荷中心的距离，ε_0 为真空介电常数，ε 为电介质的介电常数。

$$\sigma = \frac{\varepsilon\varepsilon_0}{d}V \tag{7.1}$$

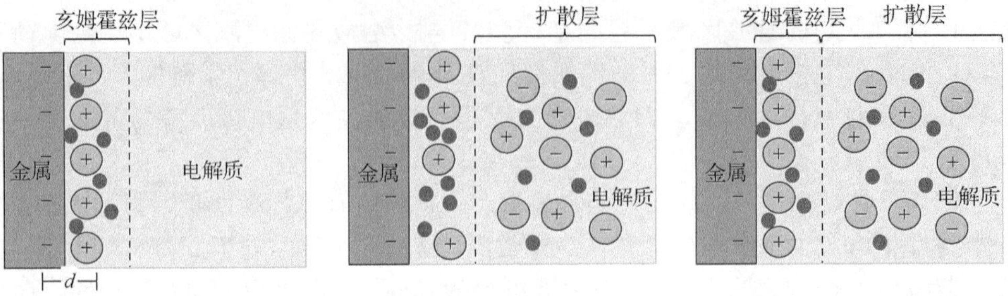

（a）（b）（c）

图 7.2 （a）亥姆霍兹模型、（b）盖伊-查普曼模型和（c）斯特恩模型中的双电层结构示意图

该电容器的电容（C_d）可表示为

$$\frac{\partial \sigma}{\partial V} = C_d = \frac{\varepsilon \varepsilon_0}{d} \tag{7.2}$$

该模型预测微分电容与电荷密度无关，而取决于溶剂电解质介电常数及双电层距离。这种预测显然与实际情况不符。

2）盖伊-查普曼模型

盖伊（Gouy）和查普曼（Chapman）发现了微分电容并非恒定，而与所施加的电位及离子浓度有关，并提出了盖伊-查普曼模型[图 7.2（b）]。盖伊-查普曼模型最大的贡献是引入了扩散层的概念。他们认为离子的电荷分布与到电极表面的距离具有函数关系，且电位呈指数下降直至本体溶液的电位持平。这是由于溶液中的离子具有相互作用以及热运动，在靠近电极表面处，静电作用占主导，能够克服热运动，导致电荷浓度更高，而越是远离电极处静电作用越弱，电荷浓度越小。并且，当电极电荷增多，扩散层更紧密，双电层电容也会增大。然而，盖伊-查普曼模型也存在明显弊端。在其预测中电位差极大处 C_d 值趋近于无穷大，而实际测试中在该处值趋向于平缓，而且预测值远高于实测值。

3）斯特恩模型

盖伊-查普曼模型中出现 C_d 无穷大的预测是因为电荷被抽象为一个点，这也是物理学中常用的处理方法。当电位差很大时，这些抽象的"点电荷"会被无限压缩到接近电极表面的位置，导致正、负电荷的距离 d 趋近于 0，从而造成 C_d 接近无穷大。对此，斯特恩（Stern）在 20 世纪初提出了盖伊-查普曼-斯特恩模型[图 7.2（c）]，在盖伊-查普曼模型基础上加入了一个新的条件，即离子具有一定尺寸。斯特恩将较为紧密的内层称为亥姆赫兹层，该层产生的电容 C_H 在固定体系中保持恒定，不受电位差的影响。外层为扩散层，产生电容 C_D。因此，紧密层电容（C_H）和扩散层电容（C_D）两部分共同组成双电层电容（C_d），且满足如下关系：

$$\frac{1}{C_d} = \frac{1}{C_H} + \frac{1}{C_D} \tag{7.3}$$

7.1.3 电极的极化

1. 极化的概念

电极处于热力学平衡状态时的电位称为平衡电位。当有电流流经时，电极失去了原有的平衡状态，电极电位偏离平衡电位，这种现象称为电极的极化。电极体系是两类导体串联组成的体系。断路时，两类导体中都没有载流子的波动，只在电极/溶液界面上有氧化反应与还原反应的动态平衡及由此所建立的相间电位（平衡电位）。当电流通过时，外部电路和金属电极中的自由电子定向运动，溶液中的正负离子也有定向运动，并且在界面上存在净电极反应，导致两种导电方式相互转化。这种情况下，只有界面反应速率足够快，能够将电子导体带到界面的电荷及时地转移给离子导体，防止电荷在电极表面积累，以保持未通电时的平衡状态。因此，当电流通过时就引发了新的矛盾。一方为电子的流动，在电极表面积累电荷使电极电位偏离平衡状态，即极化作用；另一方是电极反应，起吸收电子运动所传递过来的电荷使电极电位恢复平衡状态的作用，称为去极化作用。电极性质的变化取决于极化作用和去极化作用的对立统一。

通常情况下，电子运动速度大于电极反应速率，因而往往极化作用占主导地位。当电流通过时，阴极上电子流入电极的速度大，导致负电荷积累，仅以电位向负向移动，称为阴极极化；阳极上电子流出电极的速度大，导致正电荷积累，阳极电位向正向移动，称为阳极极化，它们都偏离了平衡状态。因此，电极极化现象实质是电极反应速率跟不上电子运动速率而造成的电荷在界面的积累。另外，原电池和电解池的正、负极与阴、阳极的对应关系不同，因此极化产生的结果也不同。对原电池而言，当正、负极产生极化时，正、负极之间的电位差变小，即原电池的做功能力变小；对电解池而言，当正、负极产生极化时，正、负极之间的电位差变大，即电解过程消耗更多电能。

2. 理想极化电极

理想极化电极指的是在该电极上，电荷流进和流出而引起的电位变化仅导致金属表面电荷密度的变化以及改变电极与溶液界面一侧离子密度，即双电层的充电过程，而不会发生电荷穿过双电层界面，不发生法拉第过程。这种充电界面在给定的电位下处于静电平衡。需要注意的是，当电极的电位偏移超出溶剂电解质的分解电位范围时，无论是正向还是负向，仍然会发生双电层充电（或放电）现象，此时通过的总电流密度是双电层充电部分 i_{dl} 和法拉第过程分解部分 i_f 之和：

$$i = i_{dl} + i_f \tag{7.4}$$

当存在其他溶质或杂质，如果它们的热力学氧化还原电位处于水或其他溶剂分解的电位范围内时，法拉第电流将伴随双电层充电电流一起通过。这种法拉第电流服从关于电极电位变化的塔费尔方程；另外，该过程也可能受扩散控制。通过电化学阻抗谱技术，可以区分双电层充电过程和法拉第过程。利用交流阻抗法研究界面电化学行为时，理想极化电极的等效电路可以用图 7.3（a）简单表示，其电容值取决于电极电位。当存在与双电层充电电流平行的法拉第电流时，等效电路中可加入与双电层充电电容并联的元件，如图 7.3（b）所示，其中包括一个等效的法拉第漏电阻 R_F。R_F 是电极电位 φ 的指数函数，但对于小的电位偏移 $\Delta\varphi$，R_F 与 $\Delta\varphi$ 或过电势 η 呈近似线性的关系。

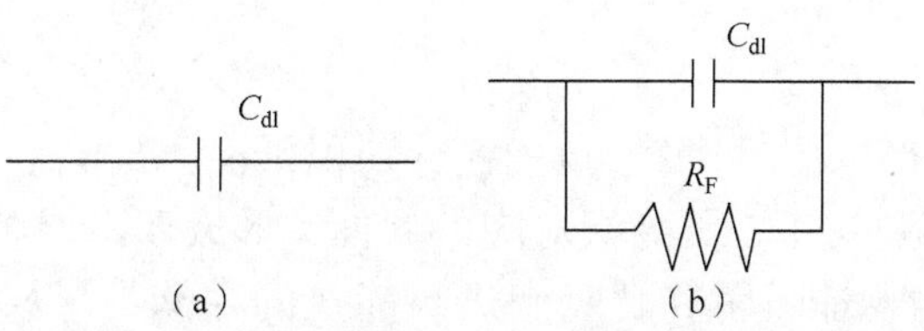

图 7.3　（a）理想极化电极等效电路；（b）存在法拉第电流时的等效电路

3. 电极反应过程

电化学反应是电极/电解质，即电子/离子导体界面上发生的氧化还原反应，涉及电子的参与。电极本身既是传递电子的介质，又是电化学反应的地点。当电流通过时，在电极/溶液界面区域发生的一系列变化，包括电化学过程、传质过程和化学过程等，统称为电极过程。其中电化学过程是指电极表面上发生的如粒子在电极表面上活化与转化、得失电子、双层结构变化等。传质及化学过程是发生在电极表面薄液层中的过程，包括液相传质、液相中进行的粒子转化等。一般情况下，电极过程可以看作由以下各单元步骤串联组成。

（1）液相传质步骤：反应物粒子自电解质主体向电极表面迁移。

（2）前置转化步骤：到达表面的反应物粒子在电极表面或附近液层中进行没有电子参与的“反应前的转化”，使之处于活化态。

（3）电荷传递步骤：活化态反应物粒子在电极表面得失电子生成活化态产物粒子，也称为电子转移步骤。

（4）随后转化步骤：活化态产物粒子在电极表面或附近液层中进行的没有电子参与的“反应后的转化”。

（5）液相传质步骤或生成新相步骤：产物粒子从电极表面向溶液内部迁移，或反应生成新相，如气态产物或固相沉积物。

从动力学的角度来看，电极过程中的任何一个单元步骤都需要克服一定的活化能，反应速率与标准活化能之间为指数关系：

$$v \propto e^{-\Delta G^{\ominus}/RT} \tag{7.5}$$

式中，v 为反应速率；$\Delta G^{\ominus}$为以初始反应物的自由能为起始点计量的活化能；R 为摩尔气体常量；T 为热力学温度。

不同单元步骤有不同的活化能和反应速率，整个电极反应的速率主要由活化能最大而速度最慢的控制步骤的速率所决定。通常情况下，电极过程中的非控制步骤可能会比控制步骤快得多，当电极过程以一定的净速度，即控制步骤的速度进行时，可认为非控制步骤近似处于平衡状态，称为准平衡态。对准平衡态下的过程用热力学方法去处理可以有效简化问题。例如，对处于准平衡态的电子转移步骤，就可以使用能斯特方程表示电极电位；对准平衡态下的表面转化步骤，可以用吸附等温式计算吸附量，采用平衡常数处理化学转化平衡等。

7.2 双电层超级电容器

7.2.1 双电层超级电容器工作原理

1. 双电层超级电容器结构

当对电容器施加外部电压时，正、负极板分别积累正、负电荷；电解质溶液中的离子在电场作用下，分别迁移到与正、负极板对应的界面，形成双电层结构（图 7.4）。这种利用双电层机制通过电荷的物理吸附和解吸来进行能量的存储与释放的电容器称为双电层超级电容器。

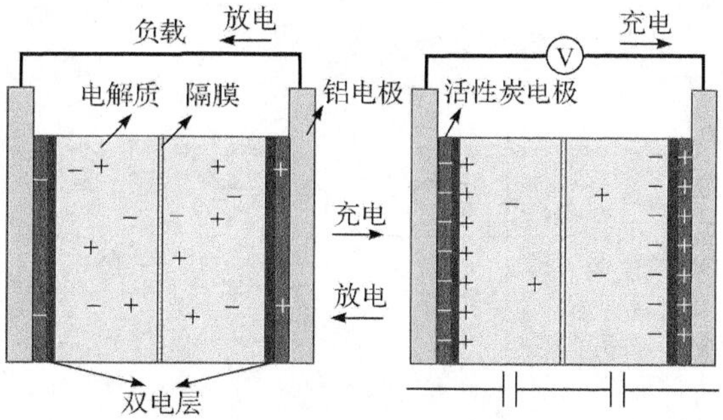

图 7.4 双电层超级电容器示意图

2. 双电层超级电容器充放电原理

当固体电极浸入电解质溶液时，在库仑力和范德华力等相互作用力下，固液界面处会形成双层电荷结构。双电层内的电解质中，电荷主要以离子形式存在。在斯特恩模型中，双电层电容由紧密层电容 C_H 和扩散层电容 C_D 共同决定，两者之间为串联，见式（7.3）。

但在高浓度的电解质或界面电位差较大的条件下，扩散层电容 C_D 显著增大，使得双电层电容 C_d 近似等于紧密层电容 C_H，此时双电层行为可近似用亥姆霍兹模型描述。

由于每个单元电容器包含两个电极，可视为两个串联的电容结构。因此，双电层超级电容器储存的电量 Q 与电极间的电压 V 和电容量 C 之间的关系为

$$Q = CV/2 \tag{7.6}$$

相应地，电容器储存的能量 U 可以表达为

$$U = CV^2/2 \tag{7.7}$$

在未施加外部电压的情况下，双电层中仅存在少量电荷。若正、负电极使用相同材料，两个电极与电解质界面会形成相同极性的双电层。这种情况下，正、负极之间不存在电位差，因此电容器装置对外不显示电动势，即电容器在未充电状态下不会对外产生电能。

在采用电源施加电压时，若电压低于电解质溶液的分解电压，电子可在外电源驱动下从正极通过负载传到负极，导致电容器正、负电极间的场强增大。在静电吸附作用下，溶液中的阴离子会吸附于正极表面，阳离子吸附于负极表面。溶液中的正、负电荷不断分离并迁移至电极与电解质的界面上重新排列，形成两个极性相反的双电层。当撤销外电压后，电极上的正、负电荷与溶液中的相反电荷离子仍能相互吸引，使双电层保持稳定，并在正、负极间产生相对稳定的电位差。在这种情况下，任一电极都会在界面吸附与电极上的电荷等量的异性离子电荷，使界面保持电中性。此时，能量以吸附电荷的形式储存在双电层中，对外则显示一定的电动势。放电时，两极与外电路连通，电子会通过负载从负极移至正极，从而在外电路中产生电流。同时，由于电极的静电吸附作用减弱，电解质中的阴、阳离子会从电极表面释放，并逐渐扩散至电解质溶液本体中，以保持界面电中性。这就是双电层电容的充放电原理，如图 7.5 所示。理论上，在双电层超级电容器的充放电过程中，电极材料本身并不发生相变化。

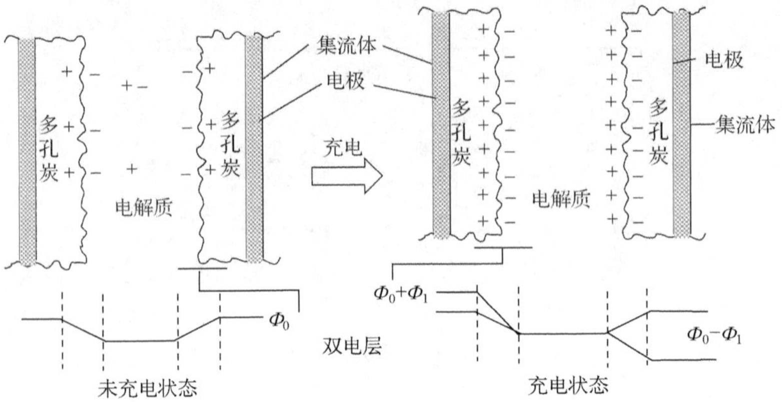

图 7.5 双电层超级电容器的充放电原理

充放电过程可表示如下：

正极 $$E_s + A^- - e^- \longrightarrow E_s^+ // A^- \quad (7.8)$$

负极 $$E_s + C^+ + e^- \longrightarrow E_s^- // C^+ \quad (7.9)$$

总反应 $$E_s + E_s + C^+ + A^- \longrightarrow E_s^+ // A^- + E_s^- // C^+ \quad (7.10)$$

式中，E_s为电极表面；//为积累电荷的双电层；A^-、C^+为电解质的阴、阳离子。可以看出，电解质中盐离子 A^-、C^+在充电时被消耗掉，放电时又重新获得，因此电解质在某种意义上可以被认为是一种活性物质。

3. 双电层超级电容器性能影响因素

双电层超级电容器的电容量大小取决于极化电极双电层上的累积电荷量。电荷的存储主要发生在电极/电解质界面，为提升电荷存储容量，极化电极的表面积应尽可能大，电解质离子应尽可能多，从而形成更大面积的双电层结构。因此，在电极材料的设计和选择上，比表面积、孔径分布、孔隙形状和结构、导电性及表面官能团等成为关键因素。理想的双电层电容电极材料通常需满足三大关键属性：①高比表面积；②具备多孔基体粒子间及粒子内部的良好导电性；③孔隙内部易于电解质离子进入。基于这些原则，活性炭、石墨烯、碳纳米管、碳气凝胶等高比表面积碳基材料成为热门选项。

1）比表面积

双电层理论认为，碳材料的比表面积与其在电极/电解质界面上的电荷积累能力，即其比电容呈正相关。为了提升比表面积，研究人员探索了包括热处理、碱活化、水蒸气/CO_2活化及NH_3等离子表面处理等多种方法，在碳表面创造微孔和缺陷进而提高其比表面积。然而，碳材料的实测比电容往往远低于理论预期。例如，活性炭的比表面积通常为 500～3000 $m^2 \cdot g^{-1}$，据此计算单电极的比容量理论上应超过 500 $F \cdot g^{-1}$。但实际上，活性炭材料在水系电解质中的比容量通常仅为 75～175 $F \cdot g^{-1}$，在有机系电解质中为 40～100 $F \cdot g^{-1}$。因此，碳材料的比电容并非总是随着其比表面积的增大而线性提升，这是因为除了比表面积外，其他因素如碳材料孔径分布、孔隙形状和结构等也对电荷吸附和解吸行为有重要影响。

2）孔径分布

电极材料中并非所有孔结构都能有效容纳电解质离子，只有浸润于电解质的孔道中才能形成双电层。多孔炭材料中的孔可根据孔径大小分为微孔（<2 nm）、中孔（2～50 nm）和大孔（>50 nm）三类。尽管超细微孔对比表面积的贡献较大，但它们可能无法容纳电解质离子，难以直接贡献于比电容。因此，在选择电极材料时，孔径分布是除比表面积外的另一关键因素。不同的电解质要求的最小孔径不同，至今尚未有统一的最佳孔径标准。

3）表面官能团

碳材料存在许多缺陷、不饱和键和悬挂键，易于连接多种有机官能团，如醌、氢醌、酚、羧基、羰基、内酯、氢键和游离基等。通过电化学氧化、化学氧化、低温等离子体冲击等方法，可以在碳材料表面引入官能团。一方面，官能团的存在能够提升碳材料的表面浸润性，优化比表面积的利用率，另一方面可利用官能团在充放电过程中的赝电容特性提升碳材料的比容量。然而，随着官能团含量的增加，碳材料的导电性降低，导致超级电容器的等效内阻增大。官能团的法拉第副反应还会增大超级电容器的漏电流。此外，碳材料表面的含氧量与其电极电位呈正相关，高含氧量可能导致超级电容器在工作电压下发生气体析出反应，影响使用寿命和安全性能。

4）导电性

电极材料的电导率是影响超级电容器充放电性能的关键因素。随着活性炭表面积的增大，微孔壁上的碳含量逐渐减少，材料电导率下降。此外，活性炭颗粒间的接触面积、在超级电容器中的位置以及与电解质的浸润程度也会对电导率产生显著影响。对此，通常可通过高温制备提高石墨化程度或在材料中掺入适量金属或碳管等导电材料，以提升电极材料的整体导电性，从而优化超级电容器的性能。

7.2.2 双电层超级电容器电极材料

1. 活性炭

活性炭因其独特的孔隙结构和较高的比表面积，成为超级电容器中早期采用的碳电极材料。活性炭是一种无定形碳，由石墨化的微晶和未石墨化的非晶碳质相互连接而成，形成了独特的块体和孔隙结构。这些石墨微晶的结构类似于石墨的二维层面，具有 sp^2 杂化的碳原子形成六环平面网状结构，粒径极小，通常在 1～3 nm，且呈现无规则的松散排列方式，称为“螺层形结构”或“乱层结构”，如图 7.6（a）、（b）所示。

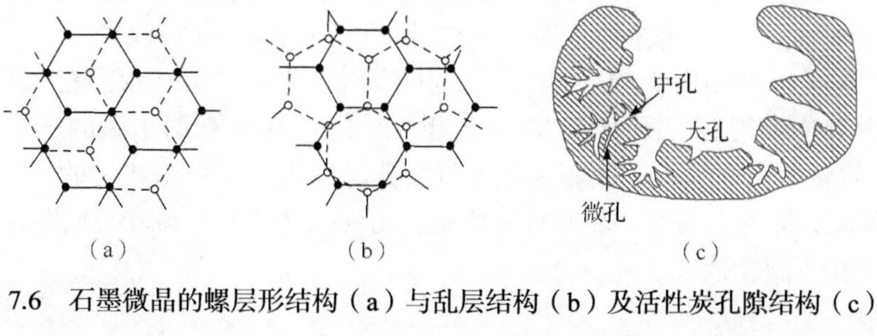

图 7.6 石墨微晶的螺层形结构（a）与乱层结构（b）及活性炭孔隙结构（c）

石墨微晶的无规则和紊乱排列使得微晶与非晶碳质以及各微晶之间形成了大小、形状各异的孔隙。根据孔隙的尺寸可进一步划分为大孔、中孔和微孔。大孔通常称为补给或传输孔，主要为吸附质分子的进入提供通道。中孔也称为介孔，既可以为吸附质分子进入微孔提供通道，又能吸附部分难以进入微孔的大吸附质分子。微孔对小分子具有强大的吸附能力，贡献了活性炭 90%以上的比表面积，是决定活性炭整体吸附性能的关键因素。这三种孔隙在活性炭内部错落交叉，形成树状结构，如图 7.6（c）所示。当活性炭电极浸没在电解质中并施加电压，在电压低于电解质分解电压的前提下，电极表面会在电场作用下形成紧密的双电层从而储存电荷，充放电原理如图 7.7 所示。

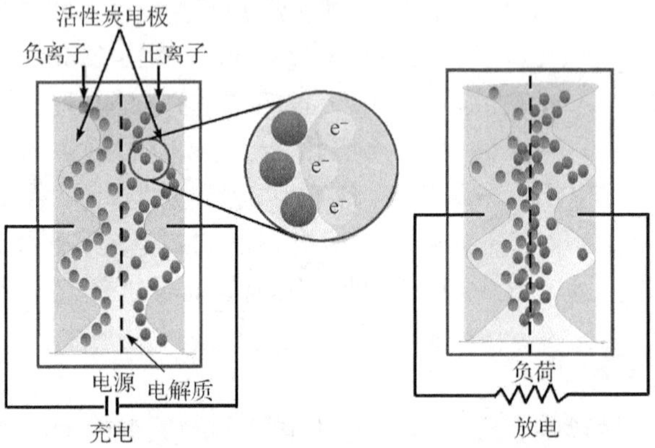

图 7.7　活性炭电极超级电容器工作原理

活性炭作为超级电容器电极材料主要有以下几方面优势：①比表面积大，使其成为超级电容器电极的理想选择；②丰富的孔隙结构，活性炭拥有数量众多的孔隙，为其吸附电荷和电解质提供了有力支持；③高的化学稳定性和热稳定性，活性炭不易发生化学反应和热分解，能够抵抗酸、碱等溶液的腐蚀；④高导电性，活性炭优秀的导电性能为构建双电层和快速的电响应提供了良好的基础；⑤易于加工与良好的相容性，活性炭易于加工成各种形状，并且与其他材料具有良好的相容性，为其在多样化应用方面提供了便利；⑥经济实惠与资源丰富，活性炭价格低廉，来源广泛，在工业生产和商业应用中具有较高的性价比。

2. 碳气凝胶

碳气凝胶是一种非晶碳材料，拥有连续的三维网络结构及可调的密度，质轻且多孔，其网络胶体颗粒的直径通常为 3～20 nm，所构成的孔隙尺寸小于 50 nm，孔隙率高达 80%～98%，比表面积可以达到 600～1100 $m^2 \cdot g^{-1}$。此外，碳气凝胶还展现了出色的导电性能，电导率可达 10～25 $S \cdot cm^{-1}$，被视为继活性炭之后的理想电容器电极材料。

以间苯二酚（R）和甲醛（F）为原料，利用溶胶-凝胶法可获得有机气凝胶（RF），并在惰性气体中炭化获得碳气凝胶（CRF）。RF 和 CRF 都具有纳米级的三维网络结构，如图 7.8 所示。炭化前，气凝胶的团簇大小各异，孔洞较大，呈现出典型的无序多孔结构；炭化后，胶体颗粒变得更为均匀，排列更为紧密，孔洞尺寸也有所减小，同时保留了原始气凝胶的网络结构和孔洞连接性。

图 7.8 气凝胶（a）与碳气凝胶（b）的三维网络结构

CRF 网络结构中主要存在三种尺寸特征：首先是凝胶颗粒，其尺寸为 3～10 nm；其次是颗粒间形成的介孔，尺寸为 100～500 Å；最后是颗粒间的微孔，直径小于 10 Å。在制备过程中，碳酸钠催化剂的含量对 CRF 粒径大小起关键作用，溶液浓度决定了 CRF 的密度，热解温度主要影响 CRF 的粒径和孔径分布。CRF 因其高比表面积、低电阻系数、均匀的纳米结构、出色的耐腐蚀性、宽泛的密度范围等特点，成为高功率密度、高能量密度超级电容器的理想电极材料。使用甲酚部分替代间苯二酚制备 CRF 可节约成本，并能提升比电容。催化剂对 CRF 的孔结构具有重要影响，采用 KOH 取代 Na_2CO_3 催化剂可以起到明显的活化作用，促进微孔的形成，不仅增加了 CRF 的比表面积，也显著提升了其比电容，为 CRF 的性能优化提供了新的路径。催化剂浓度、反应物浓度及其之间的配比对 CRF 的结构和性能也具有显著影响。较高的催化剂浓度意味着聚合反应更容易进行，产物的交联度也更高，使其在超临界过程和炭化过程中能够承受更大的应力；较低的催化剂浓度使得网络结构强度不足，在制备过程中可能会发生塌陷，导致孔径变小。因此，随着催化剂用量减少，CRF 的比表面积和中孔孔容也相应降低。

3. 碳纳米管

碳纳米管（CNT）属于富勒碳系列，因独特的结构和卓越的导电性成为极具潜力的超级电容器电极候选材料。CNT 展现了一种典型的层状中空结构，可视为由单层或多层石墨片围绕同一中心轴，依据特定的螺旋角卷曲而成的无缝纳米级管状结构，如图 7.9 所示。其中，碳原子主要是通过 sp^2 杂化方式与邻近的三个碳原子键合，构建出以六边形为基本单元的平面网状结构。

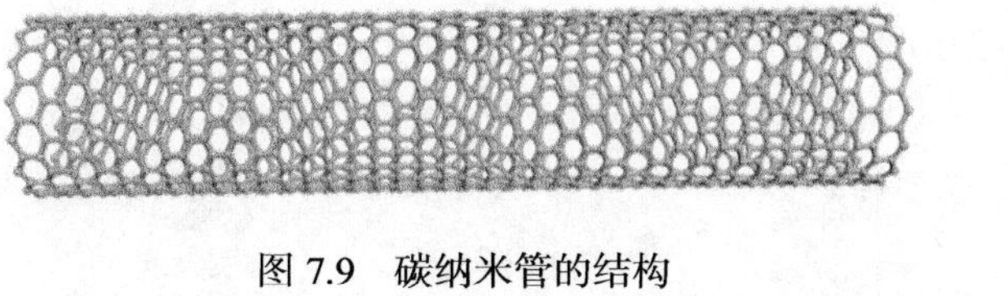

图 7.9 碳纳米管的结构

根据石墨片层数的不同，碳纳米管可分为单壁碳纳米管（SWCNT）和多壁碳纳米管（MWCNT）。SWCNT 又称富勒管，其结构类似于单层石墨烯的卷曲形态，直径通常为 0.7～6 nm，长度可达 1～50 μm。由于缺陷结构较少，SWCNT 通常展现出较高的均一性。MWCNT 是由几层到几十层石墨片同轴卷曲而成，层间距约为 0.34 nm，与石墨的层间距相近。值得注意的是，MWCNT 的层与层之间排列无序，其直径通常为 2～30 nm，长度为 0.1～50 μm。在此基础上，通过精确控制合成工艺可以实现对 CNT 微孔大小的精细调控，同时其独特的空腔结构以及 CNT 之间的相互缠绕可以形成纳米级的网状结构，有助于双电层的形成，使得 CNT 成为双电层超级电容器电极材料的重要选项。

不过，CNT 具有无序的取向和多样化的形态，如聚集成束、相互缠绕，甚至与非晶态碳混合，导致纯化过程困难，限制了其性质研究和实际应用。近年来，高度有序的 CNT 阵列引起了广泛关注。与普通 CNT 相比，通过化学气相沉积法制备的垂直生长 CNT 阵列呈现出规则的孔结构和导电通路，使其拥有更高的有效比表面积、更低的离子扩散电阻和更出色的电化学性能，在超级电容器中展现出良好的应用潜力。

7.3 赝电容超级电容器

在电极表面或体相中的二维或准二维空间上，活性物质进行欠电位沉积并发生高度可逆的化学吸附/脱附或氧化还原反应，产生和电极电位有关的电容，称为赝电容，又称法拉第准电容。赝电容在电极表面和内部均可产生，在相同电极面积下，所得电容可以是双电层电容的 10～100 倍。在法拉第电容器中，通常同时存在法拉第准电容和双电层电容两种机制。其中，法拉第准电容占据绝对主导地位，其功率密度大小由活性物质表面或体相中电解质离子的传输速率和电荷转移速率控制。

7.3.1 赝电容超级电容器工作原理

1. 赝电容机制

B. E. Conway 于 2005 年首次给出了赝电容的定义：一种发生在电极材料表面的法拉第过程。随后，P. Simon 和 B. Bunn 进一步完善了这一概念，将赝电容分为本征赝电容（intrinsic pseudocapacitance）和非本征赝电容（extrinsic pseudocapacitance）。本征赝电容不受形貌尺寸等因素的影响，属于材料的固有性质；而非本征赝电容与材料的微观结构、界面效应或尺寸效应密切相关，并非由材料本身的化学组成单独决定。赝电容主要涉及材料表面几纳米深度范围内的反应，根据不同的机制可以分为：①欠电位沉积；②氧化还原赝电容；③嵌入式赝电容（图 7.10）。当金属电极的电位低于电解质中金属离子的平衡电位时，该金属离子就会在金属电极表面析出，在电极表面形成单吸附层，这种现象即为欠电位沉积，是赝电容的一种表现。图 7.10（a）即为铅离子在金表面沉积的典型案例。氧化还原赝电容发生在电极的表面，同时具有离子的吸附/脱附和持续的法拉第电荷转移过程。最具代表性的就是 RuO_2 电极在含有 H^+的电解质中的赝电容反应[图 7.10（b）]，其电荷转移过程如下所示：

$$RuO_2 \cdot 0.5H_2O + xH^+ + xe^- = H_xRuO_2 \cdot 0.5H_2O \tag{7.11}$$

嵌入式赝电容电极材料（$H_xTi_yO_x$、V_2O_5、MoO_3、Nb_2O_5 等）具有允许离子快速传输的层状结构[图 7.10（c）]，且在插层过程中没有明显的相变。正交相氧化铌（TNb_2O_5）是典型的嵌入式赝电容材料，其中扭曲 NbO_6 六面体和 NbO_7 五角双锥体通过 *ab* 平面上的角或边共享与沿 *c* 轴的角连接，为离子的嵌入和脱出提供了稳定的通道。

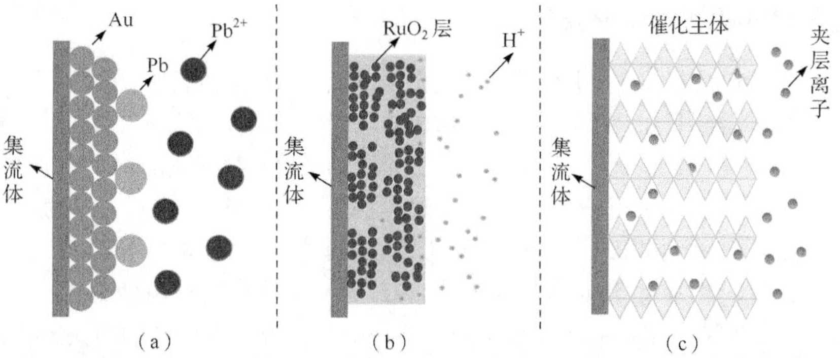

图 7.10　不同赝电容机制：(a) 欠电位沉积；(b) 氧化还原赝电容；(c) 嵌入式赝电容

2. 赝电容超级电容器充放电原理

赝电容超级电容器的充放电过程原理如图 7.11 所示。充电时，电解质中的离子（如 H^+、OH^-、K^+、Li^+等）在电场作用下扩散至电极/电解质界面，在界面上发生电化学反应并嵌入活性材料的体相中。赝电容电极材料较大的比表面积提供了大量的电化学反应场所，从而确保在电极中存储足够多的电荷，提高电容器的充电电压。放电过程中，存储的电荷以电流的形式通过外部回路释放，同时电解质中的离子也会重新回到电解质中。赝电容器基于电极活性物质在电极表面或体相的通过欠电位沉积、高度可逆的化学吸附/脱附或氧化还原反应来产生与电极充电电位有关的法拉第电容。该机制使得在相同面积下可提供双电层超级电容器几十倍甚至上百倍的比电容。常见的赝电容电极材料包括金属氧化物（如 RuO_2、MnO_2、NiO）、聚吡咯和聚苯胺等。

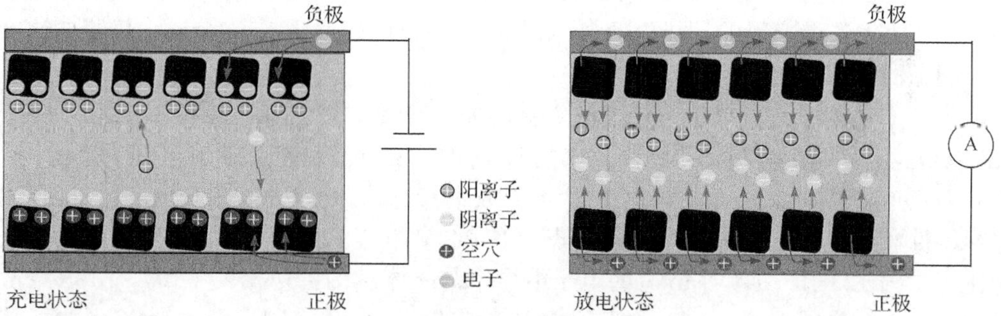

图 7.11　赝电容超级电容器的充放电过程

赝电容超级电容器电极材料的开发和研究主要围绕化学吸/脱附和氧化还原反应机制，其比容量与电极的工作电位密切相关，如式（7.12）所示。

$$C = \frac{dQ}{dV} \tag{7.12}$$

式中，C 为比容量（$F \cdot g^{-1}$）；Q 为富集电荷数量；V 为电位（V）。电极材料的电化学反应机理决定了超级电容器的能量密度、功率密度、循环稳定性、成本以及使用安全性等工作性能。电极材料的开发、研究和应用在超级电容器的发展中起着关键和决定性的作用。为了实现更高的储能和功率密度，电极材料需要具有高比容量、工作电位和电子传导速率。

7.3.2 赝电容超级电容器电极材料

与基于双电层反应的碳材料不同，赝电容电极材料的电荷转移遵循法拉第过程。理想的赝电容电极材料需要具备以下特征：①良好的电子电导率，以便电荷能够快速传输；②两个或两个以上的氧化物态，使材料在充放电过程中能够发生可逆的氧化还原反应；③高比表面积，以提供更大的电极/电解质接触面积和电荷存储容量；④良好的电解质浸润性，确保电解质能够充分渗透到电极材料的内部，保证电荷的顺畅传输。目前，常见的赝电容电极材料主要为金属氧化物及其衍生物、导电聚合物等。金属氧化物包括 RuO_2、NiO、MnO_2、Co_3O_4、$NiCo_2O_4$、V_2O_5、TiO_2 和 Nb_2O_5 等；金属氧化物衍生物包括 $RuO_2 \cdot nH_2O$、$Ni(OH)_2$ 和 CoOOH 等；导电聚合物包括聚吡咯（PPy）、聚噻吩（PTh）、聚苯胺（PANI）、聚芳硫醚（PAS）等，经 p 型或 n 型或 p/n 型掺杂制取电极。

1. 金属氧化物及其衍生物

金属氧化物基于电解质离子在其表面或近表面可逆的氧化还原反应，能够容纳更多的电荷，表现出更高的比容量。然而，金属氧化物存在电导率较差、材质较硬等缺点，影响了氧化还原反应的可逆性和电极结构稳定性，导致相对较差的倍率特性及循环稳定性能。氧化钌（RuO_2）是研究最早且最深入的金属氧化物赝电容材料。RuO_2 存在+2、+3、+4 三个氧化态，且三个价态能级接近，赋予 RuO_2 高达 2200 $F \cdot g^{-1}$ 的理论比容量以及 1.2 V 的宽工作电位窗口。然而 RuO_2 的赝电容反应仅发生在表面，限制了其容量发挥。RuO_2 在水系和非水系环境中均可进行赝电容反应。由于水合分子的作用，衍生物 $RuO_2 \cdot nH_2O$ 构建了内部电子和离子通道，使内部结构也可参与电解质离子的氧化还原反应，表现出更高的比容量。此外，RuO_2 及其水合衍生材料具有电子电导率高、反应可逆性好、倍率性能优异和热稳定性高等优点，成为备受瞩目的超级电容器电极材料。然而 Ru 为稀有贵金属，其较高的价格极大地限制了商业化应用。

氧化锰（MnO_2）基于 Mn^{3+}/Mn^{4+} 的氧化还原反应提供赝电容，且资源丰富、环境友好，相比 RuO_2 具有明显的成本优势，成为极具潜力的超级电容器的电极材料。非晶态 $MnO_2 \cdot H_2O$ 电极材料在 2 $mol \cdot L^{-1}$ KCl 水溶液中具有约 200 $F \cdot g^{-1}$ 的比容量，具有优异的赝电容特性和快速的法拉第电荷迁移特点。在 0.9 V 电位窗口下，MnO_2 基于单电子反应的理论比容量为 1233 $F \cdot g^{-1}$。MnO_2 的电子电导率与晶体结构密切相关（10^7～10^3 $S \cdot cm^{-1}$），较低的电子传输性能使得 MnO_2 的氧化还原反应仅发生在材料表面，极大地影响了其实际比容量（200～250 $F \cdot g^{-1}$）。针对这一问题，制备具有薄层纳米结构的 MnO_2 以及 MnO_2 与碳的复合材料是提升比容量和倍率性能的有效途径。

2. 导电聚合物

导电聚合物如聚苯胺、聚吡咯、聚噻吩和聚(3,4-乙撑二氧噻吩)-聚(苯乙烯磺酸盐)(PEDOT:PSS）等具有较高的电导率、大 π 共轭长度和良好的电化学可逆性，可利用其结构中的有机基团与电解质离子间氧化还原或基团掺杂/脱嵌离子的可逆反应进行赝电容能量储存。

聚苯胺是一种高电导、低成本、易于合成的导电聚合物，是研究最多的赝电容导电聚合物材料之一。其制备方法包括界面聚合、模板法合成、乳液聚合等。聚苯胺存在多种氧化还原形式，其中主要的形式包括完全还原态的全苯式、中间氧化态的聚苯胺翠绿亚胺盐以及全氧化态的全醌式等。不同形貌的聚苯胺往往表现出不同的电化学性能。导电聚合物反应过程中存在有机结构的膨胀和收缩，导致该类材料的循环稳定性和容量保持率较差。对此，经常将导电聚合物和碳纳米管等材料进行复合联用，以碳纳米管作为骨架支撑，可显著提升电化学性能。

7.4　超级电容器器件

根据组成结构的不同，超级电容器可分为对称超级电容器和非对称超级电容器。若超级电容器两电极的形状、材料和储能机制都一致，称为对称超级电容器；反之，称为非对称超级电容器。

7.4.1　对称超级电容器

对称超级电容器是一种新型电化学储能器件，可将电荷储存在两个电极表面附近的电介质中。对称超级电容器结构一般由两个电极、电介质和电解质组成。其中，电解质一般是电解质溶液或电解质膜，电介质是高介电常数的材料。在工作过程中，电极之间的电位差使得电荷在电介质中移动，从而实现能量储存和释放。本章所指对称超级电容器均指由两个完全相同的以碳为电介质的电极构建的电容器，这也是目前研究和应用最多的对称超级电容器。图 7.12 展示了碳-碳对称超级电容器的主要结构，其中包含电极、分隔层和电流收集器等组件。双面涂层电极是超级电容器中的正负极，负责储存电荷和释放能量；多孔纸分隔层用于阻止正负极直接接触，同时允许离子穿行；铝箔电流扩展收集器用于收集电流，并将其传输到外部电路中；突片端用于凝胶卷的电气连接，确保电流能够顺利进出超级电容器。图 7.12 右侧为超级电容器中的电荷移动回路。

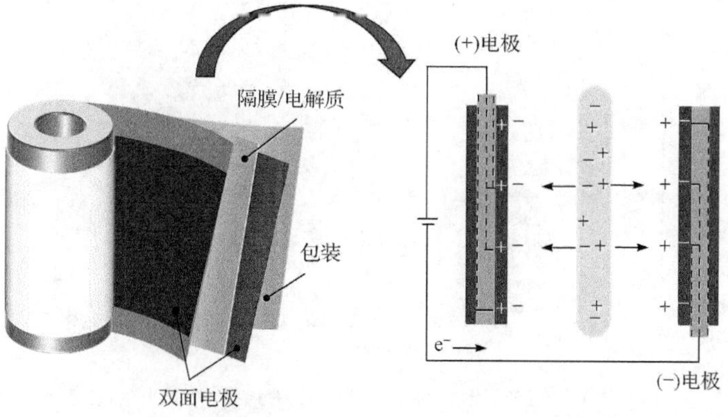

图 7.12　碳-碳对称超级电容器和电极介绍

可通过吸附层和内部潜在位置对电极过程进行阐述。吸附层是位于电极表面的一层物质，可以吸附电荷并影响电子的移动。内部潜在位置是指电容器内部各部分的电位分布情况，反映了电子在不同区域之间移动时所需的能量变化。吸附层的特性会影响电子在电极表面的传输情况，而内部潜在位置的变化会影响电子在电容器内部的移动路径和速度。如

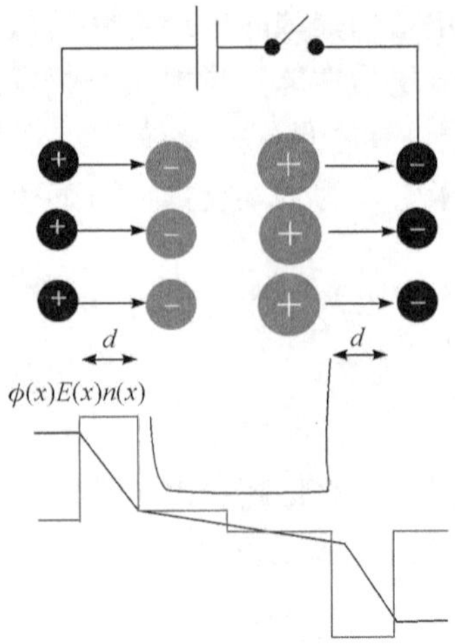

图 7.13　双电层超级电容器电荷浓度、电位、电场示意图

图 7.13 所示，超级电容器实际上包含了两个双电层超级电容器结构，通过金属板和液体连接到另一个金属板。当超级电容器部分充电时，$\phi(x)$接近于对角直线，随后在亥姆霍兹层或者厚度为 d 的厚密层附近快速下降。隔膜附近的电位由于电解质的导电特性和相反电极的亥姆霍兹层而出现另一个电位梯度变化。在电极表面的电荷积聚意味着隔膜离子消耗，因此在电容器充满或者全部释放后再次充满时，其电阻会增加。基于离子吸附现象的超级电容器，其充电携带离子到充电碳的最短距离为德拜长度。对称碳-碳超级电容器的德拜长度 d_c 可以根据基本常数、电解质溶剂介电常数和电解质盐浓度 c_0 计算得出，如式（7.13）所示。

$$d_c^2 = \frac{\varepsilon_r \varepsilon_0 RT}{2F^2 c_0} \tag{7.13}$$

7.4.2　非对称超级电容器

1. 非对称超级电容器的原理

图 7.14 展示了非对称超级电容器的基本结构和工作原理。一般来说，非对称超级电容器的两个电极分别由双电层材料和赝电容材料组成，器件电压窗口通常指阴极材料和阳极材料在三电极测试下的最大电压窗口之和。非对称超级电容器结合了两种不同材料的储能机制，充分利用了不同材料的优势，较好地兼顾了使用寿命和能量密度，展现出较高的应用潜力。

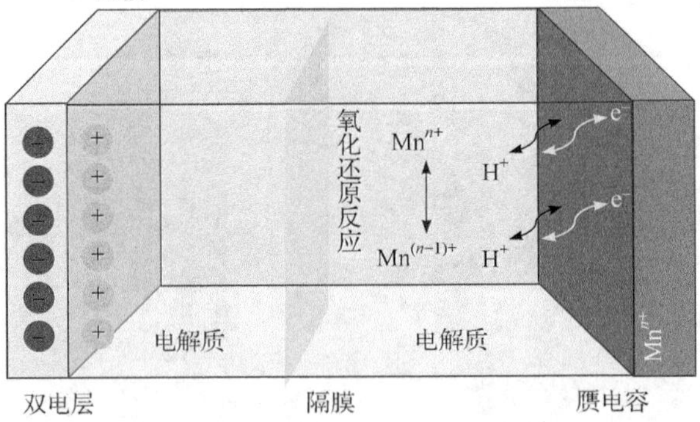

图 7.14　非对称超级电容器的原理示意图

2. 非对称超级电容器性能

1）比电容

非对称超级电容器的总电容（C_t）由正极（C_p）和负极（C_n）两个电容串联得到，如式（7.14）所示：

$$\frac{1}{C_t}=\frac{1}{C_p}+\frac{1}{C_n} \tag{7.14}$$

在实际测试中，非对称超级电容器实际比电容由式（7.15）计算：

$$C_t=\frac{It}{mV} \tag{7.15}$$

式中，I 为电流密度（$A \cdot g^{-1}$）；t 为放电时间（s）；m 为器件活性材料总质量（g）；V 为器件放电时的最大电压窗口。将式（7.15）中的质量（m）替换为面积（S）或者体积（V），可分别得到器件的面积比电容（C_S）和体积比电容（C_V）。非对称超级电容器的比电容与器件的能量密度和功率密度密切相关。

2）功率密度与能量密度

能量密度的大小决定器件的储能能力，功率密度的大小决定器件的瞬时放电能力。理想的非对称超级电容器的能量密度（E）和功率密度（P）可由以下两个公式计算：

$$E=\frac{1}{2}CV^2 \tag{7.16}$$

$$P=\frac{E}{t} \tag{7.17}$$

式中，C 为器件的比电容（$F \cdot g^{-1}$）；V 为器件的电压窗口（V）；t 为放电时间（s）。从式（7.16）和式（7.17）中可以看出，提高非对称超级电容器的比电容和电压窗口可以有效地提高器件的能量密度。

3）循环寿命

非对称超级电容器的循环寿命主要受电极材料的化学、电化学稳定性影响。在充放电测试时，电解质与材料的反复吸附/脱附会导致材料结构发生损坏，从而造成电容衰减。一般来说，双电层型材料受到的影响比赝电容材料小，这与两种材料不同的储能机制相关；而赝电容材料在循环中的结构损伤比电池材料小，因此非对称超级电容器的循环寿命仍然明显优于传统电池。

7.4.3 电容器器件制备

超级电容器可以分为堆叠式结构和卷绕式结构两种类型。堆叠式结构是将正负电极材料通过涂覆或压制的方法固定在金属集流体上，然后将负极板、隔膜和正极板组成三明治的层叠结构，最后使用一定的封装材料对其进行密封。这种结构的制造工艺相对简单，适用范围广泛，但是相同体积内电极材料的面积利用率较低。卷绕式结构是将正负电极分别涂覆在金属箔片上，使用隔膜作为电介质，将它们相互交叠卷绕而成。相比之下，卷绕式结构对电极材料的成型性要求更高，制备工艺较为复杂，但与传统铝电解电容器的制备工艺兼容，组装技术成熟，易产业化。在选择超级电容器的结构时，需要综合考虑电极材料特性、制备工艺复杂度、成本效益等因素。

1. 堆叠式超级电容器

以 Ta/Ta_2O_5 阳极和有序介孔碳阴极为例，介绍堆叠式超级电容器的制备过程。

（1）电极材料配比的选择。阴极材料由有序介孔碳、石墨和聚四氟乙烯（PTFE）组成。其中石墨为导电添加剂，用以提升电极整体的导电性。PTFE 为黏结剂，起到粉体材料之间及其与集流体之间的黏合作用。而不导电的 PTFE 含量的提高会增加电极内阻，因此 PTFE 的含量（质量分数）一般不超过 5%。

（2）阴极的制备。将介孔碳材料用辊轧机压成薄片并切割成一定形状，烘干后压制到泡沫镍网集流体上（图 7.15）。

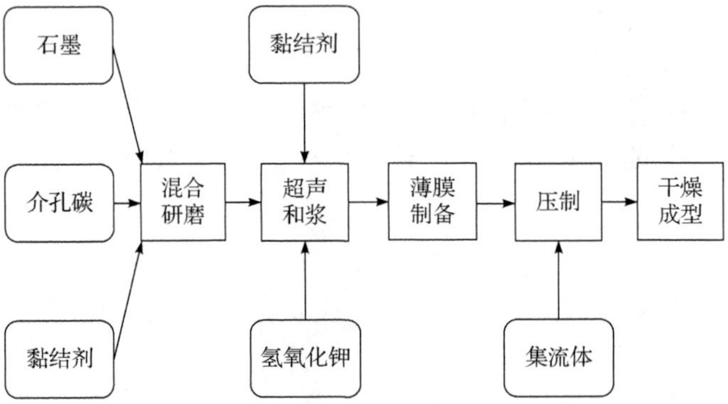

图 7.15 堆叠式超级电容器电极制备工艺示意图

（3）阳极的制备。阳极以高纯度的多孔金属钽粉末为原料，压制成型后，经过高温烧结，以 0.01%的磷酸（H_3PO_4）溶液作为电解质，在一定的电压、电流密度和温度下，用电化学方法在钽（Ta）阳极表面生成一定厚度的五氧化二钽（Ta_2O_5）薄膜，共同组成超级电容器的阳极。Ta_2O_5 是一种非导电金属氧化物，它作为阳极电介质，其耐受电压与电介质薄膜层的厚度成正比。

（4）超级电容器单元组装。以 Ta/Ta_2O_5 作为阳极，有序介孔碳为阴极，$3\ mol \cdot L^{-1}$ 的氢氧化钾为电解质，无纺纤维布作为隔膜组装成堆叠式超级电容器单元，其堆叠式结构如图 7.16（a）所示。

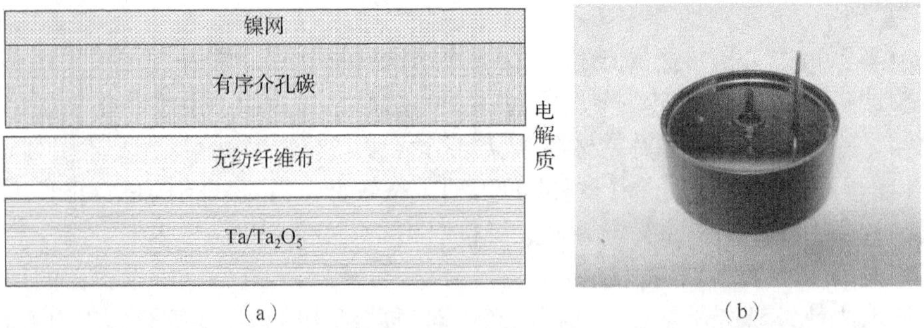

图 7.16 堆叠式超级电容器单元的结构示意图（a）和实物图（b）

封装结构直接影响内部热量传递效果，进而影响电容器的性能和寿命。电容器通常通过内部串联或并联方式提高元件的性能参数，针对堆叠式超级电容器的结构特点，通常使用内部并联的封装结构形式。典型的堆叠式超级电容器实物如图 7.16（b）所示。

2. 卷绕式超级电容器

卷绕式超级电容器的结构如图 7.17 所示。选用铝箔作为集流体，电解质选用有机电解质四乙基铵四氟硼酸盐/乙腈（Et_4NBF_4/AN），铝壳作为封装外壳。对于电极的制备，将一定比例的有序介孔碳、石墨和黏结剂（PTFE）混合均匀后加入适量的去离子水搅拌获得均一浆料。将浆料均匀涂覆于铝箔集流体上，并将极片按照规格分切，以接枝聚丙烯膜为隔膜，铆接器作铆接引线进行卷绕。充分真空干燥后转移至手套箱内进行注液、浸泡、装壳、封装。卷绕式超级电容器的制备工艺流程如图 7.18 所示。

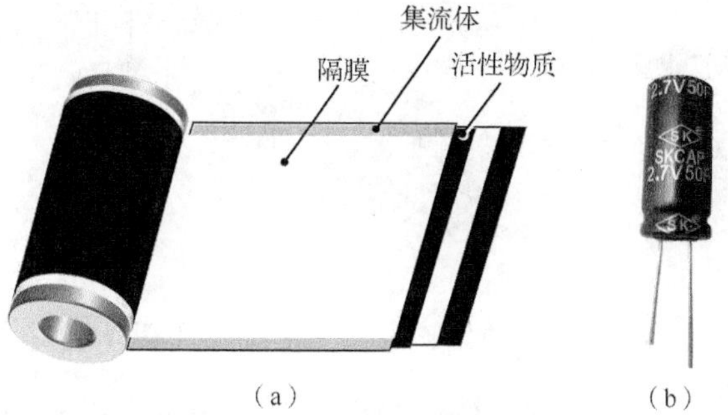

图 7.17　卷绕式超级电容器的结构示意图（a）和实物图（b）

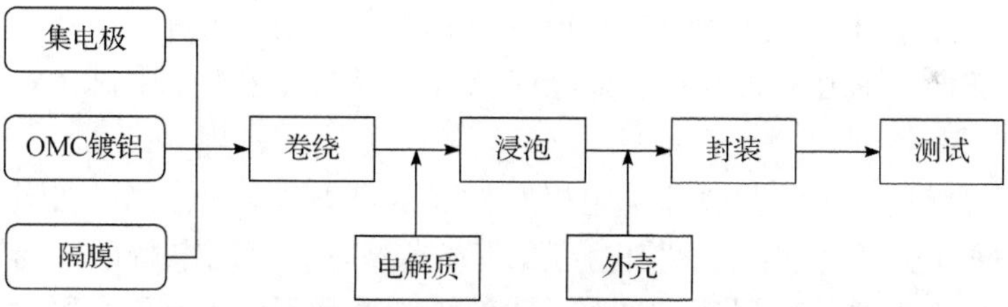

图 7.18　卷绕式超级电容器的制备工艺流程

7.5　新型电容器器件

7.5.1　柔性超级电容器

柔性超级电容器结合了柔性电极或基板材料，将结构灵活性与超级电容器固有的高功率密度相结合，广泛用于柔性电子器件，其储能机制可以是双电层电容器（EDLC）、赝电容器（PC）类型或混合型电容器（HSC）类型。柔性超级电容器需要在各种弯曲角度和拉伸状态下保持安全和高性能，为防止漏液漏电等问题，常选用凝胶电解质或柔性固态电解质。随着近年来可穿戴电子设备的兴起，对高能量密度柔性储能器件的需求不断增加，开发高性能柔性超级电容器成为热门方向之一。根据器件结构的不同，目前柔性超级电容器主要分为一维纤维状柔性超级电容器和二维平面状柔性超级电容器。

1. 柔性超级电容器结构

1）一维纤维状柔性超级电容器

一维纤维状柔性超级电容器主要应对便携式可穿戴电子设备的供能需求。电极一般为微米或毫米级别纤维，具有体积小、质量轻和多方位变形的特点，可集成到可穿戴设备中如柔性电子器件、柔性屏幕、织物便携电源等，展现出广阔的应用前景。一维纤维状柔性超级电容器按结构可分为平行并列结构、相互缠绕结构以及内外径同轴结构（图 7.19）。

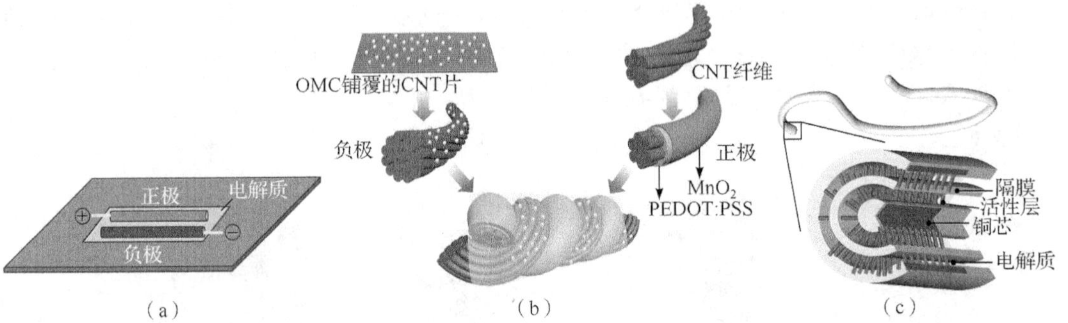

图 7.19　不同结构纤维状超级电容器：（a）平行并列结构；（b）相互缠绕结构；（c）内外径同轴结构

（1）平行并列结构。平行并列结构超级电容器是用两个尺寸相同的纤维状电极平行组装在同一平面，电极中间相隔一定的距离。这种结构中一般不使用隔膜，用固态或凝胶电解质填充在电极周围，同时也可以将多根纤维电极通过不同的排列方式进行串并联，以满足设备使用需求。然而，使用平面衬底使得储能器件不易弯曲变化，限制了在可穿戴设备中的应用。

（2）相互缠绕结构。相互缠绕纤维电极结构超级电容器体积较小，制作工艺简单，两根纤维之间使用凝胶电解质包覆，凝胶电解质既充当隔膜又充当电解质。与平行并列结构相比，相互缠绕结构不需要外部衬底，减小了器件的质量和尺寸。但是在器件变形和弯曲过程中，两根纤维之间容易滑移错位；同时纤维与电解质接触面积较小，离子迁移路径长，导致倍率性能低，性能随形变次数增加而衰减较快。

（3）内外径同轴结构。内外径同轴结构超级电容器结构更加紧凑，体积利用率高。纤维状结构设计具有较大的比表面积，有利于增加电极与电解质之间的电荷传递效率，降低电池的内阻，提高充放电效率和功率密度。然而，同轴型纤维状超级电容器的制造工艺相对复杂，包括纤维的制备、层叠组装等步骤，生产成本较高，并且由于结构的特殊性，对纤维材料的选择、堆积工艺以及封装技术都有较高的要求，技术难度大。

2）二维平面状柔性超级电容器

二维平面状柔性超级电容器主要包括叉指形超级电容器和三明治形超级电容器两种结构（图 7.20）。叉指形超级电容器中，正负电极材料类似于衣服拉链的分布，相互交叉靠近，形成叉指形结构，电解质填充于电极之间的缝隙中。叉指形结构的两侧电极距离很近，使得离子在电极之间的移动扩散路径更短，有利于提高离子迁移效率。叉指形超级电容器具有较高的功率密度和弯曲稳定性，适合应用于轻薄型的设备。三明治形超级电容器由正极、电解质或隔膜以及负极三者层层叠加而成。这种结构操作简单，适合规模化生产，并且可以通过扩大电极尺寸或增加负载来满足实际设备的需求。然而，扩大电极尺寸会降低库仑效率，增加器件阻抗，降低离子迁移效率，不利于活性物质的充分利用，导致质量比容量降低。

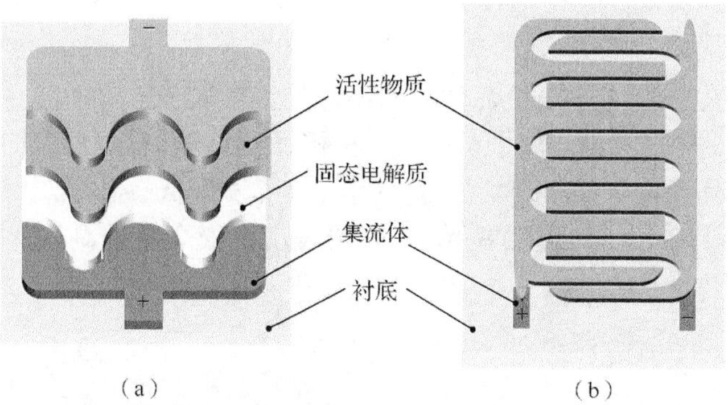

图 7.20　二维平面状柔性超级电容器：（a）三明治形结构；（b）叉指形结构

2. 柔性超级电容器凝胶电解质

柔性超级电容器中的凝胶电解质主要分为以下几大类。

1）水系凝胶聚合物电解质

在凝胶电解质中，水系凝胶聚合物电解质由于其高离子传导性、低成本和环境友好等优点而被广泛使用。水系凝胶聚合物电解质主要由聚合物基质、电解质盐和增塑剂组成。典型的聚合物基体包括聚乙烯醇（PVA）、过乙酸（PAA）和聚环氧乙烷（PEO）；增塑剂通常是水；电解质盐可以是中性盐（LiCl 或 Na_2SO_4）、强酸（H_2SO_4 或 H_3PO_4）或强碱（KOH）。水系凝胶聚合物电解质也被视为水凝胶电解质，其中水分子被 3D 聚合物网络捕获。凝胶电解质的增塑程度取决于聚合物与增塑剂的比例。在诸多聚合物基体中，聚乙烯醇由于其高亲水性、易于制备、优异的成膜特性、无毒和低成本等优势广泛应用于柔性超级电容器中。

2）有机系凝胶聚合物电解质

相对较窄的工作电压窗口是限制水系凝胶电解质的重要因素。对此，使用有机系凝胶聚合物电解质可较好地克服该问题。有机系凝胶聚合物电解质的制备方法极大地影响体系的离子电导率和力学性能。通常，有机系凝胶聚合物电解质是通过在非水溶剂中将高分子量的聚合物，如聚甲基丙烯酸甲酯（PMMA）或聚偏氟乙烯-六氟丙烯（PVDF-HFP），与导电盐物理混合，然后凝胶化制备获得。有机溶剂包括碳酸丙烯酯（PC）、*N,N* 二甲基甲酰胺（DMF）、碳酸乙烯酯（EC）等，通常被用作增塑剂，所得电容器电压可提高至 2.5～3 V，明显大于水系凝胶聚合物电解质。电压窗口的增加对于提升超级电容器的能量密度具有重要意义。

3）离子液体基凝胶聚合物电解质

与水系和有机电解质相比，基于离子液体的凝胶电解质具有不挥发、高离子电导率、不易燃、宽工作电压窗口（可达 3.5 V）和出色的机械柔韧性等独特优势。与水系和有机系凝胶聚合物电解质类似，离子液体基凝胶电解质通常也采用 PVA、PVDF-HFP 和 PEO 等作聚合物基体，以离子液体为增塑剂。例如，基于 PAN/[BMIM] [TFSI]体系制备的离子液体基凝胶电解质表现出优异的热稳定性，在环境温度下具有约 2.42 mS · cm^{-1} 的高离子电导率和良好的机械柔韧性，基于该电解质和石墨烯电极的柔性微型超级电容器的最大功率密度可达 82 kW · kg^{-1}，能量密度为 32.3 Wh · kg^{-1}。

7.5.2 固态超级电容器

便携式和可穿戴电子设备的发展对储能器件的性能和安全提出更高的要求。使用液态电解质的超级电容器存在漏液、腐蚀、产气、抗机械损伤等问题。相比之下，固态电解质具有离子导电介质和隔膜的双重功能，具有不漏液、挥发性低、化学/电化学稳定性好、易于封装成型等优点，基于固态电解质的超级电容器表现出安全系数高、机械柔韧性好、性能可靠等优点，极具应用潜力。

1. 固态超级电容器结构

固态超级电容器主要有三种构型，分别为三明治构型、指状交叉构型和纤维状构型，如图 7.21 所示。三明治构型最为常见，制造较为简单，但电解质和电极厚度会显著影响其串联电阻和离子传输速率。相比之下，指状交叉构型受电极厚度影响较小，拥有较短的离子扩散路径，有利于离子快速扩散，进而提高电容器性能。纤维状构型的超级电容器不但拥有传统超级电容器高功率密度、快速充放电的优点，还因其一维的结构特点可编织成可穿戴的织物，展现出独特的应用前景和魅力。

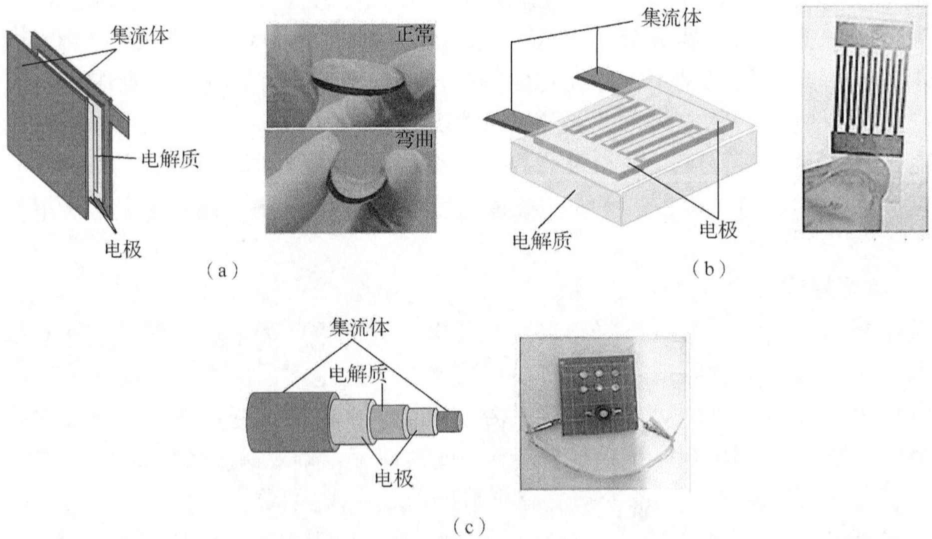

图 7.21 固态超级电容器构型：(a) 三明治构型；(b) 指状交叉构型；(c) 纤维状构型

电极结构在固态超级电容器中起着关键作用，需根据电容器构型的具体需求选择适合的电极结构。纤维状电极是固态超级电容器中一种重要的电极结构。通常，纤维状电极由棉纤维、金属丝、碳纤维和聚合物纤维等材料制备而成。纤维状电极的制备方法主要包括电沉积、水热反应和浸渍等。对于三明治构型，二维柔性电极被认为是理想的选择，具有高机械性能、高导电性、高柔韧性和高稳定性的特点。常见的制备二维柔性电极的材料包括织物、纸张、金属薄片等，具有良好的柔性和导电性。另外，通过打印或印刷制备的电极材料通常用于组装指状交叉构型超级电容器，这类电极需要较为精准的微观尺寸和结构，以控制电极极间距，助力离子快速扩散，从而提高电容器的性能。

2. 固态超级电容器电解质

在固态超级电容器中，固态电解质发挥了重要作用，充当了离子导电介质和隔膜的双重角色。与液态电解质相比，固态电解质具有形状可控、性能稳定的特点，能够简化储能器件的封装制造过程，避免了电解质泄漏带来的安全风险，是开发高安全性、微型化固态超级电容器的重要支撑。当前，固态电解质主要分为三类：全固态聚合物电解质、凝胶聚合物电解质和全固态无机电解质。

1）全固态聚合物电解质

全固态聚合物电解质具有成本低廉、制造工艺简单、柔性高和稳定性好等特点，一般由聚合物（如聚氧化乙烯等）和金属离子盐（如 LiCl、$LiClO_4$ 等）组成，聚合物特征官能团与金属离子通过配位作用形成聚合物离子配合物，依赖聚合物链段运动而实现离子传输。然而，全固态聚合物电解质在不含任何溶剂条件下的室温离子电导率较低（10^8～10^7 $S \cdot cm^{-1}$），需通过构建紧密的电极/电解质界面或减小电解质厚度以缩短离子传输路径，从而降低界面电荷转移阻抗，提升器件性能。对此，PEO、PVDF、聚苯并咪唑（PBI）和 PMMA 等聚合物因其较高的柔韧性，常被用于构建紧密的电极/电解质界面并适应电极在循环过程中可能的体积变化。尽管全固态聚合物电解质相比于液态电解质具有更高的安全性和更宽的工作温度，但其较低的室温离子电导率严重限制了其发展应用。对此，研究人员通过 Al_2O_3、SiO_2、壳聚糖等无机或有机添加剂在电解质中构建额外的离子通道，降低电解质的结晶度和玻璃化转变温度，或引入液体增塑剂构建凝胶电解质，以提升其离子电导率。

2）凝胶聚合物电解质

凝胶聚合物电解质（GPE）是一种典型的准固态电解质，由聚合物和含有导电介质的溶剂组成。不同于全固态聚合物电解质，凝胶聚合物电解质中的离子传输主要发生在溶剂相中。在室温下，凝胶聚合物电解质的离子电导率可达到 10^3～10^2 $S \cdot cm^{-1}$，具有高柔韧性、高离子导电性能、良好的机械性能和黏附性能，因此被广泛应用于柔性电子器件领域。在超级电容器中，GPE 主要包括水凝胶电解质、有机凝胶电解质、离子液体凝胶电解质和有机/水凝胶复合电解质。尽管 GPE 有这些优点，但液相的引入，导致其在机械强度、化学稳定性、气/液泄漏风险、安全性等方面不如全固态电解质。

3）全固态无机电解质

超级电容器中的全固态无机电解质主要包括氧化物、硫化物、磷酸盐等类型，一定程度上可以与锂离子电池体系互用。全固态无机电解质具有高机械强度、优异的化学稳定性、高安全性等特点，其电导率通常比全固态聚合物电解质更高，目前最高可达 10^2 $S \cdot cm^{-1}$ 量级，接近液态电解质。然而，由于无机物较强的刚性结构，基于全固态无机电解质的器件中，电极/电解质界面以及电解质/电解质晶粒界面的电阻较大，电荷在界面处的输运势垒较高，严重阻碍器件性能。此外，高电导率的全固态无机电解质通常需要复杂的制备工艺和严格的条件控制，显著增加了材料和器件的制造难度和成本。

7.5.3 超级电容器的应用与前景

超级电容器作为一种介于传统电容器和电池之间的新型储能器件，具有循环寿命长、充放电频率高、工作温度范围宽、工作安全可靠、环境友好等特点，在诸多领域具有广阔的发展前景。

1. 电子类电源

超级电容器可用于光电功能电子手表、计算机存储器等小型设备；在卫星通信领域，超级电容器的引入可以改善卫星的脉冲通信能力；在移动通信电源领域，超级电容器可与其他电源混合组成电源系统，用于短时功率后备以保护存储器数据；此外，超级电容器还在对讲机、笔记本电脑等设备中得到应用，并取得不错的效果。超级电容器还可用作可植入医疗器械的应急电源，由于其不需要过度充放电保护电路且使用寿命长，有望替代传统电池。这些领域中，超级电容器充分展示了其应用灵活性和多功能性，为解决能源问题和提高设备性能提供了新的可能性。

2. 电动汽车及混合动力汽车

近年来，随着新能源汽车飞速发展，超级电容器也步入高速发展阶段。超级电容器在交通运输上主要有两大潜在应用方向：一是用作再生制动回馈能力储存单元，与动力电池组成联合体共同工作；二是用作动力单元，替代动力电池（图 7.22）。

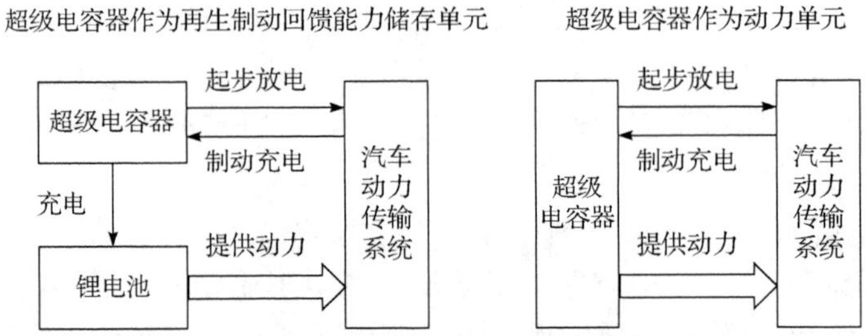

图 7.22 超级电容在汽车上的两大应用方向

作为再生制动回馈能力储存单元时，汽车在松油门或踩刹车的过程中，特制的发电机可以产生足够大的电能，在几秒之内充满超级电容器。在加速过程中，发电机不工作，超级电容器为所有的电气系统提供电能。此外，超级电容器还可以与蓄电池协同工作，可以缓慢释放电能为蓄电池充电，实现高效的能量回收。研究表明，这种制动能量回收系统能降低3%～10%的油耗。作为动力电源时，超级电容器完全替代电池为汽车提供动力系统。然而相比于锂电池，超级电容器的能量密度较低，相应的汽车续航里程较小，只能用于特定场景，如公交大巴、低速电动汽车、电动自行车等。超级电容器可与锂离子电池结合形成性能稳定、节能环保的动力汽车电源，用于混合动力汽车及纯电动汽车。锂离子电池解决的是汽车充电储能和为汽车提供持久动力的问题，超级电容器则是为汽车启动、加速时提供大功率辅助动力，在汽车制动或怠速运行时收集并储存能量。

我国超级电容器发展虽然起步较晚，但已成功研制出使用超级电容器作为动力源的电车。2004 年，上海市张江高科技园区建成了世界首部电容器蓄能变频驱动式无轨电车。2006 年，上海超级电容公交车示范线 11 路投入运行，成为世界上首条投入商业化运营的电容公交线路。2013 年中车株洲电力机车有限公司开发出储能式有轨电车（图 7.23）。2015 年 4 月，18 m 超级电容储能式 BRT（快速公交系统）公交车在宁波下线，公交用超级电容器市场仍在快速发展。

参数	数值
最长充电时间	30 s
地板高度	350 mm
最快速度	70 km · h^{-1}
最大坡道	80%
制动效率	85%
线路距离	7.7 km

图 7.23　广州海珠线储能式有轨电车及其参数

3. 变频驱动系统

超级电容器与功率变换器构成能量缓冲器，可以用于电梯、港口轮胎吊起重机等变频驱动系统。当电梯加速上升时，能量缓冲器向驱动系统中的直流母线供电，提供电机所需的峰值功率；当电梯减速下降时，吸收电机通过变频器向直流母线回馈的能量。该设计可减小电梯设备供电容量，达到节能效果，且不会对电网造成冲击和污染，与传统的变频调速电梯相比，综合节电率达 30%左右。上海洋山深水港电动起重机引入超级电容器储能模块后，有效减轻了港口起重机同时工作造成的电网电压波动，大幅降低了输电线路建设成本，助力洋山深水港的持续稳定运作。上海安大电能质量有限公司在其电力系统中安装了 126 个 125 V 重型运输模块，是亚洲最大的超级电容器安装项目之一，为起重机稳定电压，缓解功率输出波动，保障系统稳定可靠的不间断运行。

4. 军事装备领域

野战装备无法直接依赖公共电网供电，需配置发电设备和储能装置来保障装备电力需求。军用装备对储能单元有可靠性、轻便性、隐蔽性等方面的严格要求。超级电容器的特点和优势使其在军事装备领域拥有广阔的发展前景。采用超级电容器与蓄电池混合储能，可以大幅度减轻电台等背负设备的质量，为军用运输车、坦克、装甲车等解决车辆低温启动困难的问题，还可提升车辆的动力性和隐蔽性；同时用于解决常规潜艇中蓄电池失效快、寿命短的问题，为雷达、通信及电子对抗系统等提供峰值功率，减小主供电电源的功率等级。

随着对储能机理和关键材料研发的不断深入，以及相关上下游产业链的发展和完善，超级电容器正迅速由实验室走向市场，从二次电池的性能补充角色逐渐向主驱动电源转变，以其长寿命、可靠、绿色安全的优势逐步建立起在储能器件中的重要定位。目前，超级电容器市场仍然以双电层机制为主，赝电容以及混合型超级电容器大多仍在基础研发过程中。在保持高功率、长寿命、高安全优势前提下，提升超级电容器产品的能量密度已成为该领域的发展共识。这要求更加深入的理论研究、材料研发和工艺探讨，以期实现超级电容器性能的新突破，进一步推动其产业应用发展。

参考文献

陈学丹, 陈硕翼, 乔志军, 等. 2016. 超级电容器的应用. 储能科学与技术, 6: 799-805.

窦振军. 2020. 基于改性碳布柔性全固态超级电容器的构建及其储能性能. 上海: 东华大学.

郭桂珍. 2019. 全固态超级电容器柔性电极的制备和电化学性能研究. 太原: 中北大学.

黄晓斌, 张熊, 韦统振, 等. 2017. 超级电容器的发展及应用现状. 电工电能新技术, 36(11): 63-70.

刘云鹏, 李雪, 韩颖慧, 等. 2018. 锂离子超级电容器电极材料研究进展. 高电压技术, 44(4): 1140-1148.

裴东宇. 2024. 氧化铜基非对称电容器的设计及性能优化研究. 长春: 吉林大学.

王超, 苏伟, 钟国彬, 等. 2015. 超级电容器及其在新能源领域的应用. 广东电力, 28(12): 46-52.

武泽民. 2021. 基于离子液体/聚合物的全固态柔性超级电容器的制备及性能研究. 太原: 太原理工大学.

徐昕. 2020. 柔性透明超级电容器的电极与电解质的制备及性能研究. 南京: 南京邮电大学.

Barczak M, Bandosz T J. 2019. Evaluation of nitrogen and sulfur-doped porous carbon textiles as electrode materials for flexible supercapacitors. Electrochimica Acta, 305: 125-136.

Chen J Z, Xu J L, Zhou S, et al. 2016. Amorphous nanostructured FeOOH and Co-Ni double hydroxides for high-performance aqueous asymmetric supercapacitors. Nano Energy, 21: 145-153.

Chen X L, Paul R, Dai L M. 2017. Carbon-based supercapacitors for efficient energy storage. National Science Review, 4(3): 453-489.

Chmiola J, Yushin G, Gogotsi Y, et al. 2006. Anomalous increase in carbon capacitance at pore sizes less than nanometer. Science, 313: 1760-1763.

Choi C, Ashby D S, Butts D M, et al. 2019. Achieving high energy density and high power density with pseudocapacitive materials. Nature Reviews Materials, 5: 5-19.

Du F, Tang H, Pan L, et al. 2017. Environmental friendly scalable production of colloidal 2D titanium carbonitride MXene with minimized nanosheets restacking for excellent cycle life lithium-ion batteries. Electrochimica Acta, 235: 690-699.

Fleischmann S, Mitchell J B, Wang R, et al. 2020. Pseudocapacitance: from fundamental understanding to high power energy storage materials. Chemical Reviews, 120: 6738-6782.

Han C, Si H Z, Sang S B, et al. 2020. Carbon dots doped with $Ni(OH)_2$ as thin-film electrodes for supercapacitors. ACS Applied Nano Materials, 3(12): 12106-12114.

Huang M, Li F, Dong F, et al. 2015. MnO_2-based nanostructures for high performance supercapacitors. Journal of Materials Chemistry A, 3: 21380-21423.

Iro Z, Subramani C, Dash S. 2016. A brief review on electrode materials for supercapacitor. International Journal of Electrochemical Science, 11(12): 10628-10643.

Kim H S, Cook J B, Tolbert S H, et al. 2015. The development of pseudocapacitive properties in nanosized-MoO_2. Journal of the Electrochemical Society, 162: A5083-A5090.

Lee H Y, Goodenough J B. 1999. Supercapacitor behavior with KCl electrolyte. Journal of Solid State Chemistry, 144: 220-223.

Lu Z, Chao Y, Ge Y, et al. 2017. High-performance hybrid carbon nanotube fibers for wearable energy storage. Nanoscale, 9(16): 5063-5071.

Ma H Y, Geng H Y, Yao B W, et al. 2019. Highly ordered graphene solid: an efficient platform for capacitive sodium-ion storage with ultrahigh volumetric capacity and superior rate capability. ACS Nano, 13(8): 9161-9170.

Muzaffar A, Ahamed M B, Deshmukh K, et al. 2019. A review on recent advances in hybrid supercapacitors: design, fabrication and applications. Renewable and Sustainable Energy Reviews, (101): 123-145.

Niu D M, Wu L Z, Zhu X F, et al. 2020. FeOOH composite electrode based on TiN nanopetals for high-performance supercapacitors. Journal of Physical Chemistry C, 124(28): 15028-15035.

Okubo M, Hosono E, Kim J, et al. 2007. Nanosize effect on high-rate Li-ion intercalation in $LiCoO_2$ electrode. Journal of the American Chemical Society, 129: 7444-7452.

Siwatch P, Sharma K, Arora A, et al. 2019. Review of supercapacitors: materials and devices. Journal of Energy Storage, 21: 801-825.

Ramya R, Sivasubramanian R, Sangaranarayanan M V. 2013. Conducting polymers-based electrochemical supercapacitors-progress and prospects. Electrochimica Acta, 101: 109-129.

Shao Y L, El-Kady M F, Sun J Y, et al. 2018. Design and mechanisms of asymmetric supercapacitors. Chemical Reviews, 118(18): 9233-9280.

Toupin M, Brousse T, Belanger D. 2004. Charge storage mechanism of MnO_2 electrode used in aqueous electrochemical capacitor. Chemistry of Materials, 16: 3184-3190.

Wang B B, Li D H, Tang M W, et al. 2018. Alginate-based hierarchical porous carbon aerogel for high-performance supercapacitors. Journal of Alloys and Compounds, 749: 517-522.

Wang G S, Yan Z X, Wang N H, et al. 2021. NiO/Ni metal-organic framework nanostructures for asymmetric supercapacitors. ACS Applied Nano Materials, 4(9): 9034-9043.

Wang H L, Wang J, Hu J, et al. 2019. Concentrated hydrogel electrolyte-enabled aqueous rechargeable NiCo//Zn battery working from −20 to 50℃. ACS Applied Materials & Interfaces, 11(1): 49-55.

Wang R, Mitchell J B, Gao Q, et al. 2018. Operando atomic force microscopy reveals mechanics of structural water driven battery-to-pseudocapacitor transition. ACS Nano, 12: 6032-6039.

Wang S, Xu H B, Zhao J P, et al. 2022. Two-dimensional WO_3 nanosheets for high performance electrochromic supercapacitors. Inorganic Chemistry Frontiers, 9(3): 514-523.

Wu J, Rodrigues M, Vajtai R, et al. 2016. Tuning the electrochemical reactivity of boron and nitrogen-substituted graphene. Advanced Materials, 28(29): 6239-6246.

Wu S, Chen G, Kim N Y, et al. 2016. Creating pores on graphene platelets by low-temperature KOH activation for enhanced electrochemical performance. Small, 12(17): 2376-2384.

Xiao Y H, Dai A D, Zhao X B, et al. 2019. A comparative study of one-dimensional and two-dimensional porous CoO nanomaterials for asymmetric supercapacitor. Journal of Alloys and Compounds, 781: 1006-1012.

Yan S X, Luo S H, Feng J, et al. 2020. Rational design of flower-like $FeCo_2S_4$/reduced graphene oxide films: novel binder-free electrodes with ultra-high conductivity flexible substrate for high-performance all-solid state pseudocapacitor. Chemical Engineering Journal, 381: 122695.

Yang Y, Han Y, Jiang W, et al. 2021. Application of the supercapacitor for energy storage in China: role and strategy. Applied Sciences, 12(1): 354.

Yu M, Wang Z, Han Y, et al. 2016. Recent progress in the development of anodes for asymmetric supercapacitors. Journal of Materials Chemistry A, 4(13): 4634-4658.

Zhang Z, Zhang M, Lu P, et al. 2019. CuO nanorods growth on folded Cu foil as integrated electrodes with high areal capacity for flexible Li-ion batteries. Journal of Alloys and Compounds, 809: 151823.

Zheng J P, Jow T R. 1995. A new charge storage mechanism for electrochemical capacitors. Journal of the Electrochemical Society, 142: L6-L8.

Zou Z H, Xiao W, Zhang Y H, et al. 2020. Facile synthesis of freestanding cellulose/RGO/silver/Fe_2O_3 hybrid film for ultrahigh-areal-energy-density flexible solid-state supercapacitor. Applied Surface Science, 500: 144244.

Zu G Q, Shen J, Zou L P, et al. 2016. Nanocellulose-derived highly porous carbon aerogels for supercapacitors. Carbon, 99: 203-211.

第8章 节能电光源材料与器件

8.1 引　言

能源可以分为化石燃料、核能、氢能、生物质能等多种类型。能源的选择和利用需要综合考虑可持续性、环保性和经济性，因此推动清洁能源的开发和利用将成为全球能源发展的重要方向。随着人类文明发展，对人工照明的需求与日俱增，人类消耗在照明上的能耗比例也逐渐增大，为此照明节能十分重要。开发和使用高光效、长寿命、无污染的光源产品，可以节约资源、节省能源、减少环境污染，对于我国可持续发展及环境保护具有重要意义。为此，国内外纷纷推出各种节能项目，如目前国家大力推广的绿色照明工程，目的是满足在照明质量和视觉环境条件下实现照明能耗的降低。高效光源是照明节能的首要因素，必须重视推广和应用高效光源，不同环境对照明要求不同，因此不能简单地根据光效来选择光源，各种光源有各自的特点，应根据照明的场合合理选择。

8.1.1 能源与照明

人类对光源的使用可追溯到原始人使用火和人类自身对照明的需求。人类第一盏灯是在空心石、贝壳或其他类似物中放入浸满了动物油脂的苔藓等植物来点燃照明；中世纪，人工照明演化为使用油灯和蜡烛；1867 年，电弧灯开始照亮法国巴黎街道，取代了煤气灯，标志着人类实现了由电到光的转化过程。进入 19 世纪，人类开始步入电气照明时代，人造照明光源经历了白炽灯、荧光灯、高强度气体放电灯和半导体固体光源四个发展阶段。

1878 年，英国物理学家约瑟夫 · 斯旺（Joseph Swan）和美国发明家托马斯 · 爱迪生（Thomas Edison）各自独立地研制出具有实用意义的真空白炽灯泡，白炽灯从此取代了传统的火焰光源，引发了一场照明技术的革命，开创了人类电光源照明的新时代。使用钨丝为灯丝制作白炽灯，是照明发展史上的又一座里程碑，但白炽灯用电能转换为光能的平均效率只有 10%，其余 90%的能量被浪费。19 世纪 30 年代，荧光灯被发明，其输出光与日光相似。从此，日光灯开始得到广泛的应用。

1965 年，孟山都（Monsanto）公司和惠普公司推出了用 GaAsP 材料制作的商用化红色 LED，其光效为 0.1 $lm \cdot W^{-1}$；1968 年利用氮掺杂工艺使 GaAsP 器件的效率提高到 1 $lm \cdot W^{-1}$，并且能够发出红光、橙光和黄光；1971 年研制出具有相同效率的 GaP 绿色 LED；1991 年日本日亚（Nichia）公司研制出蓝色 LED，1996 年研制出白色 LED。20 世纪 90 年代末，随着半导体材料氮化镓材料研究实现突破，蓝光、绿光、白光 LED 光源相继问世，半导体引入照明领域取得重大突破，半导体照明成了新的产业方向。

1. 白炽灯

热辐射光源的典型代表是白炽灯，其工作原理是物体升高温度产生热辐射。例如，碳或金属加热到约 500℃时会产生暗红色的可见光，随着温度增加，光会变得更亮更白。由于大部分能量变成红外辐射，可见辐射所占比很小，一般不到 10%，因此白炽灯的光效比较低。在设计中，为提高效率，可以用红外发射膜把长波辐射反射回灯丝，使它保持更高的温度。白炽灯色温较低，约为 2800 K，与 6000 K 的太阳光相比，白炽灯光线呈黄色，属于暖色系光。其辐射覆盖了整个可见光区，在人工光源中白炽灯显色性最好，但白炽灯只能将电能转化为光能，能源效率低，对环境影响大，正逐步被更节能、更环保的照明技术取代。

2. 荧光灯

荧光灯由于其光效高、寿命长、颜色多样等优点，迅速在照明领域普及，目前仍然是最重要的室内照明光源。尤其是 20 世纪 70 年代发明的紧凑型荧光灯，历经 20 多年的技术进步，已逐步替代白炽灯。

决定荧光灯特性的最重要因素是荧光粉的种类及组分。荧光粉不仅决定了灯的色温和显色性，而且在很大程度上决定了灯的光效。三基色荧光粉能分别在光谱的蓝、绿、红 3 个区域产生狭窄的光谱带。采用不同配比的三基色荧光粉，可以做成各种色温的高性能荧光灯。这些灯不仅光效高，而且显色性好，显色指数可以达 80 以上。由于这种荧光粉还有耐高温和承受强短波紫外辐射的能力，故被广泛应用于细管径的荧光灯中。然而，由于 LED 灯快速发展和广泛应用，荧光灯在许多应用领域逐渐被 LED 灯取代。

3. 发光二极管

发光二极管（light emitting diode，LED）是将电能转化为光能的固态半导体器件，通过电极引线给电致发光器件施加电压，注入电流，将电能转化为光能。LED 具有高光效、体积小、窄发射、长寿命等特点，在指示灯、信号灯、显示器、装饰性照明等领域得到了广泛应用。

为实现可持续发展，以节约能源、保护环境为宗旨的绿色照明工程，促使高效节能 LED 光源的开发得到明显进步。LED 发光原理决定了 LED 尺寸可以做得很小，由于体积小，发光点更小，在光学设计上几乎可以理解为点光源；在立体空间中，LED 是一个基本的元素，用这个元素可拼凑出任何形状的发光体。目前已经制备出各种波段的单色 LED，由于 LED 单色性，采用多个 LED 几乎可以组成所需的光谱形状。LED 具有长寿命和高可靠性特点，其理论寿命长达 100000 h，即使受内部缺陷、使用环境等影响，良好的系统设计使 LED 仍然可以达到 50000 h 以上的寿命，实现照明节能与环保。

8.1.2 能源与显示

显示技术从机械装置到电子管，再到平板显示技术的出现，不断追求更高的清晰度、色彩还原度和能效。阴极射线管显示器能耗较高，对环境不够友好。等离子显示经历了从早期单色到彩色、分辨率和图像质量的改进，以及大尺寸和高清晰度的发展过程。然而，由于能耗和发热问题及新型显示技术崛起，已逐渐被液晶显示器和有机发光二极管显示器取代。相对于等离子显示器，液晶显示器消耗功率较少，其更节能，具有薄型轻便、节能、可靠性高和可生产大尺寸屏幕等优势。

半导体显示技术是一种通过半导体材料发光的显示技术，主要包括有机发光二极管（organic light emitting diode，OLED）、量子点发光二极管（quantum dot light emitting diode，QLED）和微型发光二极管（micro light emitting diode，micro-LED）。OLED 无须背光照明，驱动功耗小，用于显示器具有功耗低的特点。QLED 是量子点显示技术，相较于传统液晶显示技术，QLED 能够提供更高亮度、更广色域和更好对比度，具有较长的使用寿命和较低的功耗。近几年，micro-LED 显示技术迅速引起了国内外研究者的重点关注，从驱动上主要分为被动驱动和主动驱动，相比之下，主动驱动具备高亮度、高对比度、响应快、易于驱动等优点，因此，主动驱动显示已经成为 micro-LED 研究的主流方向。

8.2　电光转换基础

8.2.1　发光原理

电子与空穴之间复合形成激子并释放能量，按照复合时释放能量的方式不同分为辐射复合和非辐射复合，辐射复合会产生光子，非辐射复合以光子辐射以外的其他方式释放能量。载流子的总寿命 τ 由辐射复合和非辐射复合两者决定。

$$\frac{1}{\tau}=\frac{1}{\tau_r}+\frac{1}{\tau_{nr}} \tag{8.1}$$

式中，τ_r、τ_{nr} 分别为辐射复合和非辐射复合寿命，辐射复合与非辐射复合间的竞争决定了 LED 的内量子效率。

1. 辐射复合

辐射复合是导带电子与价带空穴直接复合，这种复合又称为直接辐射复合，是辐射复合中的主要形式。辐射复合也可以通过复合中心进行。载流子复合包括带间复合、杂质能级与带间复合、杂质能级（施主-受主）之间复合、激子复合和等电子陷阱复合等多种形式。平衡时，载流子的产生率与复合率相等。

（1）带间复合：半导体材料中导带底的电子向下跃迁，与导带顶的空穴复合，产生一个光子。半导体中的载流子不完全位于导带底的最低处和导带顶的最高处，导带底和价带顶附近的载流子都会参与这种带间复合，因此带间的辐射复合不再是两个分立能级间的辐射复合。相应地，其发射光谱不再单一。

（2）杂质能级与带间复合：半导体中掺有杂质时，会引进杂质能级，如果杂质能级与带边距离为 kT 的量级，则为浅杂质。浅施主-价带、导带-浅受主之间的载流子复合产生的辐射光为带边缘发射，其光子能量总比禁带宽度 E 小。通常，浅施主或浅受主很靠近导带底或价带顶，其电离能只有几毫电子伏特，并且浓度大时这些杂质带会并入导带或价带，形成带尾。

（3）杂质能级（施主-受主）之间复合：施主能级的电子与受主能级的空穴复合产生辐

射复合，其光子能量小于 E_g，是另一种重要的发光机理，简称施主-受主（D-A）对复合。

（4）激子复合：在半导体中，如果一个电子从价带激发到导带上，则在价带内产生一个空穴，而在导带内产生一个电子，从而形成一个电子-空穴对。空穴带正电，电子带负电，它们之间受库仑力的作用相互吸引，在一定条件下会使它们在空间上束缚在一起，形成一个中性“准粒子”，称为激子，并能在晶体中作为一个整体存在。在某些情况下，激子在晶体中能自由运动，这种能够以“准粒子”形式一起在晶体中自由运动的激子为自由激子。如果自由激子束缚在杂质附近，不能够自由运动，则形成束缚激子。如果激子的束缚能大，说明自由激子容易与杂质结合形成发光中心。

激子复合时发光，特别是在间接带半导体材料和低维结构半导体材料制成的发光二极管中起关键作用。激子效应对半导体中的光吸收、发光、激射和光学非线性等物理过程具有重要影响，在量子化的低维电子结构中，激子束缚能要大得多，激子效应增强，而且在较高温度或在电场作用下更稳定。

2. 非辐射复合

非辐射复合是电子和空穴复合释放的能量转变为其他形式的能量，其过程较为复杂，包括多声子复合、俄歇复合、中心复合等。

（1）多声子复合：晶体中，原子按一定规律排列在晶格上。一方面，原子并非静止，总是围绕其平衡位置不断振动。另一方面，原子间通过相互作用力联系在一起。原子振动会牵动周围的原子，使振动以弹性波的形式在晶体中传播。声子可以产生和消灭，晶体中的电子与空穴复合时，可以激发多个声子，从而释放出其能量。电子和空穴复合可以通过杂质、缺陷、界面态产生多声子跃迁，多声子跃迁是一个概率很低的多级过程。

（2）俄歇复合：载流子从高能级向低能级跃迁时，发生电子和空穴复合，多余的能量传递给另一个载流子，使该载流子被激发到更高的能级上，该载流子重新跃迁回低能态时原来获得的能量常以声子的形式释放出来，这种复合称为俄歇复合。俄歇复合可以发生在带间，也可以发生在缺陷中，通常带间俄歇复合在窄禁带半导体及高温情况下起主导作用。

8.2.2 发光二极管结构

1. p-n 结

LED 核心部分由 p 型半导体与 n 型半导体组成，p 型半导体中空穴为多数载流子，n 型半导体中自由电子为多数载流子。当这两种半导体连接时，p 型半导体中的空穴会向 n 区扩散，与 n 区的自由电子结合，使得 p 型半导体中电子数量比空穴多，带负电；同样，n 型半导体的电子也会向 p 区扩散，与 p 区的空穴结合，使得 n 型半导体中空穴数量比电子多，带正电。在 p 型与 n 型半导体的界面两边产生了非电中性的耗尽区，耗尽区的两边具有空间电荷，进而产生从 n 型到 p 型方向的内建电场，并使得电子从 p 型半导体漂移向 n 型半导体，产生电子漂移运动，抵消电子从 n 型半导体向 p 型半导体运动的扩散。当达到平衡时，p 型层比 n 型层电位高出一固定值，称为势垒。如果这个势垒比带隙能量低，扩散电流被内建电场作用下漂移的少数载流子的反向电流所抵消，从而形成 p-n 结。

（1）零偏置 p-n 结：在 p-n 结处于零偏置，即结两端不施加电压时，多数载流子的扩散电流与少数载流子在内建电场作用漂移形成的反向电流达到平衡。在零偏置状态下，扩散电流及漂移电流与材料特性、器件结构有关，且相互抵消，因而 LED 总体表现为无电流，也不发光。

（2）正向偏置 p-n 结：当在 p-n 结两端施加正向偏置电压，产生从 p 端到 n 端的电场，与从 n 端到 p 端的内建电场方向相反，削弱了内建电场产生的势垒。假设所加正向电压为 U，内建电场产生的势垒就降低 qU，结果多数载流子扩散电流增加了一个因子 $\exp(qU/k_BT)$。其中，q 为电子电荷；U 为施加的正向电压；k_B 为玻尔兹曼常量；T 为热力学温度。内建电场减小，p-n 结两侧的少数载流子的漂移运动减弱，漂移运动引起的电流小于多数载流子扩散引起的扩散电流，表现为净电流产生，引起 n 区电子进入 p 区，p 区空穴进入 n 区，导致结两边少数载流子的浓度增大，这个过程称为注入。注入产生的少数载流子不稳定，n 区的电子注入 p 区，成为少数载流子，并与多数载流子空穴复合；而 p 区的空穴注入 n 区，成为少数载流子，并与多数载流子电子复合。注入的少数载流子与多数载流子复合产生的一部分能量以光的形式释放出来，表现为 LED 器件发光。

LED 中总的电子和空穴注入电流分别为

$$I_n = I_{n_0}\left[\exp\left(\frac{U}{U_T}\right)-1\right] \quad (8.2)$$

$$I_p = I_{p_0}\left[\exp\left(\frac{U}{U_T}\right)-1\right] \quad (8.3)$$

式中，$U_T = k_BT/q$；I_{n_0} 和 I_{p_0} 分别为在无偏置电压平衡状态下少数载流子电子与空穴的反向电流。

2. p-i-n 结

p i n 结构相比于 p-n 结构，中间加入了本征半导体层取代势垒区，使得势垒区宽度增加，增大了产生光生载流子的有效区域，减弱了扩散影响，提高了光检测的灵敏度和响应速度。

8.2.3　发光二极管特性参数

1. I-U 特性

LED 的伏安特性具有非线性、单向导电性，外加正偏压时表现为低电阻，反之为高电阻，其 I-U 特性曲线如图 8.1 所示。

（1）正向死区（图中 OA 或 OA'段）：A 点对应的电压（U_0）为开启电压，当 $U<U_0$ 时，外加电场尚不能克服因载流子扩散而形成势垒电场，此时 R 很大，开启电压对于不同 LED 其值不同。

（2）正向工作区：电流 I_F 与外加电压呈指数关系，即 $I_F = I_s\left(e^{qU_F/kT}-1\right)$。其中，$I_s$ 为反向饱和电流，当 $U>0$ 时，$U>U_F$ 的正向工作区 I_F 随 U_F 指数上升，其关系式为 $I_F = I_s e^{qU_F/kT}$。

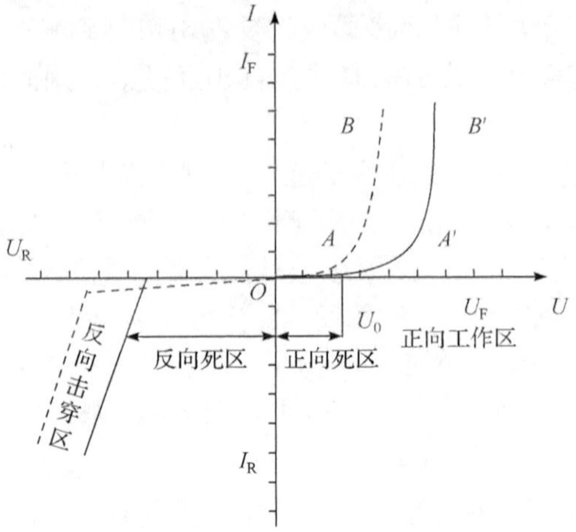

图 8.1 LED 的 I-U 特性曲线

（3）反向死区：当 $U<0$ 时，pn 结加反偏压，外加反向电压不超过一定范围时，通过二极管的电流是少数载流子漂移运动所形成的反向电流。由于反向电流很小，二极管处于截止状态。这个反向电流又称为反向饱和电流或漏电流，二极管的反向饱和电流受温度影响很大。温度升高时，半导体受热激发，少数载流子数目增加，反向饱和电流也随之增加。

（4）反向击穿区：$U<-U_R$，U_R 称为反向击穿电压，其所对应的 I_R 为反向漏电流，偏压当反向偏压一直增加，使 $U<-U_R$ 时，则 I_R 突然增加，二极管出现击穿现象。由于所用化合物材料种类不同，各种 LED 的反向击穿 U_R 也不同。

2. 光谱特性

发光光谱是指发光的相对强度（或能量）随波长变化的分布曲线，直接决定 LED 的发光颜色，并影响其效率。LED 光并非单一波长，其波长大致按照图 8.2 所示分布，光强度最大处对应波长称为峰值波长。光谱半宽度 $\Delta\lambda$ 表示 LED 光谱强度一半处的峰宽度，半高宽度反映谱线宽度，表示发光光谱纯度。

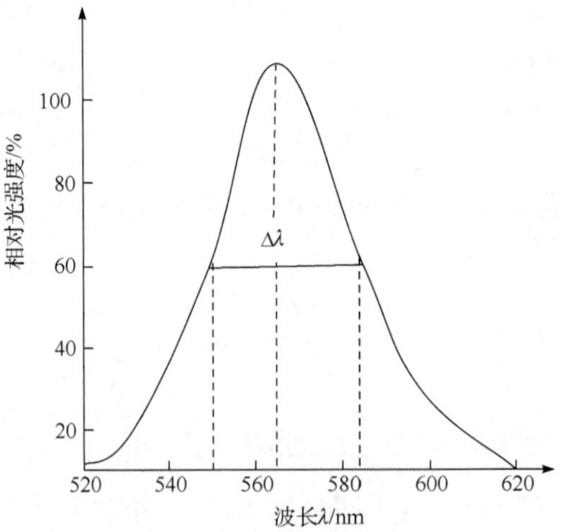

图 8.2 LED 光谱分布和峰值波长

3. 发光特性

（1）发光强度：发光强度是表征发光器件发光强弱的重要物理量，表征它在某个方向上的发光强弱，LED采用圆柱形、圆球形封装。由于凸透镜的作用，因此具有很强的指向性，位于法线方向发光强度最大，当偏离法线角度不同时，发光强度也随之变化。

（2）光通量：光通量是LED向各个方向发光的能量之和，与工作电流直接有关，随着电流增加，LED光通量增大，光通量的国际单位为流明（lumen，符号lm）。LED向外辐射的功率，即光通量与芯片材料、封装工艺水平及外加恒流源大小有关。

（3）发光亮度：发光亮度是LED发光性能的重要参数，某方向上发光体表面亮度等于发光体表面上单位投射面积在单位立体角内所辐射的光通量，具有很强的方向性。正法线方向的发光亮度为$L_0 = I_0/A$，亮度与外加电流密度J_0有关，电流密度增加，L_0也近似增大。

（4）寿命：LED长时间工作后，其光强度或亮度逐渐衰减，器件老化程度与外加恒流源的大小有关，用公式可描述为

$$B_t = B_0 \mathrm{e}^{-t/\tau} \tag{8.4}$$

式中，B_t为t时的亮度；B_0为初始亮度，通常将亮度降到$B_t = 0.5B_0$所经历的时间称为二极管的寿命τ。

4. 温度特性

（1）LED结温：在非辐射复合产生的晶格振动、光子吸收、汤姆逊效应的生热及由半导体材料体电阻、金属-半导体欧姆接触电阻、封装材料电阻等产生的焦耳热共同作用下，热平衡后p-n结区将维持在某个高于外部环境的温度，称此温度为LED的结温（temperature of p-n junction，T_j）。结温变化将影响载流子浓度大小与分布、禁带宽度及复合过程，从而影响LED光电性能。结温升高将导致LED发光效率降低、波长红移、寿命缩短等。

（2）热阻：LED的热阻（thermal resistance，R_th）为结温与环境温度之差与产生该温度差所输入的电功率之比，即

$$R_\mathrm{th} = \frac{T_\mathrm{j} - T_\mathrm{a}}{Q} = \frac{T_\mathrm{j} - T_\mathrm{a}}{P_\mathrm{d}} \tag{8.5}$$

式中，T_j为结温，即LED芯片的工作温度；T_a为环境温度；Q或P_d为功率损耗，即通过LED的电功率减去光输出功率，P_d为输入的总电功率与发光功率之差；热阻R_th的单位为℃ · W^{-1}。

LED的热学特性直接影响LED的工作温度、发光效率、发光波长、使用寿命等，因此对功率型LED芯片的封装设计、制造技术显得尤为重要。热阻越低，LED散热性能越好，通常大部分LED芯片能承受的最高结温为110～125℃。若封装的热阻过大，则结温升高，会导致器件性能变差。

5. 发光效率

（1）内量子效率：内量子效率（internal quantum efficiency，η_i）表示有源区内光子产生速率与注入有源区内的载流子注入速率之比，由下式表示：

$$\eta_i = \frac{p_{int}/h\nu}{I_f/e} \tag{8.6}$$

式中，p_{int} 为LED有源区中辐射的光功率；I_f为注入电流；h 为普朗克常量；ν为光的频率；e 为电子电荷。光子能量（E）与频率（ν）的关系为 $E=h\nu$。

（2）外量子效率：外量子效率（external quantum efficiency，η_{eqe}）为逃逸出芯片的光子数与注入有源区的电子空穴对的个数比例。半导体有源层材料折射率往往较大，如氮化物半导体材料的折射率大多是2.4～2.6，空气的折射率为1；半导体芯片往往比较平滑，从有源层发出的光子到达与空气的界面，往往发生反射，要求出射光的入射角大于全反射角。发生全反射时，光完全不能射出，只有部分有源层发出的光子能逃逸出芯片，即有一个光提取效率 η_{ext}，定义为逃逸出芯片的光子数与芯片产生的光子数之比，即辐射出的光子有多少能够逃逸到LED芯片以外。因而，逃逸出芯片的光子数与注入有源区的电子空穴对的个数之比即为外量子效率。外量子效率可通过下式计算：

$$\eta_{eqe} = \eta_{int}\eta_{ext} \tag{8.7}$$

8.2.4 色谱学基础

电磁波包括无线电波、微波、红外线、可见光、紫外线、X射线、γ射线、宇宙射线等，通常所谓的光就是指人眼所能感觉到的辐射，称为可见光，波长范围为380～780 nm。显色评价指标主要包括以下指标。

1. 色域

自然界中所能看到的颜色都包含在CIE 1976均匀色品图的马蹄形线框内，彩色显示器中的三基色R、G、B分别可以对应色品图上的三个点，而显示所能包含的颜色都包含在这三个点组成的三角形内。色域覆盖面积是指在色品图的马蹄形线框内三角形占的面积，该面积越大，说明显示屏可重现的自然界色彩越多，色彩越亮丽。目前，色域覆盖率常用的表示方式主要是基于美国国家电视标准委员会（National Television Standards Committee，NTSC）标准以及Rec.2020标准（超高清电视广播系统与节目源制作国际标准），其计算公式分别为

$$\text{色域覆盖率} = \text{色域面积} / \text{NTSC标准色域面积} \tag{8.8}$$

$$\text{色域覆盖率} = \text{色域面积} / \text{Rec.2020标准色域面积} \tag{8.9}$$

电视标准规定，各类显示屏的色域覆盖率应该不小于32% NTSC，目前主流的LCD显示器色域覆盖率为72%～75%NTSC，而micro-LED显示器色域覆盖率能超过100% NTSC，通过量子点颜色转换的micro-LED显示系统色域最大能达到152% NTSC，RGB micro-LED显示系统色域也能达到90% Rec.2020以及117% NTSC。

2. 色度坐标

在颜色匹配中，为了表示R、G、B三原色各自在R+G+B总量中的相对比例，引入色度坐标 r、g、b。即 r = R/(R+G+B)，g = G/(R+G+B)，b = B/(R+G+B)。若待配色为等能光谱色，则可写成下式：

$$\left.\begin{aligned} r &= R(\lambda)/[R(\lambda)+G(\lambda)+B(\lambda)] \\ g &= G(\lambda)/[R(\lambda)+G(\lambda)+B(\lambda)] \\ b &= B(\lambda)/[R(\lambda)+G(\lambda)+B(\lambda)] \end{aligned}\right\} \tag{8.10}$$

在 CIE r-g 色度图中色度坐标反映的是三原色各自在三刺激值总量中的相对比例。CIE 色度图并不反映颜色亮度的变化，色度图的轮廓表达出颜色的色域范围。

3. 显色性

（1）光源的显色性：指光源的光照射到物体上所产生的客观效果和对物体真实色彩的显现程度。光源的光谱分布决定光源的显色性，日光灯、白炽灯等具有连续光谱分布的光源均有较好的显色性。除连续光谱的光源外，由几个特定颜色光组成的混合光源也具有很好的显色性。例如，光谱 450 nm（蓝）、540 nm（绿）、640 nm（橘红）波长区的辐射对提高光源的显色性具有特殊效果，以这三种颜色光按适当比例混合所产生的白光具有优良的显色性。

（2）CIE 光源显色指数：CIE 推荐定量评价光源显色性的“测验色”法规定用黑体或标准照明体作为参照光源，将其显色指数定为 100，并规定了若干测试用的标准颜色样品；通过在参照光源下和待测光源下对标准样品形成的色差，评定待测光源显色性，用显色指数值来表示。光源对某一种标准样品的显色指数称为特殊显色指数 R_i：

$$R_i = 100 - 4.6\Delta E_i \tag{8.11}$$

式中，ΔE_i 为在参照光源下和待测光源下样品的色差。

按照显色指数高低，通常光源的显色性分为三类。白炽灯、卤钨灯等光源的显色指数一般均超过 85，显色性较好，适用于辨色要求较高的视觉领域。荧光灯的显色指数为 70～80，常用于一般辨别颜色的视觉领域。高压汞灯、高压钠灯的显色指数低于 50，仅适用于对辨色要求低的场合，如路灯。由于显色指数只表示待测光源下标准样品产生色位移的大小，未指出色位移的方向，故即使两个具有相同显色指数的光源，如色位移方向不同，在视觉上样品的颜色也会不相同。

（3）色温与相关色温：从光源的光谱能量分布和颜色可以引入色温这个量来表示光源的颜色。当光源所发出光的颜色与黑体在某一温度下辐射的颜色相同时，黑体的温度就称为该光源的颜色温度，简称色温（color temperature，CT），用绝对温标表示。若光源发射的光与黑体在某一温度下辐射的光颜色最接近，即在均匀色度图的色距离最小，则黑体的温度就称为该光源的相关色温（correlated color temperature，CCT）。

8.3　电光转换材料

8.3.1　荧光粉

1. 荧光粉发光原理

荧光粉是由主体化合物和掺杂剂组成的，其中主体化合物为荧光粉的基质，在主体化合物中掺入的杂质离子为激活剂，有时还需要掺入敏化剂以辅助传递能量。激活剂和敏化剂在基质中以离子状态存在，部分取代基质晶格中原有格位上的离子，形成杂质缺陷的发光中心，激活离子的电子跃迁是发光的根本原因。当基质晶格中的离子或者激活剂的离子从外部吸收能量时，通常能量先激发基质晶格中的离子，然后从基质传递给激活剂离子，激活剂离子的电子从基态被激活到激发态，激发态的激活剂离子的电子通过热或晶格振动形式，以非辐射跃迁的方式释放一定能量达到一个更为稳定的发光能级，最后电子从发光能级跃迁回基态，并伴随发光。除激活剂外，基质中还会共掺敏化剂离子，这种离子能强烈吸收激活剂离子传递的能量，并通过自身的辐射跃迁实现发光。

2. 荧光粉分类

1）黄光荧光粉

蓝光与黄光组合能够形成白光，因此能被蓝光激发而发射黄光的荧光粉被广泛应用。目前商用黄光荧光粉主要是 YAG:Ce^{3+}，通常以高温固相法在还原气氛中烧结制得，在 460 nm 光激发下发射中心位于约 540 nm 的宽带黄绿光。通过蓝光芯片与黄光荧光粉结合得到的白光缺乏红光发射，显色指数偏低，可通过掺杂其他稀土离子以改善红光发射。此外，原硅酸盐体系、氮氧化物体系、氮化物体系、正硅酸盐体系等蓝光激发的黄光荧光粉也逐渐得到开发和应用，如 Sr_3SiO_5:Eu^{2+}在蓝光激发下发射 570 nm 黄光，与 InGaN 蓝光芯片结合制成 WLED，其光效为 20～32 lm · W^{-1}，色坐标(0.37, 0.32)，显色指数 64。

2）绿光荧光粉

近紫外光激发的绿光荧光粉中，主要体系为 M_2SiO_4:Eu^{2+}（M 为碱土金属），该体系绿光发射是基于 Eu^{2+}的 $4f^65d \rightarrow 4f^7$ 跃迁，随着 Eu^{2+}掺杂浓度变化，体系荧光粉的发射波长在 500～525 nm 变化。Ca_2SiO_4:Eu^{2+}和 Ba_2SiO_4:Eu^{2+}体系中，随着温度升高，荧光粉荧光强度下降，发射波长蓝移；而 Sr_2SiO_4:Eu^{2+}体系中，随着温度升高，荧光粉荧光强度下降，发射波长出现红移。此外，氯硅酸盐体系、氮硅酸盐体系、硫化物体系、$SrAl_2O_4$:Eu^{2+}体系在近紫外光激发下也能观察到绿光发射，但发射波长大部分都在 520 nm 偏黄绿光的区域。

3）红光荧光粉

红光荧光粉可分为稀土离子激发的线状发射红光荧光粉、稀土离子激发的宽带发射红光荧光粉及过渡金属离子激发的红光荧光粉。

（1）稀土离子激发的线状发射红光荧光粉：近年来，具有良好热稳定性和化学稳定性的钨/钼酸盐红光荧光粉得到广泛关注，研究最多的钨/钼酸盐基质为 $ALn(MO_4)_2$（A=Li, Na, K；Ln=Y, La, Gd；M=Mo, W）和 $CaMoO_4$，$ALn(MO_4)_2$:Eu^{3+}型荧光粉在近紫外区与蓝光区存在激发峰，适合于 LED 灯中的蓝光激发或近紫外激发，其发射光谱位于红光区，是一种发光性能良好的红光荧光粉。

（2）稀土离子激发的宽带发射红光荧光粉：碱土金属硫化物体系是一类用途广泛的发光基质材料，目前使用的主要为$(Ca_{1-x}Sr_x)S$:Eu^{2+}，该荧光粉在蓝光激发下可发射红光，但其稳定性差，对水敏感易分解。氮化物是一种优异的基质材料，在 $M_2Si_5N_8$:Eu^{2+}氮化物荧光体系中，当 Eu^{2+}取代碱土阳离子位置时，其 d 轨道在强晶体场的作用下分裂，产生较大红移，实现高效宽谱带红光发射。研究发现掺杂 2%（质量分数）Eu^{2+}的 $Sr_2Si_5N_8$ 荧光粉在 300～600 nm 存在宽带激发光谱，发出 619 nm 的红光，成为极具潜力的荧光粉，但其合成条件苛刻、工艺复杂。石榴石结构的 $Lu_2CaMg_2(Si, Ge)_3O_{12}$:$Ce^{3+}$红色荧光粉激发光谱为 400～550 nm，其发射峰位于 605 nm 附近，半峰宽约 150 nm，是性能优良的红光荧光粉。

（3）过渡金属离子激发的红光荧光粉：Mn^{4+}激发的荧光粉 $CaAl_{12}O_{19}:Mn^{4+}$具有 250～550 nm 的宽带激发光谱，在 398 nm 光激发下发出 656 nm 的发射光；通过加入 CaF_2 助溶剂可加速高温过程中 $CaAl_{12}O_{19}:Mn^{4+}$晶体的形成，以及添加 MgF_2 实现电荷补偿，使得该荧光粉的发光强度得以增强。Mn^{2+}常与 Ce^{3+}或 Eu^{2+}共激活荧光粉，通过由 Ce^{3+}或 Eu^{2+}到 Mn^{2+}的能量转移，增强荧光体的发光强度。近年来，对 Mn^{2+}激发的硅酸盐荧光体系研究较多，$M_2Si_5N_8:Mn^{2+}$（M=Ca, Sr, Ba）荧光粉激发光谱位于 370～420 nm 区域，发射光谱位于 500～700 nm 区域。

8.3.2　化合物半导体材料

GaN 在高亮度蓝、绿、紫和白光二极管方面具有广泛应用，基于氮化物的 LED 为全彩色 LED 显示和高效率的白光光源提供了新机遇，将取代白炽灯光源。GaN 单晶材料是用于生长 GaN 外延层最理想的衬底，以 GaN 为衬底生长 GaN 外延层，可以提高外延膜晶体质量，降低位错密度，提高 LED 发光效率、电流密度和寿命。目前 GaN 衬底主要是通过有机金属化学气相沉积（MOCVD）法和氧化物气相外延（HVPE）法进行生长，先用 MOCVD 法生长 0.1～1 μm 的结晶层，再用 HVPE 法生长约 300 μm 的 GaN 衬底层，最后将原衬底剥离、抛光。

GaAs 是目前 LED 中使用比较广泛的衬底材料，它可用来生长 GaAs、GaP、AlGaAs 和 AlInGaP 等发光材料的外延层，与外延层晶格常数比较匹配，可以生长高质量少缺陷单晶，但 GaAs 为吸光材料，影响 LED 的发光效率。

Ⅲ-Ⅴ族化合物半导体材料研究已经取得了重要进展，但仍然面临成本、生长技术、材料匹配、稳定性等方面的挑战。由于材料制备过程中需要使用昂贵的原料和复杂的生长技术，限制了其大规模工业化应用，且仍存在晶体缺陷与杂质控制、生长速度限制等技术挑战。

8.3.3　有机发光材料

1. 聚合物荧光材料

当有机荧光分子被电致激发后，将产生 25%的高能量单线态激子和 75%的较低能量三线态激子。在荧光发光材料中，只有单线态激子具有纳秒级的激子寿命进行辐射跃迁发出荧光，这导致荧光发光材料的内量子效率的理论极限值仅为 25%。

聚合物荧光材料按结构可大致划分为三类：一是具有刚性结构的芳香稠环化合物，具有较大的共轭体系、平面及刚性结构，是一类重要的有机荧光分子。二是具有共轭结构的分子内电荷转移化合物；三是某些金属有机配合物。其中第二类是目前研究得最为广泛和活跃的一类，具有较好的辐射衰变能力，当该类材料的吸收光被激发而处于激发态时分子内原有的电荷密度分布发生了变化，发生了分子内光诱导电荷转移而引起分子激化，使其电荷密度分布主要集中于分子的两端，从而不容易发生光异构化反应。

具有共轭结构的分子内电荷转移化合物是目前研究最为广泛的一类发光化合物，其辐射衰变能力好，主要包括芪类化合物、香豆素衍生物、吡唑啉衍生物、罗丹明类衍生物等。芪类化合物具有共轭结构，是用于荧光增白剂中数量最多的荧光材料，在光照时发生的是分子整体的激发，进而引起分子内的电荷转移，发出荧光或通过双键变化形成另一物质。香豆素衍生物荧光材料在品种和数量上仅次于芪类化合物，是由肉桂酸内酯化而成的。通过对香豆素母体进行化学修饰，可实现可见光区域内连续的波长变化。常用的香豆素类激光染料如 C540、C7 等一般在母体的 3 位和 7 位有苯并唑基和氨基等不同的取代基，与香豆素的内酯环形成“推-拉”电子体系，荧光一般为蓝绿到黄绿色。吡唑啉衍生物由苯腙类化合物通过环化而得，环化导致苯腙内双键受阻从而使这类化合物表现出强的荧光发射，这类化合物由于在溶液中可以吸收 300～400 nm 的紫外光，发出很强的蓝色荧光，从而被广泛用于荧光增白剂。

2. 磷光材料

1）磷光发射原理

有机分子吸收光能被激发后，其电子组态将由 S_0 态转变为激发态，分子处在激发态不稳定，必须释放能量返回 S_0 态。若将多余能量转化成分子振动能，以热能形式散失，则为非辐射衰减；若激发态衰减至基态时以光子形式释放能量，则为荧光或磷光发射，荧光和磷光都是终点为 S_0 态的辐射跃迁过程，但荧光发射是从激发单重态出发，而磷光发射是从激发三重态出发，如图 8.3 所示。处于 S_1 态的分子通过辐射跃迁回到基态发出的光为荧光，如果处于 S_1 态的分子通过非辐射跃迁到达自旋不同的 T_1 态，再由 T_1 态跃迁回到 S_0 态，发出的光为磷光。荧光和磷光是两个相互竞争的光发射过程，由于常温下溶液中振动弛豫十分迅速，大多数分子能直接到达 S_1 态，因此更容易观察到荧光。只有在固体或低温条件下，振动弛豫被限制，才能观察到磷光。由于磷光具有激发态寿命比较长的特点，因此三重态碰撞去活过程与辐射过程之间的竞争非常强烈。

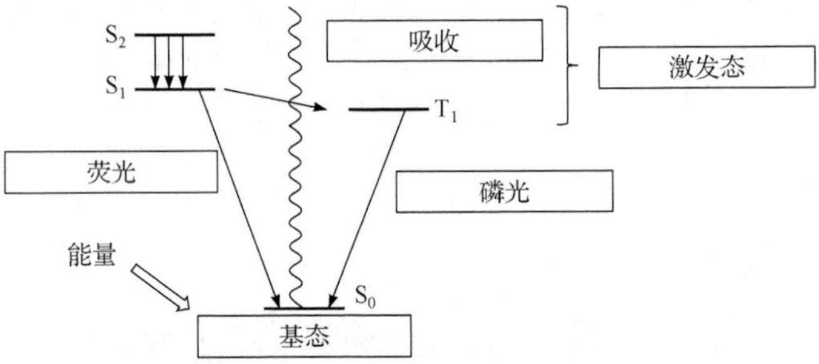

图 8.3　荧光与磷光的产生原理

2）磷光材料分类

磷光材料主要包括有机小分子磷光材料、有机聚合物磷光材料。

在过渡金属有机配合物中，由于重金属原子的自旋偶合作用，三重态激子的对称性被破坏，衰减时间变短，具有某些单重态特征；同时单重态衰减时间变长，具有某些三重态性质，金属和配体之间强烈的相互作用使得过渡金属有机配合物中的单重态和三重态得到混杂，存在具有三重态特征的金属与配体电荷转移激发态，而且单重态到三重态系间穿越效率也因这种相互作用而增加，因此过渡金属有机配合物是一种高效率的磷光材料，可以产生较强的三重态发射。过渡金属配合物磷光材料多为 d^6 和 d^8 族金属离子的磷光材料，如 Pt(Ⅱ)、Os(Ⅱ)、Ir(Ⅲ)、Nd(Ⅲ)、Er(Ⅲ)等。其中，铱配合物具有相对较短的三重态寿命和较高的发光效率，是最有应用前途的磷光材料，也是被研究得最多、最详细的材料。

配体对过渡金属有机配合物的稳定性及光谱性能起决定性作用，通过配体修饰可以得到性能、发光颜色不同的磷光材料。三（2-苯基吡啶）合铱[$Ir(ppy)_3$]广泛用于发光，在其基础上进行改性开发了许多铱配位磷光材料，如将正丁基引入 $Ir(ppy)_3$ 配体制备出 Ir[bu-$(ppy)_3$]。含有环金属配体和单阴离子二齿辅助配体的金属 Ir 双环有机配合物具有较短的磷光寿命，降低了三重态猝灭程度和激发态饱和的效应，提高了器件的亮度，其发光颜色覆盖了整个可见波段，可用于全彩显示。

有机聚合物磷光材料是将电致磷光金属配合物镶嵌或接枝在共轭聚合物中，既具有小分子金属离子配合物良好的场致发光特性，又具备高聚物优异的易挠曲、易加工成型性能。对于有机聚合物磷光材料，金属配合物与聚合物通过共价键相连可以抑制相分离，聚合物共轭主链能量能够有效地转移到金属诱导的能级上，具备了聚合物发光材料所特有的柔性。聚合物磷光发光材料的结构使得磷光体之间的相互作用减弱，聚合物基体中的稳定性增加，并使得磷光聚合物量子效率和迁移率提高，磷光材料存在的浓度猝灭、三重态激子过饱和等问题都得到改善。

3. 热活化延迟荧光材料

当单重态和三重态能级差（ΔE_{ST}）较低时（<0.4 eV），可以借助热能使三重态激子通过反向系间穿越（reverse intersystem crossing，RISC）回到单重态，这种发射的荧光材料为热激活延迟荧光材料。

1）热激活延迟荧光材料发光机制

电致发光过程中，单重态激子占比 25%，三重态激子占比 75%。热激活延迟荧光发光过程包括两个部分：一是通过单重态激子以辐射跃迁方式回到基态产生瞬时荧光（prompt fluorescence，PF），寿命一般为 ns 级，这与传统荧光相似；另一部分是三重态激子通过反向系间穿越回到单重态，再通过单重态辐射跃迁回到基态，此时产生的是延迟荧光（delayed fluorescence，DF），其寿命一般为 μs 级。在延迟荧光部分中，根据三重态激子转换到单重态的方式不同，又可以分为 E 型发光和 P 型发光，E 型发光即上述延迟发光的原理，P 型发光是指在三重态上的激子两个通过三重态-三重态湮灭碰撞结合到一起，然后再反向系间穿越上转换到单重态，最后通过单重态辐射跃迁到基态产生延迟荧光，发光原理如图 8.4 所示（其中 NR 表示非辐射衰变）。

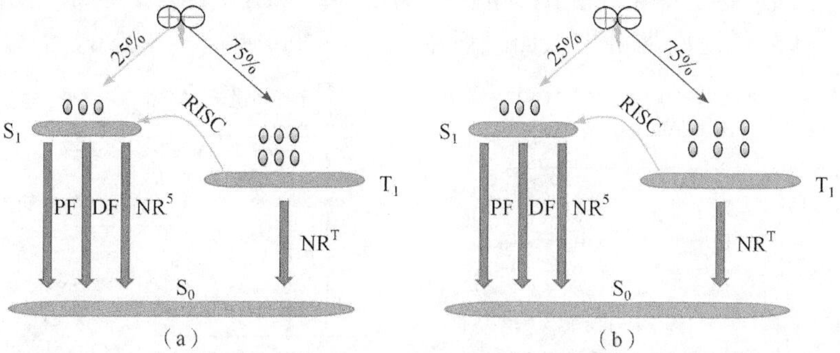

图 8.4　热激活延迟荧光发光机制：（a）E 型发光；（b）P 型发光

2）热激活延迟荧光材料

有机热激活延迟荧光材料包括纯有机 D-A 分子体系及具有两个给体和受体材料的有机激基复合物系统。几乎所有的纯有机热激活延迟荧光分子都含有 D-A 型结构，具有较大的空间位阻或在给体和受体单元之间存在扭曲结构。给体部分主要是给电子能力较强的基团，受体部分主要是吸电子能力较强的基团。目前通过改变受体来实现热激活延迟荧光性能优化，常见的受体片段有三嗪、硫砜基、氰基、嘧啶等。

热激活延迟荧光材料的给体片段要求分子具有较强的供电子能力，同时要保证三重态能量较高从而减小 ΔE_{ST}。目前常用的给体基团有苯胺类、咔唑类、吖啶类、吩噁嗪类。咔唑以低聚物、树枝状大分子和聚合物的形式作为主体材料和发射体的来源，咔唑上的氮原子易于功能化，在不改变主链的情况下可进行修饰。苯胺类具有丰富的电子结构和相对较低的电子带隙，空间位阻较小，可以保证 HOMO 与 LUMO 能级一定的重叠，从而保证化合物的高荧光量子产率，是热激活延迟荧光材料设计时常考虑的给体片段。吖啶具有更强的供电子能力及较大的空间位阻，当与受体基团相连时可以获得较大的二面角，轻易达到 D 片段与 A 片段之间的扭曲构象，使得 HOMO 与 LUMO 电子云发生很好的分离，一直是备受青睐的给体基团。吩噁嗪类基团具有较大的空间位阻，可以使分子的 HOMO 和 LUMO 实现较好的分离，是设计热激活延迟荧光材料的优先选择。

受体片段大致可分为砜类、氰基类硫、三嗪类及二苯酮类。硫砜类基团具有很强的吸电子能力，这使得分子的 LUMO 能级可控，作为受体单元备受青睐。氰基具有较强的吸电子能力，适合用于构建小 ΔE_{ST} 的热激活延迟荧光材料，其发光颜色可从蓝光到红光。三嗪含有三个 N 原子，是一类吸电子能力很强的受体基团，且三个 N 原子活性位点使分子的设计具有很大的灵活性。

8.3.4 量子点发光材料

1. 量子点发光机理

当半导体材料的尺寸与其相应宏观体相材料的激子玻尔半径相接近时，随着量子点尺寸变小，半导体量子点内部载流子运动将会受到极大限制，原来连续的能带结构变成准分立的类分子能级。半导体量子点的发光机理如图 8.5 所示，当一束光照射到量子点时，量子点吸收了光子，其价带上的电子会吸收能量并跃迁到导带上；相反，导带上的高能量状态的电子同样还可以再跃迁回到价带上而发射出光子。通过调控量子点的尺寸可以实现不同

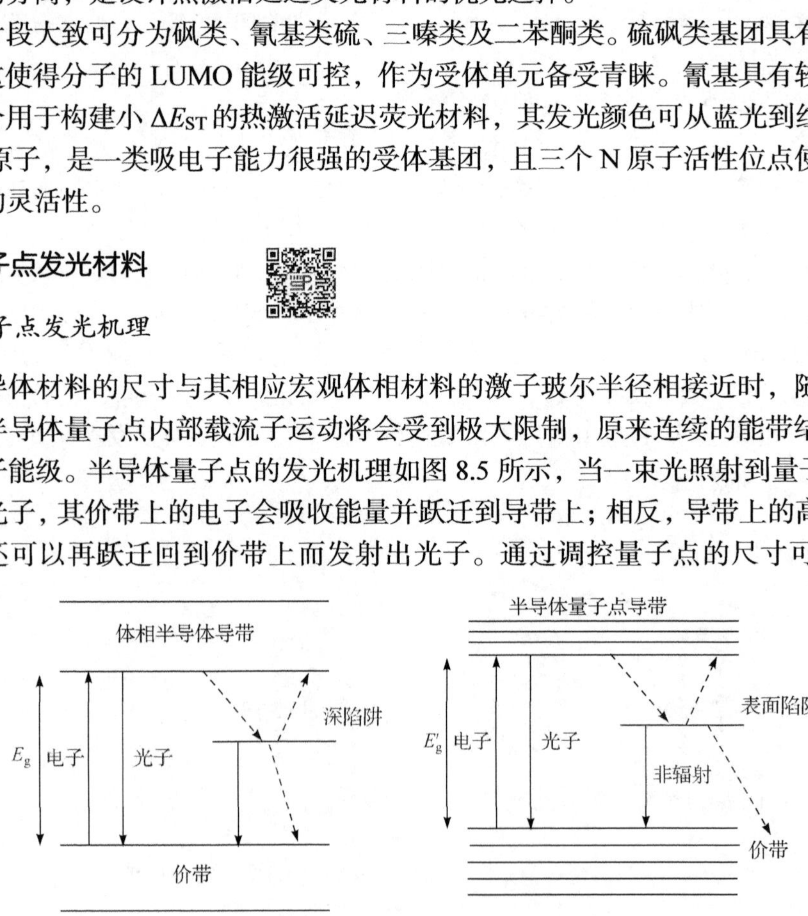

图 8.5　半导体量子点发光机理

光色的发射，如显示所需要的红、绿、蓝三基色。随着量子点尺寸减小，比表面积不断增大，表面会出现大量不饱和的悬挂键，形成空穴和电子缺陷态，影响量子点的发光性质。如果量子点本身具有多电子陷阱或表面缺陷，这些激发态的电子很容易落入半导体量子点的电子陷阱或缺陷中。当激发态的电子在从导带跃迁到价带过程中落入较深的电子陷阱和量子点表面缺陷态中，大部分电子会以非辐射方式猝灭，且不再发射光子，影响量子点发光效率等特性。

半导体量子点受到光照激发后会产生电子-空穴对，光生电子和空穴复合的途径主要有以下三种，且相互竞争。

（1）光生电子和光生空穴直接在量子点体内复合并伴随着光子的辐射，即激子发光。根据量子尺寸效应原理，通过控制半导体量子点尺寸，可控制量子点的发光波长。

（2）半导体量子点通过表面缺陷间接复合并发光。半导体量子点表面存在大量悬挂键，导致了表面缺陷态的产生。量子点受到光照并产生光生载流子，光生载流子会以很快的速度被表面缺陷俘获并受限于此，然后复合发光。

（3）半导体量子点通过杂质能级复合发光。半导体量子点中掺入杂质时，在禁带中产生附加的杂质能级，杂质能级上的电子很容易激发到导带成为电子载流子。

2. 量子点发光材料

量子点具有显著的量子限域效应，能带为分立能级结构，通过调节量子点尺寸可实现从紫外到近红外的发光。量子点材料具有发光半峰宽窄、光谱可调、光电转换效率高等优势，是下一代极具潜力的显示材料。常见量子点包括Ⅱ-Ⅵ族（CdS、CdSe和CdTe等）、Ⅲ-Ⅴ族（InP、InAs等）、Ⅳ族（C、Si、Ge等）、Ⅳ-Ⅵ族（PbS和PbSe等）、Ⅰ-Ⅲ-$Ⅵ_2$族（$CuInS_2$等）和$Ⅰ_2$-Ⅱ-Ⅳ-$Ⅵ_4$族（Cu_2ZnSnS_4等）量子点、钙钛矿量子点（perovskite quantum dots，PQD）。量子点材料一般由核壳结构组成，表面附有配体。根据量子点结构中核壳材料的带隙及相对能级位置，核壳结构的量子点材料可分为三种类型，分别为Type Ⅰ型、Type Ⅱ型和反 Type Ⅰ型。当量子点核壳结构中的壳半导体材料具有比核半导体材料更宽的带隙时，称为 Type Ⅰ型量子点，此种量子点能级结构中，激子会被束缚在发光的核半导体材料上，使得量子点的发光效率提高；反 Type Ⅰ型量子点的核壳结构则与 Type Ⅰ型相反，核层材料具有比壳层材料更宽的带隙，电子和空穴的波函数被离域在壳上，通过控制壳厚度调控发光波长；而 Type Ⅱ型量子点的壳层材料的导带底或价带顶位于核层材料的带隙之间，被激发后，电子和空穴分布在核壳不同的区域。

1）Ⅱ-Ⅵ族量子点

Ⅱ-Ⅵ族量子点是由第二副族和第六主族元素组成的量子点，具有特殊而优良的可见光区荧光发射性质，激发谱连续分布，荧光谱峰位可通过改变量子点尺寸而调控，如 CdS、CdSe、CdTe 等发射光谱跨越可见光谱区，可在一个波长同时激发不同量子点得到宽范围的可见发射光谱。其中 CdSe 量子点研究较为成熟，通过宽禁带壳（如 CdS、ZnS 和 ZnSe）包裹 CdSe 核可以有效地钝化由悬挂键引起的表面缺陷，从而显著提高荧光量子产率（PLQY）和稳定性。目前，基于 CdSe 核壳结构量子点具有几乎 100%的 PLQY、窄发射线宽和良好稳定性，是可见光波段发光二极管的首选材料。然而由于镉毒性，阻碍了镉基量子点进一步实际应用，低镉化和无镉化量子点将成为未来量子点显示终端产品选择。

2）Ⅲ-Ⅴ族量子点

InP是典型的Ⅲ-Ⅴ族化合物半导体材料，属于闪锌矿结构，室温下禁带宽度为1.35 eV，激子玻尔半径为14 nm，较大的玻尔半径使其显示出更强的量子限域效应。InP量子点具有发射光谱窄、可调发光波长范围较宽、稳定性高、低毒性等特性，是Cd基量子点的可行替代品，有利于发展绿色环保型显示技术。InP量子点由表面缺陷和陷阱导致非辐射复合，表现出较差的光学特性，需通过生长ZnSe、ZnS壳来钝化量子点表面悬挂键从而改善其光致发光效率。然而InP材料的本征带隙较窄，其发光波长很难达到蓝光范围，除非将其粒径限制在1～2 nm。精准控制InP量子点的粒径大小对热注入合成法来说仍是一项挑战，此外，低毒性磷前驱体的种类较少、InP材料不稳定极易被氧化等原因也限制了InP作为高性能蓝光量子点材料的应用。

3）Ⅰ-Ⅲ-Ⅵ$_2$族量子点

Ⅰ-Ⅲ-Ⅵ$_2$族半导体，是一类由Ⅰ族（如Cu、Ag等）、Ⅲ族（如Ga、In等）、Ⅵ族（如S、Se、Te等）元素组成的材料，因其发射谱调节范围宽、Stokes位移大、荧光寿命长、毒性低等优势得到了广泛关注。其中，$CuInS_2$、$CuInSe_2$带隙分别为1.5 eV和1.04 eV，与太阳光谱匹配，并且其吸光系数较大，在10^5 cm^{-1}左右。与二元半导体量子点相比，Ⅰ-Ⅲ-Ⅵ$_2$族三元半导体量子点的光学性质不仅可以通过晶粒尺寸调控，还可以通过调节阳离子比例进行调控，荧光发射范围能够从可见光区覆盖至近红外区。Ⅰ-Ⅲ-Ⅵ$_2$族半导体材料的合成涉及两种或两种以上的金属元素，由于金属元素的反应活性差异，所制备的半导体量子点组分往往会偏离化学计量比，其带隙和发光波长还可以通过改变阳离子前驱体比例调节。例如，通过调整In和Ag前驱体比例，$AgInS_2$量子点发射波长可从603 nm调节至868 nm。为提高Ⅰ-Ⅲ-Ⅵ$_2$族量子点的量子产率，通过表面包覆的方法提高量子点的荧光性能与稳定性。在Ⅰ-Ⅲ-Ⅵ$_2$族量子点表面生长一层保护层，形成核壳结构量子点，可有效钝化量子点表面，消除表面部分悬挂键，进而降低量子点表面缺陷和相关光生载体的非辐射复合，从而提高量子点的荧光量子产率。

4）钙钛矿量子点

铅卤钙钛矿量子点作为一种新型的半导体发光材料，因具有高荧光量子产率、连续可调的发射光谱、极高颜色纯度、高载流子迁移率等特性而备受关注，是下一代量子点显示的有力竞争者。2015年Kovalenko等首次制备出全无机卤素钙钛矿量子点（$CsPbX_3$，X=Cl、Br和I），由于其高量子产率、发光随成分任意可调、较高的载流子迁移率及色域广等优点，迅速成为该领域的研究热点。目前，卤素钙钛矿量子点可通过高温热注入法、室温合成法、模板法、超声法等方法制备，作为发光层制备的红、绿、蓝LED器件也相继报道，并在短短十年间得到快速发展。

（1）卤素钙钛矿结构：铅卤钙钛矿结构通式为ABX_3，是典型的离子晶体，A为一价金属阳离子Cs^+、有机小分子阳离子甲胺（MA^+、$CH_3NH_3^+$）和甲脒[FA^+、$CH(NH_2)_2^+$]等，B为二价金属阳离子（如Pb^{2+}、Sn^{2+}等），X为一种或多种卤素阴离子（Cl^-、Br^-、I^-）。通常ABX_3钙钛矿具有立方相、四方相和正交相三种晶相，这三种晶相与环境温度和系统能量相关，并随着外界环境改变而发生相变。理想的钙钛矿属于立方相，如图8.6所示，由1个Pb^{2+}和6个X^-形成$[PbX_6]^{4-}$八面体，在三维空间共角顶连接组成网络状框架，A位阳离子填充于该八面体的间隙，其配位数为12，可看作A^+与X^-形成立方密堆结构，Pb^{2+}位于八面体的中心。

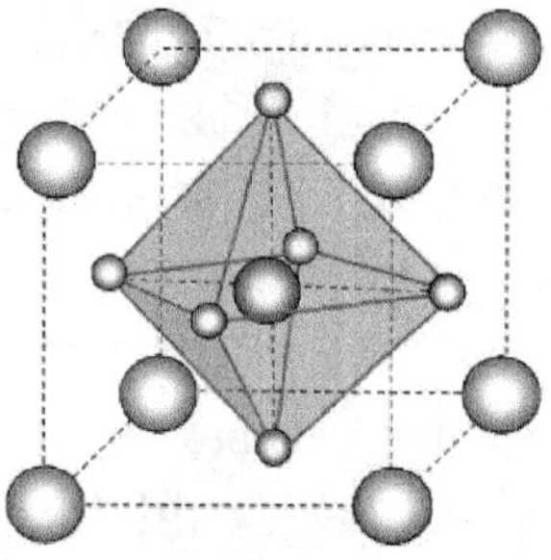

图 8.6　铅卤钙钛矿晶体结构

钙钛矿材料结构柔韧，稳定钙钛矿晶体结构的可成型性可以根据容忍因子 t 和八面体容忍因子 μ 进行评估，如式（8.12）和式（8.13）所示：

$$t=\frac{r_A+r_X}{\sqrt{2}(r_B+r_X)} \tag{8.12}$$

$$\mu=\frac{r_B}{r_X} \tag{8.13}$$

式中，r_A、r_B 和 r_X 分别为 A 位、B 位和 X 位的原子半径。大部分稳定卤素钙钛矿的容忍因子介于 0.88～1.11，八面体容忍因子介于 0.41～0.89，可以形成具有立方晶相的钙钛矿，否则将形成更低对称性的正交相或四方相钙钛矿。对于卤素钙钛矿来说，A 位置阳离子通常取决于光学性质和稳定性密切相关的结构和维度特性，不同半径的卤素 X 位阴离子造成的结构畸变显著影响钙钛矿的带隙和结构。Pb—X 键键长以及 PbX_6 八面体单元的间距已经被证明可以影响钙钛矿的发光性质。

（2）卤素钙钛矿光学性能：卤素钙钛矿量子点的价带顶与卤素 5p 轨道和铅 6s 轨道有关，导带底与铅 6p 轨道有关，通过改变卤素原子种类和比例，可以实现其光学带隙在整个可见光范围调节，从而得到不同发光颜色的钙钛矿材料，这种光致发光光谱的可调谐性也是实现钙钛矿量子点多色发光显示和照明的基础。以 $CsPbX_3$ 为例，图 8.7 为具有不同卤素组分的钙钛矿纳米晶的带隙光致发光（PL）光谱的变化，以 $CsPbBr_3$ 为主体的钙钛矿带隙为 2.39 eV，

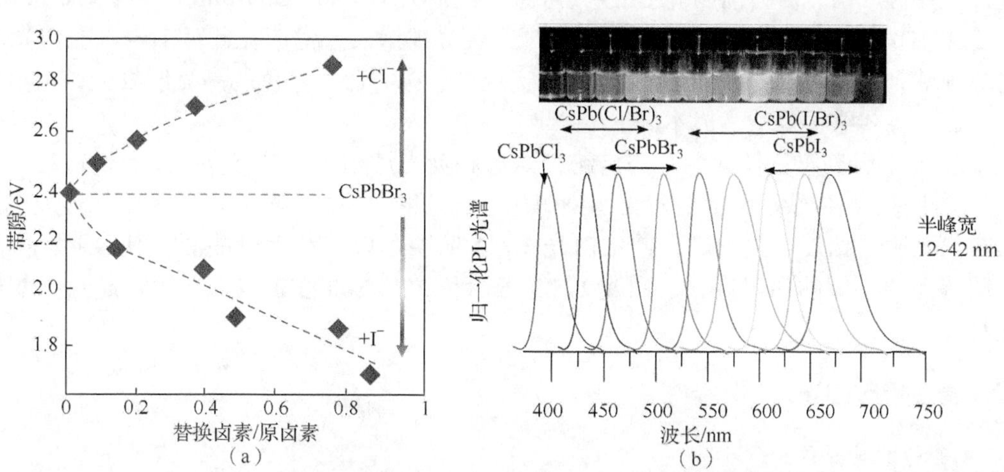

图 8.7　卤素调节下钙钛矿纳米晶的带隙、PL 光谱及荧光照片

当 Br 逐渐被 Cl 取代时，其带隙会逐渐变宽至 2.94 eV，而 Br 替换成 I 时，带隙会变窄至 1.72 eV，相应的 $CsPbBr_3$ 表现出明亮的绿色荧光，当 Br 被 Cl 取代时，光谱向蓝移，反之，当 Br 被 I 取代时，光谱红移，通过调节卤素的配比，可以获得整个可见光范围的 PL 光谱。此外，由于量子尺寸效应，通过反应温度、有机配体类型和比例等调节，可以改变钙钛矿量子点尺寸和形状，从而影响其发光颜色和发光性能。卤素钙钛矿量子点还具有很高的光致发光量子效率（接近 100%）和窄的 PL 半高宽（< 20 nm），并且具备很广的色坐标显色范围，可达 140%的 NTSC 标准，使其在节能照明与显示应用中具有很大优势。

（3）卤素钙钛矿量子点稳定性提升：在实际应用中，光照、温度、湿度、氧气等环境会导致钙钛矿不稳定。因此，在钙钛矿材料制备和应用中，需要采取表面钝化、无机包裹等措施来提高其稳定性。通过在钙钛矿表面引入稳定性较高的有机酸、有机胺等配体，在钙钛矿表面形成紧密的配位作用，可有效减少表面缺陷，对钙钛矿量子点进行表面钝化，有效地保护钙钛矿材料表面，提高其稳定性。此外，通过聚合物、无机氧化物封装或者有机-无机杂化封装可提高稳定性，如包裹二氧化硅、氧化钛、氧化铝、氧化锌和氧化锆等氧化物，可有效地阻断氧气或水分渗透，作为钝化层保护钙钛矿量子点免受氧化、腐蚀或其他化学攻击。例如，通过使用 Pb—S 键合，可将多个钙钛矿量子点包封在二氧化硅纳米球中，不仅容易分散在水中，还可以保持稳定的荧光发射。

8.4 节能照明技术

8.4.1 白光获取技术概述

白光 LED 照明一般采用半导体芯片复合荧光粉的技术方案，即紫外光 LED 芯片复合三基色（蓝色、红色和绿色）荧光粉、蓝色 LED 芯片复合绿色和红色荧光粉、蓝色 LED 芯片复合黄色荧光粉。荧光粉结合 LED 能够实现白光发射，但荧光粉需满足一定条件：一是荧光粉的激发光谱必须与 LED 芯片的发射光谱相匹配，才能使荧光材料被高效激发，获得高量子效率和光转换效率；二是荧光粉在 LED 芯片激发下发射的光谱能与芯片发射的光产生复合，并形成白光。目前白光 LED 一般采用的芯片有 350～365 nm、390～410 nm 近紫外芯片和 450～470 nm 蓝光芯片，与之匹配的荧光粉激发光谱应在此范围内。在白光 LED 背光源领域，虽然单色 LED 芯片已经能够实现红、绿、蓝三基色的高亮度发光，但这种背光源和显示方式结构复杂、成本高。

LED 是一种新型固体光源，与传统白炽灯和荧光灯相比，具有高亮度、低能耗、寿命长、方向性好、响应快、无辐射和无污染等优点，是继白炽灯、荧光灯和高压气体放电灯后的第四代光源。相较于白炽灯，使用白光 LED 照明可以节约大量能源，其照明耗电量远低于同等照明亮度的白炽灯，且白光 LED 寿命长，在 10000 h 以上，远远超过白炽灯和荧光灯。

8.4.2 直接电致白光

1. 单发光层器件

对于多发光层的白光器件，其载流子复合区域随电压发生变化，从而导致发光色坐标随电压变化大。采用单一发光层结构实现白光，能消除载流子复合区域随电压变化的影响，从而得到色坐标稳定的白光。采用单一发光材料获得的白光具有器件结构简单、白光重现性好等特点，但这类发光材料必须具有较宽的发光光谱范围，即能覆盖全部可见光范围。

陈嘉伟通过原位制备同质异相发光层 α/δ-$CsPbI_3$，结合异相膜中 α-$CsPbI_3$ 优越的电荷输运和 δ-$CsPbI_3$ 中自陷态激子的宽光谱发射，实现了基于单层半导体发光层的高效白光 LED。电荷注入和输运主要由 α-$CsPbI_3$ 主导，然后转移到 δ-$CsPbI_3$，从而实现载流子在 δ-$CsPbI_3$ 中的高效复合，进而实现了电致白光。推动了 α-$CsPbI_3$ 和 δ-$CsPbI_3$ 之间光电协同效应的应用，α/δ-$CsPbI_3$ 异相界面的协同效应实现了两相的电荷注入平衡，使白光 LED 外量子效率达 6.5%，最大亮度为 12200 $cd \cdot m^{-2}$，这为白光 LED 材料与器件设计提供了全新思路。

白光 OLED（WOLED）器件发光的色坐标要等于或接近(0.33, 0.33)，根据色度学原理，一定量的 R、G、B 三基色能配出白光。因此，将红光、绿光、蓝光染料作为掺杂剂掺杂到宽禁带的基质材料中，各种染料发光加和可得到白光。基质本身不发光，但可使染料稀释并起到传递激发能量的作用。在聚乙烯咔唑（PVK）中掺入 DCM1 红光染料、香豆素 6 绿光染料和 1,1,4,4-四苯基-1,3-丁二烯（TPB）蓝光染料，以 TAZ 为电子传输材料，可获得亮度为 3400 $cd \cdot m^{-2}$、最高效率为 0.83 $lm \cdot W^{-1}$ 的白光器件。

2. 双发光层器件

双发光层器件是白光器件中比较常见的结构形式，一般是一层蓝光，一层其他颜色的光。Huang 等采用 DPVBi 作为蓝光材料，掺杂 0.025%的 DCM2 来获得红光，以 Alq_3 掺杂 0.1%的 coumarin6 来获得绿光，在 9 V 下得到白光器件最大亮度为 8800 $cd \cdot m^{-2}$，最大流明效率为 5 $lm \cdot W^{-1}$，且在 100～1000 $cd \cdot m^{-2}$ 的亮度范围内，色坐标稳定在(0.30, 0.36)。

单美玲等将橙色磷光染料和蓝色磷光染料分别掺入空穴传输材料 mCP 和电子传输材料 TmPyPB 中，制备了发光颜色稳定的暖白光器件，最大电流效率为 17.8 $cd \cdot A^{-1}$，当发光亮度为 1000 $cd \cdot m^{-2}$ 时，电流效率为 16.8 $cd \cdot A^{-1}$，平衡的载流子注入使激子分布在发光层中较宽的区域，减缓了激子-激子、激子-极化子猝灭程度，电流效率仅滚降了 5.6%。当发光亮度从 22.4 $cd \cdot m^{-2}$ 增至 7293 $cd \cdot m^{-2}$，器件对应的发光色坐标从(0.406, 0.464)变化至(0.405, 0.458)，色温稳定在 4000 K 附近，实现了在较宽工作电压范围内颜色稳定的白光发射，这为制备低效率滚降、发光颜色稳定的高性能白光器件提供了一种有效途径。

8.4.3　被动白色发光

虽然单片蓝光 LED 与 YGA 荧光粉组合成白光 LED 存在一些问题，但其制作简单。采用不同的荧光粉材料及不同的荧光粉构造形式可克服单片有荧光粉的白光 LED 的不足。例如，在蓝光 LED 芯片上除添加 YAG 黄色荧光粉外，再加入部分红色荧光粉，可改善目前白光 LED 色彩不佳的问题。

为实现长寿命、高效率及控制简单，可采用多芯片和荧光粉的组合来实现白光 LED。通过在矩形绝缘板上制备蓝光 LED 和红光 LED，采用树脂封装件对其进行封装，并将 YAG 荧光粉分散在该树脂封装件中，在位于红光 LED 元件上方的树脂封装件表面形成用于遮光的遮光涂层，从而避免红光被识别为点状的状态，可获得接近自然光的白光 LED。通过在光反射盖的凹槽中形成有蓝光二极管和红光二极管，采用荧光层仅包覆蓝光二极管，而后用一层透明树脂胶填充于凹槽中，蓝光二极管发出蓝光用以激发荧光层，使得荧光层中氮化物系荧光粉被激发出波长介于 520～535 nm 的绿光，绿光与红光二极管发出的红光及蓝光相混合可得到白光。

8.4.4 量子点白光 LED 器件

量子点白光 LED（QD-WLED）主要分为两类：一类是量子点电致发光 WLED，另一类是量子点作为下转换发光材料，受到紫外光或蓝光芯片激发后发白光的 LED。

1. 量子点电致发光 WLED

量子点电致白光 LED 可直接将载流子注入发光层中，充分利用量子点溶液可加工性特点，是下一代大面积、宽色域、超薄和柔性显示应用的有力候选者。通常，电致发光 WLED 的结构可分为混合量子点单个发光层 WLED、多个发光层的量子点 QD-WLED、串联结构的量子点 QD-WLED。

1）混合量子点单个发光层 WLED

在开发早期阶段，蓝光量子点性能较差，为获得有效的白光发射，经常使用蓝色有机发光材料代替蓝光量子点。例如，红光和绿光量子点与蓝光有机发射器混合，产生的白光是有机材料和量子点的互补发射组合。Paik 等将发射蓝光的聚合物与红绿光的 CdSe 量子点混合，作为 WLED 发光层，在 CIE 坐标为(0.33, 0.33)附近获得白光。但由于有机材料快速降解，容易造成 WLED 老化。近年来，Kumar 等分别采用无镉的红光 InZnP/ZnSe/ZnS 量子点、黄光和绿光的 InZnP/ZnSeS 量子点与蓝光、青光和紫光的 CdZnS/ZnS 量子点混合，在单个发光层中实现了白光 LED，其显色指数高达 96～98。然而，量子点间的 Förster 共振能量转移会造成能量损失，且混合量子点单一发光层的 WLED 颜色稳定性较低，为此可采用多个发光层或串联结构在空间上分隔量子点来提升。

2）多个发光层的量子点 WLED

通过逐层沉积量子点，多层量子点 WLED 可减少不同颜色量子点的直接接触。由于三色量子点溶剂不正交，当使用传统旋涂方法时，上层量子点的溶剂会破坏下面的量子点层。因此，使用均匀且高质量的分层全色量子点薄膜是制作高效量子点 WLED 的关键。近年来，陈嘉伟采用黄/蓝量子点双发光层，以 ZnO 纳米颗粒作为缓冲层，并利用 Mg 掺杂 ZnO 促进器件的电荷平衡，将电流效率提高至 24.6 $cd \cdot A^{-1}$。

3）串联结构的量子点 WLED

单层和多发光层的量子点白光 LED 的性能虽得到逐渐提高，但其外量子效率远低于单色器件效率；且随着驱动电压改变，发光颜色变化，这不利于实际应用。对于照明和显示应用，WLED 的工作亮度应为 1000～10000 $cd \cdot m^{-2}$，但在高亮度下，蓝光量子点稳定性较差，相应的白光 LED 器件寿命非常短。串联结构是解决该问题最佳的器件结构之一。陈嘉伟采用全溶液处理的红/绿/蓝 3 个量子点发光单元串联，设计了 ZnMgO/Al/HATCN/MoO_3 结构的新型高效互连层，制备了外量子效率为 23%的 WLED。Cao 等实现了全溶液处理的红/绿/蓝三个量子点发光单元反向串联 WLED，如图 8.8 所示，采用 PVK/PEDOT:PSS/ZnO/PEIE 结构的固溶处理互连层，其中在 PEDOT:PSS/ZnO 的界面处产生了电荷载流子，该器件的外量子效率为 28%。

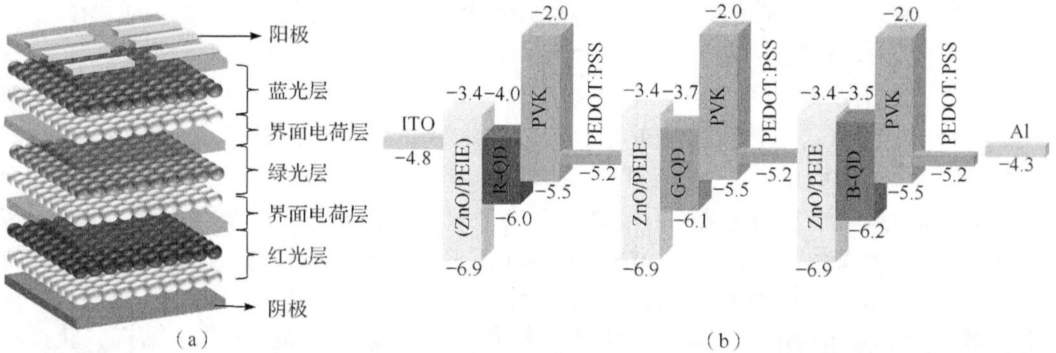

图 8.8　(a) 红绿蓝 QD-WLED 的串联器件结构；(b) 红绿蓝串联结构 QD-WLED 的能级图
PEIE 代表聚乙烯亚胺乙酯

2. 量子点受激后发白光

1）基于荧光粉和量子点组合的 WLED

WLED 常用方法是蓝光 LED 激发绿光、红光荧光粉，但红光荧光粉的发射光谱一般向深红色波长扩展，导致辐射发光效率低，不利于获取高质量的暖白光。Shen 等将 YAG:Gd 荧光粉和 CdSe/ZnS 量子点混合，利用 InGaN 蓝光 LED 激发，得到了 CRI 为 90、CIE 坐标为(0.3283, 0.3156)、发光效率为 80 $lm \cdot W^{-1}$ 的 WLED。Verma 等用蓝光 LED 激发 $BaMgAl_{10}O_{17}:Mn^{2+}$ 绿光荧光粉和 CdSe/ZnS 红光量子点，制备的 WLED 流明效率达 98 $lm \cdot W^{-1}$，且与 NTSC 色彩空间相比，色彩再现性高达 138%。

2）基于全量子点的 WLED

黄绿色荧光粉与红光量子点结合的 WLED 性能虽可满足商业应用标准，但传统荧光粉颗粒尺寸大到微米级，对发射光产生散射、反射和折射而改变其发射，并导致流明效率较低。相比于荧光粉，纳米级尺寸的量子点易分散在环氧树脂或硅树脂中，且易制备出均匀膜，还能降低光的散射、反射和折射效果，更适合应用于 WLED。Kumar 等将 InP/ZnS 红光、绿光量子点注入蓝色 LED 芯片上，得到 CRI 为 80 的 WLED，该 WLED 在平板显示器中具有均匀的白光分布及 84.7%的 NTSC 色彩空间的色彩再现性。Yuan 等通过将铜掺杂的红色和绿色 ZnInS/ZnS 量子点集成在蓝色 LED 上制备出高效 WLED，CRI 高达 96，流明效率为 70～78 $lm \cdot W^{-1}$，CCT 为 3800～5760 K。

8.4.5　主动发光白光节能设计

1. 发射层设计

目前，电力照明功耗已占全球功耗的 15%，因而高效能、低成本的照明技术开发极其重要。而白光 LED 凭借其自身长寿命、高效率优势成为当前照明和显示行业的焦点，其制造方式主要是借助 RGB LED 阵列或者荧光粉涂层的蓝光 LED 实现。

基于单发射层的白光 LED 在照明、显示器、可穿戴设备和其他应用领域具有良好的发展前景，在单发射层白光 LED 中，白光通常来自包含多色发射中心或整个可见光宽谱发光的单发射层的电致发光，该器件结构比目前商业化的 GaN 基 WLED 简单。在器件制造方面，当传统 WLED 需要堆叠两到三个发射层时，单发射层 WLED 可以用单层代替多个发射层，既可简化制造过程，又可降低生产成本，在未来照明和其他应用中具有良好前景。

1）具有单一发射层的 WOLED

具有单一发射层的 WOLED 起源于多色混合策略，在 1993 年，Kido 等就开发了单层白光，通过用 R/G/B 荧光染料掺杂聚（*N*-乙烯基咔唑）（PVK）制备了一个单一发射层。为提高单一发射层的 WOLED 发光性能，在单一发射层中的载流子输运和激子重组管理至关重要，特别是在磷光有机分子器件中。许多具有双极特性的材料同时被用作宿主、电子传递层，甚至是空穴传输层，Xue 等通过将 5Me-[5]CMP 多功能基材料掺杂到 R/G/B 磷光发射器[R:$Ir(piq)_3$；G:$Ir(ppy)_3$；B:fac$Ir(mpim)_3$]，设计并合成了单一发射层的 WOLED 器件，由于采用该多功能基材作为电子传输层、主体材料和空穴传输层，简化了器件结构，获得超过 10%的外量子效率。

2）基于单一发射层的 WQLED

由于量子点具有可调谐光谱特性和胶体溶液特性，可以将多种多色量子点混合在一起形成单层薄膜，基于量子点的单一发射层 WQLED 也逐渐被重视和开发。Anikeeva 等通过混合 R(CdSe/ZnS)/G(ZnSe/CdSe/ZnS)/B(ZnCdS)量子点并旋涂成可发白光电致发光二极管单层薄膜，通过优化薄膜中的 R/G/B 比例（1∶2∶10），构建了在 5.0 V 下外量子效率为 0.36%、亮度约 100 $cd \cdot m^{-2}$、CIE 坐标为(0.35, 0.41)的器件。这些量子点的能级梯度使得载流子注入和激子复合在电致发光二极管中发生。特别是在四色性（蓝色/453 nm+青色/513 nm+黄色/562 nm+红色/624 nm）电致 LED 中，单一发射层的 WQLED 发射出具有 CIE 坐标(0.33, 0.35)和高显色指数为 93 的高亮度自然白光。

3）具有单个发射层的 WPeLED

卤素钙钛矿量子点发光二极管（PeLED）在绿色、红色和近红外波段展示了超过 20%的外量子效率（EQE），基于钙钛矿单发射层的发光二极管也得到了快速发展，但在蓝光 LED 开发中却一直未有所突破，从而阻碍了钙钛矿 WLED 的发展。通过混合蓝色钙钛矿 $CsPbBr_xCl_{3-x}$ 纳米晶和橙色聚合物材料（MEH:PPV），两者在质量比为 9∶1、8 V 下工作时，可以获得具有 CIE 坐标(0.33, 0.34)的蓝光-橙光复合白光。宽带光发射单层被认为是实现单发射层白光 LED 的理想策略，具有自捕获激子特性的钙钛矿材料具有很强的载流子-声子和激子-声子耦合，其中载流子和激子在晶格畸变中“自陷”效应，导致在整个可见光光谱范围都具有良好的宽带发射效应，因此也可以将其直接应用于 WLED 的发光材料中。

将同时具有 α 相和 δ 相的碘化铯铅（α-$CsPbI_3$ 和 δ-$CsPbI_3$）材料作为钙钛矿型 WLED 有效注入和复合载流子的发射层，可以将 α-$CsPbI_3$ 的高电荷传输特性和 δ-$CsPbI_3$ 宽带白色自陷发射特性相结合，从而弥补钙钛矿材料中电荷传输特性较差的问题。器件工作时，α-$CsPbI_3$ 负责电荷的注入和传输，随后由 δ-$CsPbI_3$ 负责改进白色电致发光，并最终在 α-/δ-异相界面处实现两相的电荷注入平衡，从而赋予钙钛矿型 WLED 较高的效率和亮度，其亮度可达 12200 $cd \cdot m^{-2}$，EQE 可达 6.5%。此外，通过调整退火工艺，在 398 K 以下 α-$CsPbI_3$ 会向 δ-$CsPbI_3$ 产生缓慢相变，此时可以根据目标 α/δ 的相位比选择合适的温度以停止相变过程，从而对钙钛矿型 WLED 的色温实现自由调控。这为基于溶液处理的卤化物钙钛矿型 WLED 提供了一种全新的思路和方法，并可通过提高控制 α 相和 δ 相域的大小及连通方式实现 WLED 稳定性和性能改善。

2. 出光设计

目前，白光钙钛矿 LED 的外量子效率仍然偏低。钙钛矿折射率较大，导致其理论的光取出效率低（<20%），而其他光子以表面等离子体激元（surface plasmon polarition，SPP）模式（20%～30%）、光波导模式（20%～30%）、衬底模式（10%～30%）和寄生吸收（<10%）被限制或消耗在器件内部，无法射出到远场。在上述光学模式中，衬底模式在商业化器件中通过在封装过程中形成环氧树脂光学透镜基本得到解决，而 SPP 模式（形成于全反射时界面产生的隐失波）及光波导模式（形成于钙钛矿和传输层材料之间大的折射率差而导致的全反射）在实际中难以抽取利用，成为制约 LED 效率的主要光学模式。

如图 8.9 所示，在钙钛矿 LED 器件结构中，当光传播到金属电极/TPBi 界面和 TPBi/钙钛矿界面，角度满足条件时，将会发生全反射，而处于全反射状态的光将会产生透射到下一层的隐失波。隐失波的强度随透射深度指数递减，当在透射深度内存在一个适合的界面时（在色散关系图中满足光子在介质中的色散曲线和界面 SPP 的色散曲线相交），隐失波就可以激发金属表面的 SPP 模式。对于金属电极/TPBi 界面，当隐失波横向波矢等于 SPP 波矢（$K_{X1}=K_{SPP1}$）时，共振发生，金属上表面的 SPP 被激发，该结构可视为 Kretschmann 结构。而对于 TPBi/钙钛矿界面，当隐失波横向波矢等于 SPP 波矢（$K_{X2}=K_{SPP2}$）时，共振发生，金属下表面的 SPP 被激发，该结构可视为 Otto 结构。

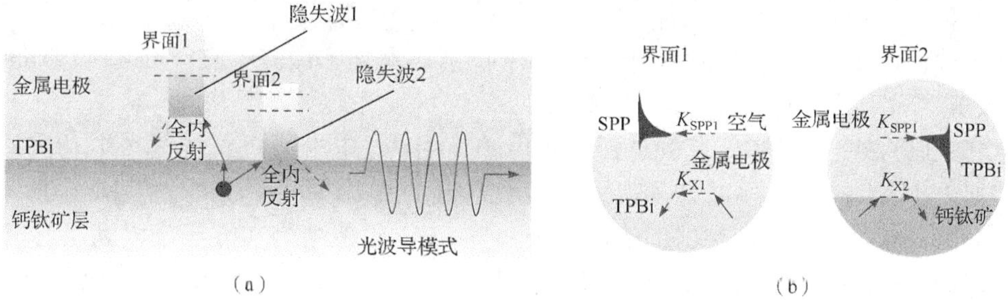

图 8.9　（a）典型倒置钙钛矿 LED 结构中的阴极部分；（b）Kretschmann 和 Otto 两种结构所产生的 SPP

由于隐失波和 SPP 都属于隐失场，其能量都可以穿透到下一层介质，为此可设计如图 8.10 所示的器件结构，蓝光钙钛矿 LED 的顶电极为半透明电极 LiF/Al/Ag/LiF（1 nm/ 1 nm/ 9 nm/10 nm），然后在其上沉积一层厚的红光钙钛矿纳米晶层。这一红光层将诱导光子隧道效应、隐失波吸收和 SPP 吸收三个近场耦合效应，红光层将受限于光波导模式和 SPP 模式的光子抽取出来而被加以利用，并进一步转换为红光光子发光，且对蓝光光子的正常出射影响小，从而在提高光取出的同时实现白光发射。

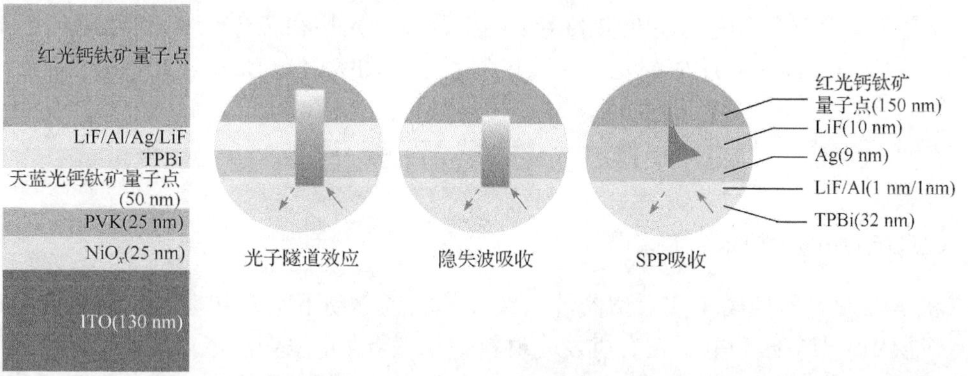

图 8.10　钙钛矿白光 LED 器件结构及光子隧道效应、隐失波吸收和 SPP 吸收三种近场耦合效应

8.4.6 被动白光节能设计

白光 LED 照明最重要的指标是色彩再现指数（CRI）和 1931 年 CIE 坐标(0.33, 0.33)下的发光度，如果 CRI 接近 100，那么色彩再现效果最佳。白光 LED 在背光显示中，高饱和度代表窄发射光谱和广色域是关键特性。

1. 发光材料复合

全无机金属卤化物 $CsPbX_3$（X=Cl、Br 和 I）钙钛矿量子点稳定性差极大地影响了其被动白光实际应用，因此提高量子点背光膜稳定性尤为关键。采用二十二碳二胺溴化铵（DDAB）包裹二十二碳二醇硅胶（SiO_2）的 $CsPbBr_3$ 量子点复合材料，可提升钙钛矿量子点复合材料热稳定性，且明显改善了光致发光量子产率。将 DDAB-$CsPbBr_3$/SiO_2 绿光量子点复合材料与 InAgZnS 红光量子点应用于蓝光 LED 芯片上作为色彩转换层，可制备出具有优异发光性能的暖白色发光二极管，其色彩再现指数为 88，色坐标为(0.41, 0.38)，相关色温为 3209 K，功率效率高达 63.4 $lm \cdot W^{-1}$。

2. 封装设计

LED 封装直接影响到其使用性能和寿命，特别是大功率白光 LED 封装。LED 封装主要是确保发光芯片和电路间的电气与机械接触，并保护发光芯片不受机械、热、潮湿及其他外部影响。封装方法、材料和工艺的选择主要由芯片结构、电气或机械特性、具体应用和成本等因素决定。随着芯片功率增大，特别是白光照明发展需求，对 LED 封装的光学、热学、电学和机械结构等提出更高要求，传统的小功率 LED 封装结构和方法难以满足要求。

用传统封装技术实现大功率白光 LED 的工艺是将荧光粉和胶水混合均匀后直接点在芯片的表面上。LED 在工作过程中持续产生大量的热能，会导致接触芯片的荧光粉受热后温度上升，引起荧光粉产生光衰，从而缩短 LED 光源寿命，导致色坐标偏移。LED 芯片散热不佳时热量不能及时有效散发出去，导致结温上升和可靠性降低，引起热应力分布不均匀，降低了 LED 发光效率与荧光粉激发效率。研究表明，结温每上升 1℃，LED 发光强度降低约 1%，其安全性能下降 5%左右。

基于远程荧光粉技术的大功率白光 LED 的散热封装设计包含增加荧光粉层和芯片间的导热热阻，减小芯片和荧光粉层相互加热的作用，以及为荧光粉层设计出专门散热路径，都能有效散发出荧光粉层的热量。其核心技术是将荧光粉与 LED 芯片间填充一定厚度的封装胶，不仅能隔离荧光粉和芯片间的热传导，还能调节荧光粉和芯片距离，扩大芯片封装结构设计的自由空间，提高芯片和荧光层的散热效率、大功率白光 LED 发光效率。

8.5 节能显示技术

8.5.1 OLED 节能显示技术

有机电致发光器件属于注入型器件，在外部电场驱动下空穴和电子分别从阳极和阴极注入有机层中，当空穴和电子在有机发光材料中相遇，发生复合形成激子，并通过辐射衰减释放能量而产生光。形成的激子不会马上释放其能量，而是在寿命期内发生迁移。单线态的激子寿命短，迁移距离通常不超过 20 nm，而三重态的激子寿命要长很多，其迁移距离可在 100 nm 左右。

1. OLED 材料设计

如 8.3.3 小节所述，有机发光材料主要包括有机荧光材料、有机磷光材料、热激活延迟荧光材料。荧光发射是从激发单重态出发，磷光发射是从激发三重态出发，荧光和磷光是两个相互竞争的光发射过程，当有机荧光材料分子被电致激发后，将产生 25%的高能量单重态激子和 75%的较低能量的三重态激子。当单重态和三重态能级差较低时，可以借助热能使得三重态激子通过反向系间穿越回到单线态，再通过单重态辐射跃迁回到基态，这种发射的荧光材料为热激活延迟荧光材料。

2. 节能 OLED 器件设计

OLED 器件通常采用三明治结构，即将有机发光层夹在两侧的电极中，从最初的单层器件发展到现在的复杂结构，发光性能实现了大幅度提升。为了优化和平衡器件性能，还可以引入多种不同的功能层制成多层 OLED，以提高 OLED 器件性能。例如，电子注入层和空穴注入层可以降低器件的驱动电压，电子阻挡层和空穴阻挡层可以减小直接流过器件不形成激子的电流。

1）传输层设计

载流子注入优化、电子和空穴复合速率、电场分布、空间电荷分布以及电子和空穴注入平衡是实现高效 OLED 的关键。OLED 器件本质上是电荷载流子有效注入与输运的设计及发射区内空穴和电子平衡，如果 HOMO 与阳极功函数或 LUMO 与阴极功函数之间的能量存在较大不匹配，则电荷注入效果差。通过使用电子传输材料和空穴传输材料可改善和控制 OLED 中的电荷注入和输运，并微调 OLED 中的电荷注入势垒，可有效提高外量子效率和亮度。

电荷注入和输运特性是决定发光效率和工作电压的关键因素，为降低 OLED 器件驱动电压，空穴应可以从具有高功函数的阳极表面（如 ITO）轻松地注入低功函数的金属阴极表面（如 Al）。然而，驱动 OLED 的大电压降是由于空穴传输层的 HOMO 与阳极较高功函数之间以及电子传输层的 LUMO 与阳极功函数之间存在较大的势垒。由于有机材料导电性差，因此有机层状堆叠单元也必须很薄，以便产生足够的电场来传输电荷。在 OLED 器件中，空穴传输层在促进从阳极到发光层的空穴注入起着重要作用。因此，空穴传输材料中必须含有供电子元素，才能形成稳定的阳离子基空穴传输层材料。目前，小分子基、三苯胺基、咔唑基、芴基、螺基、聚合物基和交联基等许多空穴传输层材料已广泛应用于 OLED 中，以提高器件性能。

2）光提取结构

光提取技术可分为内提取和外提取技术。内提取技术通过对衬底/透明阳极/有机层任一或多个界面进行改性，从而抑制波导模式和 SPP 模式中的光学损耗，提高外量子效率，常用方法包括衬底褶皱化、高折射率衬底、内散射层、阳极图案化、光子晶体等。外提取技术主要用于将衬底模式中的光提取到空气中，常用方法包括衬底粗糙化、外部散射层、半球透镜、微透镜阵列等。通常而言，内提取技术比外提取技术具有更好的光提取效果，但是仅用内提取或外提取结构只能将某一种损耗模式进行改进，其提升效果有限。为进一步提高OLED效率，可利用内/外光提取技术协同作用。

（1）内部光提取技术：内部光散射层通常用于衬底和透明阳极之间，其中分散颗粒和基质材料是影响散射层光提取效果的主要因素。TiO_2具有高折射率，是最常用散射颗粒，将粒径100 nm的TiO_2颗粒分散在光刻胶聚合物中形成内散射层，将器件电流效率和外量子效率分别提高至原来的2.04倍和1.96倍。

利用微纳结构可改变光子传播方向，从而降低全反射发生概率。根据位置不同，微纳结构可制备在透明阳极的底部和顶部。通过纳米压印法制备具有准周期纳米结构的聚对苯二甲酸乙二醇酯衬底，在其表面沉积MoO_3-Ag-MoO_3得到微纳结构透明电极，理论模拟表明这种纳米结构透明电极可以使出光效率提高1.55倍。阳极微纳结构可同时对波导和SPP模式进行光提取，且不破坏原有器件结构组成，保证了器件的电学性能。

光子晶体是由不同折射率的介质周期性排列而成的微纳结构，其周期性结构比随机结构具有更好的光提取效果，被广泛用于无机LED、OLED等发光器件中。对光子晶体周期性结构进行设计，禁止光在器件内横向上传播，提高纵向耦合出光，以提高OLED出光效率。

（2）内部/外部协同光提取技术。内散射层可抑制电极与玻璃界面全反射，但重新分配的光仍有可能被限制在玻璃衬底中，因而在衬底外部增加半球透镜或微透镜阵列，可进一步提高OLED的出光效率。Chang等制备了TiO_2纳米颗粒内散射层，将器件在1000 $cd \cdot m^{-2}$亮度下的EQE从22%提高到33%（1.5倍）；施加半球透镜后，可将EQE进一步提高到46%（2.1倍）。

微纳结构可以抑制波导和SPP模式，但仍无法避免衬底模式，需增加外部透镜进一步提高出光效率。以PS微球为模板通过溅射法制备的纳米网状ITO，结合半球透镜，可有效增强衬底模式，提高OLED器件的外量子效率。利用随机分布的PS微球作为模板，通过化学刻蚀法（“自上而下”）增加ITO表面粗糙度，可将波导模式的光引入衬底，再利用半球透镜对衬底模式进行提取，可将绿光器件的电流效率提高1.1倍。内提取结合外部透镜的光提取设计可以实现更高效的光提取效果，通过内提取结构可提取波导或SPP模式，但提取出的光并不能完全转化为出光，很大一部分会被限制在衬底内；借助外部透镜进一步提取衬底模式，可以实现最大化的出光。保证内、外光提取结构可以高效协同、取长补短，是实现高效出光的关键。

8.5.2 QLED节能显示技术

1. 量子点材料

量子点是一种重要的准零维半导体材料，常见量子点主要包括Ⅳ、Ⅱ-Ⅵ、Ⅳ-Ⅵ、Ⅲ-Ⅴ及ABX_3钙钛矿材料，如C、Si、CdS、CdSe、PbS、InP、$CsPbX_3$（X=Cl、Br、I）量子点等。

Ⅱ-Ⅵ族Cd基体系量子点，主要包括硫化镉（CdS）、硒化镉（CdSe）、碲化镉（CdTe）。Cd体系量子点是研究最多且最成熟的体系，相应的QLED性能已经可以与OLED相比，但是Cd元素的毒性限制了其商业发展。

InP具有较宽的可调发光波长范围和低毒性而受到广泛关注，理论上通过控制InP量子点尺寸可使其发光峰在可见光范围内调节。然而 InP 本征带隙较窄（1.35 eV），其发光波长很难达到蓝光范围，除非将其粒径限制在 1～2 nm，精准控制 InP 量子点的粒径大小对热注入合成法来说仍是一项挑战。

钙钛矿量子点具有荧光量子产率高、发光光谱可调、窄半峰宽和低成本等特点，在显示领域备受关注。ABX_3 钙钛矿中，A 位由一价阳离子组成，如 Cs^+、MA^+($CH_3NH_3^+$)或 $FA^+[CH(NH_2)^{2+}]$，B 位为金属阳离子，如 Pb^{2+}或 Sn^{2+}，X 位为卤离子，如 Cl^-、Br^-或 I^-。

Ⅰ-Ⅲ-Ⅵ量子点发光峰位在可见光范围内连续可调，对Ⅰ-Ⅲ-Ⅵ量子点材料而言，其Ⅰ一般为 Cu^{2+}、Ag^+等金属阳离子，Ⅲ主要是 In、Al、Ga 等三价金属阳离子，Ⅵ是 S、Se、Te 等二价阴离子，包括 $CuInS_2$(CIS)、$CuGaS_2$(CGS)、$CuInGaS_2$(CIGS)、$AgInS_2$(AIS)、$AgInGaS_2$(AIGS)等。通过改变元素的类型和成分可实现该类量子点禁带宽度的调控，从而改变Ⅰ-Ⅲ-Ⅵ量子点发光峰位。

2. 节能 QLED 器件设计

1）顶发射

大多数 QLED 都是基于底部发射结构，光子从底部衬底发射。由于衬底部分面积被薄膜晶体管驱动电路占据，减少了发光面积。如果光从顶面发射，则所有面积都可以用来发射光，顶发射结构可以为显示提供更高的孔径比。为实现全溶液处理顶发射 QLED，可采用惰性氩气来提高底部金属电极（Al）的亲水性，并利用溶液处理 MoO_3 纳米粒子为空穴注入层，经氩等离子体处理 1 min 后，MoO_3 纳米粒子接触角有效降低，从而可沉积致密的低粗糙度 MoO_3 膜，并制备出全溶液处理的顶发射无源矩阵 QLED。微腔效应普遍存在于顶发射器件中，通过调整空腔长度，使上电极反射光与下电极反射光产生干涉，从而使发射光锐化和增强，与传统发光器件相比，微腔结构的顶发射 QLED 亮度显著增加。

2）串联结构

串联结构是指两个或多个单元通过透明互连层串联起来，对于电致发光器件，由于相同的电流流经多个发光单元，串联 LED 可以实现比单个器件高 2 倍及以上的效率，并可同时提高 QLED 效率和寿命。

3）全溶液工艺

基于金属氧化物的薄膜晶体管具有低成本和高迁移率的优点，是大面积有源矩阵面板的最佳选择，但大多数金属氧化物薄膜晶体管为 n 型，QLED 须使用反向结构与之匹配，即阴极在底部，阳极在顶部。然而，由于聚合物空穴传输层沉积时会溶解底层量子点层，因此，通过合理选择溶剂以减轻空穴传输材料和量子点的混合，以及在电子发射层与空穴传输层之间插入薄缓冲层，可有效解决通过全溶液工艺制造倒置 QLED 的困难。

4）光提取

QLED 器件中存在多种损耗模式，导致大部分电能转化为热能，降低 QLED 器件的稳定性，不利于高性能 QLED 器件的构筑和大面积应用。因此，高效的光提取技术有利于提升 QLED 器件的效率和稳定性。通过旋涂技术，采用纳米球制备无序内光提取结构，保证结构具有优异的光提取能力且不降低器件电学性能的同时将其应用在 QLED 构筑中，可改变界面结构及光线传播路径，提高器件的光提取效率。通过调控纳米球的占空比、粒径及折射率制备出不同凸起高度及粗糙程度的无序纳米内光提取结构，改变功能层界面结构，促阵列的 micro-LED 会聚集量子阱发出的光，并将发射光集中到与量子阱平面垂直的方向上，因此仅有不到 20%的光会以大于 40°的角度发射，从而有效实现光的定向发射，输出光功率得到了有效提升。

8.5.4 节能显示工程技术

节能提效是我国可持续发展的一项长远的发展战略，是绿色低碳的第一能源，即使是在当前化石能源为主的能源结构下，节能提效也是减排主力。长期以来，国家高度重视节能工作，出台了一系列政策法规、实施方案和技术标准，积极实施节能减排，大力发展节能环保产业，取得显著成效。

当前，我国单位生产总值能耗水平较高，要实现能源消费总量与能源消费强度“双控”目标，必须将节能提效摆在更加突出的位置。工业产品能耗下降空间较大，工业能源消费占能源消费总量的 64.8%，是节能的重点领域，工业企业提高能源效率、降低用能成本的空间和潜力大。探索节能显示工程技术，如 LED 无线模块节能设计、LED 环保节能显示屏控制系统的节能设计、模组电源节能设计等，有助于显示行业绿色高速发展，提高国际竞争力。

参考文献

陈嘉伟. 2022. 钙钛矿相变协同效应及白光 LEDs 的研究. 南京: 南京理工大学.

单美玲, 钱坤, 华杰, 等. 2021. 基于双发光层结构低效率滚降的暖白光有机发光器件制备研究. 化工新型材料, 49(12): 127-133.

Anikeeva P O, Halpert J E, Bawendi M G, et al. 2007. Electroluminescence from a mixed red-green-blue colloidal quantum dot monolayer. Nano Letter, 7: 2196-2200.

Cao F, Zhao D W, Shen P Y, el al. 2018. High-efficiency, solution-processed white quantum dot light-emitting diodes with serially stacked red/green/blue units. Advanced Optical Materials, 6: 201800652.

Chang H W, Lee J, Hofmann S, el al. 2013. Nano-particle based scattering layers for optical efficiency enhancement of organic light-emitting diodes and organic solar cells. Journal of Applied Physics, 113: 204502.

Huang Y, Jou J, Weng W, et al. 2002. High-efficiency white organic light-emitting devices with dual doped structure. Applied Physics Letters, 80(15): 2782-2784.

Kido J, Hongawa K, Okuyama K, el al. 1994. White light-emitting organic electroluminescent devices using the poly(*N*-vinylcarbazole) emitter layer doped with three fluorescent dyes. Applied Physics Letters, 64(7): 815-817.

Kido J, Shionoya H, Nagai K. 1995. Single-layer white light-emitting organic electroluminescent devices based on dye-dispersed poly(*N*-vinylcarbazole). Applied Physics Letters, 67: 2281-2283.

Kumar B, Sadeghi S, Melikov R, et al. 2018. Structural control of InP/ZnS core/shell quantum dots enables high-quality white LEDs. Nanotechnology, 29: 345605.

Paik K, Beak N, Kim H, et al. 2003. Synthesis and electroluminescence properties of novel silicon-based copolymers containing oxadiazole and fluorene units for PLED. Optical Materials, 21(1-3): 135-142.

Shen C, Li K, Hou Q, et al. 2010. White LED based on YAG: Ce,Gd phosphor and CdSe-ZnS core/shell quantum dots. IEEE Photonics Technology Letters, 22(12): 884-886.

Verma A, Sharma S K, Lin C H, el al. 2020. Fabrication of highly efficient hybrid device structure based white light emitting diodes. Optical and Quantum Electronics, 52: 353.

Xue J Y, Izumi T, Yoshii A, et al. 2016. Aromatic hydrocarbon macrocycles for highly efficient organic light-

emitting devices with single-layer architectures. Chemical Science, 7: 896-904.
Yuan X, Hua J, Zeng R, el al. 2014. Efficient white light emitting diodes based on Cu-doped ZnInS/ZnS core/shell quantum dots. Nanotechnology, 25: 435202.